复杂储层测井评价

高楚桥　著

科学出版社
北　京

内 容 简 介

本书论述基于最优化理论的复杂岩性储层测井评价程序——地层组分分析程序的原理与算法；讨论导电效率理论，以实验结果为基础，得到基于导电效率理论的含水饱和度模型，以理论推导为依据，提出用岩石导电效率划分碳酸盐岩储层类型的原理与方法；以实际油田为研究对象，全面系统地讨论几种复杂储层的测井评价方法，包括碳酸盐岩储层测井评价方法、低电阻率气层测井识别与评价方法、低电阻率油层测井识别与评价方法、水淹层测井评价方法、凝析油气层测井评价方法及高含量CO_2气层测井评价方法。

本书可作为高等院校测井专业研究生教材，也可供测井、地质、油气田开发专业高年级本科生及从事测井分析的生产与科研人员参考。

图书在版编目（CIP）数据

复杂储层测井评价/高楚桥著. —北京：科学出版社，2024.3
ISBN 978-7-03-078225-0

Ⅰ.①复…　Ⅱ.①高…　Ⅲ.①复杂地层-储集层-油气测井-研究
Ⅳ.①P618.130.2

中国国家版本馆 CIP 数据核字（2024）第 057821 号

责任编辑：杜　权　何靖祺　刘　畅/责任校对：高　嵘
责任印制：彭　超/封面设计：苏　波

科学出版社 出版
北京东黄城根北街 16 号
邮政编码：100717
http://www.sciencep.com
武汉精一佳印刷有限公司印刷
科学出版社发行　各地新华书店经销
*
开本：787×1092　1/16
2024 年 3 月第　一　版　印张：17 1/2
2024 年 3 月第一次印刷　字数：420 000
定价：228.00 元
（如有印装质量问题，我社负责调换）

作 者 简 介

高楚桥，男，1966 年 2 月生，湖北孝感人，长江大学三级教授，博士生导师。1998 年 7 月毕业于中国石油勘探开发研究院煤田油气地质与勘探专业，获博士学位。主要研究方向为：复杂油气储层测井处理与评价。先后主持完成国家科技重大专项、油田委托项目 30 余项，在国内外学术期刊上发表论文 40 余篇。研究成果“复杂油气储层测井评价方法及应用”获中国石油和化工自动化行业科学技术奖二等奖，获批国家发明专利 2 项、计算机软件著作权 2 项。

前　言

在我国各大含油气盆地中，已发现多种不同类型的复杂储层，包括复杂岩性储层、复杂储集空间储层以及复杂孔隙流体类型储层。在这些储层中，有碳酸盐岩储层、低电阻率油气层、凝析油气层、水淹层及高含 CO_2 气层等特殊类型。利用测井资料对这些储层进行评价一直是测井解释中的难题。本书总结作者近年来在复杂储层测井评价方面的研究成果，供读者参考。

全书共 7 章：第 1 章阐述用于复杂储层测井评价的地层组分分析程序的原理与算法，以及地层组分分析程序在凝析油气层测井评价中的应用；第 2 章讨论导电效率理论及其在含水饱和度评价方面的应用；第 3 章给出地层组分分析程序和导电效率理论在碳酸盐岩储集空间类型识别与评价中的应用，以及碳酸盐岩储层测井评价技术；第 4 章以 D 气田为研究对象，全面系统地讨论低电阻率气层的测井识别与评价方法，主要包括低电阻率气层的形成机理、低电阻率气层的测井识别方法、高温高压条件下岩石物性与电性的影响实验、束缚水饱和度测井评价方法、核磁共振 T_2 截止值实验；第 5 章以我国西部 H 油田为研究对象，讨论低电阻率油层的测井识别与评价方法，以及低电阻率油层测井评价方法在我国南海 E 地区的应用；第 6 章以我国西部 L 油田为例，讨论水淹层的测井识别与评价方法；第 7 章讨论复杂流体性质的测录井识别与评价方法，主要包括 CO_2 气层与烃类气层的定性与定量区分方法、气层与凝析气层和油层的定量区分方法。

本书第 1～3 章是作者博士论文成果，是在导师谭廷栋教授、李宁院士、钟兴水教授的悉心指导下完成的。第 4 章研究内容的完成得到了中海石油（中国）有限公司湛江分公司各位领导及吴洪深首席工程师、何胜林经理、林德明高级工程师的支持与帮助。第 5 章、第 6 章研究内容的完成，得到了中国石油塔里木油田公司勘探开发研究院领导及肖承文高级工程师、祁兴中高级工程师、宋帆专家等同志的帮助和支持。第 5 章部分内容和第 7 章研究内容的完成，得到了中海石油（中国）有限公司深圳分公司各位领导及冯进首席工程师、管耀高级工程师等同志的帮助和支持。作者对所有给予指导和帮助的老师、领导和测井同仁表示最诚挚的感谢！本书研究成果得到国家重大科技专项“东海深层低渗-致密天然气勘探开发技术”项目（2016ZX05027）支持。

由于作者水平有限，书中不可避免地存在不妥之处，敬请读者批评指正。

作　者

2022 年 5 月

目 录

第 1 章 地层组分分析程序……1
1.1 物理模型……1
1.2 数学模型……2
1.2.1 待解决的反演问题……2
1.2.2 带约束的超定线性方程组建立……3
1.2.3 目标函数……4
1.3 求解算法及部分应用……4
1.3.1 算法……4
1.3.2 部分应用……6
1.4 响应方程与约束条件……8
1.4.1 响应方程……8
1.4.2 约束条件……9
1.5 常见测井响应参数的理论计算……9
1.5.1 电阻率响应参数……9
1.5.2 密度测井响应参数……10
1.5.3 中子测井响应参数……13
1.5.4 声波测井响应参数……15
1.6 凝析油气层测井评价……17
1.6.1 地面气油比计算……17
1.6.2 气油比的侵入影响校正……18
1.6.3 油气藏类型判别……19
1.6.4 方法验证……20
第 2 章 岩石导电效率及其与含水饱和度的关系……22
2.1 岩石的导电效率及其非均匀分布特征……22
2.1.1 导电效率……22
2.1.2 非均匀分布特征……23
2.2 导电效率与孔隙度及含水孔隙度的关系……24
2.3 基于导电效率理论的含水饱和度计算……26
2.4 油气进入不同大小的孔隙时岩石电阻率与含水饱和度的关系……27
2.4.1 大孔隙和小孔隙的不同导电规律……28
2.4.2 两种不同导电规律的形成机理……29
2.4.3 基于导电效率理论的纯油气层含水饱和度计算……29
第 3 章 碳酸盐岩储层测井评价……31
3.1 基于岩石导电效率的碳酸盐岩储层类型识别方法……31

3.1.1 用岩石导电效率区分碳酸盐岩裂缝和孔洞的理论基础……31
3.1.2 影响碳酸盐岩导电效率的其他因素……34
3.1.3 基于岩石导电效率的碳酸盐岩储集空间类型及储层好坏判别……34
3.1.4 应用实例……34
3.2 碳酸盐岩储层参数定量评价……42
3.2.1 碳酸盐岩储层孔隙度的计算……42
3.2.2 裂缝张开度的计算……46
3.2.3 裂缝孔隙度、基块孔隙度的计算……47
3.2.4 渗透率的计算……54
3.2.5 束缚水饱和度的计算……64
3.2.6 含水饱和度的计算……67
3.3 裂缝识别与有效性评价……72
3.3.1 电成像裂缝识别……72
3.3.2 裂缝有效性评价……76
3.4 洞穴型储层充填情况评价……83
3.4.1 洞穴充填物识别……83
3.4.2 洞穴充填程度评价……86
3.5 储层有效性判别……95
3.5.1 储层类型细分……95
3.5.2 孔洞型储层有效性判别……98
3.5.3 裂缝-孔洞型储层有效性判别……102
3.5.4 洞穴型储层有效性判别……105
第4章 低电阻率气层测井识别与评价……108
4.1 低电阻率气层形成机理……108
4.1.1 D气田和L气田低电阻率气层概述……108
4.1.2 D气田和L气田含气储层低电阻率特性形成机理……110
4.2 低电阻率气层测井识别方法……120
4.2.1 空间模量差比值法……120
4.2.2 三孔隙度差值法和三孔隙度比值法……121
4.2.3 应用实例……122
4.3 高温高压条件下岩石物性与电性实验……124
4.3.1 压力对孔隙度的影响……125
4.3.2 渗透率与孔隙度和压力的关系……126
4.3.3 地层水电阻率与温度的关系……127
4.3.4 矿化度对岩电参数的影响……127
4.3.5 b、n值随温度和压力的变化……128
4.3.6 a、m值随温度和压力的变化……130
4.3.7 高温高压地层温度与压力对含水饱和度计算结果的影响……130
4.4 束缚水饱和度测井评价方法……131

4.4.1 实验室中不同束缚水饱和度的测量方法……132
4.4.2 影响束缚水饱和度的主要地质因素……134
4.4.3 自由水界面以上高度对束缚水饱和度的影响……136
4.4.4 束缚水饱和度与测井信息的定量关系……138
4.4.5 双水多矿物模型地层组分分析方法……140
4.4.6 实际资料处理与分析……142
4.5 核磁共振 T_2 截止值实验……145
4.5.1 实验测量过程与测量参数选择……145
4.5.2 测量结果及分析……146
4.5.3 T_2 截止值与毛细管压力及自由水界面以上高度的关系……149
4.5.4 资料处理……151
第 5 章 低电阻率油层测井评价……153
5.1 H4 油田低电阻率油层特征……153
5.1.1 岩心及流体样品分析……153
5.1.2 电性特征……153
5.2 H4 油田低电阻率油层形成机理……155
5.2.1 高矿化度地层水的影响……155
5.2.2 含油储层岩性、油藏幅度的影响……156
5.2.3 黏土的影响……158
5.3 H4 油田测井储层参数……161
5.3.1 孔隙度系列测井响应方程的选择……161
5.3.2 渗透率模型……162
5.3.3 油藏条件下饱和度响应方程及岩电参数……162
5.3.4 计算结果检验……165
5.4 基于油水相对渗透率的低电阻率油藏产液性质确定……168
5.4.1 基于测井资料的束缚水饱和度模型建立……169
5.4.2 基于油水相对渗透率的储层产液性质确定……170
5.4.3 应用实例……170
5.5 低电阻率油层测井解释方法在 E 地区的应用……172
5.5.1 E 地区低电阻率油层与正常油层的测井响应特征……173
5.5.2 E 地区低电阻率油层成因简述……174
5.5.3 核磁共振测井在低电阻率油层评价中的应用……181
5.5.4 基于电成像测井高分辨率电阻率曲线的砂泥岩薄互层识别……189
5.5.5 主要地层参数计算模型……190
5.5.6 资料处理与效果分析……197
第 6 章 水淹层测井评价……201
6.1 水淹层及其特征概述……201
6.1.1 水淹层和剩余油饱和度的概念……201
6.1.2 剩余油的分布形式与分布规律……201

6.1.3 水驱油田注水开发后产层物理性质的变化……203
6.1.4 水淹层测井解释的研究内容……205
6.2 L 油田水淹油层测井响应规律及水淹层测井识别……205
6.2.1 自然电位与电阻率曲线结合识别水淹层……205
6.2.2 自然伽马对比法识别水淹层……206
6.2.3 由中子寿命测井识别水淹层……207
6.3 L 油田裸眼井剩余油饱和度的确定……208
6.3.1 油层水淹前后岩电参数实验……209
6.3.2 地层水电阻率的确定……211
6.4 基于中子寿命测井的套管井剩余油饱和度的确定……212
6.4.1 套管井剩余油饱和度的确定……212
6.4.2 常见地层物质的宏观俘获截面……213
6.4.3 基于中子寿命测井的油水界面的变化确定……217
6.5 基于测井资料的含水率计算……219
6.5.1 产层的油、水相对渗透率和含水率……219
6.5.2 渗透率模型……220
6.5.3 油水相对渗透率模型……221
6.5.4 水油黏度比的确定……223
6.6 水淹等级的划分……224
6.6.1 划分水淹等级的定量参数……224
6.6.2 水淹等级的综合评定……225
6.7 L 油田水淹层测井处理与分析……226
6.7.1 部分井处理结果分析……226
6.7.2 水淹层解释结论检验……231
第 7 章 复杂流体性质测录井评价……237
7.1 流体性质定性识别方法……237
7.1.1 不同流体性质测录井响应特征……237
7.1.2 流体性质定性识别图版研制……240
7.2 CO_2 与烃类气相对含量计算方法……246
7.2.1 地层温压条件下甲烷的测井响应值……246
7.2.2 地层温压条件下二氧化碳测井响应值……250
7.2.3 烃类气与非烃类气定量区分方法……255
7.3 基于测录井资料计算气油比的流体性质定量识别……256
7.3.1 录井参数与气油比相关性分析……256
7.3.2 结合测录井数据的气油比参数定量计算……257
7.4 实例与效果……258
7.4.1 流体性质识别效果分析……258
7.4.2 部分层段结果分析……261
参考文献……265

第 1 章 地层组分分析程序

测井得到的是岩石表现出来的物理性质（如电学性质、声学性质、核物理性质等），而不是直接测得的岩石物性（如孔隙度、渗透率、饱和度）。因此，由测井值反演地层参数是测井解释的基本任务，这也是最优化测井解释程序与地层组分分析程序的用途。

20 世纪 80 年代出现的最优化测井解释程序，如斯伦贝谢（Schlumberger）公司的 GLOBAL，江汉石油学院的 DMO，都是以最优化原理为基础的复杂岩性分析程序，它们通过求解以下目标函数的最优解，求取符合地质情况的最大概率解。

$$\Delta=\sum_{i=1}^{m}\frac{[a_i-f_i(\boldsymbol{x})]^2}{\sigma_i^2+\tau_i^2}+\sum_{j=1}^{p}\frac{[G_j(\boldsymbol{x})]^2}{T_j^2} \tag{1-1}$$

式中：Δ 为最优化解释的目标函数；m 为响应方程个数；p 为约束个数；$f_i(\boldsymbol{x})$ 为第 i 条曲线的理论测井值；σ_i 为第 i 条曲线的测井值误差；τ_i 为第 i 条曲线的响应值误差；T_j 为第 j 个约束的约束误差；$G_j(\boldsymbol{x})$ 为第 j 个约束不符合约束的程度值；$\boldsymbol{x}$ 为数组，最优化求解的未知数，$\boldsymbol{x}$=（孔隙度，含水饱和度，冲洗带含水饱和度，泥质含量，矿物骨架 1 含量，矿物骨架 2 含量，…）。

该目标函数非常复杂，局部极值点多，寻优计算量大，并且所求极值点不一定是目标函数的全局极小点，这使得最优化测井解释程序在实际应用中受到一定限制。为克服最优化测井解释程序的不足，提出地层组分分析程序。

本章将分别给出地层组分分析程序反演地层参数的物理模型、数学模型、求解算法、响应方程及常见测井解释参数的求取方法。

1.1 物理模型

含油气的储集层可以看成是由具有不同性质的组分组成的，这些组分包括：不动油、可动油、可动水、天然气、泥质及岩石的各种矿物骨架。测井分析的主要任务就是求取这些组分在地层中的相对含量。人们习惯使用的“含油（气）饱和度”和“孔隙度”等参数都可以由以上组分含量导出。组成地层的组分有很多种，因此用现有的有限测井信息正确反演出地层的全部组分是不现实的。一般情况下，组分的个数必须小于或等于响应方程的个数加 1，为满足这一要求，通常采用的方法为：①把地层中物理性质相近的组分看成是同种组分，例如，可把绿泥石、伊利石和其他黏土矿物合称为泥质；②把地层中一些含量很小的组分合并到与之性质相近的组分之中，例如，砂岩中含有少量长石时，可将长石合并到石英中，认为该砂岩就是纯石英砂岩。

对岩性不十分复杂的储集层来说，可以运用以上简化处理方法。简化后的物理模型见表 1-1。

表 1-1　地层组分分析程序物理模型

地层组分	细化组分	含义
有效孔隙度	x_{or}	不动油相对体积
	x_{om}	可动油相对体积
	x_{fw}	自由水相对体积
	x_{gas}	天然气相对体积
泥质含量	x_{sh}	泥质相对体积
矿物骨架含量	x_{ma1}	k 种矿物骨架相对体积（k=1，2，3，…，n）
	x_{ma2}	
	…	
	x_{mak}	

根据这一地层模型，可得到以下地层参数的表达式。

孔隙度：

$$\phi = x_{or} + x_{om} + x_{fw} + x_{gas} \tag{1-2}$$

地层含水饱和度：

$$S_w = \frac{x_{fw}}{x_{or} + x_{om} + x_{fw} + x_{gas}} \tag{1-3}$$

冲洗带含水饱和度：

$$S_{xo} = \frac{x_{om} + x_{fw} + x_{gas}}{x_{or} + x_{om} + x_{fw} + x_{gas}} \tag{1-4}$$

泥质含量：

$$V_{sh} = x_{sh} \tag{1-5}$$

式中：x_{or} 为不动油相对体积；x_{om} 为可动油相对体积；x_{fw} 为自由水相对体积；x_{gas} 为天然气相对体积；x_{sh} 为泥质相对体积。

这样建立的物理模型，使得数学模型相对简单，易于求解。

1.2　数学模型

1.2.1　待解决的反演问题

根据地层组分分析程序物理模型，可写出各种测井仪器的响应方程。例如，密度测井的响应方程为

$$\rho_{\mathrm{b}} = \rho_{\mathrm{or}} x_{\mathrm{or}} + \rho_{\mathrm{om}} x_{\mathrm{om}} + \rho_{\mathrm{fw}} x_{\mathrm{fw}} + \rho_{\mathrm{gas}} x_{\mathrm{gas}} + \rho_{\mathrm{sh}} x_{\mathrm{sh}} + \rho_{\mathrm{ma1}} x_{\mathrm{ma1}} + \rho_{\mathrm{ma2}} x_{\mathrm{ma2}} + \cdots + \rho_{\mathrm{ma}k} x_{\mathrm{ma}k} \tag{1-6}$$

式中：ρ_{b} 为密度测井值；$\rho_{\mathrm{or}}, \rho_{\mathrm{om}}, \rho_{\mathrm{fw}}, \rho_{\mathrm{gas}}, \rho_{\mathrm{sh}}, \rho_{\mathrm{ma1}}, \rho_{\mathrm{ma2}}, \cdots, \rho_{\mathrm{ma}k}$ 分别为地层中不动油、可动油、自由水、天然气、泥质、岩石矿物骨架（1～k 种）的体积密度值。

为简便起见，将式（1-6）写成

$$\sum_{j=1}^{n} \rho_j x_j = \rho_{\mathrm{b}} \quad (j = 1,2,\cdots,n) \tag{1-7}$$

式中：n 为组成地层的组分个数；x_j 为第 j 种组分的相对含量。

同理，可写出其他测井仪器的响应方程，用通式表示为

$$\sum_{j=1}^{n} A_{ij} x_j = B_i \quad (i = 1,2,\cdots,m) \tag{1-8}$$

式中：A 为测井值；m 为测井仪器的个数；B 为地层对测井仪器的响应值。

解以上由 m 个方程组成的方程组，就可以求得 x_j，这就是待解决的反演问题。

1.2.2 带约束的超定线性方程组建立

当 $m<n$ 时，方程组有多个解，无实际意义；当 $m=n$ 时，方程组有唯一解；为了充分利用测井信息，提高测井解释的可靠性，一般情况下，$m>n$，此时方程组为超定线性方程组，它具有一个最优解。最优解 $\boldsymbol{x}^*$ 可能出现 $x_j^*<0$ 或 $x_j^*>1$ 的现象，这种结果在地质上是不存在或无意义的。为了使求解的结果合乎地质意义，并符合地层实际情况，需要在式（1-8）中加入相关约束条件，即

$$\begin{cases} \sum_{j=1}^{n} A_{ij} x_j = B_i \quad (i = 1,2,\cdots,m) \\ \text{约束}R: \sum_{j=1}^{n} x_j = 1 \\ 0 \leqslant x_j \leqslant 1 \quad (j = 1,2,\cdots,n) \end{cases} \tag{1-9}$$

写成更一般的形式：

$$\begin{cases} \sum_{j=1}^{n} A_{ij} x_j = B_i \quad (i = 1,2,\cdots,m) \\ \text{约束}R: \sum_{j=1}^{n} x_j = c \\ 0 \leqslant x_j \leqslant x_{\max j} \quad (j = 1,2,\cdots,n) \end{cases} \tag{1-10}$$

式（1-10）为一带约束的超定线性方程组。其中，c、$x_{\max j}$ 均为常数，在地层组分分析程序中 $c=1$，$x_{\max j}$ 为第 j 种组分的最大相对体积。

1.2.3 目标函数

由线性最小二乘原理，解式（1-10）这一带约束线性方程组的问题，可转换成以下求极值问题：

$$\begin{cases}\min f(\boldsymbol{x}), f(\boldsymbol{x})=\sum\limits_{i=1}^{m}\left(\sum\limits_{j=1}^{n}A_{ij}x_j-B_i\right)^2 \\ 约束R:\sum\limits_{j=1}^{n}x_j=c \\ 0\leqslant x_j\leqslant x_{\max j} \quad (i=1,2,\cdots,m; j=1,2,\cdots,n)\end{cases} \tag{1-11}$$

由于不同测井值的量纲不同，且它们的测量值差别也很大，在实际计算中需要将式（1-11）目标函数中系数 $\boldsymbol{A}$ 及 $\boldsymbol{B}$ 进行标准化处理，使各种测井响应的 $\boldsymbol{A}$ 和 $\boldsymbol{B}$ 都成为无量纲的数，并在同一数量级上，使各种测井响应对最终结果具有相同的贡献。标准化处理是将方程的两边同时除以一个系数 P，该系数除具有标准化作用外，还具有权系数的作用，对质量差的测井曲线应赋予低的权系数，质量好的测井曲线应被赋予高的权系数。

当 $n\leqslant m$ 时，线性方程组（1-9）的最小二乘解是唯一的，因为在实际问题中矩阵 $\boldsymbol{A}$ 满秩，并且式（1-10）的解空间为凸空间，所以这种带约束的线性方程组（1-10）的解是唯一的，极值问题[式（1-11）]只有一个极小点。式（1-11）构成了地层组分分析程序的数学模型，$f(\boldsymbol{x})$ 为目标函数。

1.3 求解算法及部分应用

1.3.1 算法

假定式（1-10）已进行标准化处理，下面讨论极值问题[式（1-11）]的求解方法。

任取 R 中的一个点 $\boldsymbol{x}^{(0)}$，在 $\boldsymbol{x}^{(0)}$ 处 $f(\boldsymbol{x})$ 的线性逼近函数为

$$f_{\mathrm{L}}(\boldsymbol{x})=f(\boldsymbol{x}^{(0)})+[\nabla f(\boldsymbol{x}^{(0)})](\boldsymbol{x}-\boldsymbol{x}^{(0)}) \tag{1-12}$$

其中，$\nabla f(\boldsymbol{x}^{(0)})=\left[\dfrac{\partial f(\boldsymbol{x}^{(0)})}{\partial x_1},\dfrac{\partial f(\boldsymbol{x}^{(0)})}{\partial x_2},\cdots,\dfrac{\partial f(\boldsymbol{x}^{(0)})}{\partial x_n}\right]$。

显然，求线性规划问题 $\min f_{\mathrm{L}}(\boldsymbol{x})$ 的最优解，等价于求线性规划问题 $\min[\nabla f(\boldsymbol{x}^{(0)})]^{\mathrm{T}}\boldsymbol{x}$ 的最优解。令 $\boldsymbol{x}_{\mathrm{FL}}^{(0)}$ 为式（1-11）的最优解，$\dfrac{\partial f(\boldsymbol{x}^{(0)})}{\partial x_k}=\min\left[\dfrac{\partial f(\boldsymbol{x}^{(0)})}{\partial x_1},\dfrac{\partial f(\boldsymbol{x}^{(0)})}{\partial x_2},\cdots,\dfrac{\partial f(\boldsymbol{x}^{(0)})}{\partial x_n}\right]$，由线性规划的性质可知，$\boldsymbol{x}_{\mathrm{FL}}^{(0)}$ 必为 R 的一个顶点，因此可得

$$x_{\mathrm{FL}j}^{(0)}=\begin{cases}0 & (j\neq k) \\ x_{\max j} & (j=k)\end{cases} \quad (j=1,2,\cdots,n) \tag{1-13}$$

下面分两种情况讨论：

当$[\nabla f(\boldsymbol{x}^{(0)})]^{\mathrm{T}}(\boldsymbol{x}_{\mathrm{FL}}^{(0)}-\boldsymbol{x}^{(0)})=0$时，$\boldsymbol{x}_{\mathrm{FL}}^{(0)}$就是线性规划问题的解，迭代停止；

当$[\nabla f(\boldsymbol{x}^{(0)})]^{\mathrm{T}}(\boldsymbol{x}_{\mathrm{FL}}^{(0)}-\boldsymbol{x}^{(0)})\neq 0$时，则问题变为极值问题：

$$\min_{\lambda\in[0,1]} f[\boldsymbol{x}^{(0)}+\lambda(\boldsymbol{x}_{\mathrm{FL}}^{(0)}-\boldsymbol{x}^{(0)})] \tag{1-14}$$

的最优解λ_0，这时必有$0\leqslant\lambda_0\leqslant 1$。

令$\boldsymbol{x}^{(1)}=\boldsymbol{x}^{(0)}+\lambda_0(\boldsymbol{x}_{\mathrm{FL}}^{(0)}-\boldsymbol{x}^{(0)})$，把$\boldsymbol{x}^{(1)}$作为$\boldsymbol{x}^{(0)}$，继续用上述方法线性逼近目标函数$f(\boldsymbol{x})$，并重复以上步骤直到满足精度为止，就可求得带约束超定线性方程组（1-10）的解。图1-1为地层组分分析程序中求解数学模型[式（1-11）]的计算机流程图。

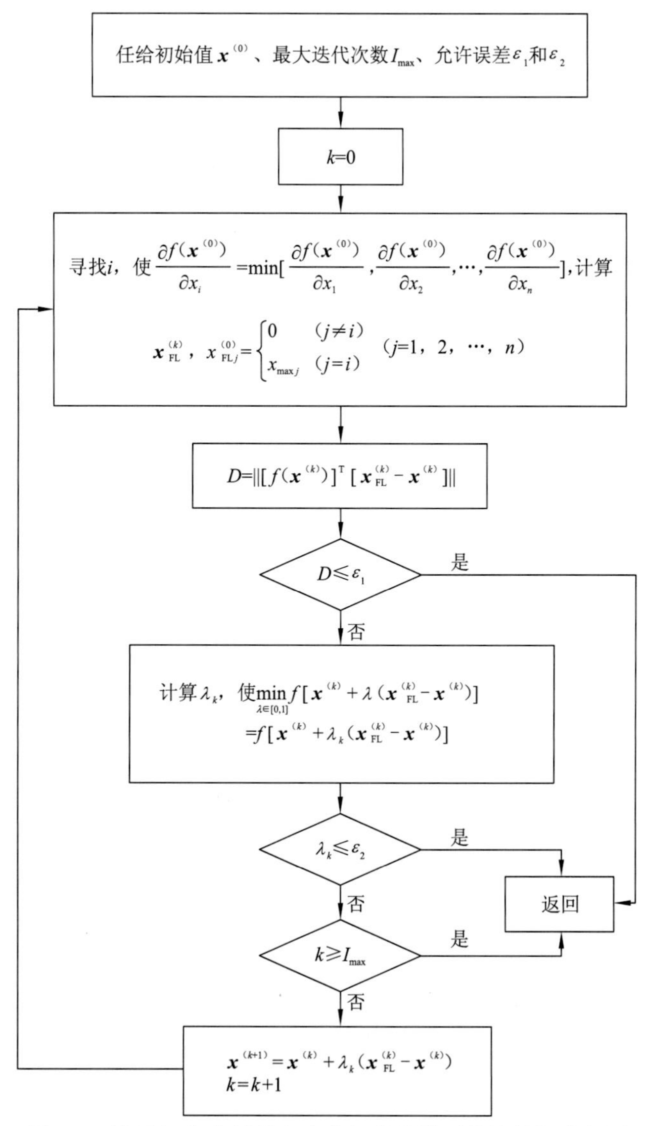

图1-1　地层组分分析程序中求解数学模型的计算机流程图

在式（1-11）中，很容易写出$f(\boldsymbol{x})$的一阶导数，因此寻优计算工作量小，并且目标函数$f(\boldsymbol{x})$不存在多个局部极小点，所以对迭代初始值的要求不严，不管迭代初始值怎样选择，在有限步内，总可收敛到同一极小点。

1.3.2 部分应用

由地球化学测井（geochemical logging technology，GLT）提供的岩石的化学成分（氧化物含量）反演矿物含量是岩石学家必须解决的问题。

假定岩石中有 n 种矿物，每种矿物包含 m 种氧化物成分，则

$$\sum_{j=1}^{n} a_{ij} x_j = y_i, \quad i = 1, 2, \cdots, m \tag{1-15}$$

式中：a_{ij} 为矿物 j 中第 i 种氧化物的质量分数；x_j 为岩石中第 j 种矿物的质量分数；y_i 为岩石中第 i 种氧化物的质量分数。地球化学测井中，y_i 已知，a_{ij} 可在实验室测得。对矿物含量，有地质约束：

$$0 \leqslant x_j \leqslant 1 \tag{1-16}$$

且

$$\sum_{j=1}^{n} x_j = 1 \quad (j = 1, 2, \cdots, n) \tag{1-17}$$

因此，求矿物含量 x_j 的问题，可转化为解如下约束方程组问题：

$$\begin{cases} \sum_{j=1}^{n} a_{1j} x_j = y_1 \\ \sum_{j=1}^{n} a_{2j} x_j = y_2 \\ \quad \vdots \\ \sum_{j=1}^{n} a_{mj} x_j = y_m \\ \text{约束: } 0 \leqslant x_j \leqslant 1 \quad (j = 1, 2, \cdots, n) \\ \sum_{j=1}^{n} x_j = 1 \end{cases} \tag{1-18}$$

该约束方程组完全可由 1.3.1 小节所给算法求解。

直接应用表 1-2～表 1-3（Harvey et al.，1992）中的数据进行实际计算，并将结果与其他三种算法的结果作对比。表 1-2 为矿物的化学成分，表 1-3 为人造岩石的 X 射线荧光分析结果，表 1-4 为三种算法计算结果的比较，其中：TA 表示人造岩石的实际矿物成分；GA 表示 Fang 等（1996）给出的遗传算法；LS 表示 Harvey 等（1992）的最小二乘法；CQ 表示本节算法。

表 1-2　矿物的化学成分　（单位：%）

化学成分	石英	钠长石	高岭石	钾长石	白云母	方解石	白云石
SiO_2	99.07	65.81	47.63	64.33	45.78	0.00	0.00
Al_2O_3	0.23	21.33	37.95	19.04	34.21	0.00	0.00
TiO_2	0.01	0.02	0.06	0.01	0.24	0.00	0.00
Fe_2O_3	0.15	0.11	0.65	0.11	3.04	0.00	0.00

续表

化学成分	石英	钠长石	高岭石	钾长石	白云母	方解石	白云石
MgO	0.13	0.05	0.01	0.01	0.69	0.04	21.12
CaO	0.00	1.86	0.03	0.04	0.00	55.92	31.27
Na_2O	0.21	9.82	0.72	2.49	1.01	0.00	0.00
K_2O	0.02	0.67	0.86	13.16	10.24	0.00	0.00
MnO	0.00	0.00	0.01	0.01	0.12	0.00	0.22
P_2O_5	0.01	0.03	0.11	0.48	0.22	0.00	0.00
S	0.01	0.00	0.00	0.00	0.00	0.00	0.00
CO_2	0.00	0.00	0.00	0.00	0.00	43.95	47.22
总和	99.84	99.70	88.03	99.68	95.55	99.91	99.83

表 1-3　人造岩石混合物的 X 射线荧光分析结果　（单位：%）

化学成分	硬砂岩	砂屑岩	泥板岩	泥质岩
SiO_2	83.54	87.22	62.84	57.40
Al_2O_3	9.83	4.30	25.41	23.85
TiO_2	0.02	0.12	0.10	0.13
Fe_2O_3	0.14	0.50	0.99	1.62
MgO	0.06	0.51	0.18	1.30
CaO	0.41	1.45	0.07	1.58
Na_2O	2.28	0.92	0.04	0.80
K_2O	1.57	1.90	2.90	6.81
MnO	0.00	0.01	0.02	0.07
P_2O_5	0.71	0.03	0.06	0.10
S	0.00	0.00	0.00	0.00
总和	98.56	96.96	92.61	93.66

表 1-4　三种算法计算结果的对比

岩性	算法	矿物质量分数/%								平均绝对误差/%
		石英	钠长石	高岭石	钾长石	白云母	方解石	白云石	总和	
硬砂岩	TA	60.0	20.0	10.0	10.0	—	—	—	100.0	—
	GA	60.2	19.9	9.7	9.5	—	—	—	99.3	0.36
	LS	59.9	19.2	9.7	11.1	—	—	—	99.9	0.48
	CQ	59.9	19.5	10.0	10.6	—	—	—	100.0	0.25
砂屑岩	TA	80.0	—	—	10.0	5.0	2.5	2.5	100.0	—
	GA	79.9	—	—	10.3	4.6	0.1	0.2	95.1	1.73
	LS	78.3	—	—	10.4	6.8	2.1	2.1	99.7	0.83
	CQ	77.6	—	—	11.1	8.3	2.5	0.5	100.0	1.48

续表

岩性	算法	矿物质量分数/%								平均绝对误差/%
		石英	钠长石	高岭石	钾长石	白云母	方解石	白云石	总和	
泥板岩	TA	30.0	—	45.0	—	25.0	—	—	100.0	—
	GA	29.6	—	45.7	—	23.6	—	—	98.9	0.90
	LS	30.6	—	45.0	—	24.4	—	—	100.0	0.30
	CQ	30.6	—	44.9	—	24.5	—	—	100.0	0.30
泥质岩	TA	20.0	—	15.0	15.0	45.0	—	5.0	100.0	—
	GA	19.8	—	15.3	15.5	44.4	—	0.1	95.1	1.90
	LS	20.5	—	13.4	14.4	46.9	—	4.7	99.9	0.83
	CQ	19.0	—	16.6	17.5	43.6	—	3.3	100.0	1.37

从表 1-4 可看出 CQ 法（本节算法）计算结果的误差，除在砂屑岩和泥质岩上比 LS 法大外，其他都比另外两种算法小。因此该算法能够应用于由地球化学资料反演矿物含量，其精度高于遗传算法，与最小二乘法相当。

1.4 响应方程与约束条件

1.4.1 响应方程

1. 线性形式

密度、中子、纵波时差、铀、钍、钾、压缩系数等测井响应方程可写成如下线性形式：

$$\sum_{j=1}^{n} x_j A_j = B \tag{1-19}$$

式中：x_j 为第 j 种组分的相对含量，这些组分是不动油、可动油、自由水、天然气、泥质及各种岩石矿物骨架；A_j 为第 j 种组分对相应测井曲线的响应值；B 为测井值。

用于指示泥质含量的测井方法，响应方程可写成：

$$(B_{\text{shale}} - B_{\text{clean}})x_{\text{sh}} = B - B_{\text{clean}} \tag{1-20}$$

式中：B_{shale} 为纯泥岩对相应测井方法的响应值（如泥岩自然伽马值、泥岩自然电位值）；B_{clean} 为纯地层对相应测井方法的响应值（如纯地层自然伽马值、纯地层自然电位值）；x_{sh} 为泥质含量。

2. 非线性形式

非线性响应方程主要是各种形式的电阻率响应方程，具体形式本节不再列出，将它们写成如下通式。

深电阻率方程：

$$S_{\text{w}} = f_{\text{w}}(R_{\text{t}}, a, b, m, n, R_{\text{w}}, \phi, V_{\text{sh}}, R_{\text{sh}}) \tag{1-21}$$

式中：S_w为地层含水饱和度；R_t为地层电阻率；a、b、m、n为阿奇公式中的岩电参数；R_w为地层水电阻率；ϕ为孔隙度；V_{sh}为泥质含量；R_{sh}为泥岩电阻率。

浅电阻率方程：

$$S_{xo} = f_{xo}(R_{xo}, a, b, m, n, R_{mf}, \phi, V_{sh}, R_{sh}) \tag{1-22}$$

式中：S_{xo}为冲洗带地层含水饱和度；R_{xo}为冲洗带地层电阻率；R_{mf}为泥浆滤液电阻率。

地层组分分析程序不能直接使用这些非线性方程，因而采用如下处理方法：将上一采样点计算出的孔隙度ϕ和泥质含量V_{sh}代入式（1-21）、式（1-22），求出当前采样点的S_w和S_{xo}，由式（1-3）、式（1-4）有

$$\begin{aligned} &S_w x_{or} + S_w x_{om} + (S_w - 1)x_{fw} + S_w x_{gas} = 0 \\ &S_{xo} x_{or} + (S_{xo} - 1)x_{om} + (S_{xo} - 1)x_{fw} + (S_{xo} - 1)x_{gas} = 0 \end{aligned} \tag{1-23}$$

这种线性形式的方程是地层组分分析程序反演算法可直接使用的。

1.4.2 约束条件

所有组分的相对含量之和应为100%，即$\sum_{j=1}^{n} x_j = 1$；并满足：

$$0 \leqslant x_j \leqslant x_{\max j} \tag{1-24}$$

式中：$x_{\max j}$为第j种组分相对含量的最大值。

1.5 常见测井响应参数的理论计算

在实际测井解释及资料处理过程中，响应参数选择具有一定的盲目性和随意性，无坚实的理论根据。用岩心刻度测井的方法求得的响应参数值，在某一口井或某一特定地区有其实用性，但不能推广至整个油田或其他地区。其他地区中这些响应值必须重新进行刻度，这样做成本巨大。本节系统地给出实际生产中常见矿物和流体响应值的理论计算方法，旨在为实际使用提供一定指导。

1.5.1 电阻率响应参数

电阻率是指示含油性，确定含油饱和度最直接的参数。一般认为常见岩石（砂岩、石灰岩、白云岩）的骨架、油气和纯水是不导电的，岩石中的主要导电组分为有一定矿化度的地层水和泥浆滤液。目前测井中常用电阻率响应方程如阿奇公式、西门杜公式、印尼公式和双水模型等，地层水电阻率均为关键参数。这里讨论一定矿化度盐水的导电性。

设盐水的电阻率为R、横截面为A、长度为L的导电体的电阻为r，由欧姆定律得

$$r = R\frac{L}{A} \tag{1-25}$$

考虑r与R的关系，把L、A看成常数，两边微分得

$$dr = \frac{L}{A}dR \tag{1-26}$$

将式（1-26）两边同时除以 r，并将式（1-25）代入得

$$\frac{dr}{r} = \frac{dR}{R} \tag{1-27}$$

盐水的导电性受温度 T 的影响，将式（1-27）两边同除以 dT 得

$$\frac{1}{r}\frac{dr}{dT} = \frac{1}{R}\frac{dR}{dT} \tag{1-28}$$

由于盐水是离子导电，温度升高，电阻率降低，可令式（1-28）为

$$\frac{1}{r}\frac{dr}{dT} = \frac{1}{R}\frac{dR}{dT} = -\alpha \tag{1-29}$$

其中 α 为正数，于是有

$$\frac{1}{R}dR = -\alpha dT \tag{1-30}$$

设温度为 T_0 时相应电阻率为 $R_w(T_0)$，温度为 T_1 时，相应的电阻率为 $R_w(T_1)$，对式（1-30）两边作定积分，即

$$\int_{R_w(T_0)}^{R_w(T_1)} \frac{1}{R}dR = -\alpha \int_{T_0}^{T_1} dT \tag{1-31}$$

由此可推得 $\dfrac{R_w(T_1)}{R_w(T_0)} = \dfrac{1}{e^{\alpha(T_1 - T_0)}}$。

将上式右边分式的分母展开为级数，只取前两项得

$$R_w(T_1) = R_w(T_0)\frac{1}{1 + \alpha(T_1 - T_0)} \tag{1-32}$$

写成电导率形式，即

$$C_w(T_1) = C_w(T_0)\left[1 + \alpha(T_1 - T_0)\right] \tag{1-33}$$

实验表明：当温度为−21.5℃时，盐水无导电性。将 T_1=−21.5℃，$C_w(T_1)$=0 代入式（1-33）得

$$\alpha = \frac{1}{21.5 + T_0} \tag{1-34}$$

将 α 代入式（1-32）得

$$R_w(T_1) = R_w(T_0)\frac{21.5 + T_0}{21.5 + T_1} \tag{1-35}$$

式中：T_0、T_1 的单位为℃；$R_w(T_0)$、$R_w(T_1)$的单位为$\Omega \cdot m$。

式（1-35）表明，若已知温度为 T_0 时的电阻率，就可计算出温度为 T_1 时的电阻率。

1.5.2 密度测井响应参数

密度测井测量的是地层的电子密度 ρ_e，用含水石灰岩刻度表示的刻度方程为

$$\rho_a = 1.07(\rho_e)_i - 0.1883 \tag{1-36}$$

其中，$(\rho_e)_i$ 为电子密度指数，定义为

$$(\rho_e)_i = \frac{2\rho_e}{N_A} \tag{1-37}$$

式中：N_A为阿伏伽德罗常数。

经过式（1-36）刻度后，仪器记录的是地层的视体积密度ρ_a。

从式（1-36）和式（1-37）可看出，ρ_a与ρ_e是线性关系，因此在实际工作中，可以直接用体积密度构建响应方程，而不是用电子密度。

仪器记录的是式（1-36）刻度后的视体积密度，因此，密度响应方程中的响应参数也应该是式（1-36）刻度后的视体积密度。下面讨论视体积密度的理论计算。

1. 骨架、纯水、油的视体积密度

地层体积密度ρ_b与电子密度ρ_e的关系是

$$\rho_e = \rho_b \left(\frac{Z}{A_r}\right) N_A \tag{1-38}$$

式中：Z为原子序数；A_r为相对原子质量。

将式（1-38）代入式（1-37）得

$$(\rho_e)_i = \rho_b \left(\frac{2Z}{A_r}\right) \tag{1-39}$$

将式（1-39）代入式（1-36）得刻度后的视体积密度为

$$\rho_a = 1.07\rho_b \left(\frac{2Z}{A_r}\right) - 0.1883 \tag{1-40}$$

对由多个原子组成的化合物，式（1-40）应为

$$\rho_a = 1.07\rho_b \left(\frac{2\sum Z}{M_r}\right) - 0.1883 \tag{1-41}$$

式中：$\sum Z$为总原子序数；M_r为相对分子质量。

例如，已知H、O、Si、C的原子序数及原子量分别为${}_{1.008}H^1$、${}_{16}O^8$、${}_{28.086}Si^{14}$、${}_{12.011}C^6$，纯水（H_2O）、石英（SiO_2）、油[$n(CH_2)$]的实际密度分别为1 g/cm^3、2.654 g/cm^3、0.85 g/cm^3，则可用式（1-41）计算出纯水、石英、油的视体积密度分别为 1 g/cm^3、2.647 g/cm^3、0.85 g/cm^3。

2. 已知浓度盐水的视体积密度

设盐水为NaCl溶液（以下同），浓度为p，溶液总质量为m，水的质量为m_{H_2O}，NaCl的质量为m_{NaCl}；溶液、水、NaCl的密度和体积分别为ρ_w、ρ_{H_2O}、ρ_{NaCl}和V_w、V_{H_2O}、V_{NaCl}。

由于
$$m = m_{H_2O} + m_{NaCl}$$

即
$$V_w\rho_w = V_{H_2O}\rho_{H_2O} + V_{NaCl}\rho_{NaCl}$$

因为
$$\rho_{H_2O} = 1$$

所以
$$\rho_w = 1 + \left(1 - \frac{1}{\rho_{NaCl}}\right)\frac{m_{NaCl}}{V_w}$$

由于$p = \dfrac{m_{NaCl}}{V_w}$，上式可写为

$$\rho_w = 1 + \left(1 - \frac{1}{\rho_{NaCl}}\right) p \tag{1-42}$$

将 ρ_{NaCl}=2.165 g/cm^3 代入式（1-42）得

$$\rho_w = 1 + 0.538\,1p \tag{1-43}$$

式（1-43）假设盐溶解于水，溶液体积为溶质体积与溶剂体积之和，并且没有考虑温度和压力的影响。斯伦贝谢公司给出 75 ℉（华氏度，华氏度=摄氏度×1.8+32）、1 atm（10^5 Pa）条件下，盐水密度与矿化度的近似关系为

$$\rho_w = 1 + 0.73p \tag{1-44}$$

对于混合物，式（1-41）应修改为

$$\rho_a = 1.07\rho_b \left[2\sum_{i=1}^{n} \frac{(\sum Z)_i}{M_i} V_i \right] - 0.188\,3 \tag{1-45}$$

式中：n 为混合物中化合物的种数；$\left(\sum Z\right)_i$ 为第 i 种化合物的总原子序数；M_i 为第 i 种化合物的相对分子质量；V_i 为第 i 种化合物在混合物中的相对含量。

对浓度为 p 的 NaCl 溶液，式（1-45）应为

$$\rho_{wa} = 1.07\rho_w \left[p\frac{2(\sum Z)_{NaCl}}{M_{NaCl}} + (1-p)\frac{2(\sum Z)_{H_2O}}{M_{H_2O}} \right] - 0.188\,3 \tag{1-46}$$

将 $_{1.008}H^1$、$_{16}O^8$、$_{22.99}Na^{11}$、$_{35.453}Cl^{17}$ 的原子序数及相对分子质量代入式（1-46）得

$$\rho_{wa} = 1.07\rho_w [0.958\,1p + 1.110\,1(1-p)] - 0.188\,3 \tag{1-47}$$

式（1-47）就是浓度为 p 的地层水的视体积密度，其中 ρ_w 可由式（1-44）给出。

例如：已知矿化度为 2×10^{-6} g/L 的 NaCl 溶液，用式（1-44）可算得其密度为 ρ_w=1.146 g/cm^3，再将其代入式（1-46），可得其视体积密度为 ρ_{wa}=1.136 g/cm^3。

3. 天然气的视体积密度

先推导井底条件下气体真密度 ρ_g 的表达式。

天然气气体的状态方程为

$$PV = znRT \tag{1-48}$$

式中：n 为气体物质的量，mol；P 为气体的压力，10^5 Pa；V 为气体的体积，L；T 为气体的绝对温度，K；R 为通用气体常数；z 为气体的压缩因子（无因次）。

地面条件下（下标 s 表示地面）的状态方程为

$$V_{gs}P_{gs} = nz_sRT_s \tag{1-49}$$

其中 z_s≈1。地下条件（下标 f 表示地下）的状态方程为

$$V_{gf}P_{gf} = nz_fRT_f \tag{1-50}$$

将式（1-49）除以式（1-50），整理得

$$\frac{V_{gs}}{V_{gf}} = \frac{T_sP_{gf}}{z_fT_fP_{gs}} \tag{1-51}$$

定义 m_f、m_s 和 ρ_{gf}、ρ_{gs} 分别为气体在地下和地面的质量和密度，因 $V_{gf} = m_f/\rho_{gf}$，$V_{gs} = m_s/\rho_{gs}$，且 m_f=m_s，所以由式（1-51）得

$$\rho_{gf} = \rho_{gs} \frac{T_s P_{gf}}{z_f T_f P_{gs}} \tag{1-52}$$

式中：ρ_{gs} 为天然气在地面条件下的密度。

在实际应用中，采用空气的密度计算：

$$\rho_{gs} = r_{gs} \rho_{airs} \tag{1-53}$$

式中：ρ_{airs} 为地面条件下空气的密度；r_{gs} 为相同体积、相同温度和压力条件下，天然气质量与空气质量之比。

将式（1-53）代入式（1-52），即为地下天然气密度的计算式：

$$\rho_{gf} = r_{gs} \rho_{airs} \frac{T_s P_{gf}}{z_f T_f P_{gs}} \tag{1-54}$$

例：已知地面 P_{gs}=1 atm（10^5 Pa）、T_s=298 K、ρ_{airs}=0.001 223 g/cm^3、r_{gs}=0.55，若地下 P_{gf}=310 atm（10^5 Pa）、z_f=0.85、T_f=383 K，则用式（1-54）可计算出地下天然气的密度为 ρ_{gf}=0.19 g/cm^3。

1）甲烷的视体积密度

甲烷分子式为 CH_4，将 C、H 的原子序数及相对原子质量代入式（1-41），可计算出甲烷气体的视体积密度为

$$\rho_{ga}=1.336\,6\rho_{gf} - 0.188\,3 \tag{1-55}$$

再将式（1-54）代入式（1-55），可得地下条件下甲烷气体的视体积密度，即

$$\rho_{ga} = 1.336\,6 r_{gs} \rho_{airs} \frac{T_s P_{gf}}{z_f T_f P_{gs}} - 0.188\,3 \tag{1-56}$$

2）天然气的视体积密度

天然气为混合气体，忽略天然气中的非碳氢化合物成分，其中氢原子数与氧原子数之比一般为 4.2∶1.1，因此，由式（1-41）可得天然气的视体积密度为

$$\rho_{ga}=1.327\rho_{gf} - 0.188\,3 \tag{1-57}$$

将式（1-54）代入式（1-57），得天然气在地下条件的平均视体积密度，即

$$\rho_{ga} = 1.327 r_{gs} \rho_{airs} \frac{T_s P_{gf}}{z_f T_f P_{gs}} - 0.188\,3 \tag{1-58}$$

1.5.3 中子测井响应参数

中子测井曲线记录的是视含氢指数，含氢指数定义为每立方厘米该物质氢原子浓度与在 75℉时相同体积纯水的氢原子浓度之比。根据定义，纯水的含氢指数 $H_{H_2O}=1$，常见矿物如石英 SiO_2、石灰岩 $CaCO_3$ 和白云岩 $MgCa(CO_3)_2$ 的分子中不含氢原子，因此，它们的含氢指数为 0。

设某物质相对分子质量为 M_r，每个分子中氢原子数为 X，其密度为 ρ（g/cm^3），则每立方厘米该物质的氢原子数 E 为

$$E = \frac{X}{M_r} \rho N_A \tag{1-59}$$

每立方厘米纯水中氢原子数为

$$E_{H_2O}=\frac{X_{H_2O}}{M_{H_2O}}\rho_{H_2O}N_A \tag{1-60}$$

由含氢指数的定义，该物质的含氢指数为

$$H=\frac{E}{E_{H_2O}} \tag{1-61}$$

将式（1-59）、式（1-60）代入式（1-61）得

$$H=\frac{XM_{H_2O}\rho}{X_{H_2O}M\rho_{H_2O}} \tag{1-62}$$

现已知水的相对分子质量 M_{H_2O}=18，每个水分子中有两个氢原子，即 X_{H_2O}=2，水的密度为 ρ_{H_2O}=1 g/cm^3，将它们代入式（1-62）得

$$H=9\frac{X\rho}{M_r} \tag{1-63}$$

这就是计算含氢指数的数学公式，H 为小数。

1. 骨架的含氢指数

以石膏为例，说明骨架含氢指数的计算方法。石膏的分子式为 $CaSO_4\cdot 2H_2O$，Ca、S、O、H 的相对原子质量分别为 40.08、32.06、15.999 4、1.007 9，因此 $CaSO_4\cdot 2H_2O$ 的相对分子质量为 $M_{CaSO_4\cdot 2H_2O}=172.168$，从分子式可看出 1 个石膏分子有 4 个氢原子，即 $X_{CaSO_4\cdot 2H_2O}=4$，又有 $\rho_{CaSO_4\cdot 2H_2O}=2.32$ g/cm^3，因此利用式（1-63）可算出石膏的含氢指数为

$$H_{CaSO_4\cdot 2H_2O}=9\frac{X_{CaSO_4\cdot 2H_2O}}{M_{CaSO_4\cdot 2H_2O}}\rho_{CaSO_4\cdot 2H_2O}=0.485 \tag{1-64}$$

2. 油、气的含氢指数

油、气中只含 C、H 原子，其碳氢化合物的化学式可写为通式 $C_{x_1}H_{x_2}$，因此其相对分子质量为

$$M_{C_{x_1}H_{x_2}}=12x_1+x_2 \tag{1-65}$$

每个分子中有 x_1 个碳原子，x_2 个氢原子，代入式（1-63）有

$$H_{C_{x_1}H_{x_2}}=9\frac{x_2/x_1}{12+x_2/x_1}\rho_{C_{x_1}H_{x_2}} \tag{1-66}$$

从式（1-66）可看出，若分子中 H 原子数与 C 原子数之比 $n=\frac{x_2}{x_1}$，那么可用下式直接计算碳氢化合物的含氢指数：

$$H_H=9\frac{n}{12+n}\rho_H \tag{1-67}$$

式中：H_H 为碳氢化合物的含氢指数，小数；ρ_H 为碳氢化合物的密度，g/cm^3。

例：若油的密度为 0.85 g/cm^3，化学式为 $n(CH_2)$，即氢碳原子数之比为 n=2，于是将 ρ_H=0.85 g/cm^3，n=2 代入式（1-67）得油的含氢指数：$H_o\approx1.09$。

对于天然气，式（1-67）中的 ρ_H 可用式（1-54）求得，n 可根据气体的成分推算。

一般情况下，天然气混合物中氢原子数与碳原子数之比的平均值 n=3.818，故由式（1-67）可获得天然气的平均含氢指数

$$H_g = 9 \times \frac{3.818}{3.818 + 12} \rho_g = 2.172 \rho_g \tag{1-68}$$

式中：ρ_g 为天然气的密度，g/cm^3，可用式（1-54）计算；H_g 为天然气平均含氢指数，小数。

3. 盐水的含氢指数

设盐水的矿化度为 p，单位为 10^{-6} g/L，密度为 ρ_w，则每立方厘米溶液中 NaCl 的质量为 p 克，纯水的质量为$(\rho_w - p)$克，所以每立方厘米盐水中氢原子数为

$$E_w = (\rho_w - p) \frac{X_{H_2O}}{M_{H_2O}} N \tag{1-69}$$

由含氢指数的定义得

$$H_w = \frac{E_w}{E_{H_2O}} \tag{1-70}$$

将式（1-60）、式（1-69）代入式（1-70）得

$$H_w = \rho_w - p \tag{1-71}$$

式中：H_w 为矿化度为 p 时地层水（盐水）的含氢指数，小数；ρ_w 为地层水密度，g/cm^3，由式（1-44）给出。

1.5.4 声波测井响应参数

声波测井主要记录纵波时差和横波时差，由于流体无剪切模量，所以无横波传播。另外，地层水中声波传播速度受矿化度、温度和压力等因素的共同影响，目前尚无理论计算方程，只能通过实验图版查得。因此，这里仅讨论骨架及天然气的纵波时差计算方法。

1. 骨架的声波时差

骨架的纵波传播速度和横波传播速度分别为

$$v_{cma} = \sqrt{\frac{K_{ma} + \frac{4}{3} G_{ma}}{\rho_{ma}}} \tag{1-72}$$

$$v_{sma} = \sqrt{\frac{G_{ma}}{\rho_{ma}}} \tag{1-73}$$

式中：v_{cma} 为骨架纵波传播速度，cm/s；v_{sma} 为骨架横波传播速度，cm/s；K_{ma} 为骨架的弹性体积模量，dyn/cm^2（1 dyn/cm^2=0.1 Pa）；G_{ma} 为骨架的切变模量，dyn/cm^2；ρ_{ma} 为骨架密度，g/cm^3。

转换成测井中惯用的声波时差，并进行单位转换得

$$\Delta t_{cma} = \frac{10^8}{v_{cma}} \tag{1-74}$$

$$\Delta t_{sma} = \frac{10^8}{v_{sma}} \tag{1-75}$$

式中：Δt_{cma}、Δt_{sma}分别为骨架的纵波和横波时差，μs/m。

例：已知石灰岩骨架的 K_{lime}=6.9×10^{11} dyn/cm^2，G_{lime}=3.1×10^{11} dyn/cm^2，ρ_{lime}=2.71 g/cm^3，则由式（1-72）、式（1-73）可获得石灰岩骨架的纵、横波速度分别为：v_{clime}=6.4×10^5 cm/s，v_{slime}=3.38×10^5 cm/s。由式（1-74）和式（1-75）转换为声波时差：Δt_{clime}=156.25 μs/m，Δt_{slime}=295.86 μs/m。

2. 天然气的纵波时差

天然气的体积模量与温度、压力及其成分密切相关，用体积模量和密度来计算纵波时差的方法已不再适用，但是在地面（常压、0 ℃）条件下，天然气的纵波时差可以看作已知，为 626 μs/ft（1 ft=3.048×10^{-1} m），下面用此时差推算地下不同温度和压力条件下天然气纵波时差的计算式。

气体的状态方程为 $PV_g = RnzT$，考察压力随体积的变化：

$$\frac{dP}{dV_g} = -\frac{RnzT}{V_g^2} \tag{1-76}$$

由体积模量的定义得

$$C_g = \frac{1}{K_g} = -\frac{1}{dP\Big/\frac{dV_g}{V_g}} = -\frac{1}{V_g\left(\frac{dP}{dV_g}\right)} = \frac{-1}{V_g\left(\frac{-RnzT}{V_g^2}\right)} = \frac{V_g}{RnzT} \tag{1-77}$$

由于 $v_{cg} = \sqrt{\frac{K_g + \frac{4}{3}G_g}{\rho_g}}$，且 G_g=0，所以有

$$v_{cg} = \sqrt{\frac{1}{C_g\rho_g}} = \sqrt{\frac{RnzT}{V_g\rho_g}} = \sqrt{\frac{RnzT}{m_g}} \tag{1-78}$$

式中：m_g为气体的质量。

地表条件下：
$$v_{cgs} = \sqrt{\frac{Rnz_sT_s}{m_g}}$$

地下条件下：
$$v_{cgf} = \sqrt{\frac{Rnz_fT_f}{m_g}}$$

于是：$\frac{v_{cgs}}{v_{cgf}} = \sqrt{\frac{z_sT_s}{z_fT_f}}$，即地下与地表纵波时差之比为

$$\frac{\Delta t_{cgf}}{\Delta t_{cgs}} = \frac{v_{cgs}}{v_{cgf}} = \sqrt{\frac{z_sT_s}{z_fT_f}} \tag{1-79}$$

由于地表条件下 T_s=273 K 时，z_s≈1，Δt_{cgs}=626 μs/ft，所以地下条件下天然气纵波时差的计算公式为

$$\Delta t_{cgf} = 626\sqrt{\frac{273}{z_f(273+t_f)}} \tag{1-80}$$

式中：Δt_{cgf} 为天然气的纵波时差，μs/ft；z_f 为天然气在地下条件的压缩因子，无因次；t_f 为温度，℃。

以上给出的计算矿物骨架响应参数的方法，都是针对单矿物而言的。对于由多矿物组成的骨架，可先计算各种单矿物的响应参数，再用加权平均的方法计算多矿物骨架的响应参数。

各种测井方法对各种矿物骨架和流体的响应参数的计算都有其理论基础。在测井资料的处理解释中，盲目地选择、调整这些参数是不科学的，用岩心资料刻度这些参数的方法，也因其没有普遍性不可取。本节给出的方法，为实际生产中选择解释参数提供了理论基础和方法。

1.6 凝析油气层测井评价

凝析气在储层条件下的物理性质介于油与干气的物理性质之间，这是由测井资料识别凝析气藏的困难之处。其具体表现为：首先，凝析气藏重烃组分含量较干气气藏相对要高，密度更大，在正常测井响应中气显示不明显；其次，如果凝析气藏底部带有油环，油质的轻重（凝析油含量的不同）对油气界面有很大的影响，重质油油气界面比较清楚，而轻质油则很难确定油气界面；最后，岩性的复杂程度、储层的好坏也会影响凝析气的识别与评价。

本节通过地层组分分析模型和最优化理论计算储层条件下凝析气和凝析油的含量，进而计算出气油比和地下可动油密度，达到识别凝析气藏的目的。

1.6.1 地面气油比计算

1. 凝析油、凝析气等地层组分相对含量的计算

假设地层组分为：不动油、凝析油、可动水、凝析气、泥质及岩石的各种矿物骨架，它们在地层中的相对含量分别为 x_{or}、x_{om}、x_{fw}、x_{gas}、x_{sh}、x_{ma1}、$x_{ma2}\cdots x_{mak}$，利用前述数学模型和求解算法，可求得各组分的相对含量，由此计算气油比及地层可动流体密度。

2. 气油比与地层可动流体密度

由式（1-51）可得到地下条件下，体积为 V_{gf} 的天然气（这里为凝析气）在地面条件下的体积：

$$V_{gs}=\frac{T_s P_{gf} V_{gf}}{z_f T_f P_{gs}} \tag{1-81}$$

式中：T_s 为地面温度，K；P_{gf} 为地层压力，10^5 Pa；z_f 为凝析气在地下条件下的压缩因子，无因次；T_f 为井底温度，K；P_{gs} 为地面压力，10^5 Pa。

气油比
$$\mathrm{rog}=\frac{V_{gs}}{V_{om}}$$

式中：V_{om} 为凝析油在地面的体积。

若认为凝析油在地面的体积与地下的体积近似相等，令岩石体积为 V_T，则 $V_{gf}=x_{gas}V_T$，$V_{om}=x_{om}V_T$，即 $\frac{V_{gf}}{V_{om}}=\frac{x_{gas}}{x_{om}}$。将式（1-81）代入并整理得

$$\text{rog}=\frac{x_{gas}}{x_{om}}\frac{T_sP_{gf}}{z_fT_fP_{gs}} \tag{1-82}$$

式中：x_{gas} 为凝析气在地层中的相对含量，小数；x_{om} 为凝析油在地层中的相对含量，小数。

地层可动流体密度为

$$\rho_f=\frac{x_{gas}\rho_{gas}+x_{om}\rho_{om}}{x_{gas}+x_{om}} \tag{1-83}$$

式中：ρ_{gas}、ρ_{om} 分别为地层条件下凝析气和凝析油的密度。

1.6.2 气油比的侵入影响校正

用来反映气油比的测井信息，如电阻率测井、密度测井、中子测井和声波测井，都会在不同程度上受泥浆滤液侵入的影响，使测井计算的气油比偏低。图 1-2 是某盆地 6 口井 11 个层位计算的气油比与试油得到的气油比之间的对比图。由图可见，计算的气油比比试油得到的气油比低，尤其是在泥浆密度非常大的井中更是如此。如 D2 井（泥浆密度为 1.54 g/cm^3，图 1-2 中层号为 D2-1、D2-2）、L2 井（泥浆密度为 2.24 g/cm^3，图 1-2 中层号为 L2-1），都是泥浆侵入所致。

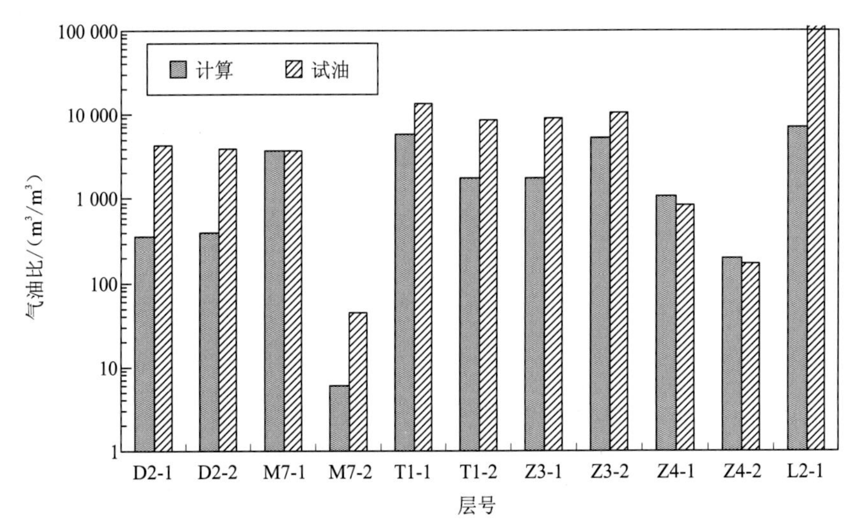

图 1-2 计算的气油比与试油得到的气油比之间的对比图

图 1-3 是气油比计算误差（试油结果与计算结果对数值之差）与泥浆密度之间的关系。由图可见，气油比计算误差与泥浆密度关系密切，由此可得到用泥浆密度校正计算气油比的关系式：

$$\text{rog}_{\text{校后}} = 10^{\lg(\text{rog}_{\text{校前}}) - 0.5893\rho_m^2 + 3.87\rho_m - 3.5628} \tag{1-84}$$

式中：ρ_m为泥浆密度，g/cm^3；rog$_{\text{校前}}$为校正前的气油比，m^3/m^3；rog$_{\text{校后}}$为校正后的气油比，m^3/m^3。

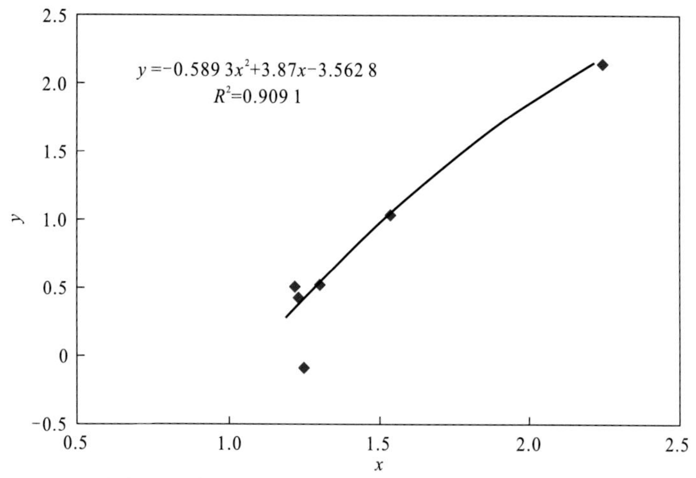

图 1-3　气油比计算误差与泥浆密度之间的关系

x为泥浆密度，g/cm^3；$y=\lg(\text{rog}_{\text{试油}})-\lg(\text{rog}_{\text{计算}})$；$R$为相关系数

图 1-4 为图 1-2 中各层校正后的气油比与试油所得气油比之间的对比图。由对比图可知，校正后的气油比与试油得到的气油比很接近。

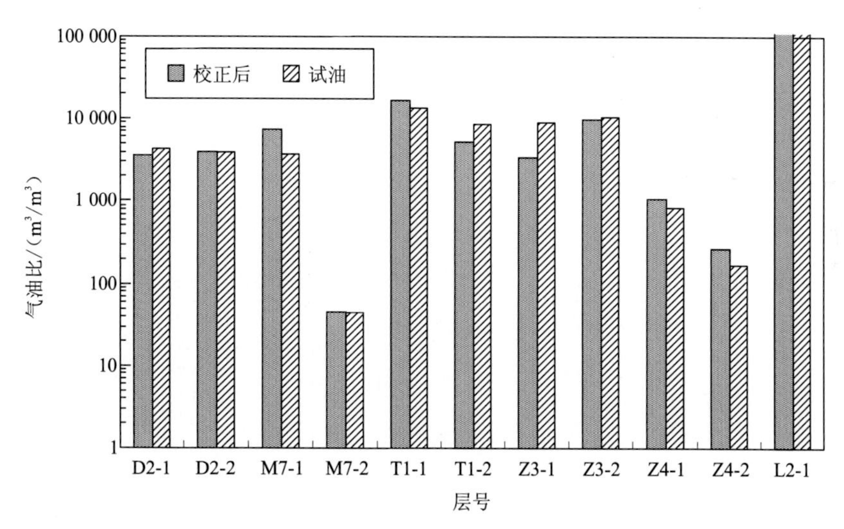

图 1-4　校正后的气油比与试油得到的气油比之间的对比图

1.6.3　油气藏类型判别

油气藏按流体性质可分为：黑油油藏、挥发油油藏、凝析气藏、湿气气藏和干气气藏。表 1-5（杨宝善，1995）为用气油比判别油气藏类型的标准。

表 1-5　用气油比判别油气藏类型的标准

油气藏类型	气油比/（m^3/m^3）
黑油	0～356.2
挥发油	356.2～534.3
凝析气	534.3～26 715
气（湿气、干气）	26 715～∞

根据以上标准，可由测井计算的气油比判别油气藏类型，识别凝析气藏。

1.6.4　方法验证

用本节方法对 H7、H303、N5、D4、I2、L201 等井实际测井资料进行处理，表 1-6 是测井处理识别结果与实际试油结果的对比。由对比结果可看出，利用计算的气油比识别油气藏类型具有较高的准确度。图 1-5 为 H7 井测井数字处理成果图，由图可见，在油气层段，地层由下到上，计算气油比逐渐变大，储层由油层逐渐变为凝析气层，且凝析气含量逐渐升高，这与一般规律相符，也与实际试油结果吻合，试油结果见表 1-6。

表 1-6　识别结果验证

井号	深度/m	测井识别结果			试油结果					识别正误情况
		气油比（对数平均）/（m^3/m^3）	井下可动油气密度/（g/cm^3）	油气层类型	日产气/$\times10^4\ m^3$	日产油/m^3	日产水/m^3	气油比/(m^3/m^3)	油气层类型	
H7	5 217～5 219	1 106	0.59	凝析气	17.62	154.0	—	1 144	凝析气	正
	5 227～5 230	127	0.66	油	5.37	302.0	—	178	油	正
	5 234～5 237	75	0.66	油	3.68	121.0	283.0	304	油	正
H303	5 190～5 196	1 790	0.59	凝析气	3.02	3.4	—	8 856	凝析气	正
N5	3 807～3 809	598	0.47	凝析气	—	101.0	—	—	油	误
	4 182～4 184	591	0.51	凝析气	22.09	52.8	6.1	4 183	凝析气	正
D4	5 069.6～5 076.7	236	0.61	油	微量	266.0	—	—	油	正
I2	5 041～5 045	582	0.53	凝析气	4.20	40.0	—	1 050	凝析气	正
	4 084～5 091	4 272	0.39	凝析气	1.50	22.0	—	682	凝析气	正
	5 101～5 112	1 428	0.44	凝析气	2.50	34.3	—	729	凝析气	正
L201	3 665～3 695	104 226	0.26	气	45.40	—	—	—	气	正
	3 770～3 795	23 107	0.27	气	37.30	—	—	—	气	正
	3 883～3 892	6 422	0.32	凝析气	30.70	—	—	—	气	误

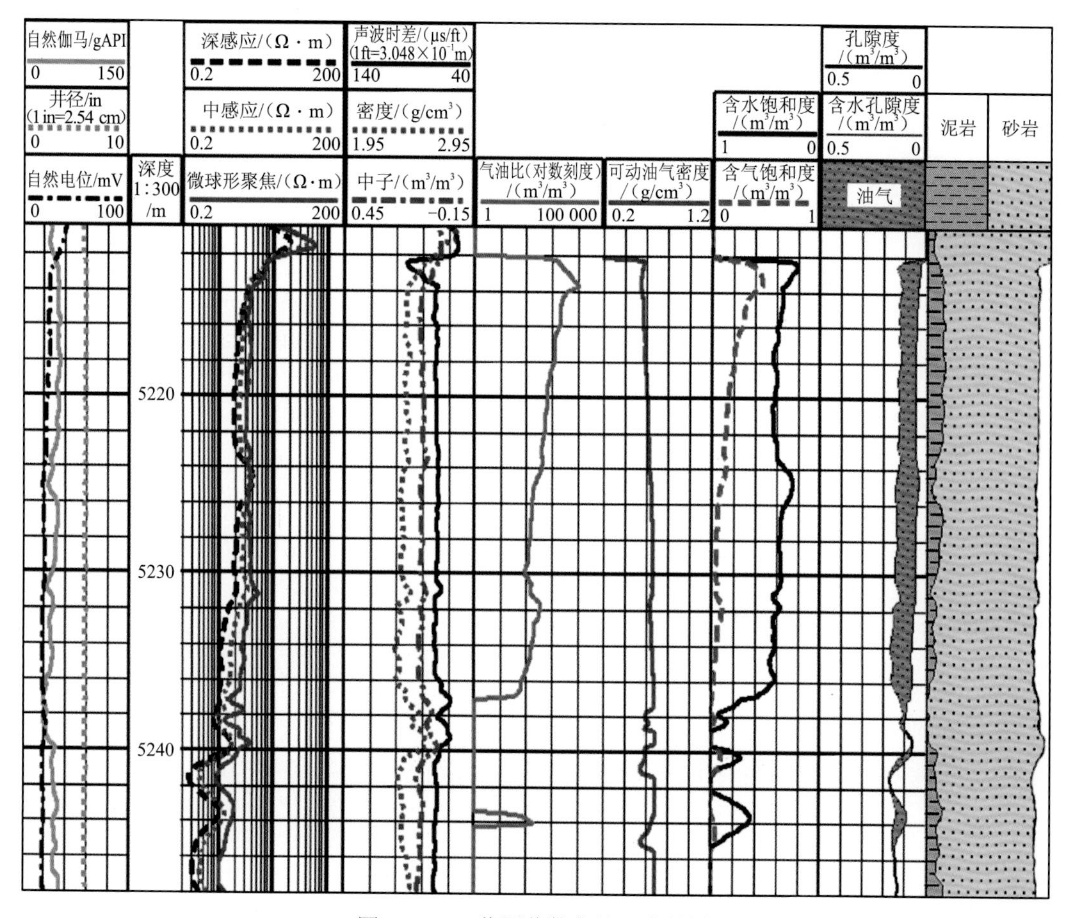

图 1-5　H7 井测井数字处理成果图

第2章 岩石导电效率及其与含水饱和度的关系

由电阻率测井资料评价储层的含油（气）饱和度始终是测井的重要任务之一，自1942年Archie提出阿奇公式以来，人们一直在不断地完善、使用它。阿奇公式的形式是$\frac{R_t}{R_w}=\frac{ab}{S_w^n\phi^m}$，其中，$m$和$n$分别为孔隙度指数和饱和度指数。该公式是从实验中总结出来的经验公式，当泥质含量较高、岩石亲油、孔隙结构复杂时，它都不能准确反映岩石电阻率与含水饱和度之间的关系。虽然有很多学者对m、n的影响因素进行了全面的研究，但要给它们赋予确切的物理意义还比较困难。导电效率理论能够合理地解释岩石的电学特性，通过实验建立导电效率与含水孔隙度之间的关系，可以用来评价含水饱和度。

2.1 岩石的导电效率及其非均匀分布特征

2.1.1 导电效率

岩石的导电效率定义为：在相同电势差下，岩石耗散的平均功率与岩石具有相同长度和含水体积的一根全含水直毛管（以下称“标准毛管”）耗散的功率之比：

$$E=\frac{P_t}{P_s} \tag{2-1}$$

式中：E为岩石的导电效率；P_t和P_s分别为在相同电势差下，岩石产生的平均功率和标准毛管产生的功率。

岩样与标准毛管具有相同导电相（盐水）体积，但具有明显不同的导电能力，其根本原因是导电相的分布不同，因而可以认为E是岩石中导电相分布的几何特征参数，导电路径的曲折程度、孔喉大小的分布特征、孔隙的连通性、非导电相（油）的分布特征都被考虑在参数E中。如果岩石中还存在对导电能力有贡献的矿物（如黏土和黄铁矿），那么它们的贡献也被考虑在E中。

假设岩石中除地层水之外，无其他导电成分，且为均匀各向同性介质，岩样横截面积为A_t，电阻率为R_t，相应的标准毛管的横截面积为A_s，电阻率（即岩石孔隙中地层水电阻率）为R_w；岩样和标准毛管长度为L，两端所加电压为v，则

$$P_t=\frac{v^2}{R_t\frac{L}{A_t}} \tag{2-2}$$

$$P_{\mathrm{s}}=\frac{v^2}{R_{\mathrm{w}}\dfrac{L}{A_{\mathrm{s}}}} \tag{2-3}$$

将以上两式代入式（2-1）有

$$E=\frac{R_{\mathrm{w}}}{R_{\mathrm{t}}\dfrac{LA_{\mathrm{s}}}{LA_{\mathrm{t}}}}=\frac{R_{\mathrm{w}}}{R_{\mathrm{t}}\dfrac{V_{\mathrm{s}}}{V_{\mathrm{t}}}} \tag{2-4}$$

式中：V_{s}、V_{t}分别为标准毛管体积和岩石体积。

标准毛管体积即为岩石孔隙水体积，因而由含水孔隙度的定义有$\phi_{\mathrm{w}}=\dfrac{V_{\mathrm{s}}}{V_{\mathrm{t}}}$，代入式（2-4）得

$$E=\frac{R_{\mathrm{w}}}{R_{\mathrm{t}}\phi_{\mathrm{w}}} \tag{2-5}$$

式中：ϕ_{w}为含水孔隙度，可用含水饱和度和孔隙度求得。

$$\phi_{\mathrm{w}}=S_{\mathrm{w}}\phi \tag{2-6}$$

E 为岩石的全局导电效率，它是表征岩石孔隙中导电流体的几何特征参数，可以用类似的方法对岩石中的任意一个小体积单元（或近似一个点）定义局部导电效率ε。局部导电效率与全局导电效率的关系为

$$E=\frac{1}{N}\left(\sum_{i=1}^{N}\varepsilon_i\right) \tag{2-7}$$

式中：ε_i为岩石中第 i 个小体积单元的局部导电效率；N 为岩石中的小体积单元个数。

2.1.2 非均匀分布特征

从式（2-7）可看出，全局导电效率为局部导电效率的算术平均。

图 2-1 是孔隙空间的电流线分布示意图。根据电流密度的不同可将孔隙空间分为三个区域：①A 区：电流密度最高，对全局导电效率影响最大，导电效率最高；②B 区：即大孔隙区，电流密度向 C 区逐渐变小，局部导电效率向 C 区逐渐变小；③C 区：无电流线分布，局部导电效率为 0，即对岩石导电性无贡献，手指状或树枝状“导电死区”也属于此类。当油分别进入以上三个区域时，岩石全局导电效率的变化规律是不一样的，A 区半径与 B 区半径之比，即喉道半径与孔隙半径之比越小，岩石全局导电效率越小。孔隙中导电流体的连通性差，“导电死区”多的岩石，其导电效率低。例如，鲕粒灰岩，

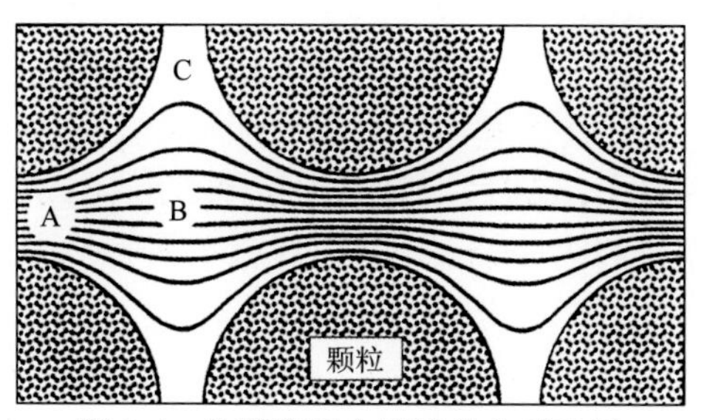

图 2-1　孔隙空间电流线分布示意图

由于其存在大量“导电死区”孔隙空间，其导电效率较低。其他岩石，如纯净、分选好、磨圆好的砂岩，具有较少的“导电死区”孔隙空间，因而具有较高的导电效率。所以，导电流体与非导电流体在孔隙中的分布状态和孔隙结构的复杂程度对岩石导电效率有较大影响。

2.2 导电效率与孔隙度及含水孔隙度的关系

根据理论分析，导电效率仅是孔隙中导电流体几何分布的函数，与孔隙水的电导率、含量及孔隙度的大小无关。但是，不同的砂岩，由于胶结作用的差异，可能引起孔隙度的不同和孔隙几何形态的变化。一般情况下，胶结作用使孔隙度变小，孔隙系统的复杂性增加，如孔隙喉道减小和“导电死区”体积增大。因此，尽管 E 和 ϕ 无固有相关关系，但在实际的岩石中，它们通过成岩过程联系在一起，这就使得导电效率与孔隙度之间产生了相关关系。图 2-2 与图 2-3 是塔里木盆地两口井的岩样全含水时的导电效率 E_o 与孔隙度 ϕ 关系图。从图中可见，E_o 与 ϕ 有较好的线性关系：

$$E_o = a_o\phi + b_o \tag{2-8}$$

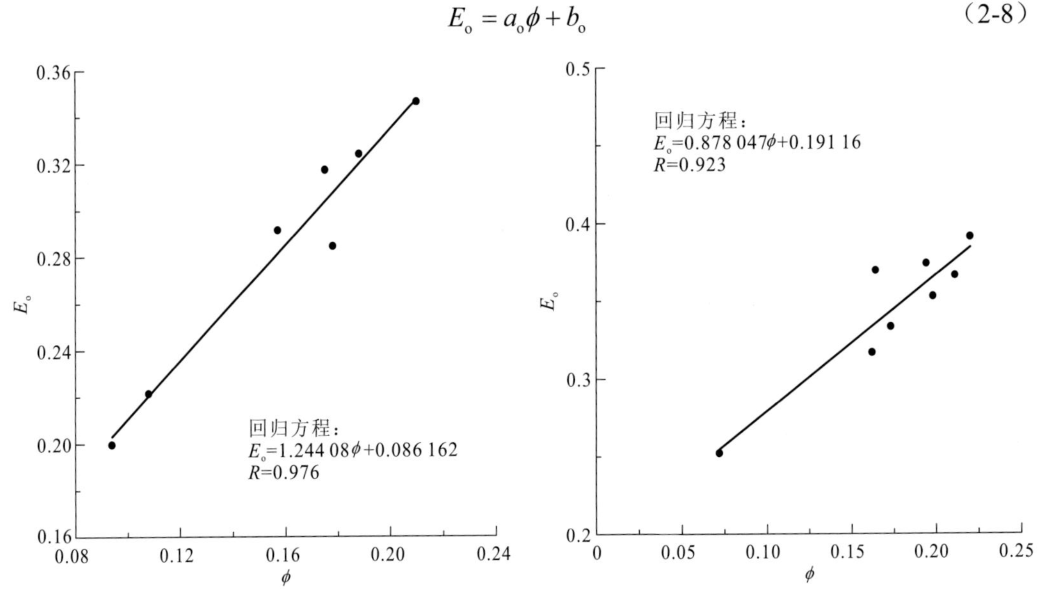

图 2-2 塔里木盆地 A 井岩样全含水导电效率 E_o 与孔隙度 ϕ 关系图

图 2-3 塔里木盆地 B 井岩样全含水导电效率 E_o 与孔隙度 ϕ 关系图

孔隙中油气的进入必然改变流体的分布状态，使导电流体的分布变复杂（曲率增大，“导电死区”体积增大），因此随含水孔隙度的减小，岩石导电效率下降。图 2-4 和图 2-5 是塔里木盆地 A 井和 B 井岩样导电效率与含水孔隙度关系图，从图中可看出，导电效率与含水孔隙度有很好的线性关系，将该线性关系表示为

$$E = a_t\phi_w + b_t \tag{2-9}$$

对亲水岩石，a_t、b_t 是孔隙结构的函数。通常情况，若岩石孔隙结构相似，各岩样

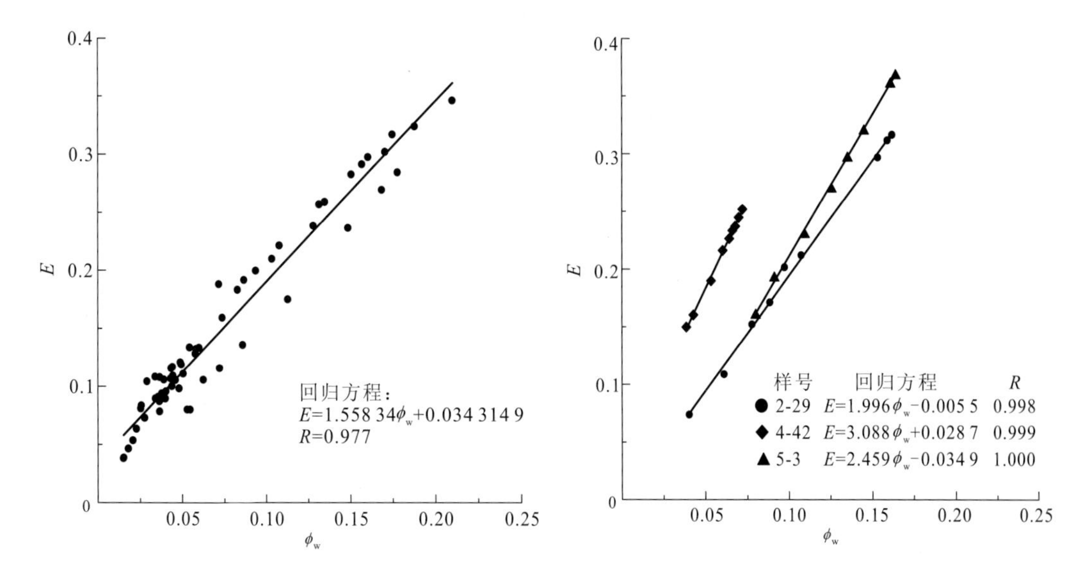

图 2-4 塔里木盆地 A 井岩样导电效率 E 与含水孔隙度 ϕ_w 关系图

图 2-5 塔里木盆地 B 井岩样导电效率 E 与含水孔隙度 ϕ_w 关系图

a_t与 b_t较接近（如 A 井），可直接用 E-ϕ_w 关系来确定；若由后生作用的不同而导致岩样间 a_t、b_t的不同，那么，a_t、b_t必须通过建立 E-ϕ_w 关系和 E_o-ϕ关系来间接求得（如 B 井），以下讨论获取它们的方法。

前面已讨论过，图 2-1 中 A、B、C 三个区域内的局部导电效率是不同的，即当油气分别进入这三个区域时，岩石全局导电效率的变化规律是不一样的。当油气进入 A 区时，由于 A 区是电流的“喉道”，其中导电水体积的减小将急剧降低岩石的导电效率；当油气进入 B 区时，B 区的局部导电效率小于 A 区，在该区由于水的减少，导致 B 区导电效率的降低程度将小于 A 区；当油气聚集于 C 区时，C 区局部导电效率为零，在该区导电水的减少不会导致电导率的变化，从而使全局导电效率升高。但在亲水岩石中，油先进入 B 区，使电流线向 C 区偏移，从而 C 区的范围减小，影响程度也变小。所以在 A 区体积相对含量高的岩石中，其导电效率随含水孔隙度下降而下降的速度快，即式（2-9）中的 a_t大，故 a_t与毛细管束缚水饱和度有相关关系。一般情况下，束缚水饱和度与孔隙度有关，因而 a_t与孔隙度有关，图 2-6 是塔里木盆地 A 井和 B 井岩样的 a_t与孔隙度关系图，从图中可看出 a_t与ϕ有较好的相关性，证明了以上推理的正确性。a_t与ϕ的关系可表示为

$$a_t = k_a\phi + b_a \tag{2-10}$$

将ϕ_w=ϕ、E=E_o代入式（2-9）有

$$E_o=a_t\phi+b_t \tag{2-11}$$

将式（2-8）代入式（2-11）可得

$$b_t=(a_o-a_t)\phi+b_o \tag{2-12}$$

再将式（2-10）代入式（2-12）有

$$b_t=(a_o-k_a\phi-b_a)\phi+b_o \tag{2-13}$$

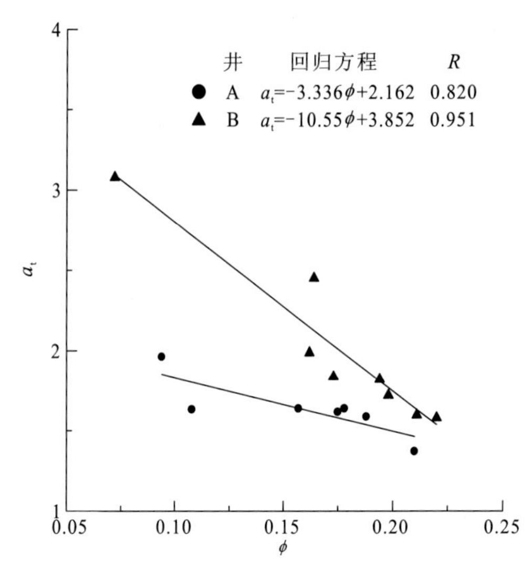

图 2-6 塔里木盆地 A 井和 B 井岩样的 a_t 与孔隙度关系图

2.3 基于导电效率理论的含水饱和度计算

将式（2-5）代入式（2-9）得

$$\frac{R_w}{R_t\phi_w} = a_t\phi_w + b_t \tag{2-14}$$

从中可解出：

$$\phi_w = \frac{-b_t + \sqrt{b_t^2 + 4a_t R_w / R_t}}{2a_t} \tag{2-15}$$

将ϕ_w转换成含水饱和度有

$$S_w = \frac{\phi_w}{\phi} = \frac{-b_t + \sqrt{b_t^2 + 4a_t R_w / R_t}}{2a_t\phi} \tag{2-16}$$

式中：a_t、b_t 为与岩石孔隙结构、润湿性有关的常数。若某一地区孔隙结构与润湿性变化不大，在纯地层中可直接使用取自该地区的一组岩样的 E-ϕ关系求得 a_t、b_t的值（如 2.2 节中 A 井），否则必须用式（2-10）和式（2-13）对 a_t和 b_t进行估算（如 2.2 节中 B 井）。

图 2-7 是 A 井用式（2-9）计算的 S_w 与岩电实验分析的 S_w 关系图，平均绝对误差为 2.5%，平均相对误差为 6.6%，图 2-8 是 A 井用阿奇公式计算的 S_w 与岩电实验分析的 S_w 关系图，平均绝对误差为 4.0%，平均相对误差为 10.0%；B 井用式（2-9）计算的 S_w 的平均绝对误差为 2.45%，平均相对误差为 4.87%，用阿奇公式计算的 S_w 的平均绝对误差为 2.1%，平均相对误差为 4.62%。比较这两组结果可知，用导电效率理论求含水饱和度比阿奇公式有更小或相近的模型误差。

以上讨论的是油气只进入大孔隙时，用导电效率理论求 S_w 的方法，当油气进一步进入小孔隙或部分毛细管时，导电效率与含水饱和度关系是不一样的。

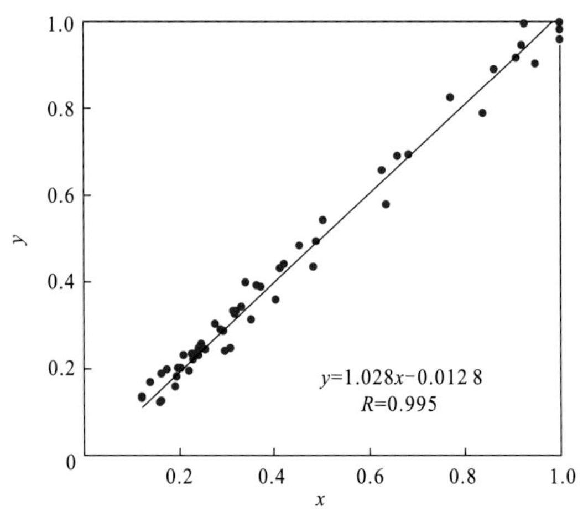

图 2-7　A 井用本节所给方法计算的 S_w 与岩电实验分析 S_w 关系图

图中 x 为岩电实验测量的含水饱和度，小数；y 为由式（2-9）计算的含水饱和度，小数；后同

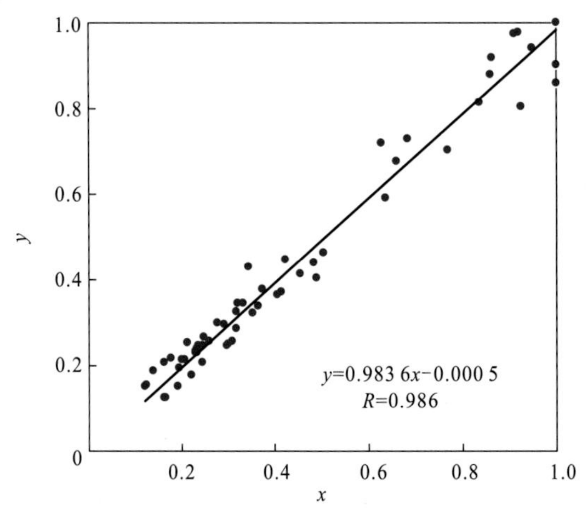

图 2-8　A 井用阿奇公式计算的 S_w 与岩电实验分析 S_w 关系图

y 为由阿奇公式计算的含水饱和度，小数

2.4　油气进入不同大小的孔隙时岩石电阻率与含水饱和度的关系

在 2.1 节中已论述过，岩石孔隙中导电效率的分布是非均匀的，这就使得油气进入岩石中不同大小的孔隙时，岩石导电效率随含水饱和度的变化规律是不同的。

一般情况下，岩电实验的过程是：用有机溶剂清洗岩样，然后烘干，再用盐水饱和岩样，最后用油（或气）驱替岩样孔隙中的水，逐一测量不同含水饱和度下岩样的电阻率，直到岩样只含束缚水。这样建立的阿奇公式主要反映的是油进入大孔隙空间时，岩石电阻率与含水饱和度之间的关系，不能很好地反映油进入毛细管和小孔隙空间时，岩石电阻率与含水饱和度之间的关系。电阻率与毛细管压力联测资料表明，油先后进入大孔隙和小孔隙[为叙述方便，本书将毛管压力小于或等于 8 psi（1 psi=6.894 76×10^3 Pa）

的孔隙称为“大孔隙”，将毛管压力大于 8 psi 的孔隙称为“小孔隙”，毛细管孔隙属于“小孔隙”]时，岩石电阻率随含水饱和度的变化规律是不一样的。

在油水界面以上的油气藏，由于油（气）与地层水之间存在密度差，地层水对油（气）将产生一定的浮力，浮力的大小与油（气）藏高度有关，油（气）藏高度越大，浮力越大，当浮力与重力之差大于岩石毛细管压力时，油（气）将进入小孔隙，在这种情况下，利用阿奇公式计算必然存在一定的误差。本节用导电效率理论解释大孔隙和小孔隙中的不同导电规律，并给出相应的饱和度计算方法。

2.4.1 大孔隙和小孔隙的不同导电规律

图 2-9 是某块岩样的半渗透隔板毛细管压力与电阻率指数联测资料，横坐标ϕ_w是含水孔隙度，左边纵坐标是导电效率 E，右边纵坐标是毛细管压力 P_c。从图中可见，导电效率有两种变化规律，其分界点对应于毛细管压力曲线上的 P 点，当$\phi_w>\phi_w(P)$时，E 随ϕ_w降低而下降得慢；当$\phi_w<\phi_w(P)$时，E 随ϕ_w降低而下降得快，且 P 点正好是毛细管压力曲线上的转折点。$\phi_w>\phi_w(P)$时，毛细管压力曲线几乎无变化；$\phi_w<\phi_w(P)$时，毛细管压力曲线开始急剧上升，这说明，当$\phi_w<\phi_w(P)$时，油气已开始克服毛细管压力的作用而进入小孔隙；当$\phi_w>\phi_w(P)$时，油气主要进入大孔隙。也就是说，油气进入大孔隙和小孔隙时，导电效率随含水孔隙度变化的规律是不一样的。

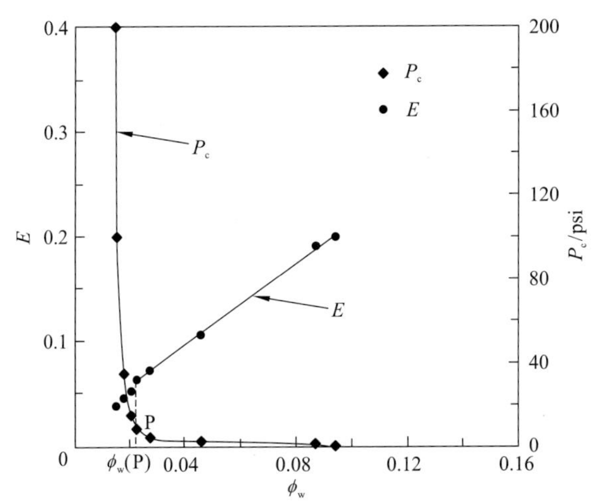

图 2-9 某岩样含水孔隙度与导电效率和毛细管压力关系图

图 2-10 是塔里木盆地 A 井 6 块岩样当毛细管压力小于或等于 8 psi 时，E 与ϕ_w的关系图。图 2-11 是这 6 块岩样当毛细管压力大于 8 psi 时，E 与ϕ_w的关系图。由图 2-10 可见：当油气只进入大孔隙时，E 与ϕ_w具有较好的线性关系：

$$E = a_t\phi_w + b_t \tag{2-17}$$

图 2-11 表明，当油气进一步进入小孔隙空间时，E 与 ϕ_w 的关系为一通过原点的直线：

$$E = a_t'\phi_w \tag{2-18}$$

并且 $a_t' > a_t$，这表明，油气进一步进入小孔隙时，导电效率随含水孔隙度降低而下降得比油只进入大孔隙时更快。

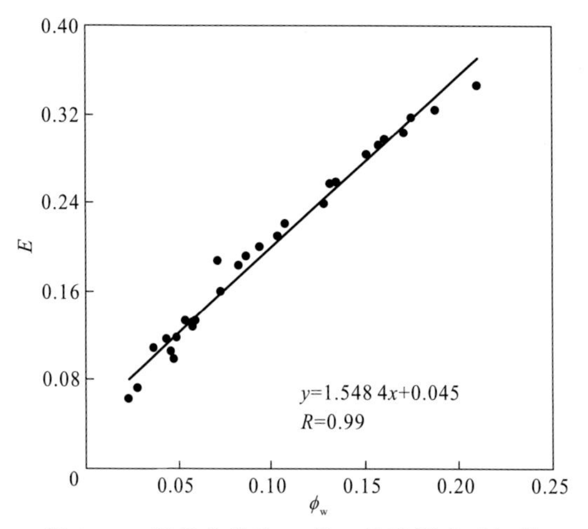

图 2-10　塔里木盆地 A 井 6 块岩样当毛细管压力小于或等于 8 psi 时，导电效率与含水孔隙度关系图

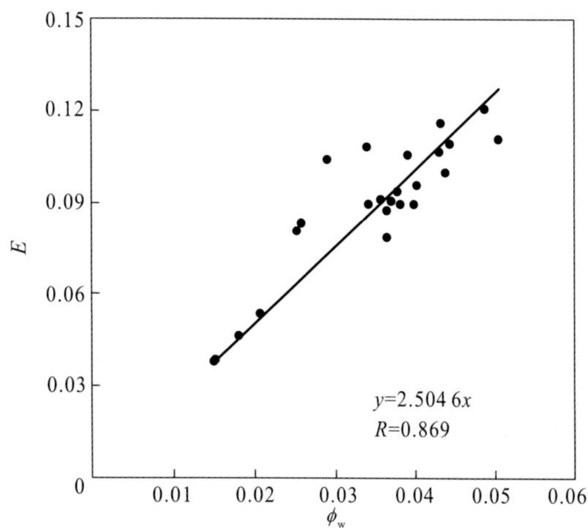

图 2-11　塔里木盆地 A 井 6 块岩样（与图 2-10 同岩样）当毛细管压力大于 8 psi 时，导电效率与含水孔隙度关系图

2.4.2　两种不同导电规律的形成机理

在亲水岩石中，油先进入大孔隙，而大孔隙中的局部导电效率比小孔隙中的要低，因此在大孔隙中，由孔隙水体积的减小而使导电效率降低的程度较小。但当油气占据大孔隙后，进一步进入小孔隙时，小孔隙的局部导电效率较高，因此在小孔隙中，由孔隙水体积的减小而使导电效率降低的程度较大。还可解释为：在小孔隙中，由于油的进入，原来导电的水容易被油分隔成孤立的小珠而失去原来的导电性，或以手指状或树枝状分布而减弱其导电能力。

2.4.3　基于导电效率理论的纯油气层含水饱和度计算

油气只进入大孔隙空间时，由导电效率理论导出的含水饱和度计算式为式（2-16），这里不再做详细讨论。

若油气柱高度足够大，不仅能使油气进入大孔隙，而且能使油气更进一步进入具有较大毛细管压力的小孔隙或毛细管时，导电效率随含水饱和度的变化规律不同于油气只进入大孔隙时的变化规律。因此，含水饱和度与岩石电阻率之间的关系也是不一样的。由式（2-5）、式（2-6）、式（2-18）可得油气进一步进入小孔隙空间时，即纯油气层中含水饱和度的计算公式为

$$S_w = \frac{1}{\phi}\sqrt{\frac{R_w}{R_t a_t'}} \tag{2-19}$$

式中：a_t' 为图 2-11 中 E-ϕ_w 关系的斜率，为地区性经验系数。

表 2-1 是塔里木盆地三口油基泥浆取心井用式（2-19）和阿奇公式两种方法计算的含水饱和度与取心分析含水饱和度之间的对比。表中，所用岩样取心井段都在油水界面以上；计算时 R_t 使用深电阻率测井值，ϕ 使用取心分析得到的孔隙度；由于井 2、井 3

均无毛管压力与电阻率联测资料，a_t' 应用的是井 1 的结果。

表 2-1　塔里木盆地三口油基泥浆取心井用式（2-19）和阿奇公式计算的含水饱和度与取心分析含水饱和度之间的对比

井号	式（2-19）（a_t'=2.504 6）		阿奇公式						统计点数	地层水电阻率/(Ω · m)
	平均含水饱和度绝对误差/%	平均含水饱和度相对误差/%	a	b	m	n	平均含水饱和度绝对误差/%	平均含水饱和度相对误差/%		
井 1	1.6	6.9	2.676	1.03	1.136	1.778	3.6	13.3	499	0.026
井 2	6.9	33.5	1.000	1.00	2.039	1.622	6.1	35.1	133	0.017
井 3	6.3	24.1	1.117	1.00	2.118	1.670	7.4	40.4	449	0.014

从表 2-1 可见：对于井 1，用式（2-19）计算含水饱和度的误差明显低于用阿奇公式计算的误差；对于井 2 和井 3，尽管无本井岩心分析得出的 a_t'，而是借用井 1 的 a_t'，但是用式（2-19）计算含水饱和度的误差还是低于或接近于用阿奇公式计算的误差。

为进一步证实 a_t'=2.504 6 的适用范围，通过毛细管压力与电阻率联测实验，得到塔里木盆地 YD2 井白垩系和 TZ103 井石炭系 28 块岩心样品的毛细管压力和相应的岩电实验结果。图 2-12 是这 28 块岩样束缚水孔隙度 ϕ_{wi}（束缚水饱和度×孔隙度，相当于纯油层中的 ϕ_w）与导电效率 E_i 关系图。由图可见，E_i-ϕ_{wi} 关系良好，a_t'=2.512 4，这进一步说明 a_t'≈2.5 具有普遍意义。

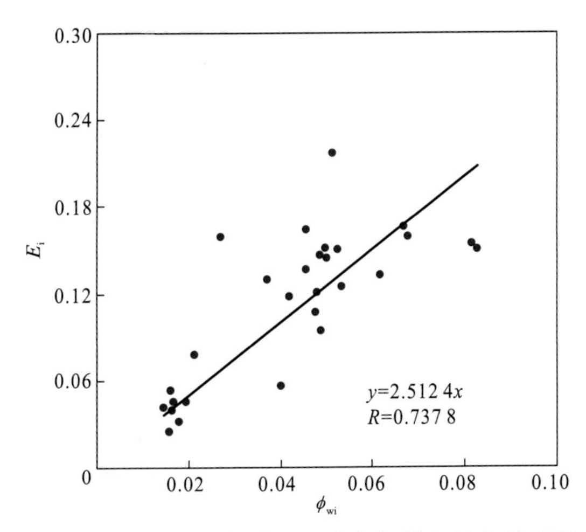

图 2-12　纯油气层束缚水孔隙度与导电效率关系图

样品取自 YD2 井和 TZ103 井

第3章 碳酸盐岩储层测井评价

塔里木盆地奥陶系碳酸盐岩地层主要的储层空间类型有裂缝、孔隙、溶蚀孔洞和大型洞穴，其岩性变化不大，岩石矿物成分以方解石为主。对该类储层进行储层参数定量评价时，应使用将常规测井和成像测井资料相结合的方法，针对不同的储层空间类型计算不同类型储层的储层参数。本章以塔里木盆地奥陶系碳酸盐岩储层为例，梳理出用岩石导电效率识别碳酸盐岩储层类型的原理方法；分析总结碳酸盐岩储层孔隙度、裂缝孔隙度、裂缝张开度、渗透率、束缚水饱和度及含水饱和度的各种计算方法，并针对不同类型储层对不同参数的各种计算方法进行优选；结合成像测井资料，论述裂缝有效性和洞穴充填情况的评价方法、通过交会图技术判别储层有效性的方法。

3.1 基于岩石导电效率的碳酸盐岩储层类型识别方法

储层类型的识别是碳酸盐岩储层评价中十分重要的一步。这是因为，对于不同的储层类型，其测井评价方法和评价标准是不一样的。裂缝型储层具有较好的渗流特性，但无足够的储集空间；孔洞型储层具有较大的储集空间，但渗流特性较差，一般需要通过酸化压裂对其进行改造；裂缝孔洞型储层是较理想的储层类型，它既有良好的储集空间，又有良好的渗流通道。

本节重点阐明由岩石导电效率识别碳酸盐岩储层类型的原理与方法。

3.1.1 用岩石导电效率区分碳酸盐岩裂缝和孔洞的理论基础

以下推导并讨论岩石中存在裂缝、孔洞、喉道时，岩石导电效率与孔洞大小、裂缝宽度、喉道直径之间的关系。

1. 岩石中只存在裂缝和孔（洞）

设岩石长度为L，宽度和高度均为l，岩石中央有一边长为d的正方形洞（或孔），有一宽度为h_f的裂缝垂直穿过岩石，孔洞和裂缝中充满电阻率为R_w的地层水，如图3-1所示。

岩石中含水体积为

$$V_w = d^3 + (L-d)h_f d + (l-d)h_f L \tag{3-1}$$

标准毛细管电阻为

$$r_s = R_w \frac{L}{V_w / L} = R_w \frac{L^2}{V_w} \tag{3-2}$$

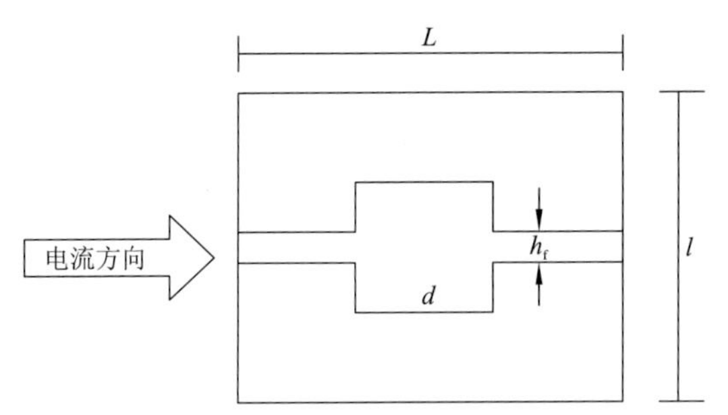

图 3-1　岩石中裂缝和孔洞示意图

将式（3-1）代入式（3-2）得

$$r_s = R_w \frac{L^2}{d^3 - d^2 h_f + h_f lL} \tag{3-3}$$

岩石中地层水的电阻为

$$r_t = R_w \left(\frac{L-d}{h_f l} + \frac{d}{h_f (l-d) + d^2} \right) \tag{3-4}$$

据导电效率的定义有

$$E = \frac{P_t}{P_s} = \frac{r_s}{r_t} \tag{3-5}$$

将式（3-2）、式（3-3）代入式（3-5）得

$$E = \frac{L^2 h_f l (h_f l - h_f d + d^2)}{(d^3 - d^2 h_f + h_f lL)[(L-d)(h_f l - h_f d + d^2) + d h_f l]} \tag{3-6}$$

为简便起见，令 $L=l=1$（即 L 和 l 等于单位长度，岩石为单位体积立方体，这里 h_f 与 d 无单位，其大小相对于单位长度而言），式（3-6）变为

$$E = \frac{h_f (h_f - h_f d + d^2)}{(d^3 - d^2 h_f + h_f)(h_f - h_f d + h_f d^2 + d^2 - d^3)} \tag{3-7}$$

2. 岩石中只存在喉道和孔（洞）

现假设岩石中连接孔洞的是喉道，而不是裂缝，喉道直径为 h_t。同理有

$$E = \frac{\frac{\pi}{4} L^2 d h_t^2}{\left[d^3 + \frac{\pi}{4}(L-d) h_t^2 \right] \left[\frac{\pi}{4} h_t^2 + (L-d) d \right]} \tag{3-8}$$

令 $L=1$，有

$$E = \frac{\frac{\pi}{4} d h_t^2}{\left[d^3 + \frac{\pi}{4}(1-d) h_t^2 \right] \left[\frac{\pi}{4} h_t^2 + (1-d) d \right]} \tag{3-9}$$

3. 两种极限情况

在式（3-7）中，若令 $d=h_f$，即岩石中只存在裂缝，得 $E=1$；在式（3-7）或式（3-9）中，若令 $h_f=0$ 或 $h_t=0$，即岩石中只存在孤立的孔洞，有 $E=0$。

因此，岩石中只存在水平裂缝时，其导电效率为 1（最大），岩石中只存在孤立的孔洞时，其导电效率为 0（最小）。

4. 裂缝宽度与孔洞大小对导电效率的影响

利用式（3-7），固定孔洞尺寸 d，可作出岩石中只存在裂缝和孔洞时，导电效率与裂缝宽度之间的关系图，如图 3-2 所示。由图可见，随裂缝宽度的增大，导电效率升高得很快，尤其是当孔洞较小时。

利用式（3-9），固定孔洞尺寸 d，可作出岩石中只存在孔洞和孔喉时，导电效率与孔喉直径之间的关系，如图 3-3 所示。由图可见，随着孔喉直径的增大，导电效率亦随之增大，孔洞较大时，导电效率升高得较慢。

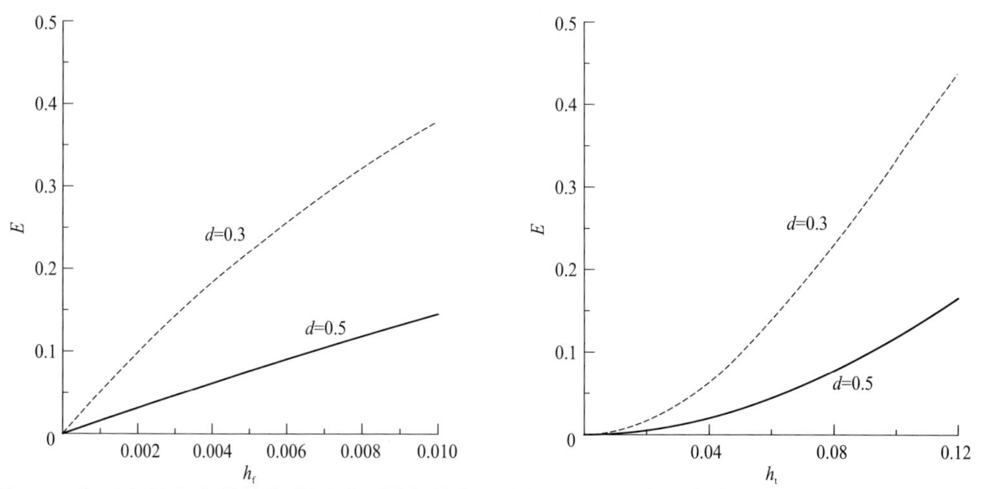

图 3-2　岩石中只存在裂缝和孔洞时，导电效率与裂缝宽度之间的关系

图 3-3　岩石中只存在孔洞和孔喉时，导电效率与孔喉直径之间的关系

图 3-4 是裂缝宽度、孔喉直径一定时，导电效率 E 与孔洞大小 d 之间的关系。由图可见：①对于宽度为 0.008 的裂缝（裂缝孔隙度约为 0.8%），随孔洞尺寸的增大，导电效率很快降低；②对于直径为 0.05 的孔喉，随孔洞尺寸的增大，导电效率缓慢降低；③对同样大小的孔洞，由裂缝连接时的导电效率明显大于由孔喉连接时的导电效率（尽管裂

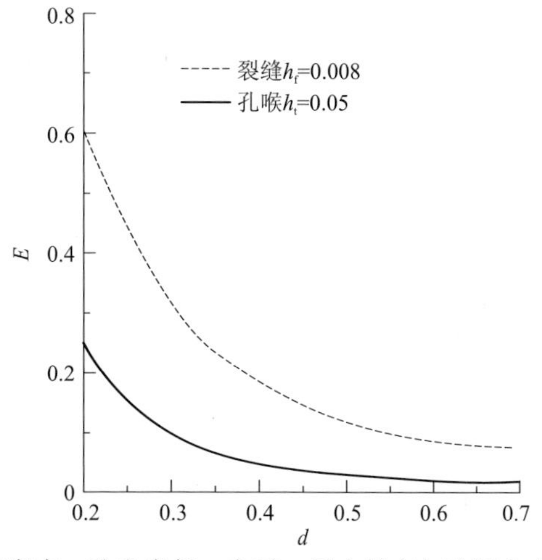

图 3-4　裂缝宽度、孔喉直径一定时，导电效率与孔洞大小之间的关系

缝宽度远小于孔喉直径）。

由以上分析可知，裂缝是影响碳酸盐岩导电效率的主要因素，其中有两层含义：①岩石中只存在裂缝时，其导电效率很高，若为水平裂缝，其导电效率为 1；②随裂缝宽度的增大，导电效率很快升高。岩石中存在孔洞时的导电效率远低于存在裂缝时的导电效率，孔洞越大，导电效率越低，若为孤立孔洞，导电效率为 0。这就是用导电效率区分裂缝和孔洞的理论基础。

3.1.2 影响碳酸盐岩导电效率的其他因素

前面对裂缝和孔洞的讨论中没有考虑裂缝产状、裂缝宽度、裂缝充填情况及单位体积孔洞个数、孔洞配位数和含油气情况，这些因素都将对导电效率产生不同程度的影响。对侧向测井来说，水平裂缝的局部导电效率最高，当垂直裂缝穿过井眼时，垂直裂缝也有较高导电效率，不穿过井眼的垂直裂缝，若没有与其他穿过井眼的裂缝相连，它对电流的传导将无贡献，其局部导电效率为 0。孤立的或不连通的溶洞，对电流的传导亦无贡献，它们的导电效率为 0，岩石中含有油气时，尤其是裂缝中含有油气时，导电效率将大幅度降低。

3.1.3 基于岩石导电效率的碳酸盐岩储集空间类型及储层好坏判别

对于碳酸盐岩储层，裂缝具有较高渗透率，因此泥浆先侵入裂缝，并且有可能侵入很深，在这种情况下，油气对导电效率的影响较小，可以忽略。与孔隙度结合，可用以下方法判别碳酸盐岩储集空间类型及储层好坏，见表 3-1。

表 3-1 由岩石导电效率及孔隙度判别碳酸盐岩储集空间类型及储层好坏

岩石导电效率及孔隙度	储层类型及储层好坏判别结果
高 E、高 ϕ	孔隙、裂缝或裂缝、溶洞发育；好储层
高 E、低 ϕ	裂缝发育；中等储层
低 E、高 ϕ	溶洞发育，但连通性差或溶洞中充满油气；中等储层
低 E、低 ϕ	裂缝、孔洞均不发育；差储层

3.1.4 应用实例

由岩心观察结果、常规测井资料处理结果和“三 I”成像测井：全井眼地层微电阻率成像（fullbore formation micro image，FMI）测井、方位电阻率成像（azimuthal resistivity image，ARI）测井、偶极横波成像（dipole shear image，DSI）测井，综合分析，可将该工区的储层类型划分为 5 种：孔隙型、溶洞型、裂缝型、微缝型、裂缝-溶洞型。按碳酸盐岩的测井解释习惯，又可将储层按其好坏划分为 4 个等级：I 类储层：不需要酸化压裂可获得工业产能；II 类储层：酸化压裂后方可获得工业产能；III 类储层：酸化压裂后，产出少量液体，但无工业开采价值；IV 类储层：酸化后，仍无液体产出，即干层。

用地层组分分析程序处理实际井资料，输出的主要参数有：孔隙度、裂缝孔隙度、含油饱和度、含气饱和度、导电效率、泥质含量、矿物骨架含量。下面仅对具有不同储层类型的 5 口井的试油层位进行分析，它们具有不同的储集空间和储层级别。

1. 孔隙型

该类储层的储集空间和渗流通道主要为基质孔和溶孔。

T161 井 X295～X307 m 是典型的以孔隙为主的储层。图 3-5 是该井地层组分分析

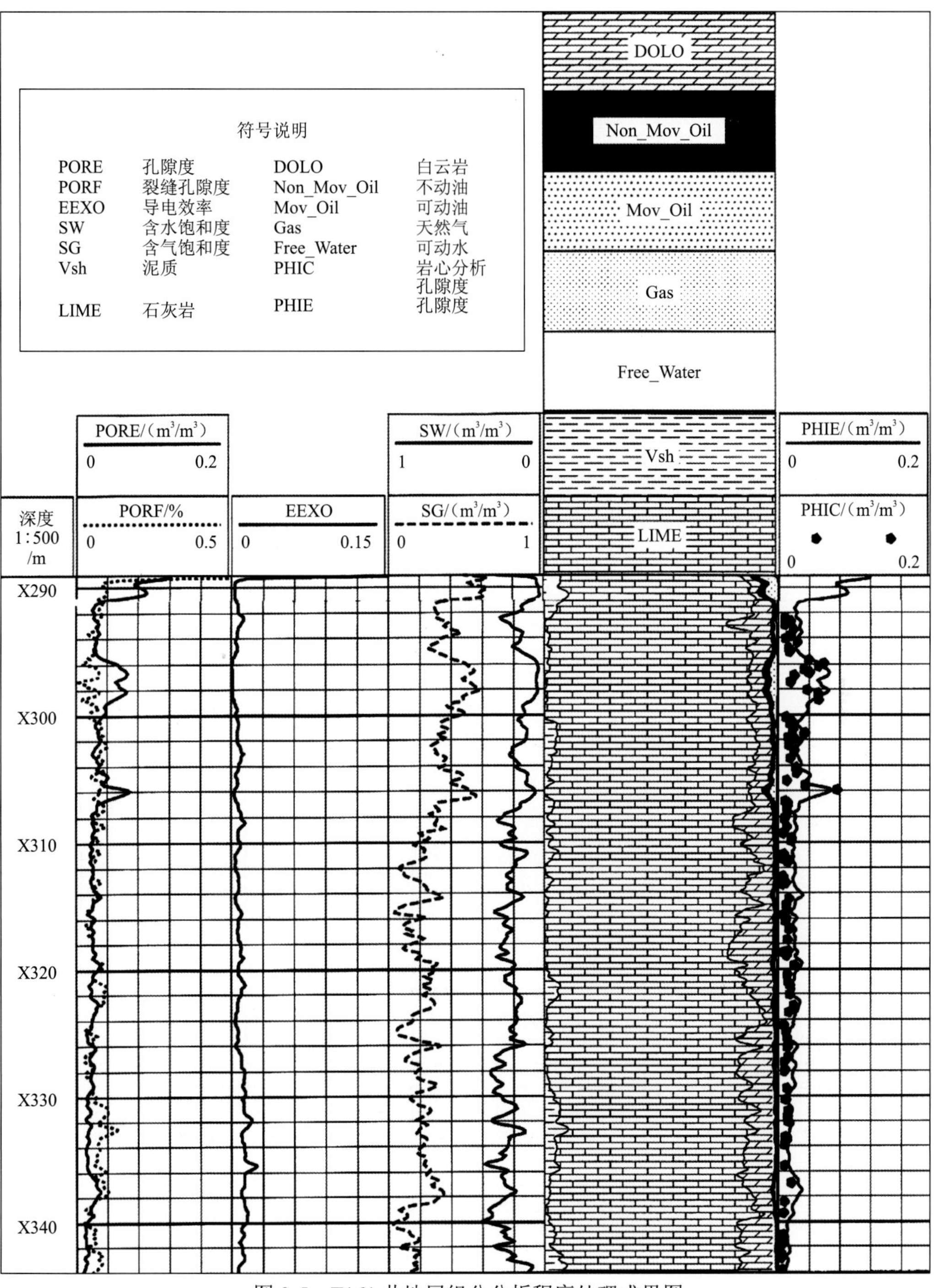

图 3-5　T161 井地层组分分析程序处理成果图

程序处理成果图，图 3-6 是相应井段理论曲线与实测曲线对比图。从图 3-5 中可看出，X295.5～X298.5 m 和 X305.5～X306.5 m，计算的孔隙度高达 6%～7%，而计算的裂缝孔隙度低于 0.1%。同时，导电效率极低，低于 0.02，说明溶孔或基质孔隙较发育，有效裂缝不发育，该井段可被划分为 II 类储层。该结论可由岩心观察和试油结果得以证实。

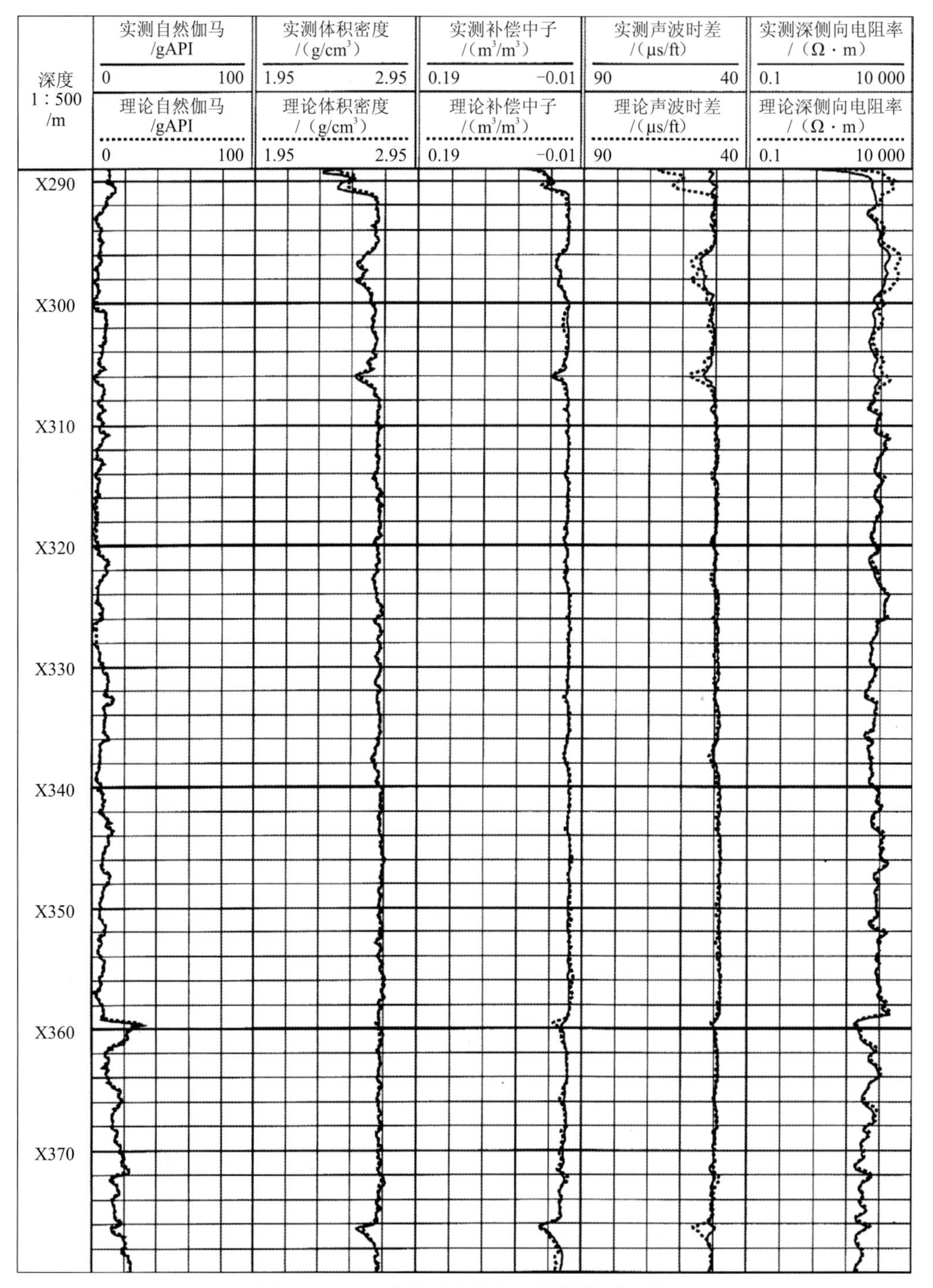

图 3-6 T161 井理论曲线与实测曲线对比图

岩心观察表明，该井段为砂屑灰岩，针孔状溶孔发育。1996 年 5 月 20 日至 21 日对井段 X284.68～X302.65 m 进行了钻杆测试，累计产油 0.055 m^3，日产气 181 m^3，说明产能很低，后对井段 X289～X306 m 进行酸化压裂，用 5.56 mm 油嘴试油，日产油 12.6 m^3、产气 20 849 m^3、产水 18.4 m^3。由试油结果可见，该井段只有在酸化压裂后才能获得产能，为 II 类储层，与以上测井分析结果相符。从图中还可看出：计算的孔隙度（即ϕ）与岩心分析孔隙度具有较好的一致性。

从图 3-6 中可看出，理论曲线与实测曲线匹配良好，说明计算结果和解释模型可靠。非常有趣的是，在井段 X295～X307 m，密度测井和中子测井的理论值与实测值一致，说明孔隙度的计算并无偏差，但是，声波测井理论值比实测值大。寻其原因，除因该井段存在溶孔外，无其他原因会引起这一现象，这就给纵波时差不能反映溶孔的理论提供了很好的例证，同时从侧面证实该井段存在溶孔的正确性。

2. 溶洞型

该类储层的储集空间和渗流通道主要为溶洞。

T45 井 X085～X106 m 是典型的以溶洞为主的储层。图 3-7 是该井地层组分分析程序处理成果图。由图可见，该井段某些部位孔隙度较高，高达 7%～17%，但导电效率极低，说明溶洞较发育，有效裂缝不发育，该井段可划分为 II 类储层。该结论可由岩心观察和试油结果得以证实。岩心观察表明，该井段某些部位溶洞极为发育，洞中半充填许多结晶状萤石，图 3-8 是井段 X101 m 处的一张岩心照片，照片中的溶洞及洞中萤石清晰可见，证实该井段是典型的以溶洞为主的储层。对该井 X020～X150 m 层段酸化后，日产油 128.04 m^3，日产气 38 142 m^3。

3. 裂缝型

该类储层的主要储集空间和渗流通道为裂缝和基质孔。

图 3-9 是 T24 井地层组分分析程序处理成果图。从图中可见，X477～X478 m 和 X482.5～X483 m 两处的裂缝孔隙度（即ϕ_f）高达 0.3%，并且井段 X477～X488 m 的导电效率普遍很高，最高达 0.4 左右，导电效率高是裂缝型储层的一个重要标志。从图中还可看出，该井段的孔隙度（即ϕ）并不很高，平均在 2%～3%，从处理成果看，该井段为裂缝型储层。岩心观察表明，该井段岩心发育有多条半充填-全充填的小缝，岩心破碎严重。X471.85～X480.91 m 取心收获率只有 7.3%，X480.91～X483.48 m 取心收获率仅为 62.3%，这些情况都说明两个井段裂缝发育，致使岩心取心破碎严重。这与以上测井分析结果相符。

4. 微缝型

该类储层发育微裂缝、缝合线或被充填的无效裂缝，对储集和渗流贡献不大。

图 3-10 为 T15 井某井段的地层组分分析程序处理成果图，由图可见，该井段孔隙度和导电效率都很低，说明孔洞和有效裂缝均不发育，为 IV 类储层。曾对井段 X619.0～X637.0m 进行过试油，只见到油花，为干层，证实该层为 IV 类储层。

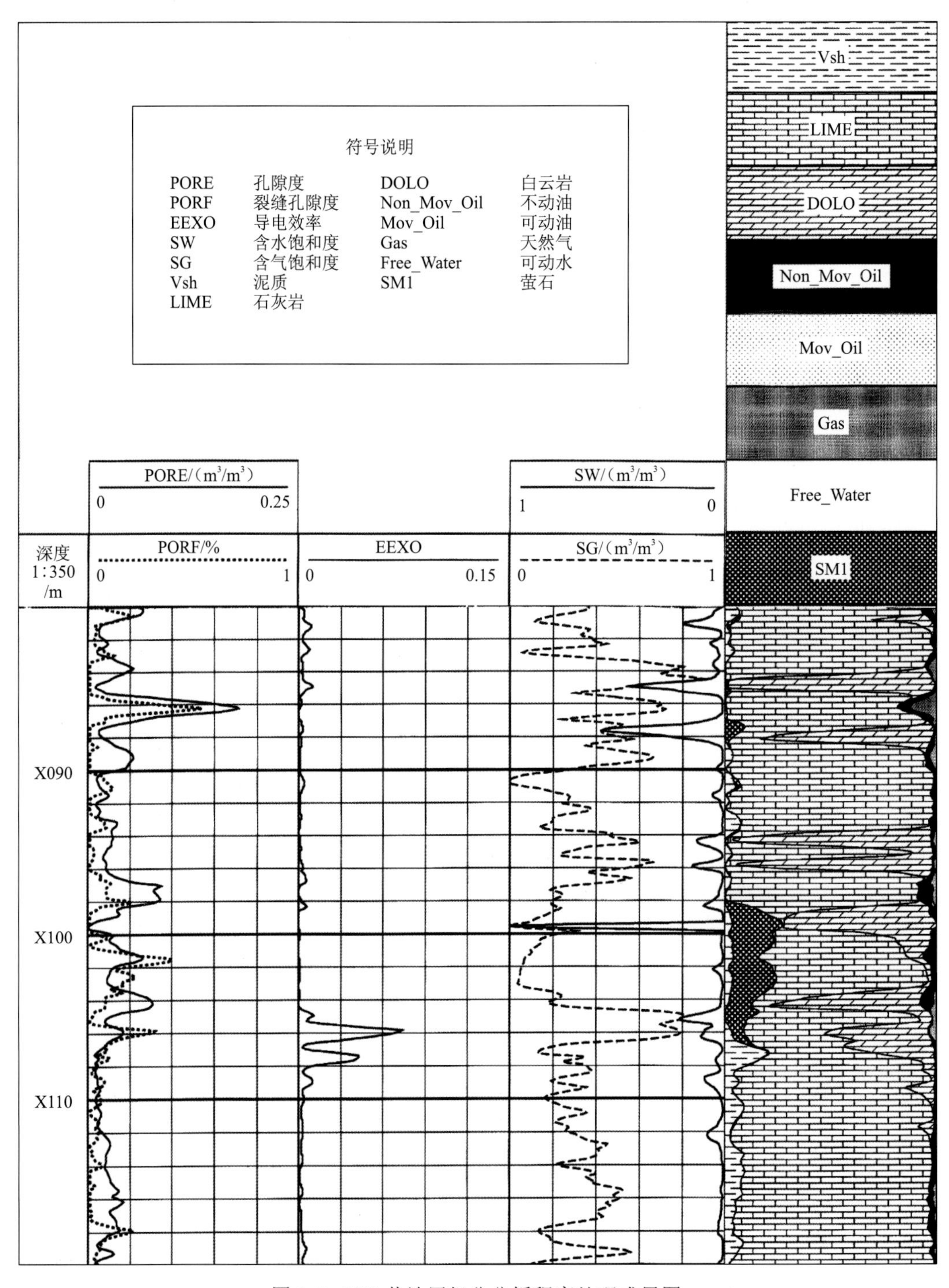

图 3-7　T45 井地层组分分析程序处理成果图

5. 裂缝-溶洞型

该类储层的储集空间主要为溶洞，裂缝是主要的渗流通道，这类储层是该工区较好的储层。

图 3-8　T45 井 X101 m 处的一张岩心照片

洞壁发育有萤石晶体

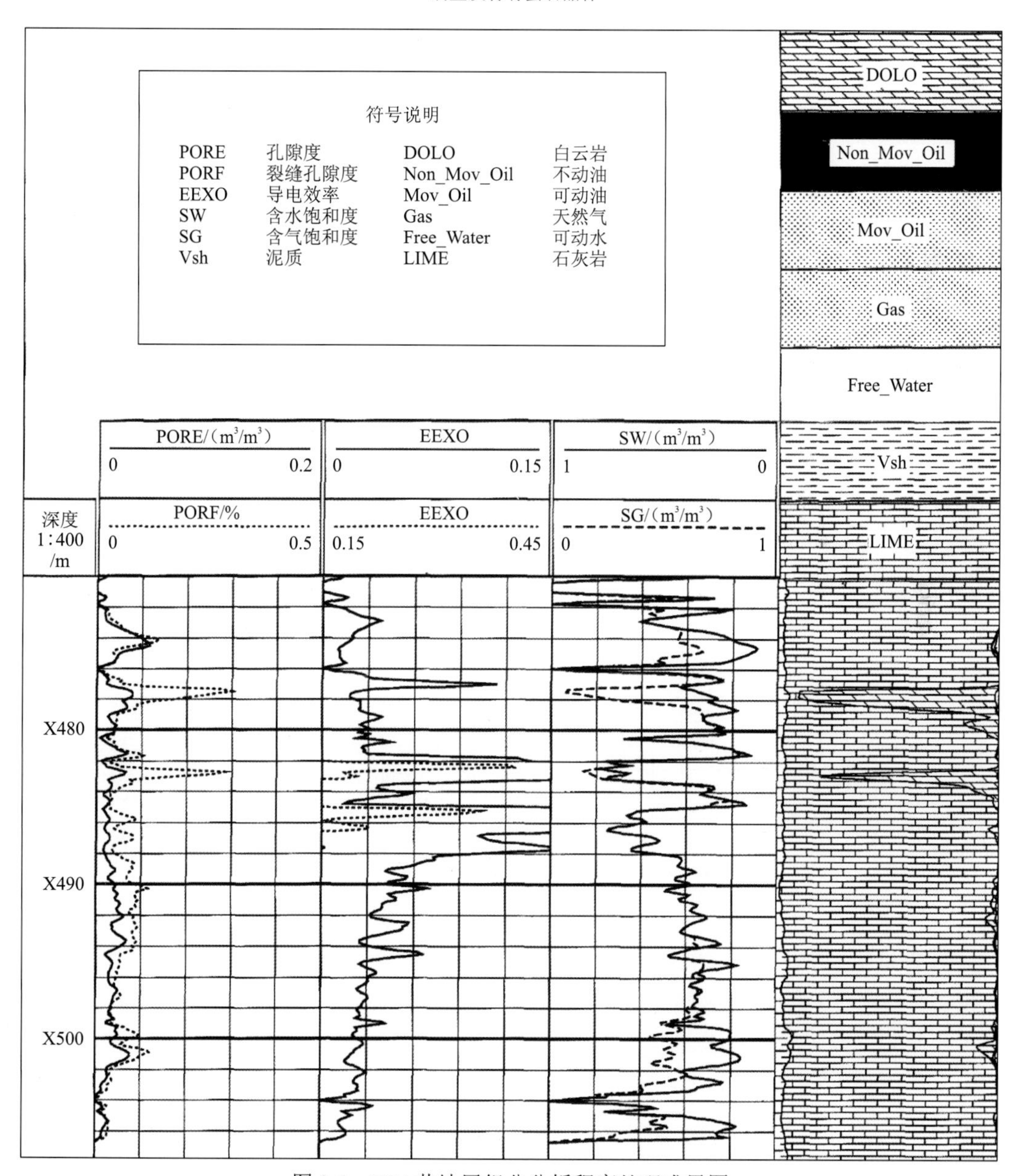

图 3-9　T24 井地层组分分析程序处理成果图

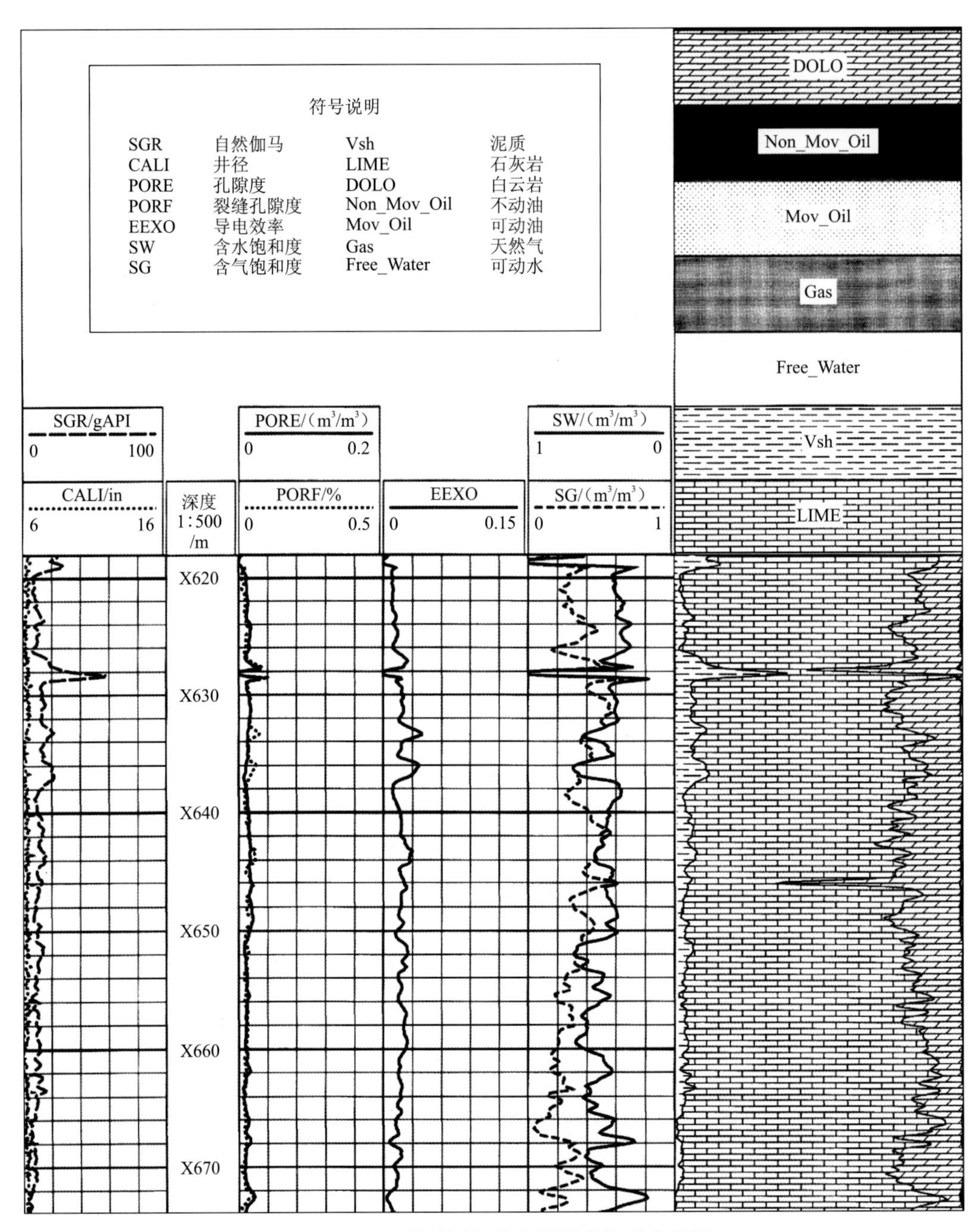

图 3-10 T15 井地层组分分析程序处理成果图

图 3-11 是 T16 井地层组分分析程序处理成果图，在井段 X256.7～X260.5 m 处，双井径都扩大严重，钻遇该层时，钻具放空 1.68 m，可判断该层为溶洞，计算孔隙度极高，直接判断为 I 类储层。井段 X254～X257.5 m，计算裂缝孔隙度 PORF 为 2%～4%，导电效率 EEXO 较高，说明有部分溶洞发育，并有裂缝将它们相互连通，可判断为裂缝-溶洞型储层，属于 II 类储层，该结论可由钻井取心岩心描述所证实。对于岩心段 X256.1～X257 m，有如下描述：岩性为褐灰色油浸角砾灰岩，该段岩心孔洞缝较发育，见一条自形晶方解石半充填的垂直大缝贯穿该段，缝宽 10～20 mm，该段共见 169 个由半自形-自

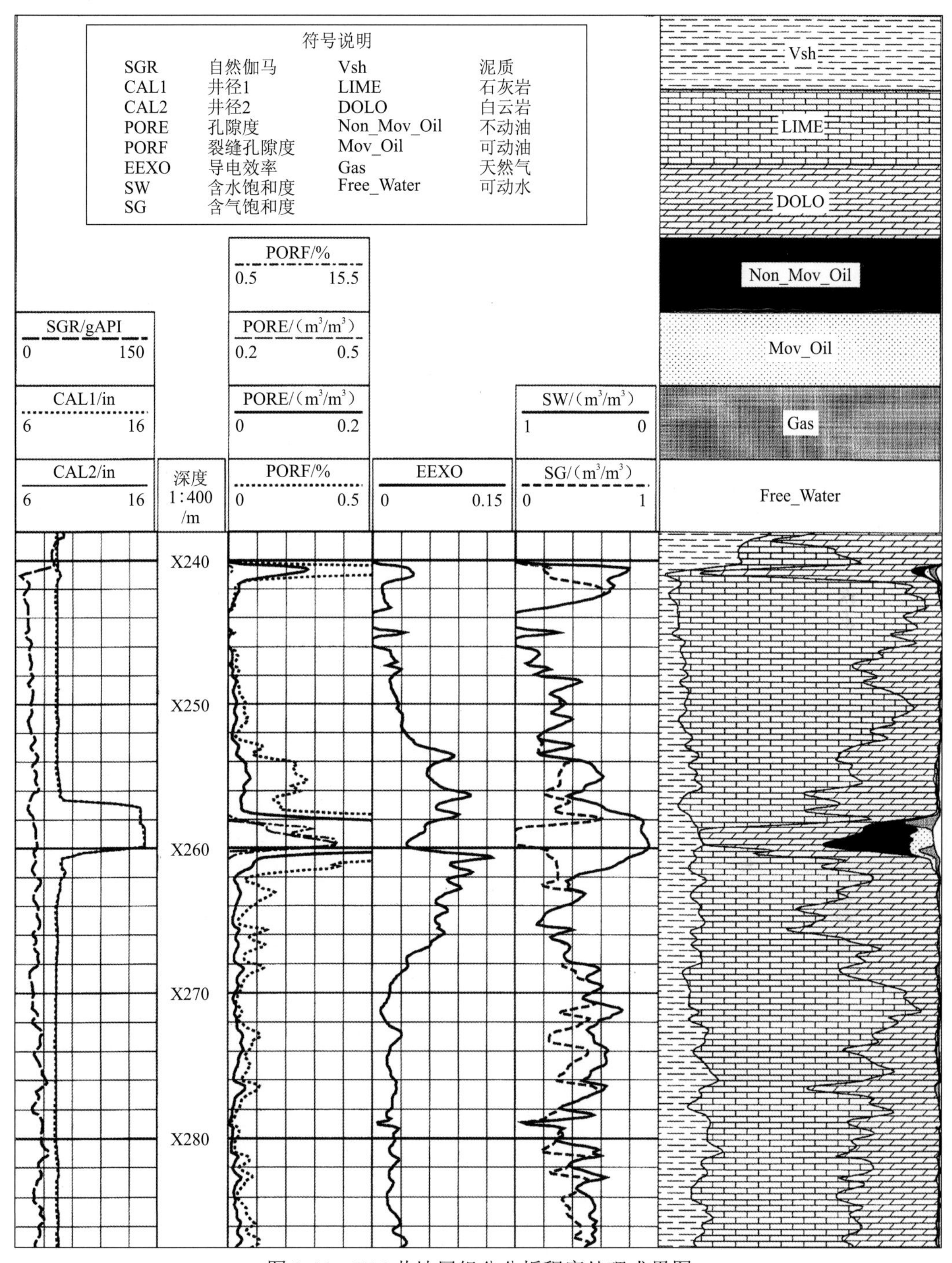

图 3-11 T16 井地层组分分析程序处理成果图

形晶方解石充填的洞，其中大洞 8 个、中洞 34 个、小洞 127 个，另见许多微裂缝及小孔、孔洞相互连通。裂缝及方解石均被原油浸染成黑褐色，岩心出筒后局部见黑褐色原油从孔洞缝内往外渗，系列对比 12 级。由此可知，由测井得到的储层类型与实际相符。

该井试油层段为 X248.5～X268 m，未酸化时日产原油 15.45 m^3，说明由测井确定的储层等级是正确的。

以上分析说明，地层组分分析程序计算的地层参数比较合理，它们反映的地层情况与实际相符。

3.2 碳酸盐岩储层参数定量评价

3.2.1 碳酸盐岩储层孔隙度的计算

碳酸盐岩储层孔隙按形成机理可以分为原生孔隙和次生孔隙。原生孔隙呈均匀分布且孔隙空间相对较小，次生孔隙由裂缝和溶蚀孔洞组成，主要表现为分布不均且孔隙空间较大的特点。孔隙度是评价储层孔隙空间大小的参数，也是最主要的物性参数。能用来确定孔隙度的测井方法有密度测井、中子测井、声波时差测井及核磁共振测井。

I 区奥陶系碳酸盐岩油藏的储层孔隙空间由基质孔隙、裂缝、溶蚀孔洞及洞穴组成，因此在解释中可用裂缝孔隙度、基质孔隙度和总孔隙度等参数来描述这种复杂孔隙结构的储层特征。下面讨论碳酸盐岩储层孔隙度的计算。

1. 岩心刻度测井法

岩心刻度测井法就是用岩心孔隙度刻度测井数据，是在岩样实验的岩石物理研究基础上，开展测井地层参数计算方法研究的简称。该类方法的基础是岩心分析资料的数量和质量，岩心资料越丰富、越具代表性，则孔隙度计算结论越可靠。

用 Z9、Z20、Z32 等井归位后的物性数据与密度、中子、声波测井值进行回归分析，由于低孔隙度及储层非均质性的影响，岩心分析孔隙度与密度、中子、声波测井值相关系数不高，用岩心刻度测井曲线，通过回归公式计算地层孔隙度有一定的困难。图 3-12 为岩心分析氦孔隙度与密度测井值的关系图，其决定系数 R^2 为 0.705；图 3-13 为岩心分析

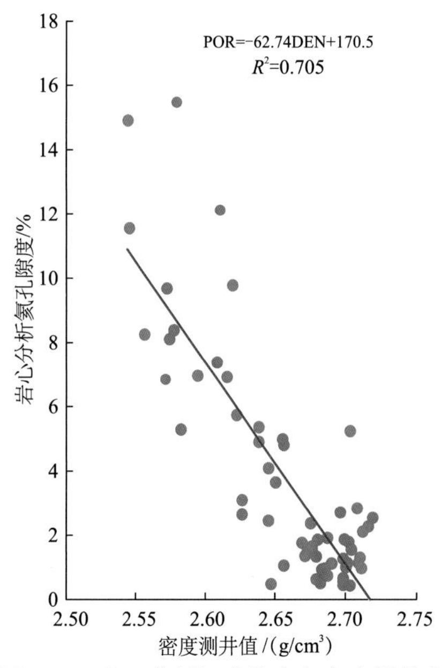

图 3-12 岩心分析氦孔隙度与密度测井值的关系图

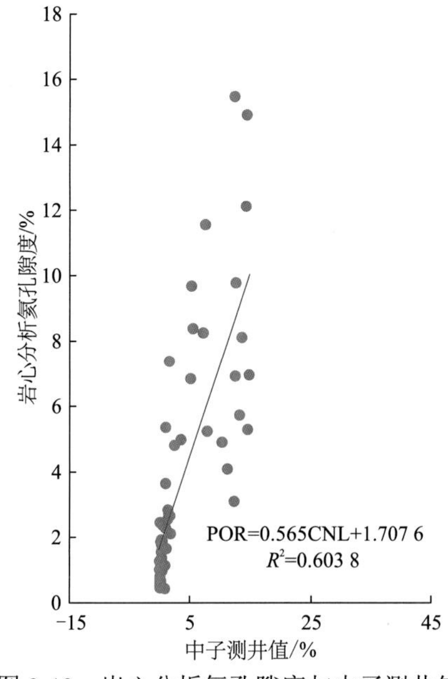

图 3-13 岩心分析氦孔隙度与中子测井值的关系图

4. 计算方法小结

根据以上分析，可得出以下结论。

（1）双孔隙模型法使用常规测井资料即可求得裂缝孔隙度，在孔洞型储层段，计算的裂缝孔隙度偏大，该方法仅适用于裂缝型储层和裂缝孔洞型储层，在无双侧向资料和电成像资料时可以使用该方法计算裂缝孔隙度。

（2）双侧向电导率计算裂缝孔隙度的方法假定泥浆电导率与地层水电导率相同，实际应用较为方便，当泥浆与地层水的电导率差别不大时，能取得较好的计算效果，但仅适用于网状裂缝的裂缝孔隙度计算。

（3）双侧向二维反演法在实际应用时方便、可靠，能提供连续的孔隙度曲线，在考虑泥质附加导电因素，对双侧向测井数据进行泥质附加导电校正后，该方法在裂缝型储层中具有良好的实用性。

（4）用裂缝张开度计算裂缝孔隙度的方法是一种经验公式方法，裂缝张开度计算本身就受到裂缝产状和组合特征判断不准的限制，因此利用其计算的裂缝孔隙度结果可能存在较大的误差。该方法可计算单组系、网状裂缝孔隙度。

（5）成像测井资料自动处理计算能够得到连续的裂缝孔隙度，但此裂缝孔隙度只是一个面积意义上的孔隙度，只反映宏观裂缝，且受井壁状况和泥质影响较大，因此处理结果误差较大；成像测井资料手工拾取裂缝计算结果相对准确可靠，但计算得到的孔隙度曲线不连续，手工拾取裂缝受成像测井分辨率的限制，只反映宏观裂缝，不能反映微裂缝。该方法在裂缝型储层中具有良好的实用性，建议优先使用该方法计算裂缝孔隙度。

总结碳酸盐岩储层裂缝孔隙度各种计算方法适用性情况，见表3-4。实际应用中，主要使用电成像人工拾取裂缝孔隙度，双侧向电导率测井裂缝孔隙度可作为补充和参考。

表 3-4　裂缝孔隙度计算方法适用性对比

<table>
<tr><th colspan="2">方法</th><th>优点</th><th>缺点</th><th>使用条件与适用性</th></tr>
<tr><td colspan="2">双孔隙模型法</td><td>由常规测井资料即可求得裂缝孔隙度</td><td>裂缝孔隙度计算结果可能偏大</td><td>无成像及双侧向资料时可使用，适用于裂缝-孔洞型和裂缝型储层</td></tr>
<tr><td rowspan="3">双侧向求取裂缝孔隙度</td><td>双侧向电导率法</td><td>求解过程简单方便</td><td>使用具有局限性</td><td>仅适用于网状裂缝孔隙度的计算</td></tr>
<tr><td>双侧向二维反演法</td><td>实际应用时方便、可靠，能提供连续的孔隙度曲线</td><td>受泥质、泥浆侵入和流体性质等因素的影响</td><td>在裂缝型储层中具有良好的适应性</td></tr>
<tr><td>裂缝张开度计算法</td><td>求解过程简单方便</td><td>受到裂缝张开度计算结果的影响</td><td>可应用于单组系、网状裂缝孔隙度的计算</td></tr>
<tr><td rowspan="2">电成像裂缝孔隙度</td><td>成像测井资料自动处理计算法</td><td>处理曲线连续，人工干预少</td><td>受井壁状况和泥质影响，计算误差大</td><td>可在裂缝型储层中应用，但计算误差较大</td></tr>
<tr><td>成像测井资料手工拾取裂缝计算法</td><td>处理结果相对准确可靠</td><td>处理曲线不连续，不能反映微裂缝</td><td>计算结果相对准确可靠，在裂缝型储层中具有良好的实用性，建议优先使用</td></tr>
</table>

3.2.4 渗透率的计算

由于碳酸盐岩储层极强非均质性和各向异性的存在，碳酸盐岩渗透率的确定一直是测井评价的难题之一。在碳酸盐岩储层评价中，常规测井、核磁共振测井和偶极声波成像测井均能提供渗透率信息。

1. 常规测井方法

碳酸盐岩储层是由裂缝和基块孔隙组成的双重介质储层，其渗透率不由单一的基块孔隙渗透率或单一的裂缝渗透率所表达，而是由基块孔隙渗透率 K_b 和裂缝渗透率 K_f 共同组成，且两者的差别很大。一般裂缝渗透率 K_f 比基块孔隙渗透率 K_b 要大得多，故储层中有无裂缝，对其平均渗透率影响极大，而且计算方法也不一样，所以应按储层类型分别予以讨论。

1）孔洞型储层

将 I 区岩心分析孔隙度与渗透率进行交会，发现在半对数坐标图上资料点非常分散（图 3-18），相关性很差，但仍能从样品点离散状况中发现一定的规律性，即低孔段的渗透率偏高，高孔段的渗透率偏低，中孔段渗透率最高。造成这些现象的原因是：低孔岩石，特别是致密岩石在钻井取心及岩心取柱塞样过程中产生了微裂缝，使渗透率升高；在中孔段储层，往往都发育有一定程度的孔隙和裂缝，使岩心渗透率较高；通常在高孔储层段裂缝发育程度较低，故渗透率值基本反映的是孔洞的渗透率。

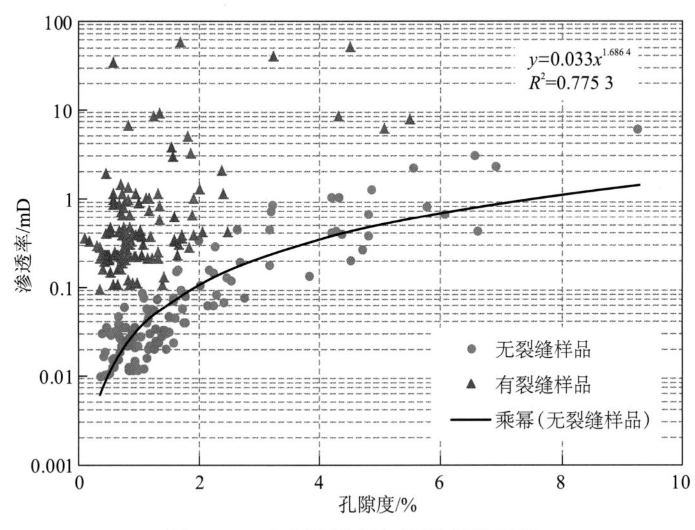

图 3-18　岩心孔隙度与渗透率关系图

从以上分析可知，对于裂缝-孔洞双重介质，不可能完全用岩心孔隙度来求取整个储层的渗透率，也不可能用低孔段和中孔段的岩心孔隙度来求岩块基质渗透率，因为它里面包含着较多的天然裂缝和人工诱导微裂缝，只有用相对高孔段和中、低孔段的低渗透率资料点才能建立岩块孔隙度与基块渗透率的关系。因此在建立岩块孔隙度与基块渗透率的关系时，应尽量避开裂缝的干扰，即在岩心孔隙度与岩心渗透率关系图中，必须把受裂缝影响的数据去掉，并沿着孔隙度升高的方向，选取渗透率较低的数据来反映基块渗透率。为此，在低孔段选其渗透率变化的下限，在高孔段选其渗透率变化的实际回归值，在中孔段无法分别确定孔洞、裂缝对渗透率的贡献，故只能按低孔段和高孔段渗透率变化趋势来取，如图 3-18 中实线所示。于是可得出基块渗透率的估算公式为

$$K_{\mathrm{b}} = 0.033\phi^{1.6864} \tag{3-43}$$

显然该公式与一般孔隙型储层的渗透率公式在形式上是一致的，不同之处在于式中的各常数值，它们综合反映了储层孔、喉结构的差异。

2）裂缝型储层

为研究碳酸盐岩裂缝对渗透率的影响，塔里木油田曾在某碳酸盐岩油藏中选用了 21 块带有裂缝的岩心，岩心人工造缝后，测量其渗透率，并与显微镜下观察到的裂缝宽度一同进行统计分析。实验结果表明裂缝宽度与裂缝渗透率存在明显的正相关（图 3-19）。

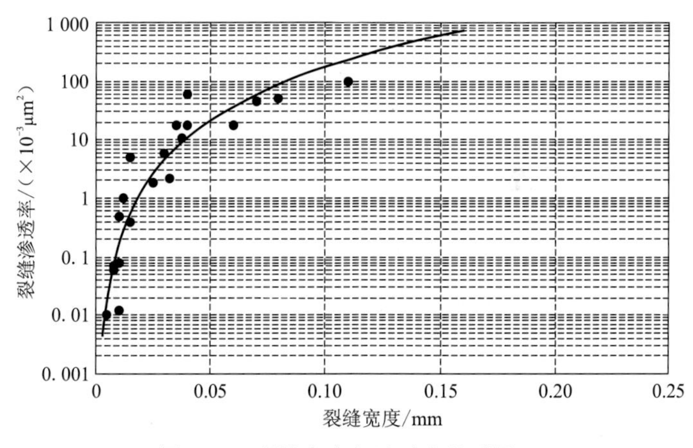

图 3-19　裂缝宽度与渗透率关系图

裂缝渗透率 K_{f} 随裂缝宽度 W 增大而呈指数升高，拟合求得裂缝宽度与裂缝渗透率的关系式为

$$K_{\mathrm{f}} = \frac{8.22185 \times 10^5 \times L \cdot W^{2.596}}{S} \tag{3-44}$$

式（3-44）可变换为

$$K_{\mathrm{f}} = 8.22185 \times 10^5 \times \phi_{\mathrm{f}} \times W^{1.596} \tag{3-45}$$

式（3-45）中裂缝宽度 W 可使用式（3-14）、式（3-16）估算出的裂缝张开度 ε 替代。

3）裂缝-孔洞型储层

裂缝-孔洞型储层的渗透率来自两部分：基块渗透率和裂缝渗透率，储层总渗透率为基块渗透率与裂缝渗透率之和，证明如下。

设无渗透性岩样中有一垂直裂缝，岩样截面积为 S，裂缝截面积为 S_{f}，其渗透率为 K_{f}，另有一无裂缝的有渗透性的岩样（相当于基块），其尺寸与前者完全相同，渗透率为 K_{b}。现假设第二块岩样中有一裂缝，其宽度和产状与第一块岩样完全相同。若渗流压力梯度为 $\partial P/\partial L$，则这块岩样流体总流量为裂缝与基块孔隙贡献之和：

$$Q = Q_{\mathrm{f}} + Q_{\mathrm{b}} = K_{\mathrm{f}} \frac{S}{\mu} \frac{\partial P}{\partial L} + K_{\mathrm{b}} \frac{(S - S_{\mathrm{f}})}{\mu} \frac{\partial P}{\partial L} \tag{3-46}$$

由于裂缝孔隙度很小（一般小于 1%），即式（3-46）中 S_f 不到 S 的 0.01 倍，所以 S_f 可忽略不计，这样式（3-46）可写成

$$Q=(K_f+K_b)\frac{S}{\mu}\frac{\partial P}{\partial L} \tag{3-47}$$

由此可以看出，裂缝-孔洞型储层的渗透性来自基块和裂缝，其储层渗透率为基块渗透率与裂缝渗透率之和，即 $K=K_f+K_b$。

2. 核磁共振测井方法

利用核磁共振测井计算渗透率主要有以下两种模型。

1）SDR 模型

$$K=C_1\left(\frac{\phi_{me}}{100}\right)^4 T_{2g}^2 \tag{3-48}$$

式中：ϕ_{me} 为核磁孔隙度，%；T_{2g} 为 T_2 几何平均值，ms；C_1 为模型参数，由统计分析求得。

2）Coates 模型

$$K=\left(\frac{\phi_{me}}{C_2}\right)^4\left(\frac{\phi_{mf}}{\phi_{mb}}\right)^2 \tag{3-49}$$

式中：ϕ_{mb}、ϕ_{mf} 为束缚、可动流体体积，%；C_2 为模型参数，由统计分析求得。

核磁共振测井资料计算渗透率是以 T_2 分布谱为基础，通过 T_2 截止值的选取计算储层内可流动流体及束缚流体的相对体积，再通过 SDR 模型、Coates 模型等经验公式计算渗透率。该方法计算得到的渗透率与实际资料相比同样也存在偏差，主要原因在于：①渗透率计算公式中的系数由岩心刻度，主要反映孔洞的规律，没有反映裂缝对渗透率的影响；②选取的 T_2 截止值有误差，导致计算的储层可动流体和束缚流体体积不准确；③T_2 分布谱本身存在拟合误差。大量实验表明，不同物性的地层其 T_2 截止值有很大的差别，随着地层岩性及其孔隙结构的变化而不同。对于真实 T_2 截止值未知的地下储层，在实际的核磁测井处理过程中，T_2 截止值的选取是根据处理人员的经验而选取的一个常数，多在岩性变化剧烈的井段选取为数不多的几个 T_2 截止值，这些数值往往与真实的 T_2 截止值变化曲线存在一定差距，从而导致较大的渗透率误差。

3. 斯通利波方法

1956 年 Biot 建立了双相介质弹性理论，揭示了渗透率、孔隙度等参数对多孔介质声学性质的影响。Rosenbaum 将这一理论应用于声波测井，发现渗透率与井孔斯通利波关系密切，建立了 Biot-Rosenbaum 模型。此后，Tang 等（1996，1991）提出并完善了简化的 Biot-Rosenbaum 模型，通过研究孔隙地层及其渗透性对斯通利波传播规律的影响，形成了利用斯通利波反演地层渗透率的方法。

1）斯通利波与储层渗透性的关系

低频斯通利波是一种管波，它在井筒传播过程中由于孔、洞、缝的存在而产生能量和时差的变化，并且储层孔隙空间类型不同时斯通利波的响应有明显差异。因此，斯通利波可以较好地反映储层的渗透性。但当井壁存在泥饼时，将阻止流体在井眼和储层间流动，在这种情况下，不可以用斯通利波评价储层的渗透性。因此用斯通利波评价储层

渗透性时，应注意泥饼的影响。

（1）储层渗透性对斯通利波波形的影响。

对于有效孔、洞、缝储渗系统，其中的地层流体会导致声阻抗界面形成，使得声波信号不连续，即发生了反射和折射。

（2）储层渗透性对斯通利波速度的影响。

对于致密地层，斯通利波速度只与井内流体性质和地层岩石的剪切模量有关，但对于缝洞发育的储层，斯通利波速度明显减小，时差增大，主要与储层渗透性有关。

（3）储层渗透性对斯通利波能量的影响。

斯通利波能量衰减主要受控于孔、洞、缝的有效性。对于缝洞发育的储层，井眼流体与地层流体的对流将大大消耗斯通利波的能量，造成能量极大的衰减。

2）斯通利波对碳酸盐岩储层不同孔隙空间的响应

斯通利波对非均质性强的孔、洞、缝均有反应，只要有与井壁连通的孔隙、裂缝或溶洞存在，斯通利波就有响应，孔、洞、缝的连通性越好，斯通利波响应就越明显。

（1）基质孔隙的响应。

由于钻井液对孔隙型储层的侵入，一般都会形成泥饼，受泥饼影响，斯通利波能量不发生明显衰减。但时差不受泥饼影响，它随孔隙度的增大而增大，因此对于孔隙型储层，主要用斯通利波速度信息评估其渗透性，计算的渗透率与孔隙度呈正相关。

（2）裂缝的响应。

裂缝的存在会导致斯通利波传播速度的变化，产生斯通利波的反射，导致斯通利波能量衰减、时差增大。裂缝张开度越大，斯通利波反射系数越大，渗透性越好；在裂缝张开度恒定的情况下，斯通利波的衰减程度随着裂缝倾角的增大而增大。

（3）溶洞的响应。

溶洞的大小、分布和连通状况直接影响斯通利波信息的响应特征。小孔径溶洞（平均孔径≤2 mm）发育处可能形成泥饼，而在大孔径溶洞（平均孔径＞2 mm）发育处不易形成泥饼。

常规井径曲线通常无法反映小孔径溶洞发育层段由泥饼造成的微小起伏，看似整个渗透段完全被泥饼覆盖，实际上地层和井眼之间仍有很多供流体流动的通道，造成斯通利波能量衰减及时差增大。大孔径溶洞发育层段，由于没有泥饼存在，斯通利波能量衰减、时差增大明显，其程度与溶洞的大小和连通状况有关。溶洞越大、连通性越好，则斯通利波能量衰减越剧烈，时差增加得越大。

观察图 3-20 电成像图像可知，Z20 井 6 575～6 625 m 层段发育裂缝和溶蚀孔洞，部分层段发育半充填洞穴，6 600～6 608 m 层段和 6 609～6 616 m 层段比 6 578～6 593 m 层段溶蚀孔洞更发育，而且在 6 580～6 584 m 层段还发育有充填裂缝，图像上表现为不连续的深色（黑色）正弦状曲线。充填的裂缝不会引起斯通利波强烈的反射和衰减，从图 3-20 的 6 580～6 583 m 层段处也可看出斯通利波反射系数增大得不明显，三个斯通利波反射系数增大的层段中，后两个层段由于孔洞更发育，其幅度明显大于第一个层段。因此，利用斯通利波可以识别无效裂缝和划分渗透层段。

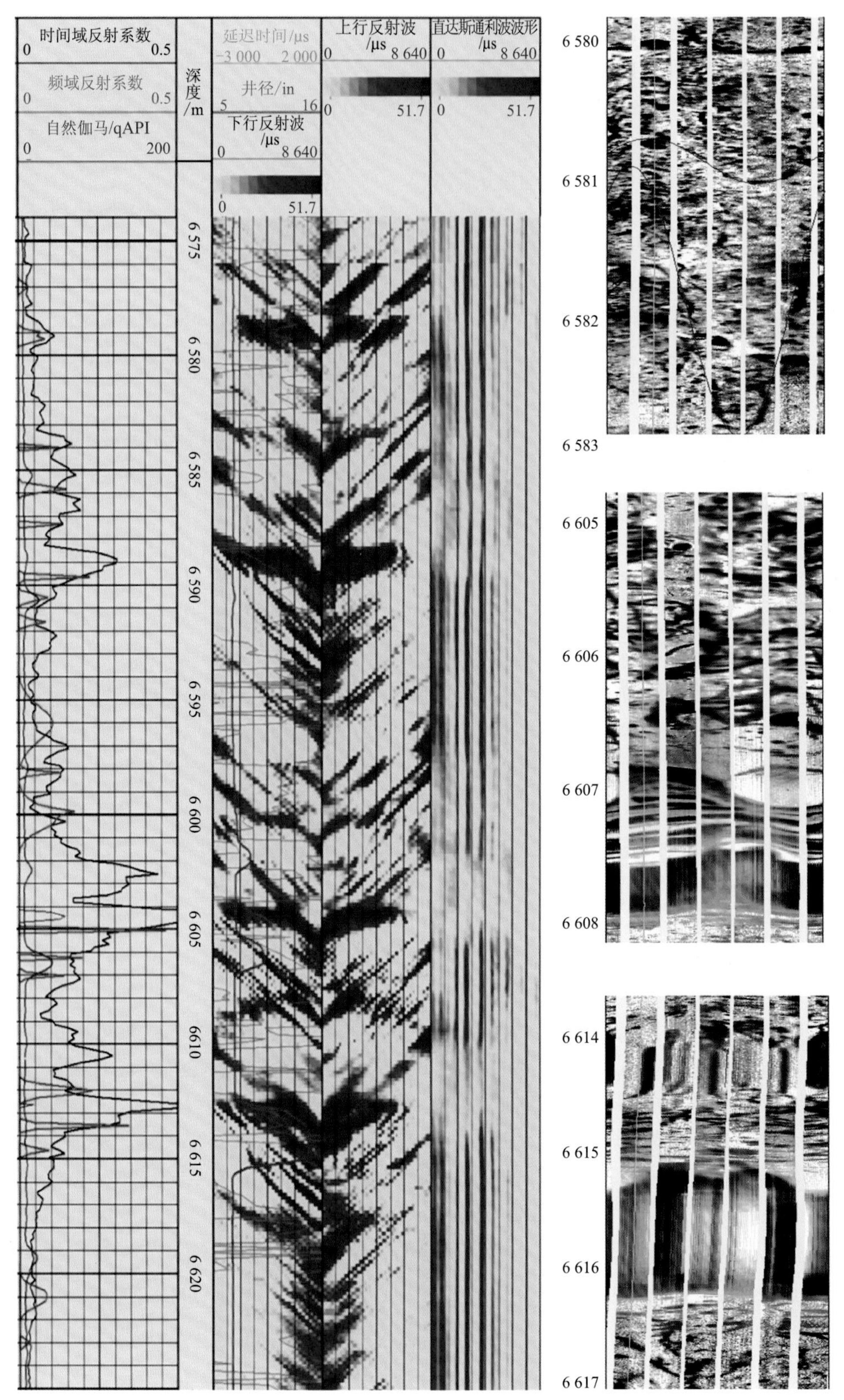

图 3-20　Z20 井斯通利波波场分离处理成果对比图

3）基于斯通利波的地层渗透率评价

（1）基于斯通利波慢度的渗透率计算。

$$S^2=\left(\frac{\rho_\text{f}}{K_\text{f}}+\frac{\rho_\text{f}}{\boldsymbol{\mu}}\right)_\text{elastic}+\left[\frac{2\rho_\text{f}ik_0}{\eta\omega R}\sqrt{-i\omega/D}\frac{K_1\left(R\sqrt{-i\omega/D}\right)}{K_0\left(R\sqrt{-i\omega/D}\right)}\right]_\text{flow} \tag{3-50}$$

式中：S 为斯通利波渗透率，$\times10^{-3}\,\mu\text{m}^2$；$\rho_\text{f}$ 为流体密度，g/cm^3；K_f 为地层流体弹性模量，GPa；$\boldsymbol{\mu}$ 为地层位移矢量，m；k_0 为地层静态渗透率，$\times10^{-3}\,\mu\text{m}^2$；$\eta$ 为流体黏滞度，mPa · s；ω 为圆频率，rad/s；R 为井眼半径，m；D 为井眼流体的扩散率，m^2/s；K_0、K_1 分别为 0 阶、1 阶第二类修改贝塞尔函数。

这种方法的缺点是式（3-50）中的第二项通常比第一项小。井内流体参数和地层剪切模量的不确定性及其他不确定因素（如井径）有可能相当于地层渗透率的影响甚至超过它的影响，只用慢度测量有时很难区分渗透率与其他因素的影响。

（2）基于斯通利波振幅的渗透率计算。

渗透井中斯通利波的振幅谱为

$$A(\omega,z)=\text{SR}(\omega)E(\omega,z)\exp\left(-\frac{\omega d}{2Qv_\text{st}}\right) \tag{3-51}$$

式中：$\text{SR}(\omega)$ 为声源和接收器的响应谱；d 为源到接收器的距离，m；z 为地层的深度，m；$1/Q$ 为斯通利波的衰减；v_st 为斯通利波的速度，m/s。

给定一个非渗透参考深度 $z_0(Q^{-1}=0)$，深度 z 处的地层渗透率可以通过求下面目标函数的极小值得到。

$$Obj[k_0(z)]=\int_\omega\left\{A(\omega,z_0)\exp\left(\frac{\omega d}{2Q(k_0)v_\text{st}(k_0)}\right)-\left|\frac{k(z)E_\text{e}(\omega,z_0)}{k_\text{e}(z)E_\text{e}(\omega,z)}\right|A(\omega,z)\right\}^2\text{d}\omega \tag{3-52}$$

该方法对高渗透地层（渗透率的量级为达西）效果很好，但是有很大的弊端。如果地层渗透率的值较低或者中等，那么与渗透率有关的振幅变化可能被其他因素（如非弹性内耗散、井壁处层状地层边界的散射等）所干扰。因此，只用振幅方法有时候很难区分渗透率和其他非渗透因素的影响。

（3）基于相位和振幅的渗透率计算。

在渗透性地层中，渗透率对斯通利波会产生两方面的影响，包括能量和传播速度的衰减，随着渗透率的增大，测量波列的中心频率会向低频移动，传播时间出现滞后现象。斯通利波在弹性地层和实际地层传播时产生的变化也可以看成是地层渗透率的影响结果，为了定量计算渗透率，可利用快模型理论和一个反演过程来估算渗透率。将理论合成的渗透性斯通利波波形与非渗透性斯通利波波形对比，可得到中心频率差和传播时间差。通过搜索反演函数的最小值，就可以得到地层静态渗透率。

假设 $W^\text{dwvtr}(t)$是波场分离的实测或是模拟的直达斯通利波波形，$A^\text{dwvtr}(f)$为波场分离的实测或是模拟的直达斯通利波波形频谱，斯通利波波形的中心频率和波中心传播时间为

$$f_\text{c}=\frac{\int fA^\text{dwvtr}(f)\text{d}f}{\int A^\text{dwvtr}(f)\text{d}f} \tag{3-53}$$

$$T_{\mathrm{c}}=\frac{\int t(W^{\mathrm{dwvtr}}(t))^{2}\mathrm{d}t}{\int(W^{\mathrm{dwvtr}}(t))^{2}\mathrm{d}t} \tag{3-54}$$

实际测量和理论模拟之间的频移和时间滞后为

$$\begin{cases}\Delta f_{\mathrm{c}}=f_{\mathrm{c}}^{\mathrm{syn}}-f_{\mathrm{c}}^{\mathrm{msd}}\\ \Delta T_{\mathrm{c}}=T_{\mathrm{c}}^{\mathrm{msd}}-T_{\mathrm{c}}^{\mathrm{syn}}\end{cases} \tag{3-55}$$

式中：$f_{\mathrm{c}}^{\mathrm{syn}}$、$T_{\mathrm{c}}^{\mathrm{syn}}$ 为理论模拟斯通利波直达波的中心频率和中心传播时间；$f_{\mathrm{c}}^{\mathrm{msd}}$、$T_{\mathrm{c}}^{\mathrm{msd}}$ 为实测模拟斯通利波直达波的中心频率和中心传播时间。

渗透率反演目标函数为

$$E(k_0,Q^{-1})=\frac{(\Delta f_{\mathrm{c}}^{\mathrm{msd}}-\Delta f_{\mathrm{c}}^{\mathrm{theo}})^2}{\sigma_{\mathrm{syn}}^2}+2\pi\sigma_{\mathrm{syn}}^2(\Delta T_{\mathrm{c}}^{\mathrm{msd}}-\Delta T_{\mathrm{c}}^{\mathrm{theo}})^2+\alpha(\sigma_{\mathrm{syn}}^2-\sigma_{\mathrm{theo}}^2) \tag{3-56}$$

式中：$\Delta f_{\mathrm{c}}^{\mathrm{theo}}$ 为理论频移；$\Delta T_{\mathrm{c}}^{\mathrm{theo}}$ 为理论时间滞后。

$$\sigma_{\mathrm{syn}}^2=\frac{\int(f-f_{\mathrm{c}})^2W(f)\mathrm{d}f}{\int W(f)\mathrm{d}f} \tag{3-57}$$

$$\Delta f_{\mathrm{c}}^{\mathrm{theo}}=f_{\mathrm{c}}^{\mathrm{syn}}-f_{\mathrm{c}}^{\mathrm{theo}} \tag{3-58}$$

$$\Delta T_{\mathrm{c}}^{\mathrm{theo}}=\frac{\int\left(\frac{kd}{\omega}-\frac{k_{\mathrm{e}}d}{\omega}\right)[\omega W^{\mathrm{syn}}(f)]^2\mathrm{d}f}{\int[\omega W^{\mathrm{syn}}(f)]^2\mathrm{d}f} \tag{3-59}$$

式中：k 为动态渗透率；k_{e} 为等效渗透率；d 为接收器间距。

斯通利波渗透率在非均质性强的孔、洞、缝均有反映，只要有与井壁连通的孔隙、裂缝或溶洞存在，斯通利波就有响应。在岩性较纯、井眼规则的情况下，斯通利波的衰减主要是井内流体和地层流体在相互连通的裂隙间流动造成的。特别是相互连通、径向上有一定延伸的张开裂缝会造成斯通利波的严重反射和衰减。如果裂缝的张开度较小，或是孔洞的直径太小，就会像砂岩储层一样容易在井壁上形成泥饼。低渗透的泥饼将阻碍井内流体向地层的流动，造成斯通利波衰减不明显，影响地层真实渗透性的判别，用斯通利波计算的渗透率将远低于地层实际渗透率。

总之，在利用斯通利波计算渗透率和划分渗透层的过程中，一定要考虑岩性、井眼形状和泥饼的影响，借助常规测井资料和其他成像资料，明确是由地层的渗透性导致斯通利波的衰减和时差增大，这样划分的渗透层才合理，计算的渗透率才准确。

4. 不同计算方法的适用性

1）计算结果对比

图 3-21 是 Z42 井斯通利波计算渗透率与核磁计算渗透率对比图。从图上可以看出，斯通利波计算结果与核磁计算渗透率比较接近。电成像图像显示，在 5 614～5 642.5 m 层段孔洞比较发育，裂缝欠发育，常规曲线显示该储层较均质，孔隙度曲线变化较大，自然伽马值平均在 24 API 左右，井眼基本规则。在这样的地层条件下，利用斯通利波和核磁共振两种方法来计算地层渗透率，各自所受到的影响小，得到的地层渗透率应该一致，接近地层的真实渗透率。

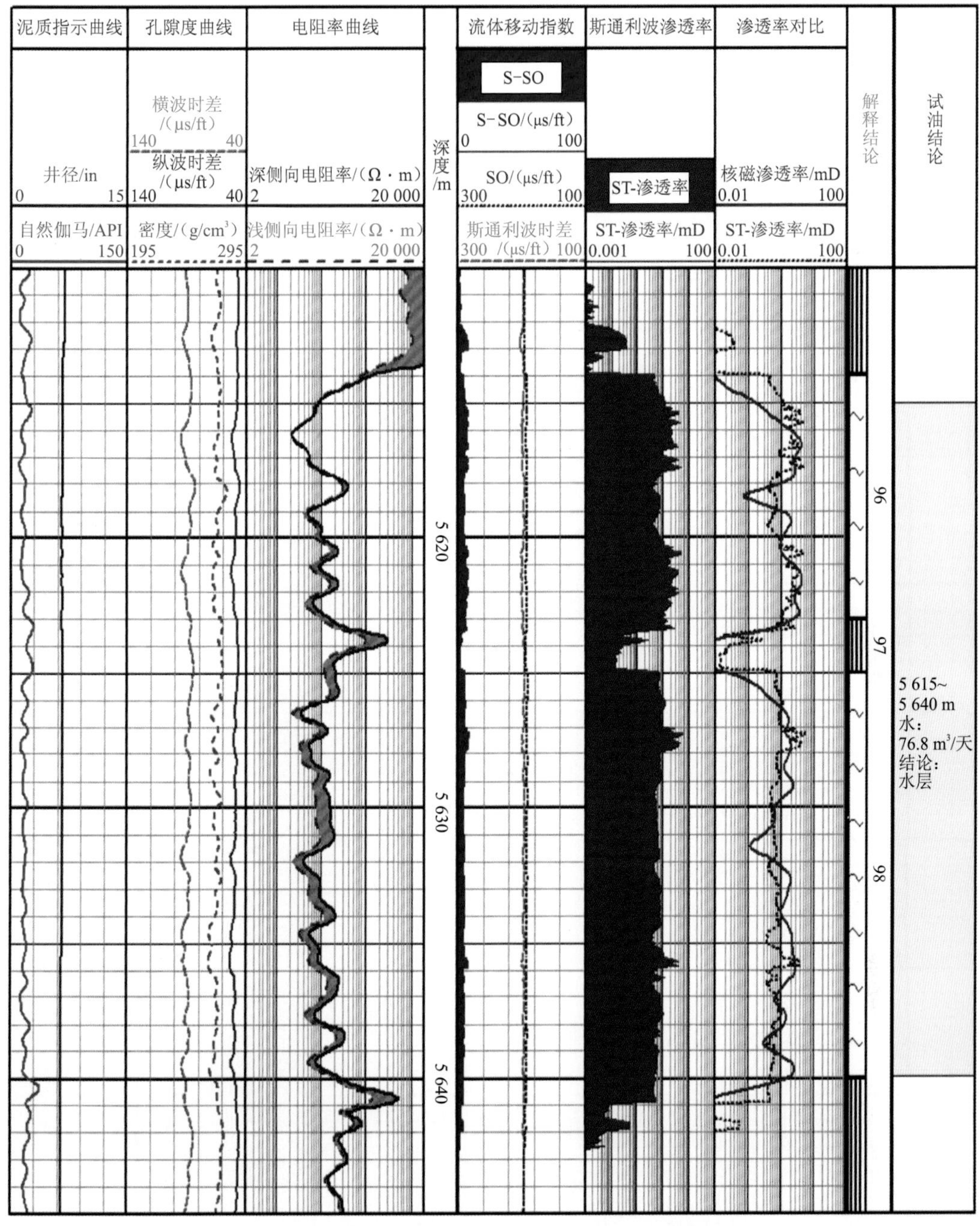

图 3-21　Z42 井斯通利波计算渗透率与核磁计算渗透率对比图

S-SO 为理论模拟孔隙地层斯通利波时差与理想弹性地层斯通利波时差的差值；SO 为理想弹性地层斯通利波时差

图 3-22 是 Z20 井多渗透率对比图。从图中可以看出岩心分析渗透率、常规渗透率和斯通利波渗透率的计算结果比较接近。常规曲线显示 6 410～6 445 m 层段地层均质性较好，电成像图像显示该层段孔洞发育，为典型孔洞型储层。从图 3-22 还可以发现，在 6 410～6 426 m 层段次生孔隙不发育，原生孔隙也不发育，斯通利波渗透率和常规渗透率有很好的一致性。在 6 426～6 445 m 溶蚀孔洞比较发育的层段，三种方法得到的渗透率基本在一个数量级内，而且斯通利波渗透率与岩心分析渗透率最接近，误差比常规渗透率要小。

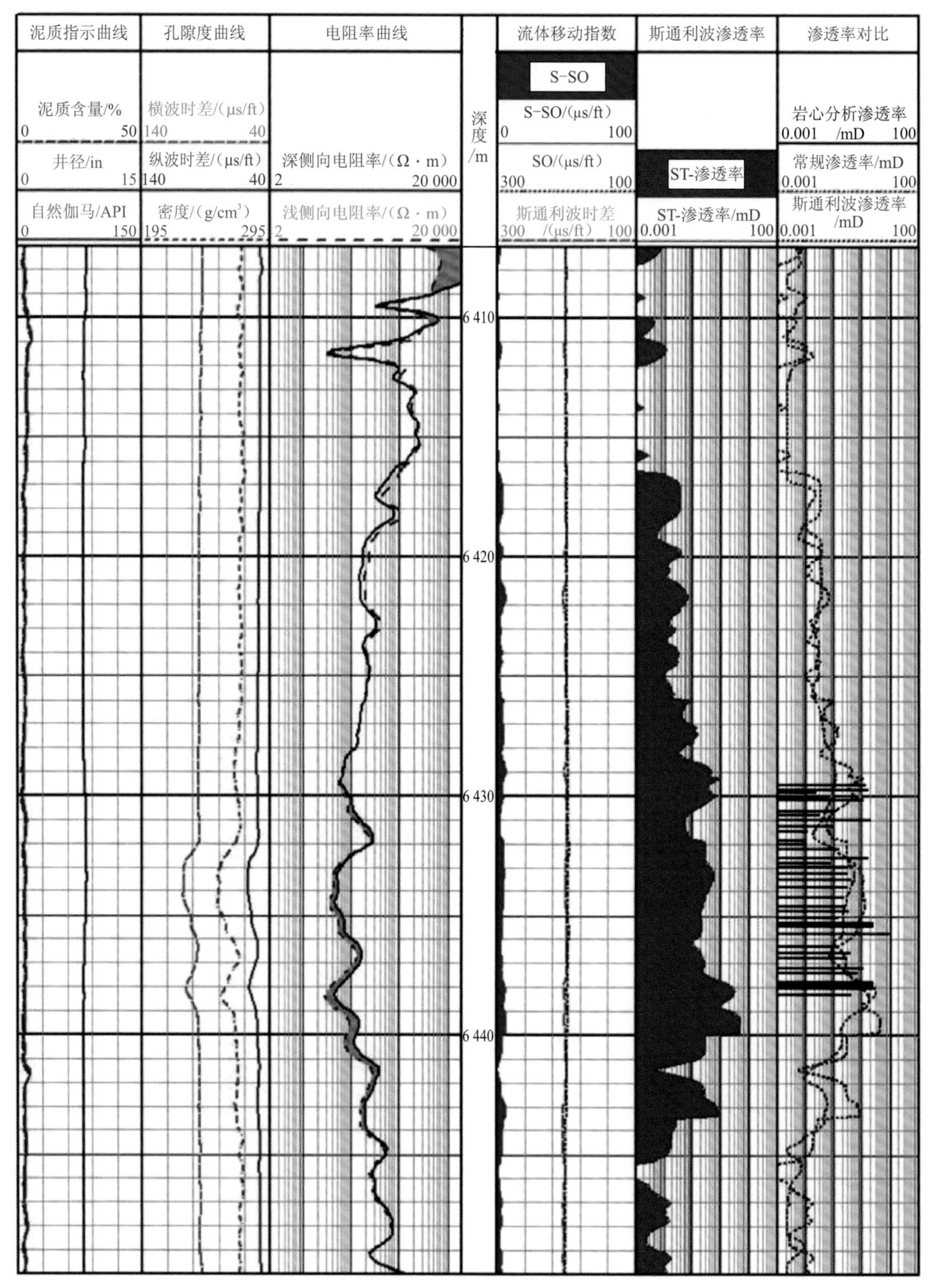

图 3-22　Z20 井多渗透率对比图

2）渗透率与产量的关系

图 3-23 为未措施（本书中措施均指酸化压裂措施）层段试油折合日产量（折合日产量=气日产量/1 000+油日产量+水日产量）与声波渗透率的相关关系，图 3-24 为已措施

层段试油折合日产量与声波渗透率的相关关系。由这两幅图可看出，总体来说，斯通利波渗透率与日产量有明显相关关系，斯通利波渗透率与未措施层段日产量相关关系相对要好，与已措施层段日产量相关关系相对要差。

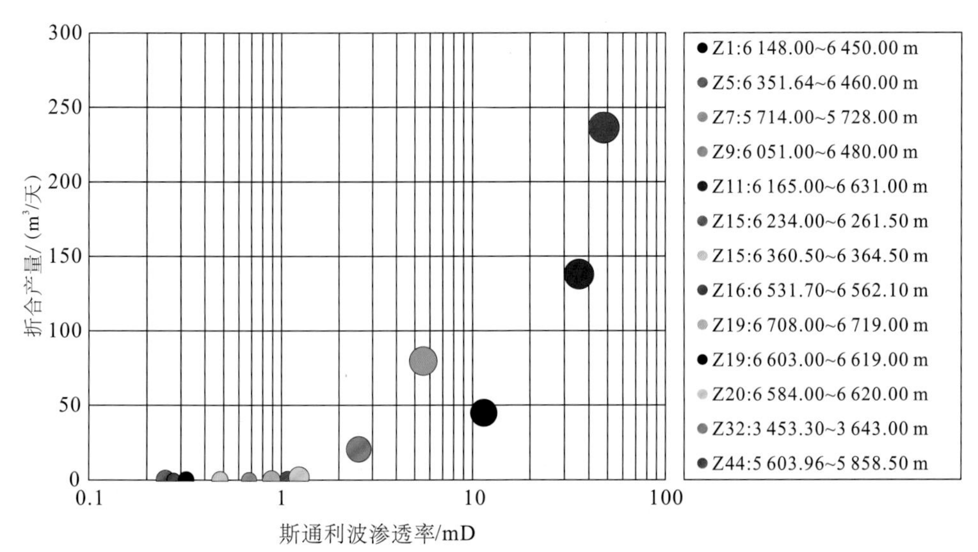

图 3-23　声波渗透率与未措施层段试油折合日产量相关关系

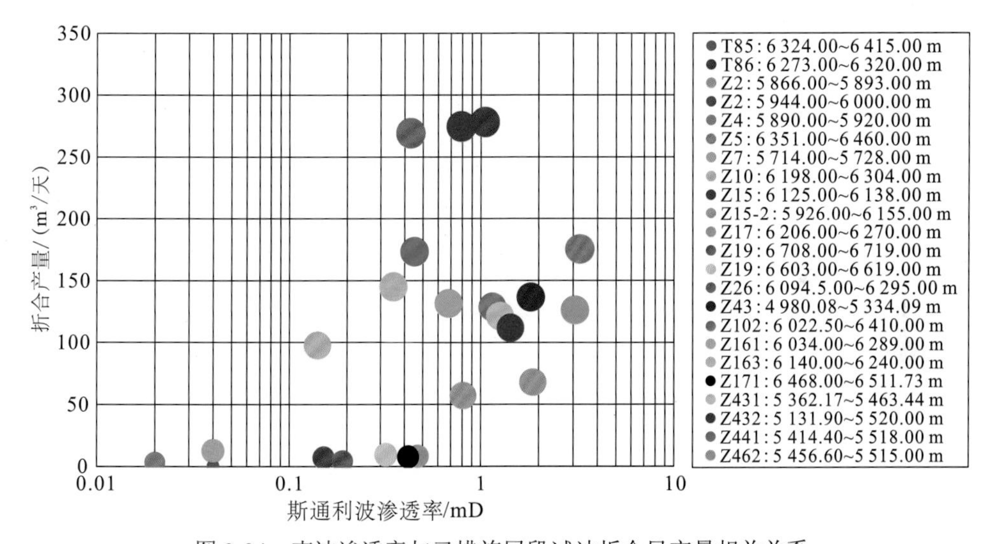

图 3-24　声波渗透率与已措施层段试油折合日产量相关关系

图 3-25 为未措施层段试油折合日产量与常规测井渗透率的相关关系。比较图 3-23 与图 3-25 可看出，斯通利波渗透率与未措施层段日产量相关关系明显好于常规测井渗透率与未措施层段日产量相关关系。

综上所述，斯通利波渗透率计算方法与其他渗透率计算方法反映出的渗透率机理不同，但不管是从理论上讲，还是从实际计算结果看，斯通利波计算的渗透率更接近于地层的真实渗透率。

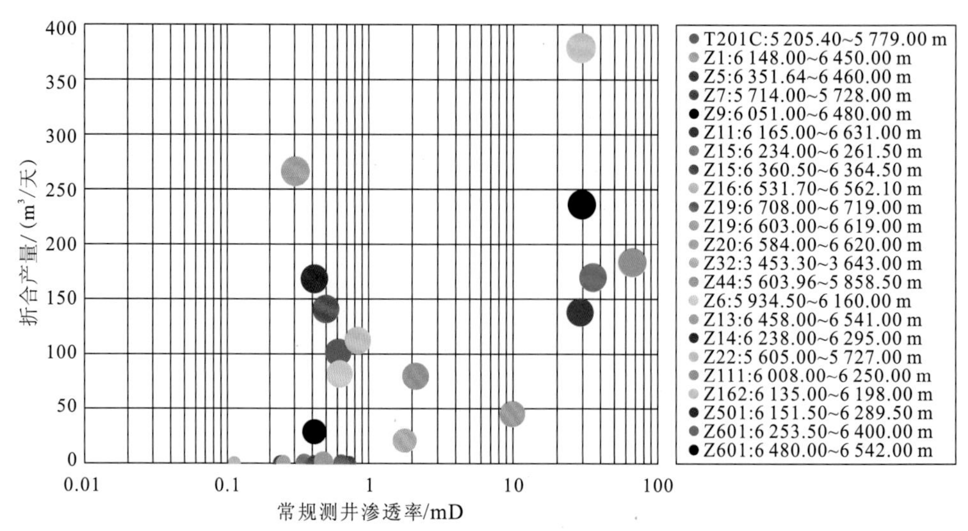

图 3-25 常规测井渗透率与未措施层段试油折合日产量相关关系

5. 计算方法小结

总结 I 区碳酸盐岩储层渗透率计算方法适用性情况，见表 3-5。

表 3-5 渗透率计算方法适用性对比

方法	优点	缺点	使用条件与适用性
常规测井方法	能同时考虑孔洞和裂缝的影响，简便易用	受储层类型影响，裂缝渗透率计算误差较大	可适用于碳酸盐岩不同类型储层
核磁共振测井方法	简便易用	没有考虑裂缝的影响	适用于孔隙型、孔洞型储层
斯通利波方法	更接近于地层真实渗透率	受泥质、泥饼、扩径影响大	适用于非均质性强的碳酸盐岩储层，不同类型储层均可用，建议优先使用

3.2.5 束缚水饱和度的计算

1. 孔洞型储层

岩心中润湿相饱和度与毛细管压力之间存在某种函数关系，这种函数关系无法用代数表达式来表示，只有通过室内实验用曲线的形式来描述，这种曲线就是毛细管压力曲线。当使用油-水系统来测定岩石毛细管压力曲线时，曲线的低饱和度部分常接近于压力轴，与压力轴平行，此时曲线所对应的最低含水饱和度，即为束缚水饱和度。毛细管压力曲线的测定实际上就是测出毛细管压力和饱和度的关系曲线，目前常用的方法有：半渗透隔板法、压汞法、离心机法。

孔隙的大小可划分为细-粗孔（≥0.01 mm）、毛细管孔（0.000 2～0.01 mm）、微（超）毛细管孔（＜0.000 2 mm）。细-粗孔是储产油气的主要空间，其余的小孔径孔洞几乎全被束缚水充填。孔洞型储层孔隙类型既包括孔径比较大的溶蚀孔洞，也包括孔径较小的粒内、粒间、晶内、晶间和一些小孔隙。对 I 区岩心压汞资料进行研究发现：未饱和汞饱和度与孔隙度、平均孔喉半径、相对分选系数之间存在比较好的相关性。其规律为：①未饱和汞饱和度与相对分选系数呈正相关关系（图 3-26）；②未饱和汞饱和度与平均孔喉半径呈负相关关系（图 3-27）；③未饱和汞饱和度与孔隙度呈负相关关系（图 3-28）；④未饱和汞饱和度与（孔隙度/相对分选系数）成负相关关系，且相关性较好（图 3-29）。

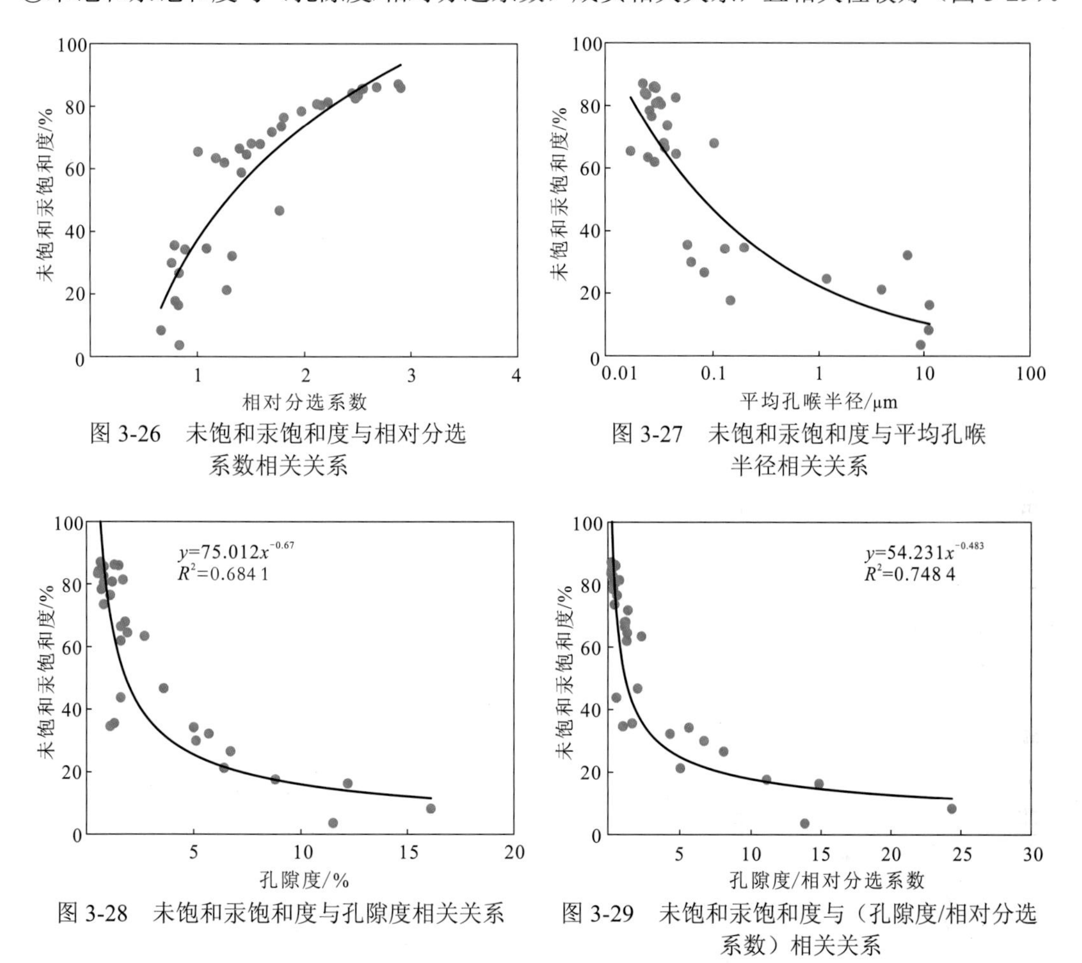

图 3-26 未饱和汞饱和度与相对分选系数相关关系

图 3-27 未饱和汞饱和度与平均孔喉半径相关关系

图 3-28 未饱和汞饱和度与孔隙度相关关系

图 3-29 未饱和汞饱和度与（孔隙度/相对分选系数）相关关系

通过实验研究，说明未饱和汞饱和度不仅与孔隙度、孔喉半径相关，而且与孔喉半径的一致性、连通性相关。当孔隙间孔喉半径越大、分选越好、孔喉连通性越好时，束缚水饱和度越小，含烃饱和度相应也就越高。

通过核磁共振实验发现：束缚流体饱和度也随着孔隙度的增大而减小，且相关性很好（图 3-30）。

通过压汞实验和核磁实验，说明束缚水饱和度与孔隙度存在一定的关系，总体趋势是随着孔隙度的增大而降低（图 3-31）。

由此可建立该区孔洞型储层束缚水饱和度模型：

$$S_{\mathrm{wi}}=\frac{83.398}{\phi^{0.538}} \tag{3-60}$$

在碳酸盐岩地层中用压汞资料确定束缚水饱和度模型是最佳的选择，半渗透隔板法和离心机法均因驱替压力过小而限制了其在碳酸盐岩地层中的使用。

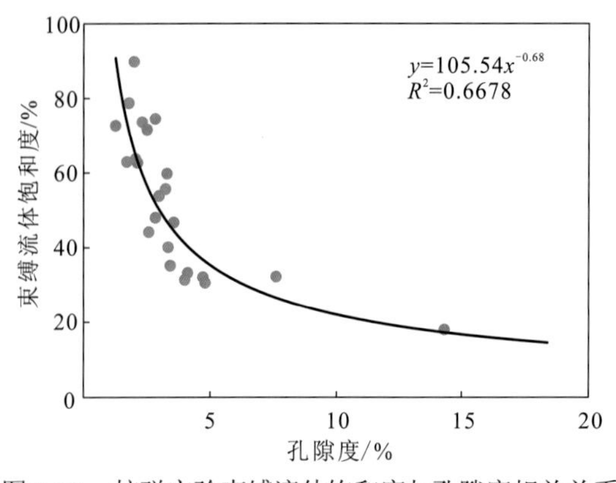

图 3-30 核磁实验束缚流体饱和度与孔隙度相关关系

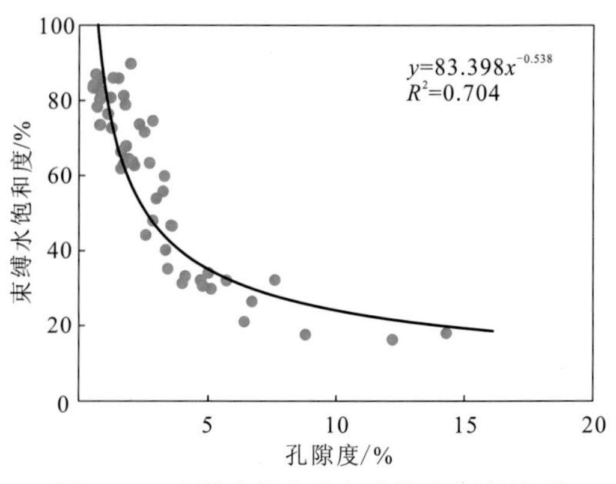

图 3-31 束缚水饱和度与孔隙度相关关系

2. 裂缝型储层

裂缝型储层束缚水饱和度含量主要受微观裂缝和基质孔隙中束缚水的影响。从铸体薄片资料可以看出，裂缝型储层中孔隙类型较少，并且晶内、晶间孔占大部分。而且晶内、晶间孔孔径一般较小，绝大部分被束缚水充填。因此裂缝型储层中孔隙含水饱和度会影响裂缝型储层束缚水饱和度的含量。裂缝中薄膜水厚度主要取决于裂缝的有效宽度。法国石油研究院通过实验测定，得出一个裂缝宽度与束缚水饱和度的实验关系式：

$$S_{\mathrm{wf}} = \frac{3 \times b_{\mathrm{w}}}{2 \times \Delta D} \tag{3-61}$$

式中：b_{w}为裂缝壁水膜厚度，μm；ΔD为裂缝宽度，μm；S_{wf}为裂缝含水饱和度，%。

显然，随着裂缝宽度的减小，其束缚水饱和度将明显升高。理论上讲当裂缝宽度达到 10 μm 时，束缚水饱和度含量已经很低，接近 5%。“八五”期间国内著名测井专家欧阳健先生邀请国家地震局的专家对塔中及轮南地区奥陶系多口井的岩心进行精细描述，共计 1 017 条裂缝。统计裂缝的宽度主要集中在 10～70 μm，基本上都大于 10 μm。因此裂缝型储层中束缚水饱和度主要取决于微观裂缝和基质孔隙中的束缚水饱和度的大小。

将压汞资料和测井资料相结合，研究已知裂缝型储层中压汞样品的束缚水饱和度，T85、T88、Z42 三口井中 10 块岩样满足条件。实验条件的最大进汞压力为 32.1 MPa。渗透率贡献值代表了岩样的某一孔喉对岩样整体允许流体通过能力的贡献，当累积到某一值而不再大幅增加时，说明流体已经占据了所有裂缝及基质孔隙中的可动部分。表 3-6 为裂缝型储层压汞实验测得的束缚水饱和度。

表 3-6 裂缝型储层压汞实验测得的束缚水饱和度

井名	岩性	岩样深度/m	孔隙度/%	渗透率/（$\times 10^{-3}\ \mu m^2$）	缝宽/μm	渗透率累计贡献/%	未饱和汞饱和度/%
Z85	褐灰色砂屑灰岩	6 435.60	0.49	22.300	10	81.566	80.02
	褐灰色砂屑灰岩	6 437.60	1.20	0.332	<10	87.185	77.04
	褐灰色砂屑灰岩	6 524.09	1.50	1.000	10～30	94.324	84.98
	褐灰色砂屑灰岩	6 525.02	1.40	0.917	<10	89.010	87.76
	褐灰色砂屑灰岩	6 525.94	1.70	0.663	10～20	90.990	81.79
	褐灰色砂屑灰岩	6 527.43	1.90	0.534	<10	97.830	84.21

续表

井名	岩性	岩样深度/m	孔隙度/%	渗透率/($\times 10^{-3}\mu m^2$)	缝宽/μm	渗透率累计贡献/%	未饱和汞饱和度/%
T88	浅灰色泥晶灰岩	6 744.29	1.90	140.000	20～40	84.530	83.84
Z42	灰色含云灰岩	5 597.39	1.20	6.340	—	93.590	84.53
	灰色含云灰岩	5 598.73	1.60	2.850	10～20	94.106	92.13
	灰色含云灰岩	5 600.79	0.82	5.540	10～20	94.710	81.77

统计发现岩样的平均孔隙度为 1.37%，束缚水饱和度达到 83.81%，这基本上反映了裂缝型储层中基质孔隙的束缚水含量。

裂缝-孔洞型储层和裂缝型储层都属于双重介质储层。所不同的是裂缝-孔洞型储层中裂缝和孔洞均可以作为储集空间储集油气，而裂缝型储层中包含的微孔几乎无储层意义，大部分被束缚水充填。因此裂缝-孔洞型储层束缚水饱和度既受裂缝薄膜束缚水饱和度影响，又受孔洞束缚水饱和度影响，但有储集意义的裂缝其束缚水体积很小，因而裂缝-孔洞型储层束缚水饱和度的计算可以忽略裂缝的影响，用孔洞型储层束缚水饱和度计算式。

由于洞穴空间相对较大，洞穴中的束缚水饱和度相对很小，洞穴型储层的束缚水饱和度几乎可以忽略不计。

3.2.6 含水饱和度的计算

1. 阿奇公式

阿奇（Archie）公式是美国壳牌公司的测井工程师 Archie 在 1942 年发表的关于砂岩电阻率的定律。其基本内容是：对于纯净的、无泥质且 100%含水的砂岩，其电阻率与孔隙水的电阻率成正比，其比例系数称为地层因子 F；对于含水饱和度小于 1 的纯砂岩，其电阻率与其在 100%含水时的电阻率成正比，其比例系数称为电阻率增大系数 I；地层因子 F 是孔隙度 ϕ 的函数，电阻率增大系数 I 是含水饱和度 S_w 的函数。

含水饱和度与电阻率、孔隙度的关系如下。

$$S_w = \sqrt[n]{\frac{ab}{\phi^m}\frac{R_w}{R_t}} \tag{3-62}$$

阿奇公式是目前利用测井资料定量计算含水饱和度的最基本解释关系式，其中 a、b、m、n 和 R_w 等参数对阿奇公式的效果有着十分重要的影响，而且它们随地区甚至解释层段而变化，应根据该地区地质特征，通过岩电实验得到适用于该地区的参数值。

1）岩电实验

图 3-32、图 3-33 为 Z601 及 Z16 两口井的岩电实验结果，图 3-34 为固定 $a=1$ 时，m 值与孔隙度关系图。从图 3-34 可以看出，地层因素与孔隙度的关系不再是单纯的双对数直线关系，而是表现出更为复杂的曲线变化关系，即 m 值不再是一个定值，而是随着孔隙度的改变而改变（$a=1$）。

$$m = 1.638 + 0.024\phi \tag{3-63}$$

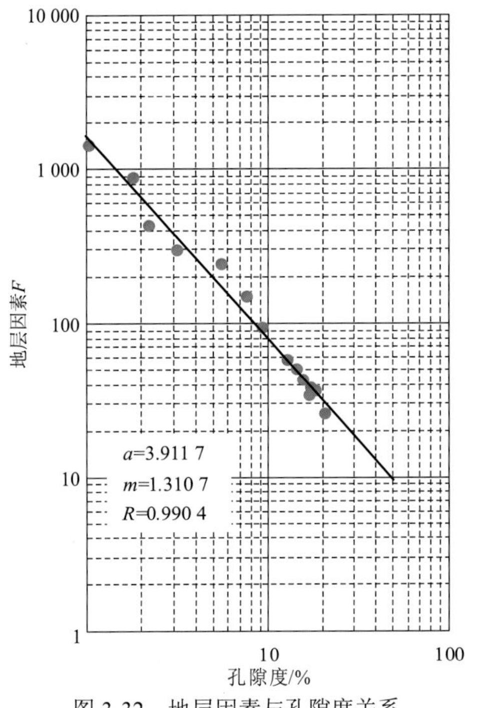

图 3-32　地层因素与孔隙度关系

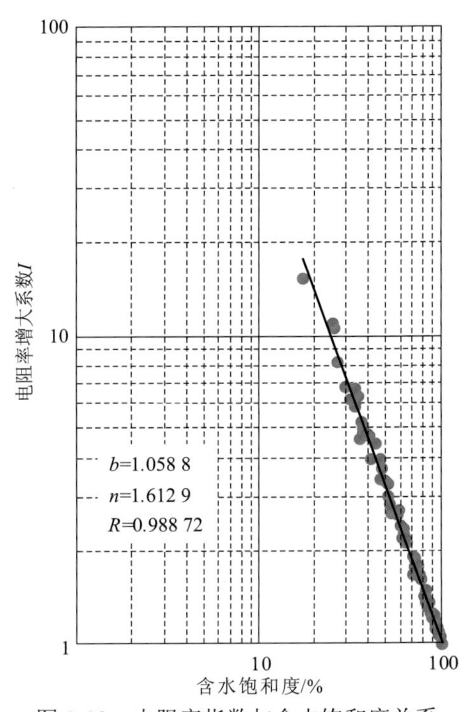

图 3-33　电阻率指数与含水饱和度关系

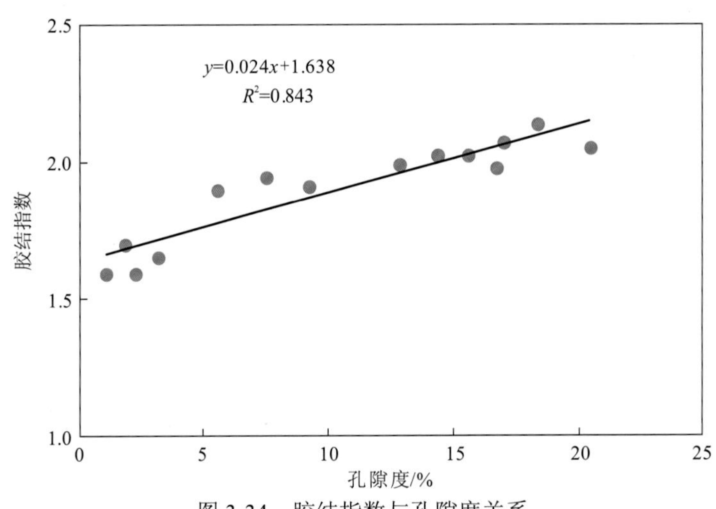

图 3-34　胶结指数与孔隙度关系

从图 3-33 可以看出，I 区奥陶系含水饱和度-电阻率指数关系为

$$I = \frac{1.058\,8}{S_{\mathrm{w}}^{1.612\,9}} \tag{3-64}$$

即 b=1.058 8，n=1.612 9。

2）含水饱和度计算方法

碳酸盐岩孔隙型、孔洞型储层符合孔隙导电的机理，因此可以采用阿奇公式[式(3-62)]计算含水饱和度。

用阿奇公式计算前要进行一定数量的岩电实验，选样必须严格，选取有一定孔隙且无微裂缝的岩样，这样获得的岩电参数才可靠。

阿奇公式含水饱和度计算方法仅适用于非均质性较弱的孔隙型和孔洞型储层，对于裂缝-孔洞型储层来说，地层因素与孔隙度的关系不再是单纯的双对数直线关系，m 值不再是一个定值，而是随着孔隙度的改变而改变。如果使用阿奇公式计算含水饱和度，必须在层组统计的基础上，利用不同孔隙度区间来进一步回归 m、n 值，并分区域、分层组深度段选取地层水电阻率 R_w 值。

2. 双重孔隙结构模型

碳酸盐岩属于双重孔隙结构的储层，储层既存在孔隙与孔洞，又存在裂缝。针对这两种具有不同导电特征的孔隙空间，建立双重孔缝结构的测井响应方程。

$$\frac{1}{R_t}=\left(\frac{\phi_f^{m_f}\cdot S_{wf}^{n_f}}{R_{m_f}\cdot k_1}+\frac{\phi_b^{m_b}\cdot S_{wb}^{n_b}}{R_w}\right) \tag{3-65}$$

$$\frac{1}{R_s}=\left(\frac{\phi_f^{m_f}\cdot S_{wf}^{n_f}}{R_{m_f}\cdot k_2}+\frac{\phi_b^{m_b}\cdot S_{xo}^{n_b}}{R_z}\right) \tag{3-66}$$

$$R_z=\frac{R_{m_f}\cdot R_w}{ZR_{m_f}+(1-Z)R_w} \tag{3-67}$$

$$S_w=\frac{\phi_b\cdot S_{wb}+\phi_f\cdot S_{wf}}{\phi_{wb}+\phi_f} \tag{3-68}$$

$$S_{or}=1-S_w \tag{3-69}$$

式中：R_t、R_s 分别为深、浅侧向电阻率，Ω · m；ϕ_b、ϕ_f 分别为岩块与裂缝孔隙度，小数；m_b、m_f 分别为岩块、裂缝的地层胶结指数；S_{wb}、S_{wf}、S_{xo} 分别为岩块、裂缝、冲洗带的含水饱和度，小数；n_b、n_f 分别为岩块与裂缝的饱和度指数；R_{m_f}、R_w、R_z 分别为泥浆滤液、地层水、地层水与泥浆混合液的电阻率，Ω · m；k_1、k_2 为裂缝造成的畸变系数。

从建立模型导出的响应方程来看，需要对大量参数进行选定。

m_b、n_b 的确定：采用岩电实验结果。

m_f、S_{wf} 的确定：裂缝孔隙度指数 m_f 根据奥陶系裂缝较发育的特征，采用 1.5（国内外经常采用此值），即 m_f=1.5。一般在裂缝中，由于泥浆深侵造成裂缝完全被泥浆充满，所以选用 S_{wf}≈1。

R_z、k_1、k_2 的确定：R_z 作为混合液电阻率，主要取决于 Z 值，Z 值一般选用 0.5～0.7。而 k_1、k_2 为裂缝造成的畸变系数，根据裂缝产状的不同，一般取值为 0.7～1.3。

R_w 的确定：对于裂缝-孔洞型储层来说，地层水电阻率计算方法与阿奇公式含水饱和度计算中 R_w 的确定方法一致。

双孔隙结构模型考虑了碳酸盐岩储层中裂缝这一孔隙结构对含水饱和度计算结果的影响，因此适用于裂缝型储层、裂缝-孔洞型储层，但由于没有考虑泥质含量的影响，该方法仅适用于泥质含量不高的碳酸盐岩储层。

3. 多孔隙结构储层

针对以上两种饱和度计算方法的不足，在确定复杂碳酸盐岩储层饱和度控制因素的基础上，提出考虑泥质影响的多孔隙结构饱和度模型。

碳酸盐岩储层中对岩石导电有贡献的成分可分为：小孔喉基质孔隙、连通的基块孔隙、裂缝孔隙及泥质。岩石的总导电能力可认为是它们并联的结果。

$$\frac{1}{R_t}=\frac{1}{R_j}+\frac{1}{R_l}+\frac{1}{R_f}+\frac{1}{R_{sh}} \tag{3-70}$$

式中：R_t为岩石电阻率；R_j为小孔喉基质孔隙电阻率，所谓“小孔喉基质孔隙”是指油气不能进入的基质孔隙，因而其含水饱和度为100%；R_l为连通的基块孔隙电阻率；R_f为裂缝电阻率，在深电阻率探测范围内，认为裂缝中充满泥浆，其电阻率为R_m，R_{sh}为泥质电阻率。

因而式（3-70）可转化为

$$\frac{1}{R_t}=\frac{\phi_j^{m_j}}{R_w}+\frac{\phi_l^{m_l}S_{wl}^n}{R_w}+\frac{\phi_f^{m_f}}{R_m}+\frac{V_{sh}^{\alpha}}{R_{tsh}} \tag{3-71}$$

式中：ϕ_j和m_j分别为小孔喉基质孔隙度及相应孔隙度指数；ϕ_l和m_l分别为连通的基块孔隙度及相应孔隙度指数；ϕ_f和m_f分别为裂缝孔隙度和裂缝孔隙度指数；V_{sh}为泥质含量；R_{tsh}为纯泥岩电阻率，Ω · m；S_{wl}为连通的基块孔隙中的含水饱和度。

利用式（3-71）可求出S_{wl}，然后利用下式计算岩石总含水饱和度。

$$S_w=\frac{\phi_j+\phi_l S_{wl}+S_{wf}\phi_f}{\phi} \tag{3-72}$$

式中：S_{wf}为裂缝含水饱和度，前人研究指出，S_{wl}在油层处可取0.1，在水层处取1。

式（3-71）中α为地区经验参数，其值为1～2，一般取1.5。R_{tsh}可由测井曲线读出。以下讨论式（3-68）中其他参数的确定方法。

1）裂缝孔隙度指数

由m值的物理意义可知，完全规则、平直的裂缝，其m_f值应等于1，但实际地层中的裂缝不可能总是平直的，由于溶蚀或充填的存在，裂缝经常连接着大大小小的溶洞。因此m_f往往要大于1，对纯裂缝型储层m_f的计算表明，它在1～1.5变化，所以一般将m_f取作1.25较为合适。

2）小孔喉基质孔隙度

该值有两种取法，第一种方法是直接从计算的孔隙度曲线上读取：处理层段中电阻率最高、孔隙度较小的层段（但不是由于地应力的存在而产生的异常高阻层），这一层段可认为无连通孔隙，只有基质孔隙，这一层段的孔隙度可认为是ϕ_j。第二种方法是根据物性分析资料统计该井段渗透率很小（如小于0.01×10^{-3} μm^2）的岩样孔隙度的平均值。根据实际资料处理情况，轮古地区该值为0.9%左右，塔中地区该值为1.2%左右，不同井该值应略有差别。

3）m_j，m_l，n

由于岩电实验的样品均取自岩石基块，可认为裂缝对实验结果无影响且样品中的泥质可忽略。利用以下模型通过多元非线性回归可得到m_j、m_l、n。由Z601井岩样得到的结果见表3-7。

$$\frac{1}{R_t}=\frac{\phi_j^{m_j}}{R_w}+\frac{\phi_l^{m_l}S_{wl}^n}{R_w} \tag{3-73}$$

表 3-7　Z601 井岩样岩电实验测量参数结果

测量参数	测量结果
ϕ_j/%	1.2
m_1	3.487
n	2.947
R^2	0.942

图 3-35 为阿奇公式与多孔隙结构模型含水饱和度计算结果对比图，红色点代表试油结果为油层的点，蓝色点代表试油结果为水层的点。由图可以看出，在储层为油层时，两种方法计算的含水饱和度差别不大，对同一储层流体性质的判别基本一致；但储层为水层时，两种方法计算得到的含水饱和度差别较大。以 Z9 井为例，当多孔隙结构模型方法计算含水饱和度大于 70%时，阿奇公式计算含水饱和度基本小于 60%，根据该井 6 248～6 271 m 层段试油结果（8 mm 油嘴日产水 235 m^3，日产气 0.13×10^4 m^3，试油解释为含气水层），多孔隙结构模型方法计算得到的含水饱和度更符合实际。因此，利用阿奇公式计算的含水饱和度偏低，建议优先采用多孔隙结构模型含水饱和度计算方法计算储层含水饱和度。

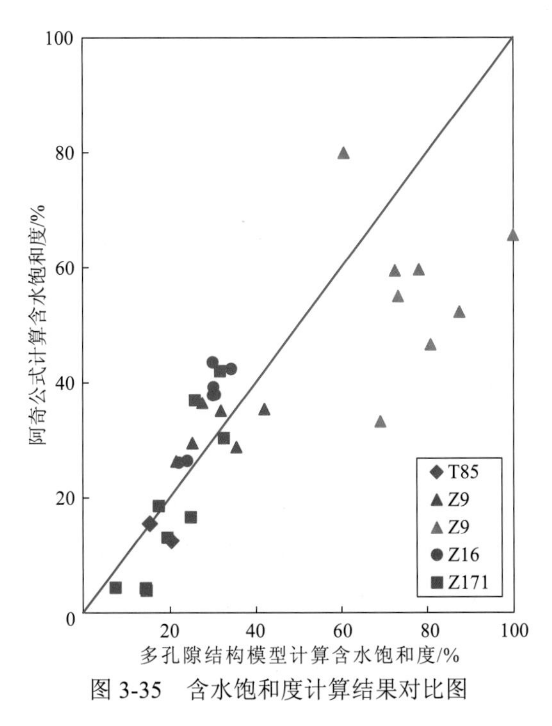

图 3-35　含水饱和度计算结果对比图

综上所述，多孔隙结构储层含水饱和度计算方法充分考虑了泥质、基质孔隙度、连通孔隙度和裂缝孔隙度等不同孔隙类型对储层含水饱和度计算值的影响，因此计算得到的含水饱和度更合理。

4. 计算方法小结

I 区碳酸盐岩储层含水饱和度计算方法适用性情况见表 3-8。

表 3-8 含水饱和度计算方法适用性对比

方法	优点	缺点	使用条件与适用性
阿奇公式	计算过程简单方便	岩电参数受孔隙结构影响大;未考虑泥质含量的影响;水层处计算的含油饱和度偏高	适用于孔隙型、孔洞型储层
双重孔隙结构的饱和度模型	考虑了裂缝的影响	没有考虑泥质含量的影响;使用较复杂	适用于裂缝型、裂缝-孔洞型储层
多孔隙结构的饱和度模型	分别考虑基质孔、连通孔、裂缝、泥质导电的影响	计算参数较多，使用较复杂	具有广泛的适用性，计算结果较合理，建议优先使用

3.3 裂缝识别与有效性评价

3.3.1 电成像裂缝识别

电阻率成像测井是识别和评价裂缝的主要工具，在碳酸盐岩裂缝评价中具有不可替代的作用。

1. 裂缝类型

塔中地区电成像测井图中能够见到的裂缝类型主要有高导裂缝、高阻裂缝和诱导裂缝三类。高导裂缝属于以构造作用为主形成的天然裂缝，对于储层的形成和改造具有重要作用，对油气的储渗具有重要意义。高阻裂缝被电阻率较高的矿物如方解石等充填，属于无效裂缝。诱导裂缝属于钻井过程中所产生的人工裂缝，对储层原始储渗空间没有贡献。

1）按照填充情况划分

高导裂缝：由于泥浆侵入或泥质充填，高导裂缝在 FMI 图像上表现为深色（黑色）正弦波状曲线，且是连续的[图 3-36（a）]。

高阻裂缝（充填、半充填缝）：不连通的裂缝，在电阻率扫描成像图上表现为不连续的深色（黑色）正弦波状曲线或者是白色正弦波状曲线[图 3-36（b）]。

2）按照裂缝的平均张开度划分

裂缝的平均张开度（水动力宽度）直接决定了裂缝的导流能力。为了区分裂缝导流能力的强弱，按照裂缝平均张开度进行裂缝类型划分，标准如下：当裂缝张开度＜0.01 mm 时为小缝，当裂缝张开度≥0.01 mm 时为大缝。

2. 裂缝识别

电阻率成像裂缝识别中，能否正确区分天然裂缝与诱导裂缝是一个重要任务。在电成像图上，大致可以把裂缝分为天然裂缝（包括张开裂缝和闭合裂缝）和钻井诱导裂缝。I 区所钻遇的天然裂缝主要为斜交裂缝和垂直裂缝，裂缝倾角大多在 40°～85°，它们既可作为渗流通道，又可作为储集空间。

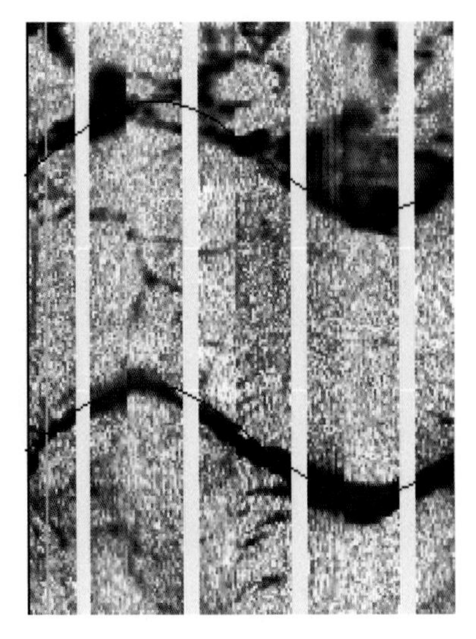

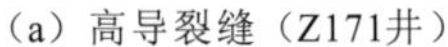

（a）高导裂缝（Z171井）

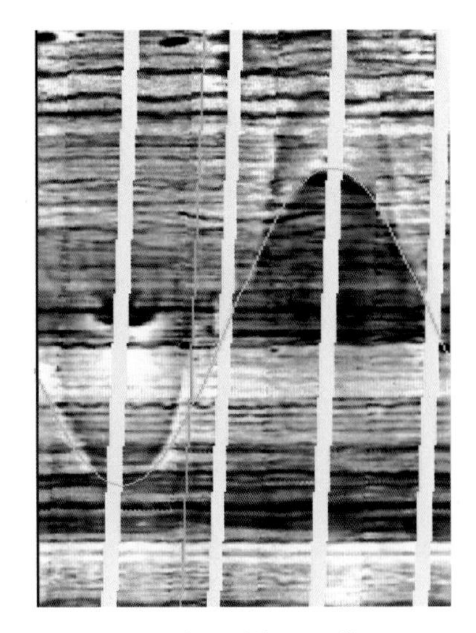

（b）高阻裂缝（Z42井）

图 3-36　FMI 图像上的高导裂缝与高阻裂缝

（1）张开裂缝。

由于裂缝是张开的，里面往往充填有泥浆等低阻物质，在成像图像上显示为低阻黑色正弦曲线状特征。按角度不同分为斜交裂缝、高角度裂缝和网状开启裂缝等，在成像图像上表现形态分别为：斜交开启裂缝在图像上显示为黑色较规则正弦波形状（图 3-37、图 3-38）；高角度甚至平行于井眼的开启裂缝在图像上显示为与井轴夹角很小甚至平行的黑色线条（图 3-39），这种裂缝通常发育在致密岩石中；网状开启裂缝是几种倾向不同的开启裂缝交织在一起形成的（图 3-40）。

（2）闭合裂缝。

闭合裂缝是由地层的压溶作用形成的，往往充填有高阻物质如方解石等，因此在电成像图像上显示为高阻浅色的曲线，但当泥质充填时，表现为暗色的正弦曲线（图 3-41）。

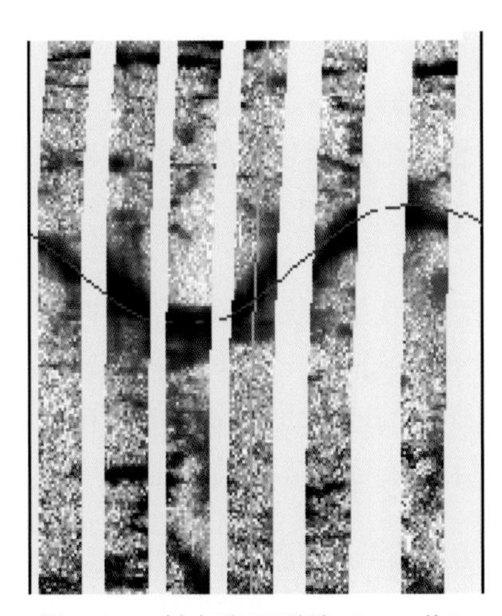

图 3-37　斜交张开裂缝（Z43 井）

图 3-38　组合斜交裂缝（Z32 井）

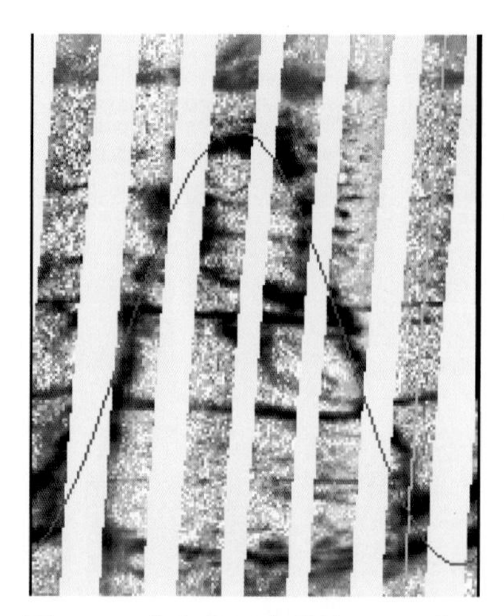

图 3-39　高角度开启裂缝（Z43 井）

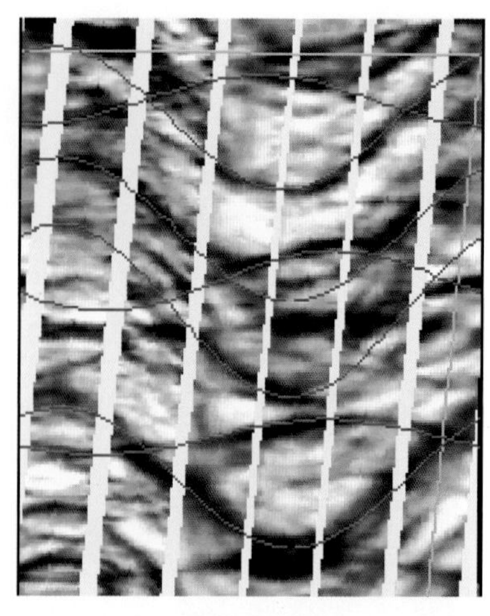

图 3-40　网状开启裂缝（Z32 井）

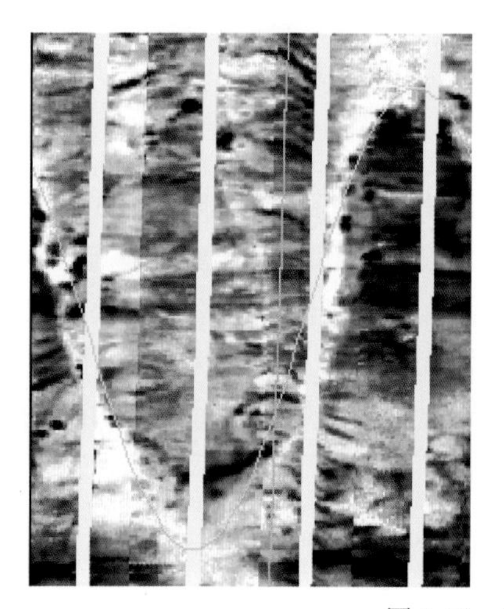

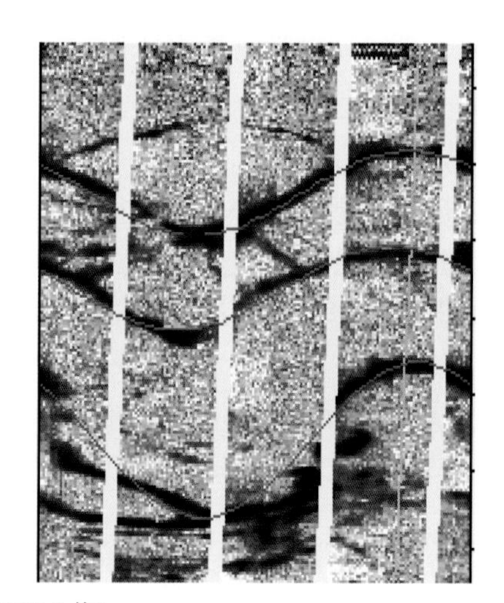

图 3-41　闭合裂缝（TZ86 井）

（3）钻井诱导裂缝。

由钻井形成的裂缝称为钻井诱导裂缝。当钻开地层后，由于地层内部应力释放，以及由钻具在井壁造成的擦痕都可以形成钻井诱导裂缝。钻井诱导裂缝可以有效地确定地层的现今主应力方向。

1）真、假裂缝的鉴别

在微电阻率扫描成像测井图上，与裂缝特征相似的有层界面、缝合线、断层面、泥质条带、黄铁矿条带等，但它们的特征与裂缝又有一定区别。

层界面与裂缝的区别：层界面常常是一组相互平行的或接近于平行的高电导异常，异常宽度窄而均匀（图 3-42～图 3-43）。但由于裂缝总是与构造运动和溶蚀相伴生，高电导异常一般既不平行，又不规则。

缝合线与裂缝的区别：由于缝合线是压溶作用的结果，可存在于任何沉积岩中，一般平行或接近层界面，呈薄层的锯齿状，大多是不规则、不连续的平面，两侧有近垂直的细微高电导异常，通常不具有渗透性。

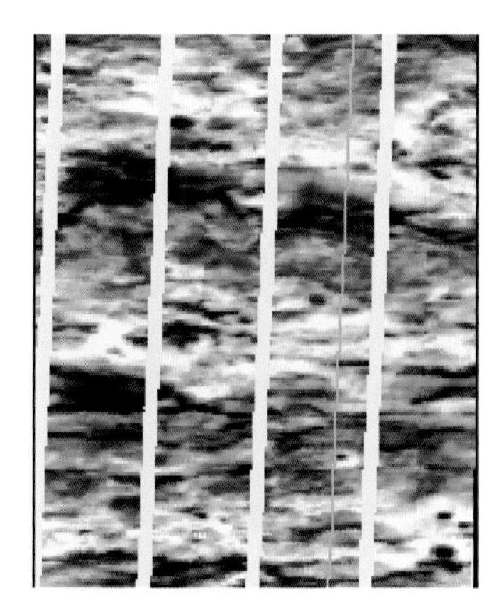

图 3-42　层间隙（T85 井）

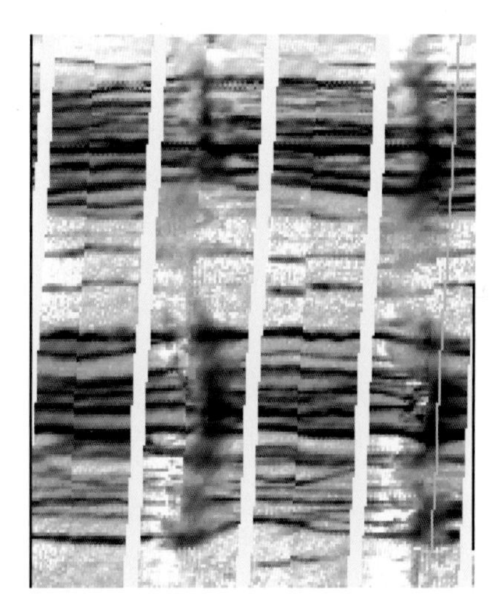

图 3-43　层界面（T85 井）

断层面与裂缝的区别：断层面处总是有地层的错动，而裂缝不具备这些特征，很容易将两者区分开（图 3-44）。

泥质条带与裂缝的区别：泥质条带的高电导异常一般平行于层面且较规则，仅当构造运动强烈且发生柔性变形才会出现剧烈弯曲，但宽窄变化仍不会很大（图 3-45）；而裂缝则不然，其中常有溶蚀孔、洞相伴，使电导率异常宽窄变化很大。

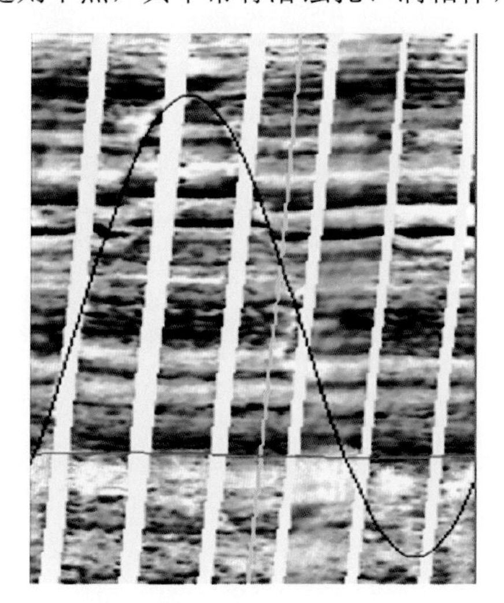

图 3-44　小断层（Y2-14 井）

图 3-45　泥质条带（Z24 井）

2）天然裂缝与钻井诱导裂缝的区别

诱导裂缝根据其形成原因主要分为三类，即钻井过程中由钻具振动形成的裂缝、重泥浆产生的泥浆柱压力与地应力不平衡造成的压裂缝和应力释放裂缝。

（1）钻具振动形成的裂缝。

钻具振动形成的裂缝十分微小且径向延伸很短，呈羽毛状或雁行状[图 3-46（a）]。

（2）重泥浆产生的泥浆柱压力与地应力不平衡造成的压裂缝。

压裂缝的径向延伸不像天然裂缝那样远，它们总是以 180°或近于 180°方位角之差对称地出现在井壁上。当井身垂直时，它以一条高角度张开裂缝为主，在其两侧有两组羽毛状的微小裂缝，或彼此平行，或共轭相交，这取决于三轴向地应力之间的关系，即上覆岩层压力为中等主应力时呈平行状，上覆岩层压力为最大主应力时呈共轭交叉状；当井身倾斜时，压裂缝全部变成同一方向且彼此平行的倾斜缝[图 3-46（b）]。

（3）应力释放裂缝。

应力释放裂缝是在地应力作用下实时产生的裂缝，只与地应力有关系，故排列整齐，规律性强；而天然裂缝常为多期构造运动形成，因而分布极不规则。天然裂缝因遭地下水的溶蚀与沉淀作用的改造，裂缝面不规则，缝宽有较大的变化；而诱导裂缝的缝面较规则且缝宽变化不大[图 3-46（c）]。

（a）钻具振动裂缝（Z9井）　（b）压裂缝（Z9井）　（c）应力释放裂缝（T84井）

图 3-46　几种诱导裂缝在微电阻率扫描图像上的成像特征

总之，诱导裂缝与天然裂缝在形态上差别很大，天然裂缝主要特点为：①由于天然裂缝总是与构造运动和溶蚀相伴生，电导率异常一般既不平行，又不规则。②裂缝可以切割任何介质（包括层界面），且裂缝可以相互平行或相交，相邻裂缝之间电相可以不同。③裂缝相互交叉可以形成网状、树枝状等裂缝组合特征。④裂缝在成像图上的颜色是截然不同的，与地层没有颜色过渡关系。⑤裂缝常有溶蚀孔洞相伴生，使电导率异常宽窄变化较大。

3.3.2　裂缝有效性评价

判断裂缝是否为有效裂缝，主要可以从几个方面进行判别，即裂缝的张开程度、径向延伸和连通情况。

1. 基于裂缝张开程度的裂缝有效性评价

利用裂缝张开度来判断裂缝的有效性，主要根据成像测井资料，辅以双侧向曲线的差异和电阻率进行判别。有效的张开裂缝在成像图上总会有较大的宽度，裂缝一般不平整，但要注意裂缝是否被充填。

1）有效张开裂缝的判别

当声电图像上有高角度裂缝显示时，高阻背景上电阻率有所下降，深、浅侧向测井值出现差异。差异幅度越大，说明裂缝张开度越大，裂缝有效程度相对越好，但仍需考虑裂缝横向延伸长度的影响。如果深、浅侧向测井值差异大，裂缝张开度也比较大，但是横向延伸却很短（不超过深侧向探测深度），则裂缝的有效性也会较差。如图 3-47 所示，Z102 井 6 370～6 400 m 处裂缝比较发育，双侧向曲线正差异明显，表明裂缝有效性较好。

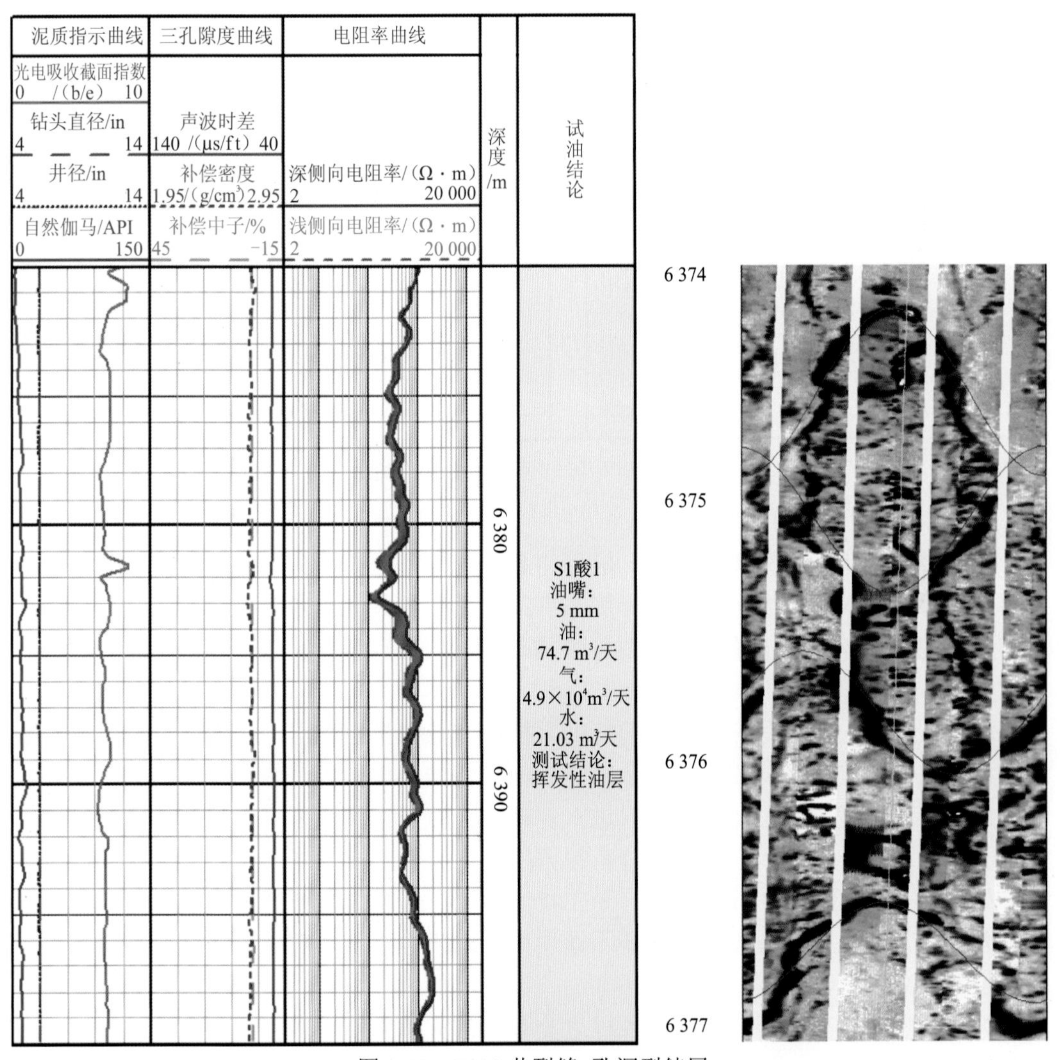

图 3-47　Z102 井裂缝-孔洞型储层

b/e 为伽马光子与岩石中一个电子发生光电效应的平均光电吸收截面

图 3-48 显示 Z701 井 6 120～6 139 m 处发育裂缝，双侧向曲线差异不明显，表明裂缝有效性差。

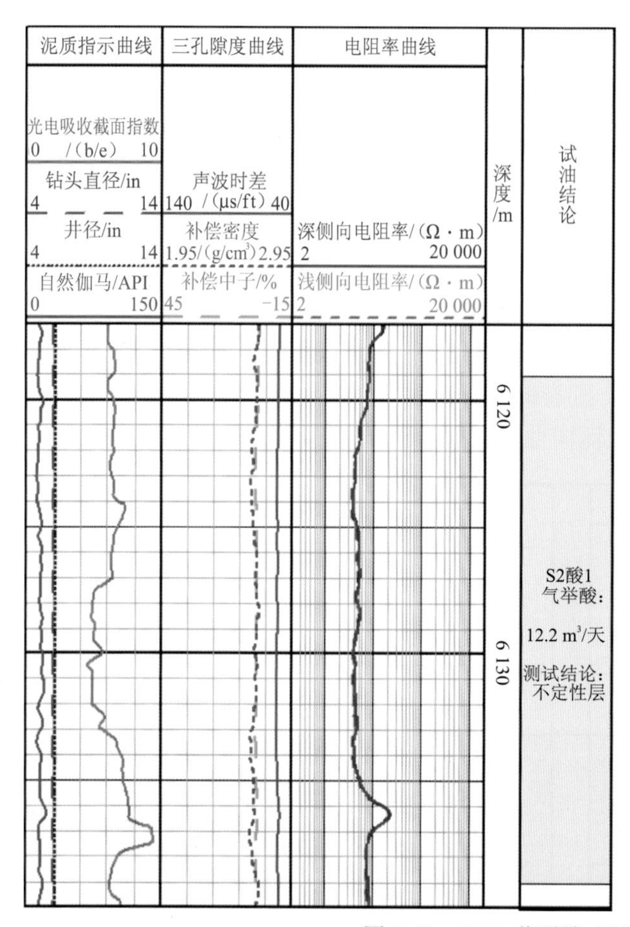

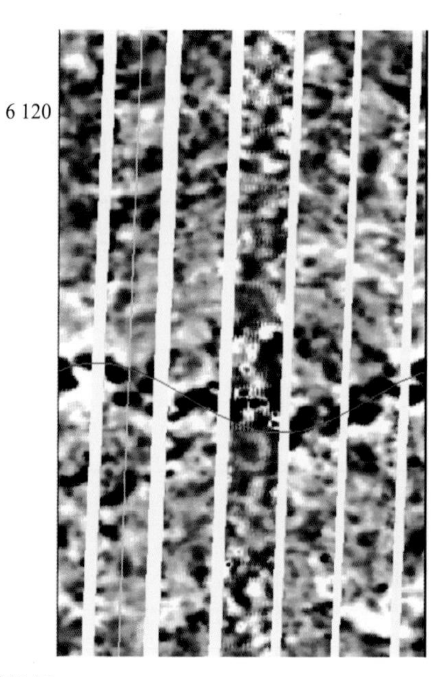

图 3-48 Z701 井裂缝-孔洞型储层

2）充填缝和张开缝的判别

根据裂缝中矿物的充填程度，一般可将裂缝分为完全充填与不完全充填两类。就改善储层储渗能力而言，裂缝的充填程度与有效性是负相关的，随着裂缝充填程度由强变弱，裂缝的有效性随之由差变好。裂缝中的矿物充填导致裂缝孔隙体积变小，裂缝的有效性变差，改善储渗条件的能力变弱。

裂缝型地层一般具有各向异性的特征，横波在各向异性地层中传播时会发生分裂现象，根据快慢横波的强弱变化可指示地层各向异性的大小。横波各向异性的大小又与裂缝的密度、张开度正相关。实际资料进一步证实：泥质充填或方解石充填的高角度裂缝只有微弱的各向异性，而未充填裂缝有很强的各向异性。

如图 3-49 和图 3-50 所示，Z32 井 3 470～3 480 m 层段发育低角度裂缝，双侧向电阻率差异明显，偶极横波成像测井显示该层段各向异性强烈，反映出未充填裂缝特征，表明裂缝有效性好。

纵波、横波、斯通利波幅度衰减程度与裂缝的充填物质也有关系。裂缝被流体充填时，会导致地层径向波阻抗数值明显减小，相应衰减幅度也随之增大，裂缝为有效裂缝；裂缝被固体矿物充填时，相应衰减幅度较小，表明裂缝有效性较差。

评价裂缝是否被充填可分为三种情况：一是泥质充填和黄铁矿充填，这种情况在电成像图上很容易与未被充填的裂缝混淆，识别的方法是看对应的常规测井值是否有

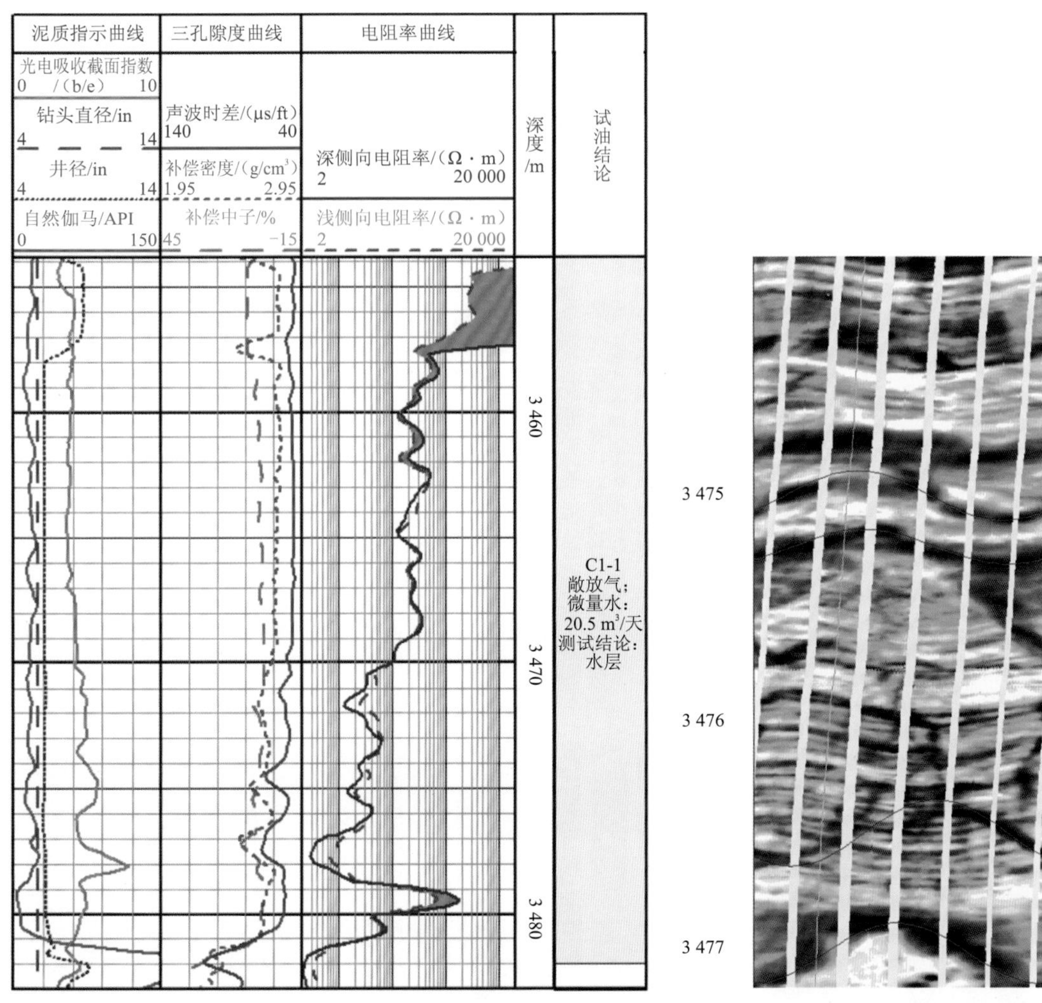

图 3-49　Z32 井未充填缝特征

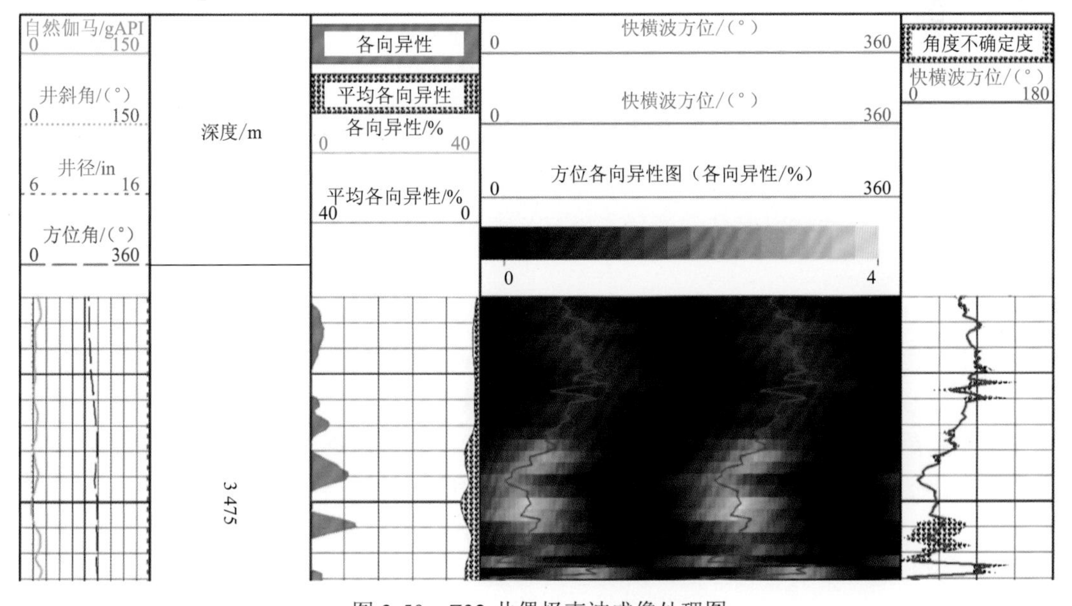

图 3-50　Z32 井偶极声波成像处理图

变化，自然伽马值增高则为泥质充填缝，黄铁矿则会引起密度增大，且光电吸收截面指数在无重晶石影响下对黄铁矿、灰岩和白云岩区分效果较好；二是与相同宽度的裂缝比较电阻率曲线的下降程度，电阻率下降幅度大者是未充填缝，电阻率基本未下降为充填缝；三是裂缝被方解石等高电阻率岩石充填，这种充填缝在成像图上显示为浅色的正弦波条纹（图 3-51）。

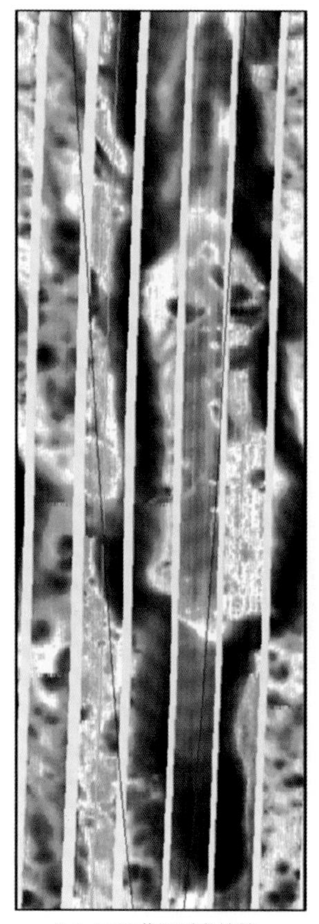

（a）Z601井泥质充填缝

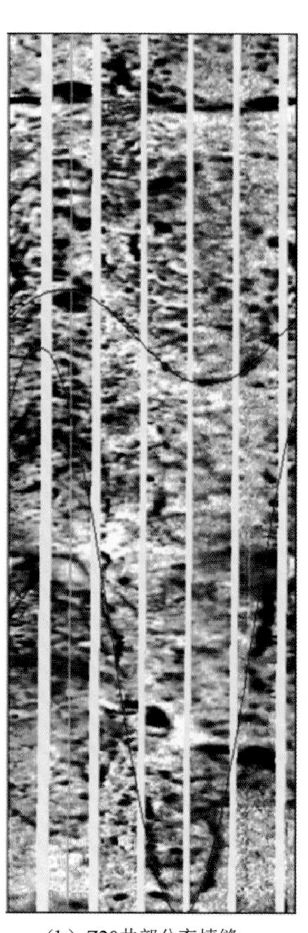

（b）Z20井部分充填缝

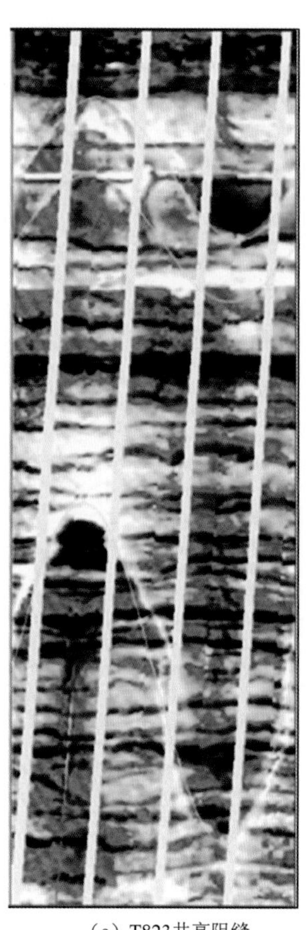

（c）T823井高阻缝

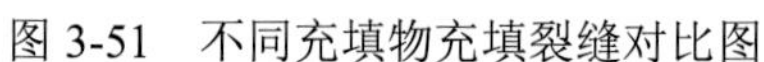

图 3-51　不同充填物充填裂缝对比图

2. 基于裂缝径向延伸特征的裂缝有效性评价

裂缝的径向延伸情况对其有效性评价至关重要，目前主要通过两种方法判断裂缝的径向延伸情况。

1）双侧向测井响应的裂缝径向延伸情况近似估计

由于浅侧向测井的径向探测深度为 0.3～0.5 m，而深侧向测井和 ARI 的径向探测深度可达 2 m 以上。对于径向延伸小于 0.5 m 的无效高角度裂缝，ARI 图像和双侧向测井曲线都主要反映基岩的高电阻率，呈高电阻率特征，且电阻率差异也不大，其深、浅侧向电阻率比值小于 5；当裂缝径向延伸在 0.5～2 m 时，浅侧向测井就基本只受侵入带影响，而深侧向测井和 ARI 还将受基岩电阻率较大的影响，故浅侧向测井电阻率明显降低，而深侧向测井电阻率仅略有降低，出现较大的正差异，其比值可达 5～11；对于径向延伸深度在 2 m 以上的有效高角度裂缝，以上 3 种测井参数都将受到影响，ARI 图像有明显的高电导异常，深、浅侧向测井电阻率也将降低，深、浅侧向测井正差异幅度减小，其比值小于 5。

2）微电阻率成像测井与远探测声波成像测井的裂缝径向延伸情况判断

可以利用微电阻率成像资料结合远探测声波成像测井资料来识别延伸较远的有效裂缝。图 3-52 显示利用 FMI 与远探测声波成像资料识别 L2 井有效裂缝的过程，电成像图像上显示该井 6 875～6 878 m 层段发育高角度裂缝，在远探测声波成像图像 6 864～6 884 m 层段上、下行波都存在一组声阻抗界面，且在一条直线上，证实其为一组纵向跨度为 20 m 的过井壁裂缝，表明该层段裂缝延伸较远，裂缝有效性较好。

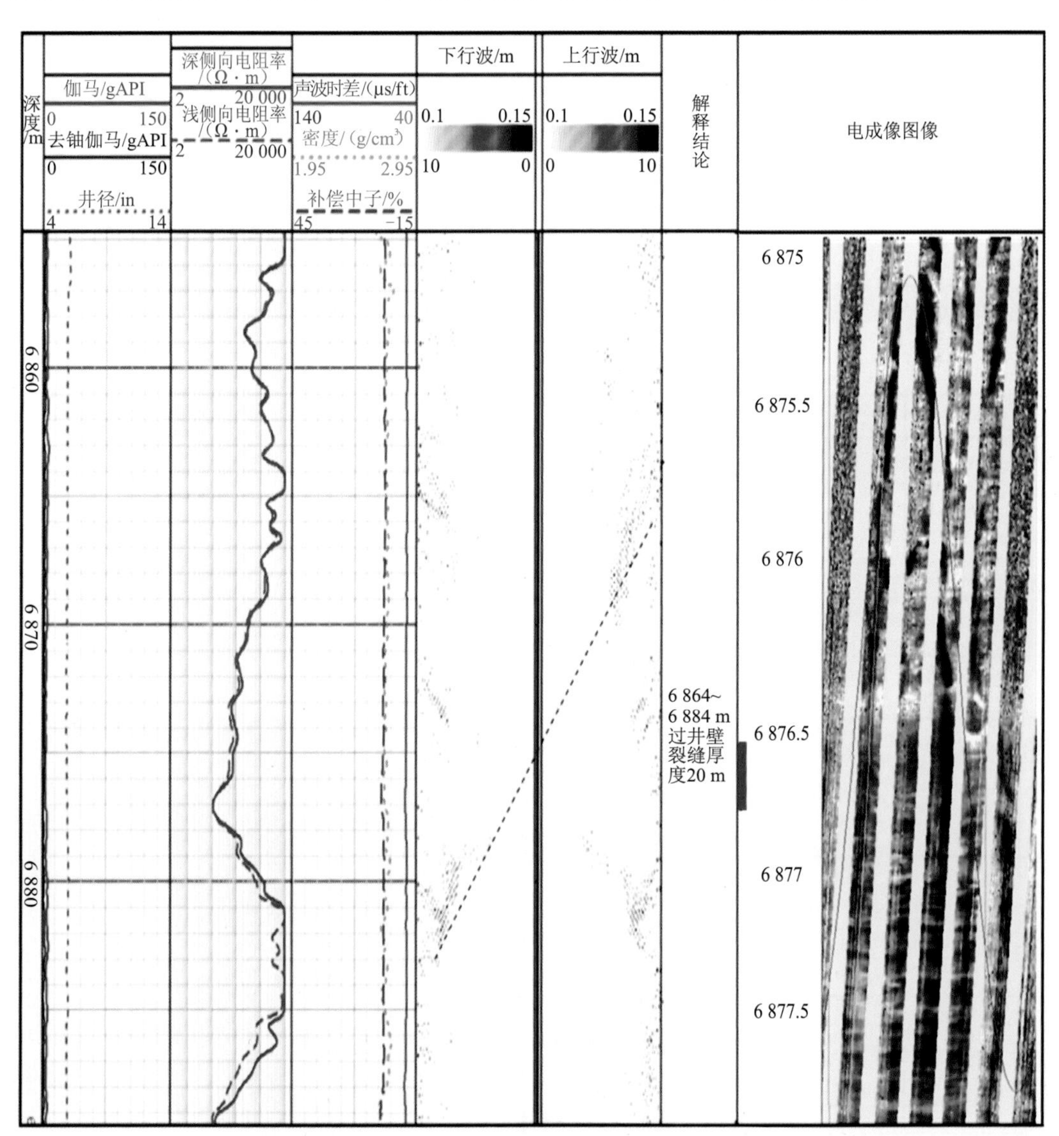

图 3-52 L2 井 FMI 与远探测声波成像识别有效裂缝

此外，还可以通过比较微电阻率成像和 ARI 图像资料来识别裂缝有效性。一般微电阻率扫描成像测井的径向探测深度比 ARI 小得多，仅在水平裂缝或低角度裂缝时两者才比较接近。因此 FMI 图像可看到井壁上的全部裂缝，包括有效裂缝和无效裂缝，而 ARI

图像只能看到径向延伸在 2 m 以上的裂缝。比较两者的图像或处理成果，就可估计裂缝的径向延伸情况。具体方法是从 FMI 图像上确定是否为天然裂缝，再从 ARI 图像上看这些裂缝是否存在，不存在的为无效裂缝，存在的为有效裂缝。

3. 基于裂缝连通性和渗滤性的裂缝有效性判别

裂缝的渗滤性能综合地反映裂缝的张开度、径向延伸程度和彼此的连通情况，因此，渗滤性是评价裂缝有效性的最佳指标。

1）基于声波资料的裂缝渗透性能判断

（1）用斯通利波能量衰减情况判断裂缝的渗透性能。低频斯通利波与储层的渗滤性具有直接关系，用斯通利波的能量衰减和传播速度可以较好地估算裂缝储层的渗透性。

（2）利用斯通利波及纵、横波全波列变密度图像的干涉条纹特征也可以定性判断裂缝储层的渗透性。对于有效孔、洞、缝储渗系统，其间必然有地层流体，形成声阻抗界面，使得声波发生干涉，而在填充或闭合的裂缝处，则不能形成明显的声阻抗界面，因此变密度图像上没有干涉条纹。但应注意岩性变化较大的层界面、泥质条带、大井眼等因素的影响。

如图 3-53 所示，Z17 井 6 435～6 450 m 发育网状裂缝，双侧向电阻率幅度差异明显，声波变密度图上出现明显的干涉条纹，显示该储层段裂缝有效性好。

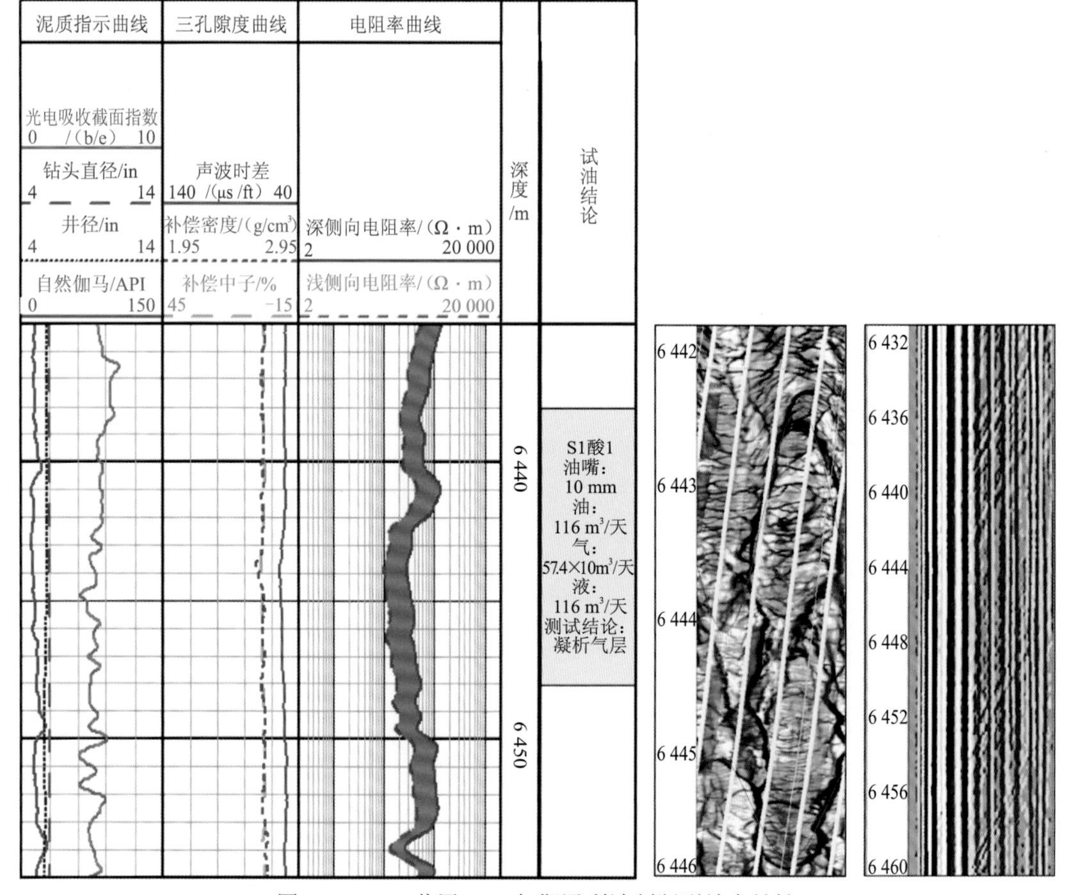

图 3-53 Z17 井用 FMI 与斯通利波判断裂缝有效性

2）基于重复式地层测试器测压的裂缝渗透性判断

在用重复式地层测试器（repeating formation tester，RFT）对裂缝型储层进行测压或取样时，如能密封而不能测到压力，则为无效裂缝，反之为有效裂缝。但是当裂缝很发育的时候，如取样嘴靠上裂缝，往往不能密封；而当靠上岩块时，虽然能密封，却又因岩块的低孔、低渗特征使地层压力恢复得很慢，甚至测不到地层压力，取不到地层流体。这时要分析几个附近点的情况，参考其他测井曲线，做出正确的评价。

综上所述，利用单一测井信息无法有效地判断裂缝有效性，必须利用多类信息进行综合判断，即首先利用电成像资料、双侧向曲线差异、结合偶极声波资料确定裂缝张开度及充填情况；再利用电成像资料、深侧向资料、ARI 图像、远探测声波成像图像探测深度的差异判断裂缝径向延伸情况；最后利用斯通利波能量衰减情况、声波变密度图像干涉条纹等判断裂缝渗透性能。充填程度弱、径向延伸远、渗透性好的裂缝有效性好。

3.4 洞穴型储层充填情况评价

所谓洞穴型储层，即由大型溶洞形成的储层。早奥陶世末期塔里木盆地从伸展构造状态进入挤压构造环境，下奥陶统整体隆升，后又遭受晚加里东期、海西和燕山运动等区域构造作用的叠加改造，形成了丰富的岩溶洞穴，并被断裂和裂缝所贯穿。

本节基于常规测井资料，结合取心和电成像资料，建立洞穴充填物识别模式；通过钻录井、常规测井、新技术测井及交会图技术，判断洞穴型储层充填程度，对洞穴型储层有效性判别方法进行研究。

3.4.1 洞穴充填物识别

洞穴型储层作为碳酸盐岩地层中最优质的储集空间，往往经过后期构造作用再改造而被充填，使其有效性变差，严重的以至于完全被填充而成为无效洞穴。因此评价洞穴储层有效性也即评价其充填程度，而识别岩溶洞穴的充填物是评价其充填程度的前提。

大型洞穴既有可能被泥质充填也有可能被岩石碎屑、方解石等其他碎屑岩充填物充填，其充填方式可大致分为全充填、半充填和未充填三种方式。塔里木地区所钻遇的岩溶洞穴充填物按类型可分为泥质、角砾岩、岩石碎屑等，其成因分别为洞穴流水机械沉积、重力坍塌堆积、洞穴水化学沉淀等。

1. 泥质充填

泥质充填洞穴的自然伽马值较高，一般大于 60 API，去铀伽马值也比较高，双侧向电阻率明显降低；在电成像图像上，洞穴泥岩呈暗色条带状，具有明显的平行层理。对于泥质全充填洞穴，由于泥质含量高导致泥质全充填洞穴多为无效洞穴。如图 3-54 为 Z43 井（5 263～5 269 m、5 270～5 272 m 和 5 276.5～5 278.5 m）下奥陶统三段泥质全充

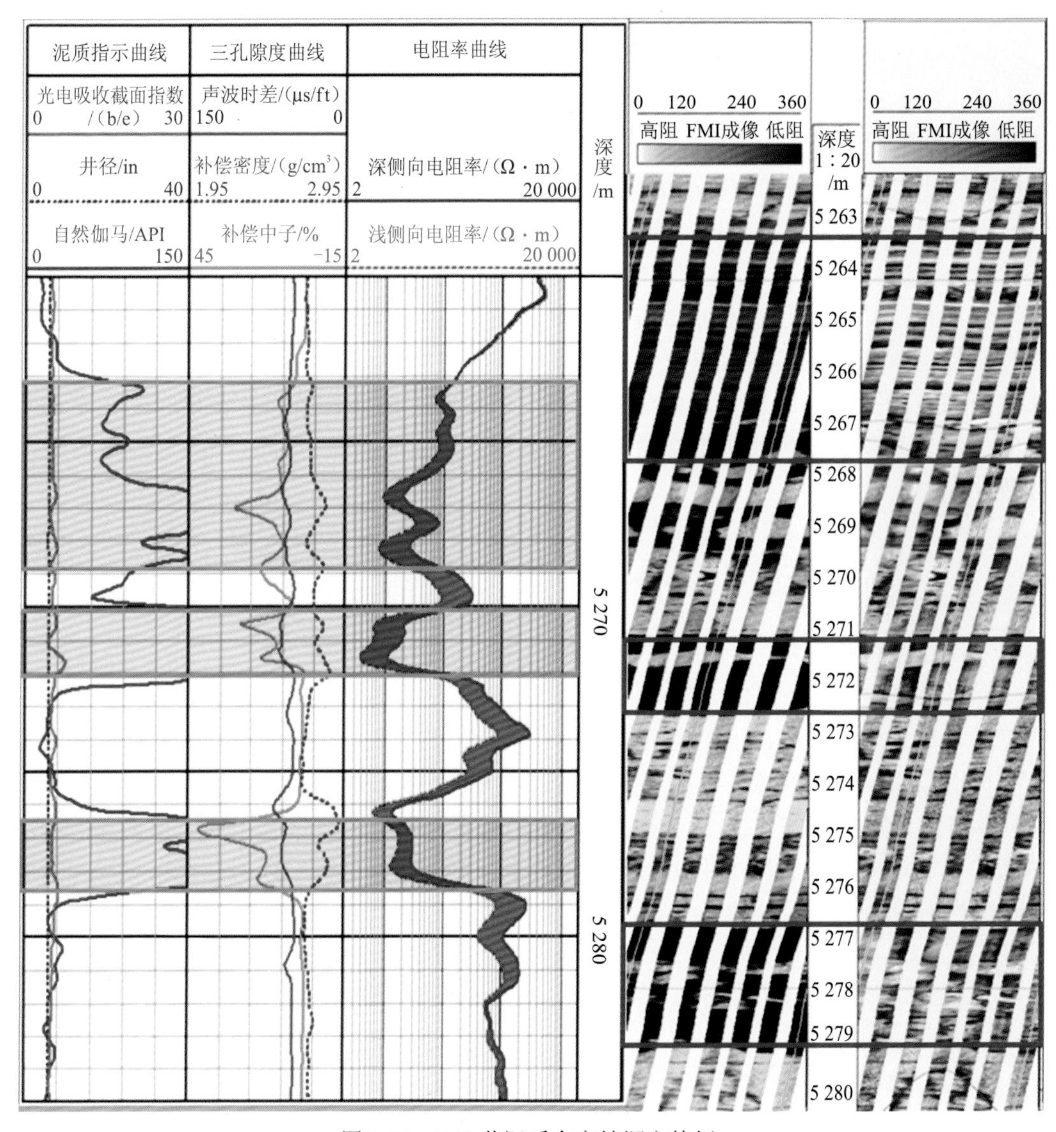

图 3-54 Z43 井泥质全充填洞穴特征

填洞穴特征。

2. 角砾岩充填

I 区角砾岩充填的洞穴其角砾成分一般为碳酸盐岩，与围岩一致。角砾间的填隙物一般由细小的碳酸盐岩碎屑或陆源砂、泥质组成。自然伽马值一般为 15～40 API，高于围岩值；双侧向电阻率降低得不太明显；三孔隙度曲线值和光电吸收截面指数均接近灰岩骨架值。从电成像资料看，灰质角砾杂乱堆积，角砾间以泥质或低阻碎屑物质充填，相比于角砾呈暗色分布。洞穴角砾岩一般为洞顶或洞壁围岩垮塌而堆积的产物。图 3-55 显示 Z161 井（6 233～6 237 m）下奥陶统洞穴充填灰质角砾岩特征，角砾大小混杂，形状不规则，无分选和磨圆特征。

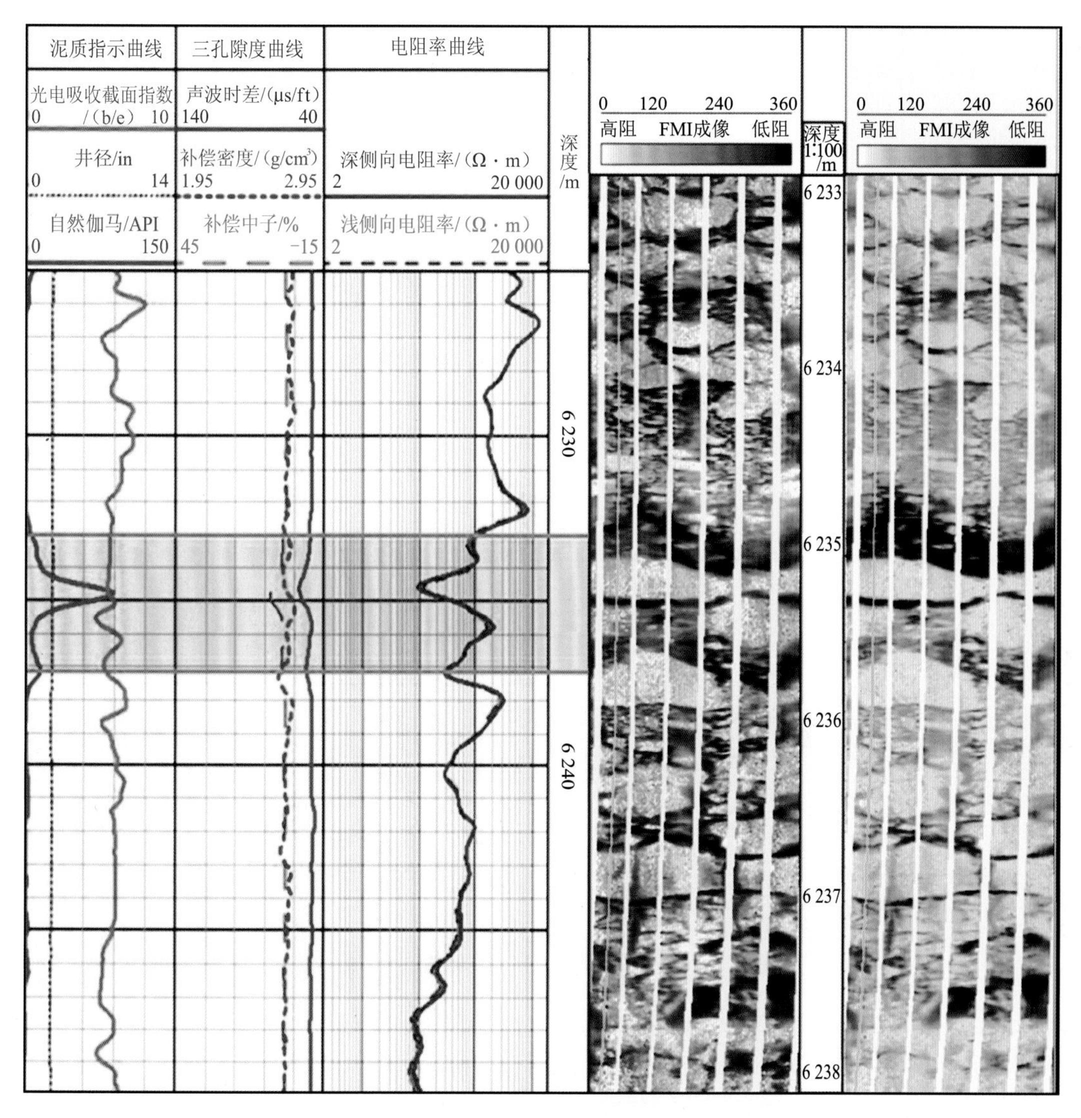

图 3-55 Z161 井角砾岩充填洞穴特征

3. 泥灰质充填

I 区泥灰质充填的洞穴成分为泥岩和灰岩。自然伽马值一般为 40～80 API，高于围岩值；双侧向电阻率降低程度不太高；三孔隙度曲线值有一定程度的降低，光电吸收截面指数接近灰岩骨架值。从电成像资料看，泥灰质充填物呈亮暗相间分布，泥质部分相比于灰质部分呈暗色分布。图 3-56 显示 Z24 井（6 254.8～6 256.4 m）下奥陶统洞穴充填泥灰质特征。

4. 岩石碎屑充填

被岩石碎屑、方解石等碎屑岩全充填的溶洞，相对于被泥质充填，井径、自然伽马值幅度变化不明显，电阻率、密度降低程度小，声波时差增大程度小（图 3-57）。对于被碎屑岩充填的溶洞，洞穴内的充填物由于有洞壁支撑，原生孔隙保存良好，有可能成

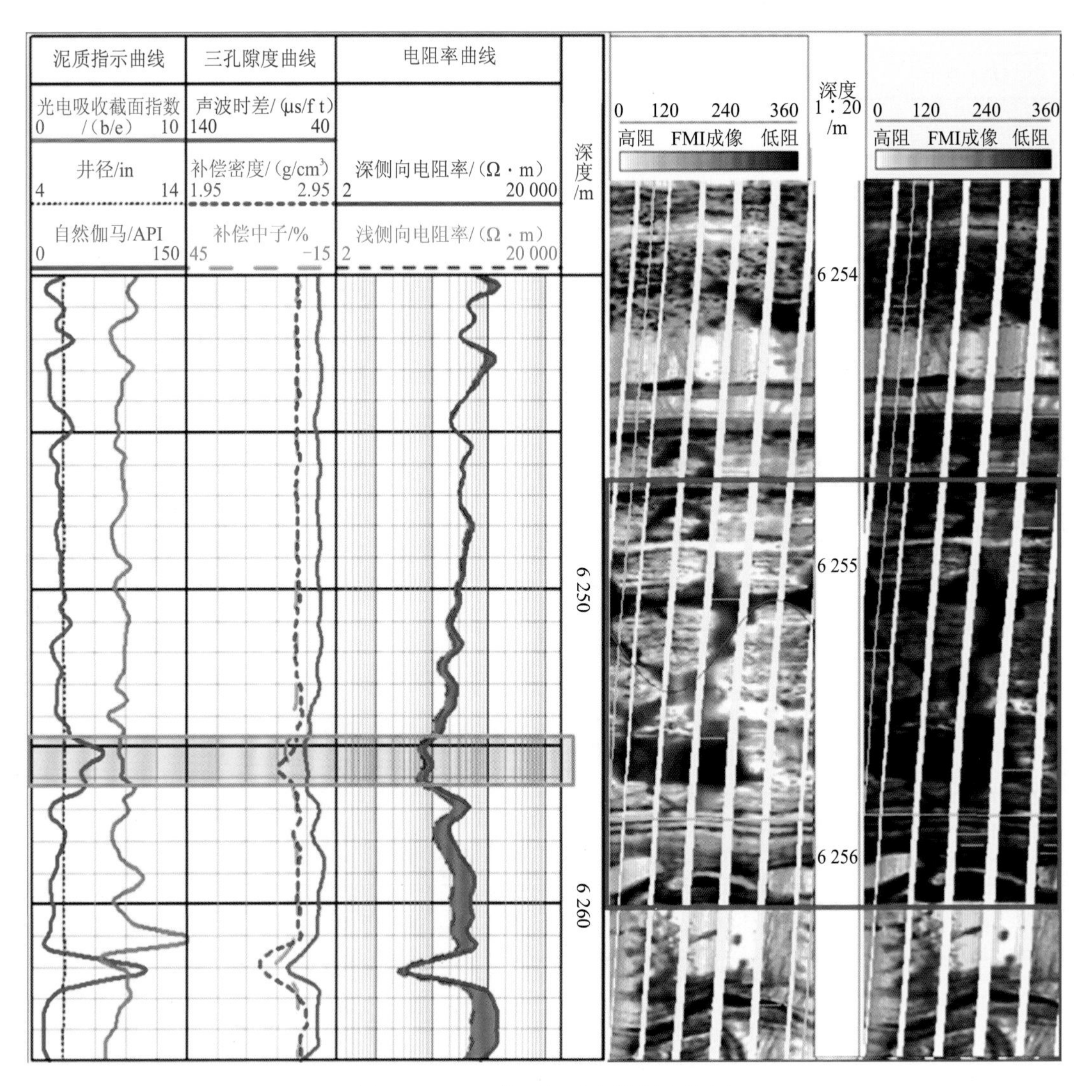

图 3-56　Z24 井泥灰质充填洞穴特征

为有效洞穴。

5. 结晶碳酸盐岩充填

结晶碳酸盐岩往往是洞穴流体中携带的碳酸盐岩化学物质在洞底沉淀结晶而成，其成分主要为方解石。被结晶碳酸盐岩充填的洞穴测井曲线特征表现为自然伽马数值较低，双侧向电阻率异常高，三孔隙度曲线显示岩性非常致密。在电成像测井图像上呈高阻的亮色，颜色比较均一（图 3-58）。

3.4.2　洞穴充填程度评价

洞穴的储集性能取决于是否被充填，未充填及半充填的溶洞才是有效储层，而那些完全被泥质、矿物或岩石充填的溶洞则为非储层。因此，评价洞穴的充填程度是研究洞穴型储层的关键。

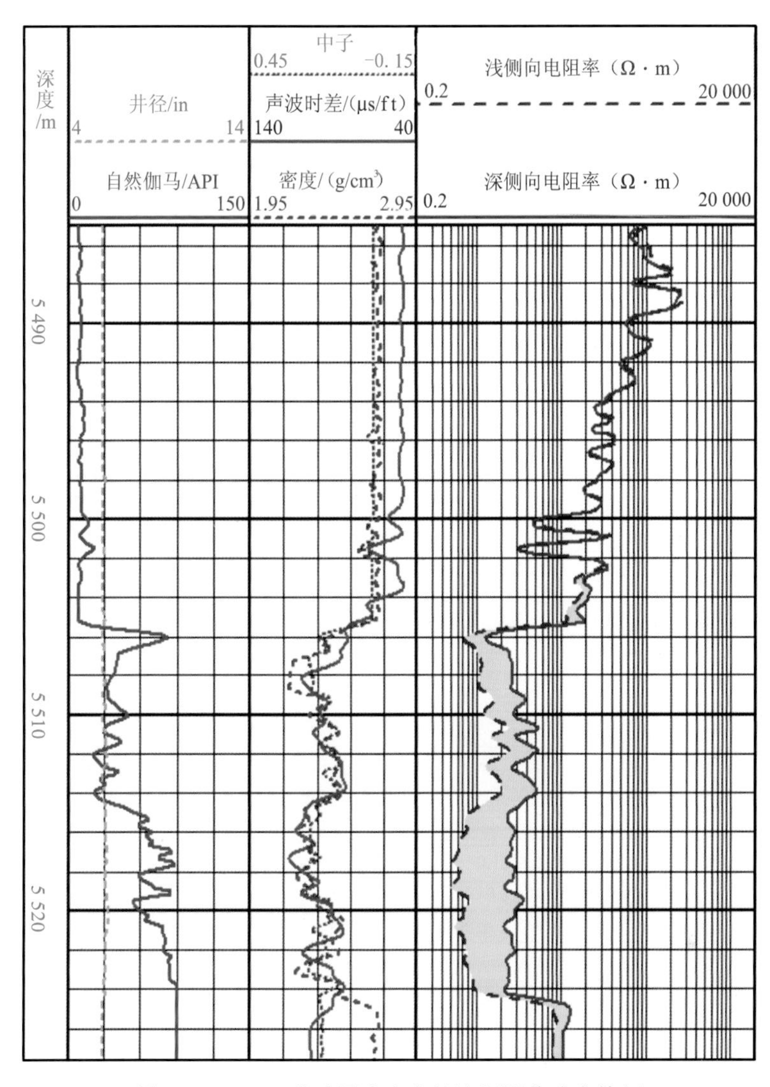

图 3-57　L100 井碎屑岩全充填溶洞测井响应特征

通过近几年来塔中地区的勘探实践，本节总结一些针对洞穴型储层的有效性评价行之有效的方法，诸如钻录井、常规测井、新技术测井和交会图技术等。

1. 钻录井异常分析

钻井的异常变化能反映溶洞充填的程度，一般来说，钻遇半充填洞穴的钻时相对于围岩要小，钻遇未充填洞穴时往往出现钻具放空、泥浆漏失、溢流等现象，而完全充填洞穴的钻时变化不明显。通过录井显示也可以判别充填程度，在未充填或半充填洞穴层段，一般有较高的气测显示（油层）或返出地层水（水层），而完全充填洞穴没有这些特征。

表 3-9 为塔中地区钻遇洞穴的充填程度与钻井异常情况统计对比表，从对比表中可以看出，未充填洞穴和半充填洞穴直接测试或经过措施均可获得高产油气流，而充填洞穴测试基本都是干层。

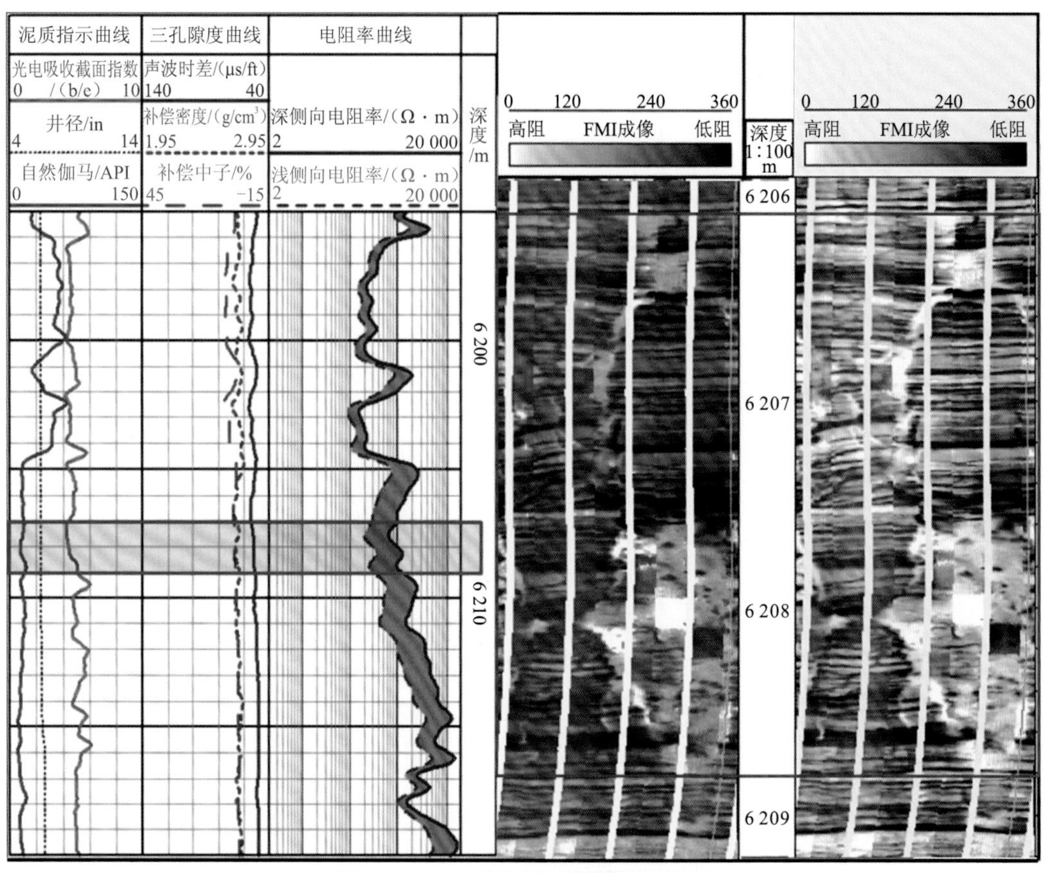

图 3-58 Z17 井方解石充填洞穴特征

表 3-9 洞穴充填程度与钻井异常情况统计对比表

井号	井段/m	充填情况	测井综合评价	钻井异常	测试情况
Z11	6 465～6 468	未充填	I 类	溢流	测试高产
Z111	6 103～6 108	未充填	I 类	溢流	测试高产
Z162	6 174～6 179	未充填	I 类	溢流、返原油	测试高产
T721	5 410～5 413	未充填	I 类	溢流、点火燃	测试高产
Z20	6 600.3～6 607.5	半充填	II 类	点火焰高 2 m	低产
Z32	3 520～3 522	半充填	II 类	无	低产
Z26	6 235～6 238	半充填	II 类	无	酸压高产
Z43	5 265～5 272	充填	II 类	无	酸压高产
Z462	5 504.9～5 512.9	半充填	II 类	无	酸压高产
Z7	5 717～5 723.8	半充填	II 类	钻时 67↓37	酸压工业油流
	5 820～5 823	充填	III 类	钻时 25↓13	干层（综合分析）
Z4	5 905.9～5 908	充填	III 类	无	干层
Z5	6 273～6 275	充填	III 类	无	干层（综合分析）
Z16	6 255～6 266	充填	III 类	无	干层（综合分析）

2. 电成像测井识别

洞穴的测井响应特征在 FMI 或电磁成像（electromagnetic image，EMI）图上显示为极板拖行暗色条带夹局部亮色团块，大型溶洞表现为所有极板全是黑色。

图 3-59 从左至右依次分别为 L701 井未充填洞穴、Z32 井半充填洞穴和 Z451 井完全充填洞穴的电成像图。从三口井的对比图看，不同充填程度的洞穴，其电成像特征是不一样的。未充填洞穴储层中电成像各极板未贴靠井壁，呈滑脱现象，测量的泥浆流体电阻率图像均匀；半充填洞穴由于局部井眼扩径，电成像极板部分贴靠井壁，呈亮暗相间的斑块状；完全充填洞穴中电成像各极板较好地贴靠井壁，其动态图像显示均匀。

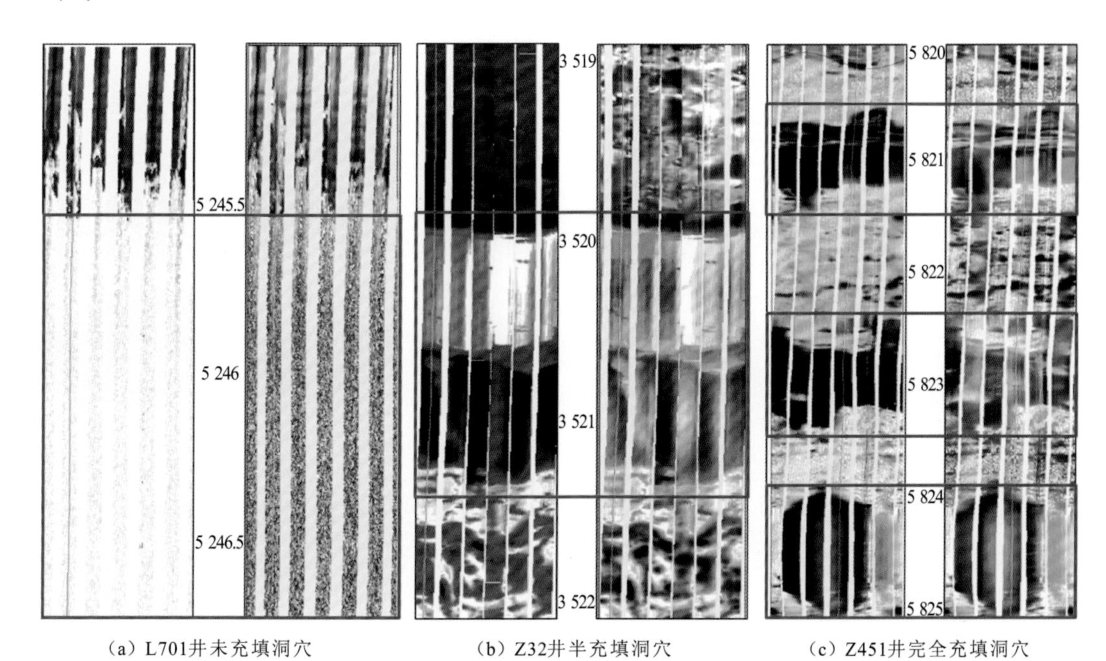

（a）L701井未充填洞穴　（b）Z32井半充填洞穴　（c）Z451井完全充填洞穴

图 3-59　不同充填程度洞穴的电成像特征（单位：m）

3. 阵列声波测井分析

阵列声波测井的斯通利波能反映地层的渗透性。当井壁周围地层存在裂缝和洞穴时，斯通利波时差会增大，能量明显衰减，因此可以通过斯通利波波形能量衰减和时差变化情况来判断洞穴储层的充填程度。

图 3-60 为不同充填程度洞穴的阵列声波特征图。L701 井 5 246～5 255 m 为未充填洞穴，斯通利波能量完全衰减。Z7 井 5 723～5 728 m 为半充填洞穴，斯通利波能量有所衰减，相比围岩时差增大。Z4 井 5 900～5 907 m 为完全充填洞穴，与围岩相比，斯通利波能量和时差基本没有变化。通过这几口井中的洞穴的斯通利波能量变化和时差变化，可以很好地判断其充填程度。

4. 常规测井识别

洞穴型储层在常规测井曲线上有明显的变化，其常规测井曲线特征一般表现为：深

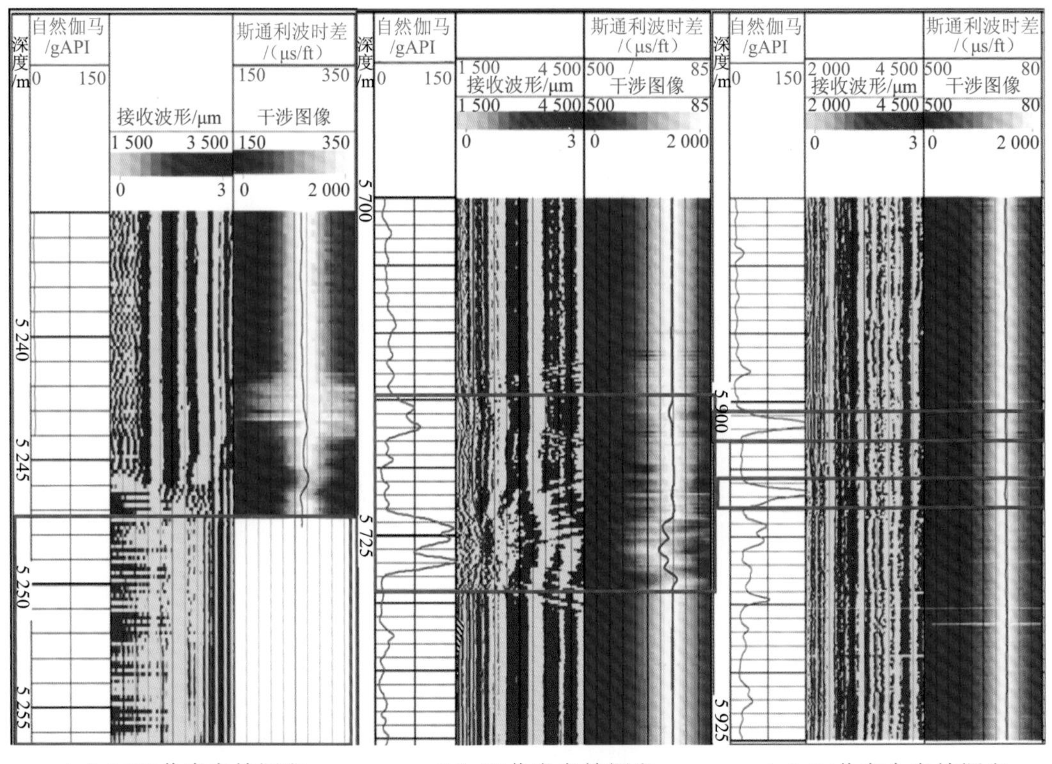

（a）L701井未充填洞穴　　（b）Z7井半充填洞穴　　（c）Z4井完全充填洞穴

图 3-60　不同充填程度洞穴的阵列声波特征

浅双侧向、微球形聚焦测井数值很低，且有差异；密度测井值急剧减小，中子、声波测井值急剧增大。有些溶洞会被泥质、岩石碎屑和方解石充填，从而引起测井响应特征不尽相同。若溶洞被泥质全充填，测井测量的自然伽马值和补偿中子值应接近于正常沉积地层泥岩趋势线；若溶洞被部分泥质充填，则自然伽马值出现由泥质引起的高值；由于这些泥质未被上覆岩层压实，其束缚水含量远高于正常压实情况，使其中子含氢指数比正常高得多，并且未被压实的泥质易被泥浆侵蚀垮塌，从而造成井径增大或呈锯齿状变化。若溶洞未被充填，溶洞内主要由泥浆、地层水或部分油气充填，测井测量的自然伽马值、电阻率很低，井径异常增大。

图 3-61 为 Z12 井未充填洞穴的常规测井曲线图，在钻遇该井 6 188～6 197 m 层段时出现 2.1 m 的放空。从测井曲线上看，该层段自然伽马值低，密度低，电阻率小于 1 Ω · m，显示出未充填洞穴特征。该段酸化改造后获得高产油气流。

图 3-62 为 Z32 井半充填洞穴的测井曲线图。图像上表现为：自然伽马值高，充填物未压实，井眼扩径严重，密度、中子、声波受局部扩径影响严重，双侧向电阻率差异大，相比围岩要低。对该段进行中途测试，未获得流体，后期进行酸压改造获得高产油气流。测试结果也证实该岩溶洞穴被半充填。

图 3-63 为 Z432 井泥质完全充填洞穴的测井曲线图。井眼基本不扩径或轻微扩径，深浅侧向电阻率低，密度高，中子和声波测井值高，该层段测试均为干层。

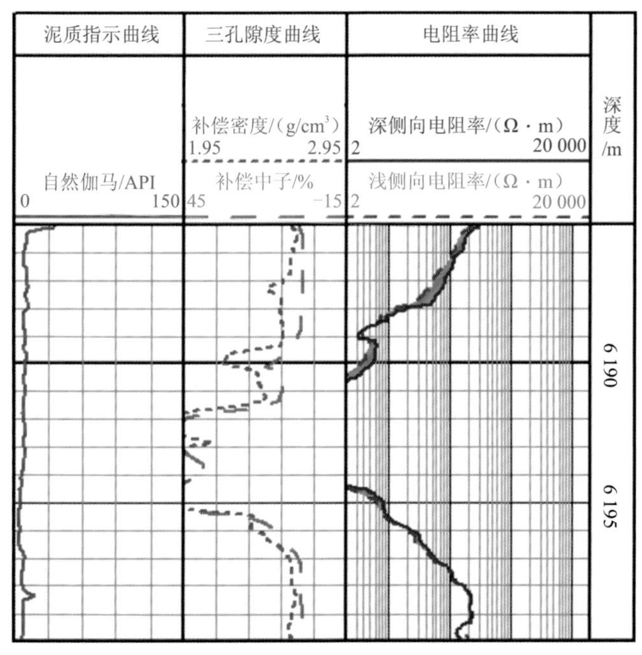

图 3-61　Z12 井未充填洞穴

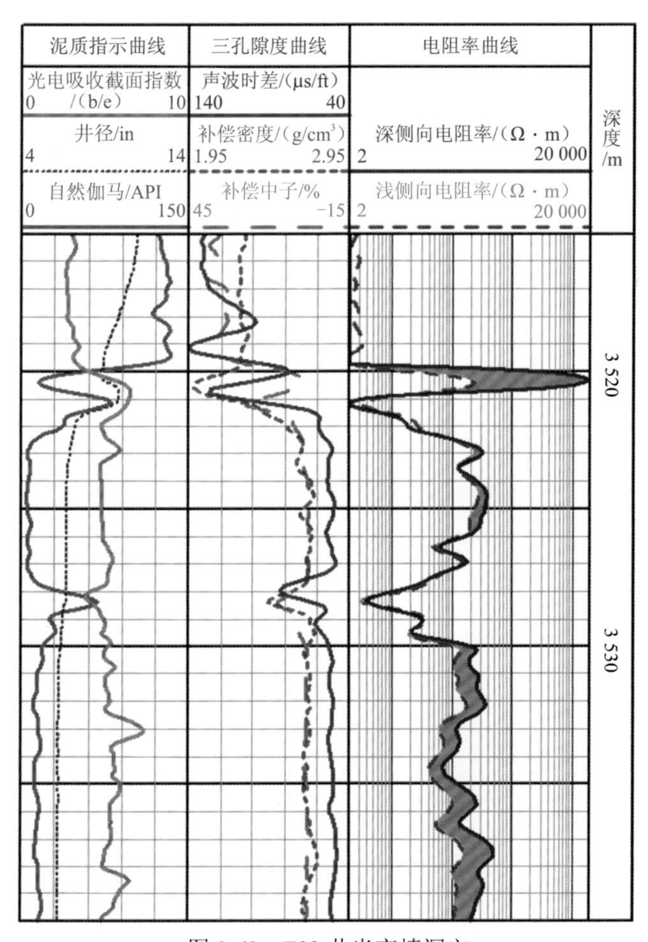

图 3-62　Z32 井半充填洞穴

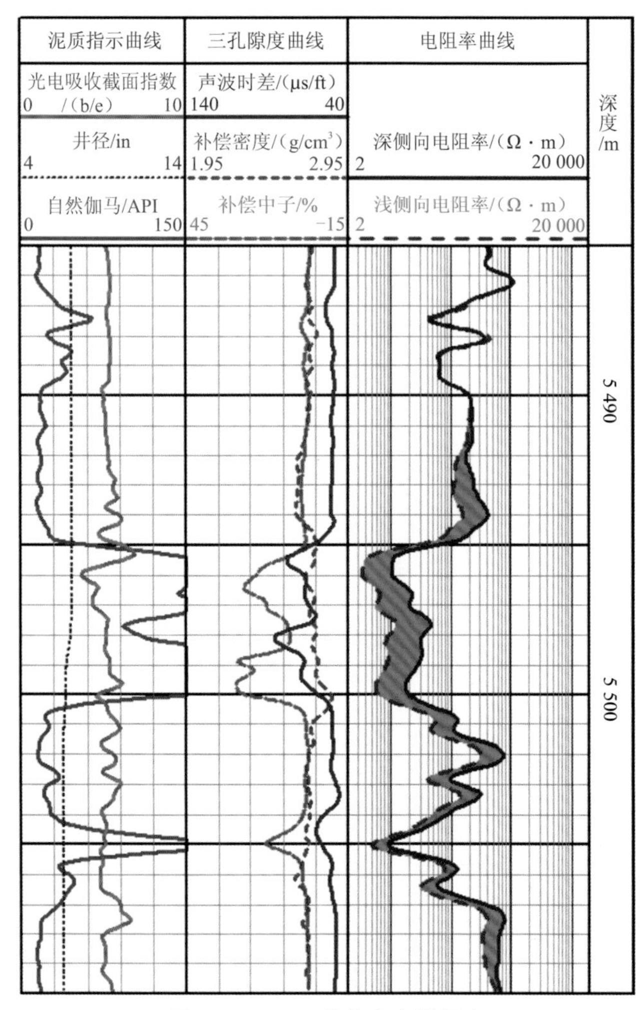

图 3-63　Z432 井完全充填洞穴

5. 交会图区分

1）密度-深电阻率交会图法

一般地，被充填的洞穴相对于未被充填而充满流体的洞穴，其密度要大，电阻率也偏高。从图 3-64 和图 3-65 可以看出，未充填洞穴储层密度比较低，深电阻率也比较低，这类洞穴直接测试就可获得工业油流；半充填洞穴储层密度也不高（局部充填碳酸盐岩的储层密度较高），深电阻率随着密度的降低而降低，表明洞穴充填物未压实，基本为半充填，这类储层经过措施可以获得工业油流；完全充填洞穴密度高，深电阻率随充填物的不同而变化，这类洞穴测试均为干层。

2）密度-自然伽马交会图法

图 3-66 和图 3-67 为不同类型洞穴的密度与自然伽马的交会图。

从图 3-66 和图 3-67 可以看出：未充填洞穴储层自然伽马值低，密度较低，这类洞穴直接测试就可获得工业油流；半充填洞穴储层自然伽马值较高，但是密度较低（局部充填碳酸盐岩的储层密度较高），这类储层经过措施可以获得工业油流；完全充填洞穴自然伽马值高，密度也高，这类洞穴测试均为干层。

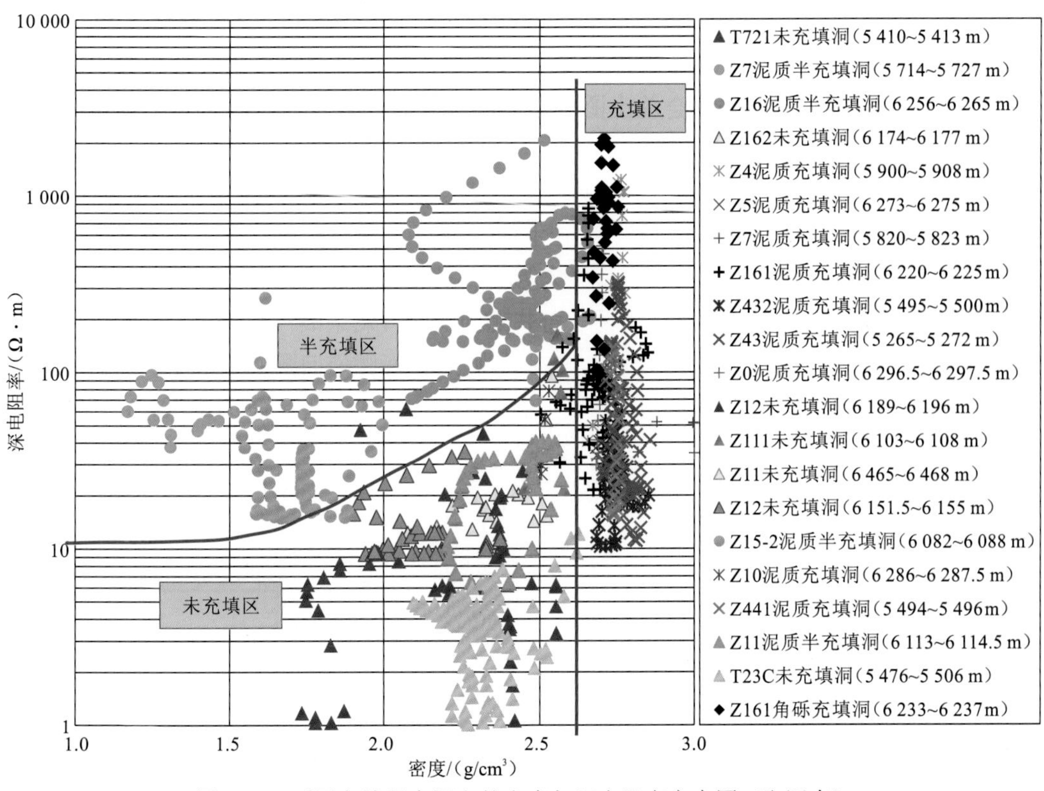

图 3-64　不同充填程度洞穴的密度与深电阻率交会图（取逐点）

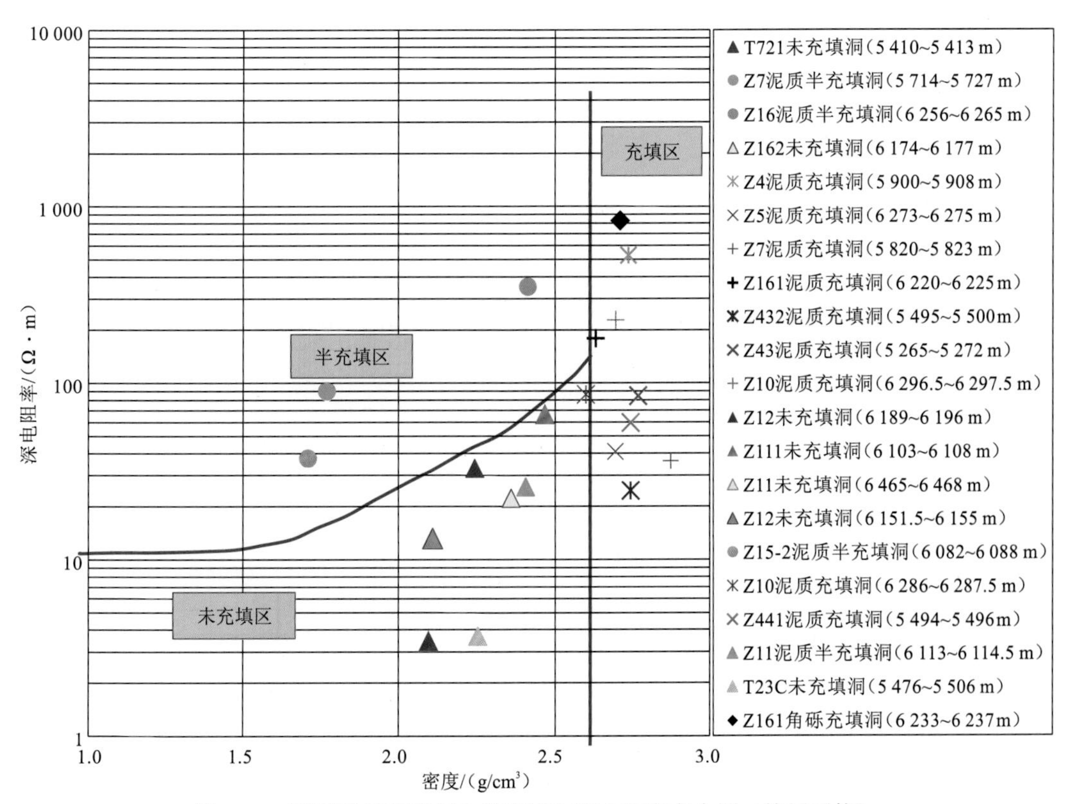

图 3-65　不同充填程度洞穴的密度与深电阻率交会图（按层平均）

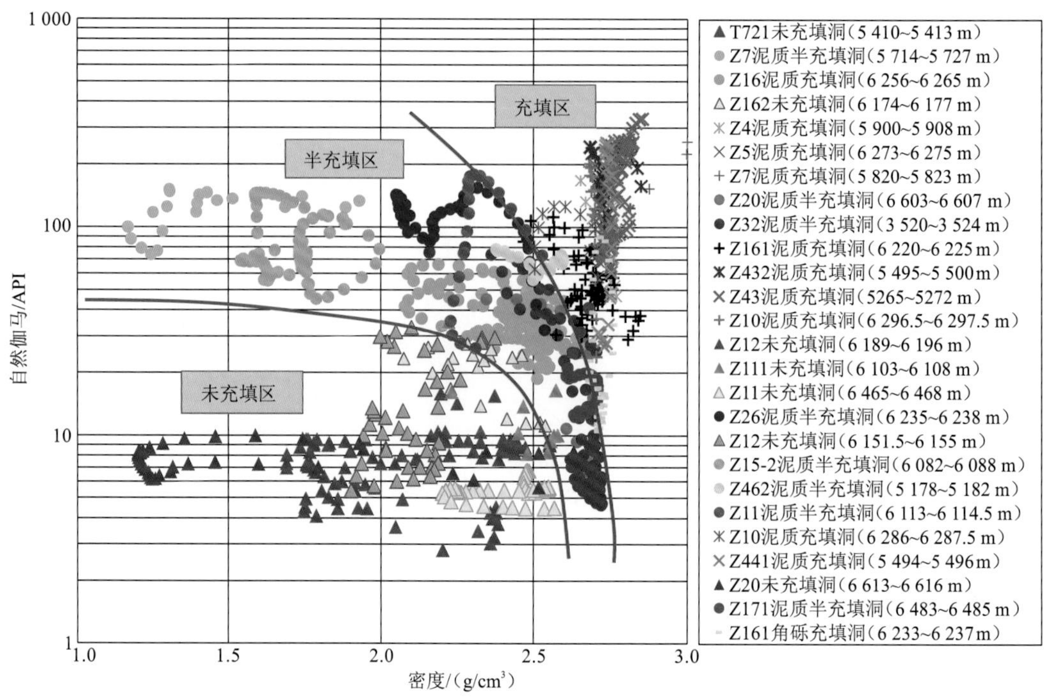

图 3-66 不同充填程度洞穴的密度与自然伽马交会图（取逐点）

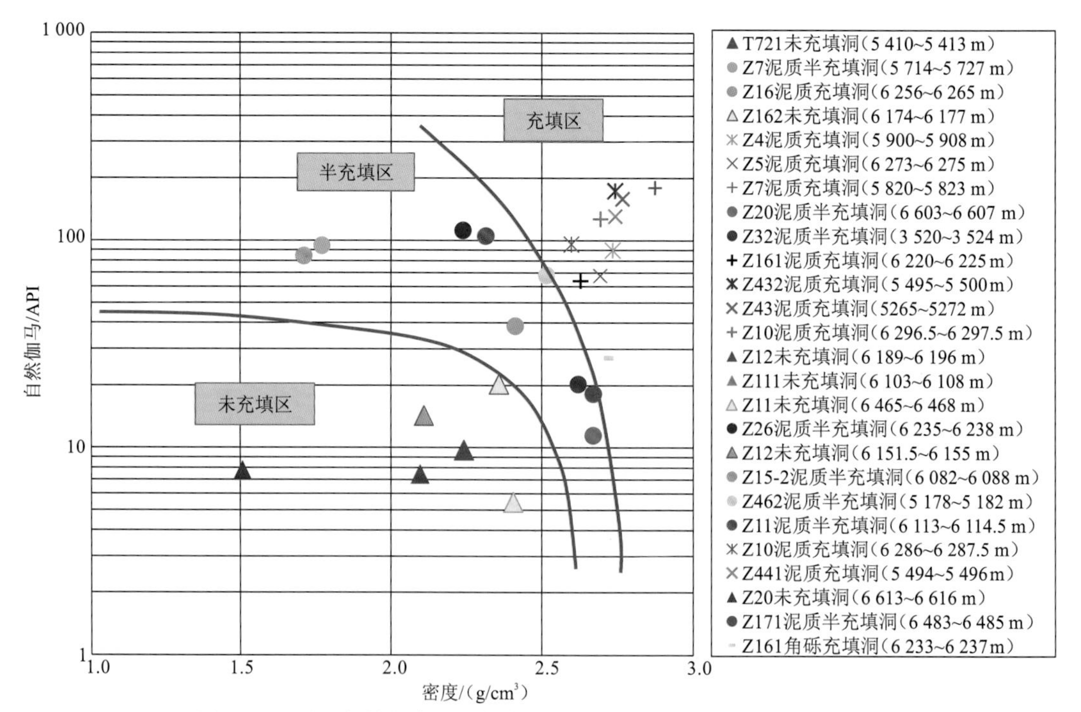

图 3-67 不同充填程度洞穴的密度与自然伽马交会图（按层平均）

3.5 储层有效性判别

3.5.1 储层类型细分

1. 孔洞型储层细分

通过对照孔洞平均直径的大小与试油结果，将孔洞型储层分为两种类型：孔洞平均直径小于 2 mm 的储层为小孔孔洞型储层；大于 2 mm 的储层为大孔孔洞型储层。

1）小孔孔洞型储层

小孔孔洞型储层常规测井响应特征为：测井曲线平滑，自然伽马测井值较低，井径一般变化不大，三孔隙度测井曲线幅度变化小，电阻率曲线较平滑。从地层全井眼微电阻率扫描成像测井图像可以清晰地看到豹斑状小的孔洞密集分布（图 3-68）。

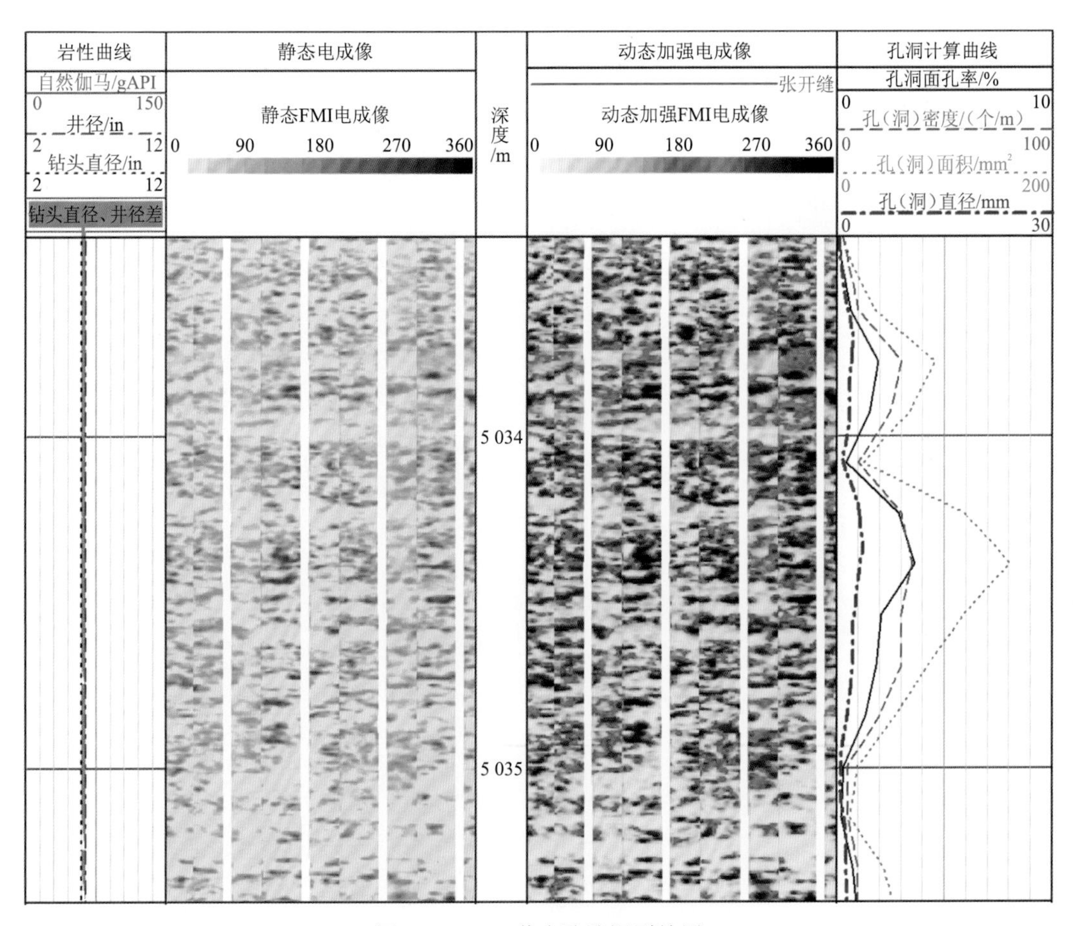

图 3-68 T72 井小孔孔洞型储层

2）大孔孔洞型储层

大孔孔洞型储层常规测井响应特征为：测井曲线变化剧烈，自然伽马测井值较小孔孔洞型储层略高，三孔隙度测井变化幅度较大，尤其是密度测井在大孔洞处可能受其影响，大幅降低。地层全井眼微电阻率扫描成像测井图像可以清晰地看出一个个孤立发育的溶蚀孔洞（图 3-69）。

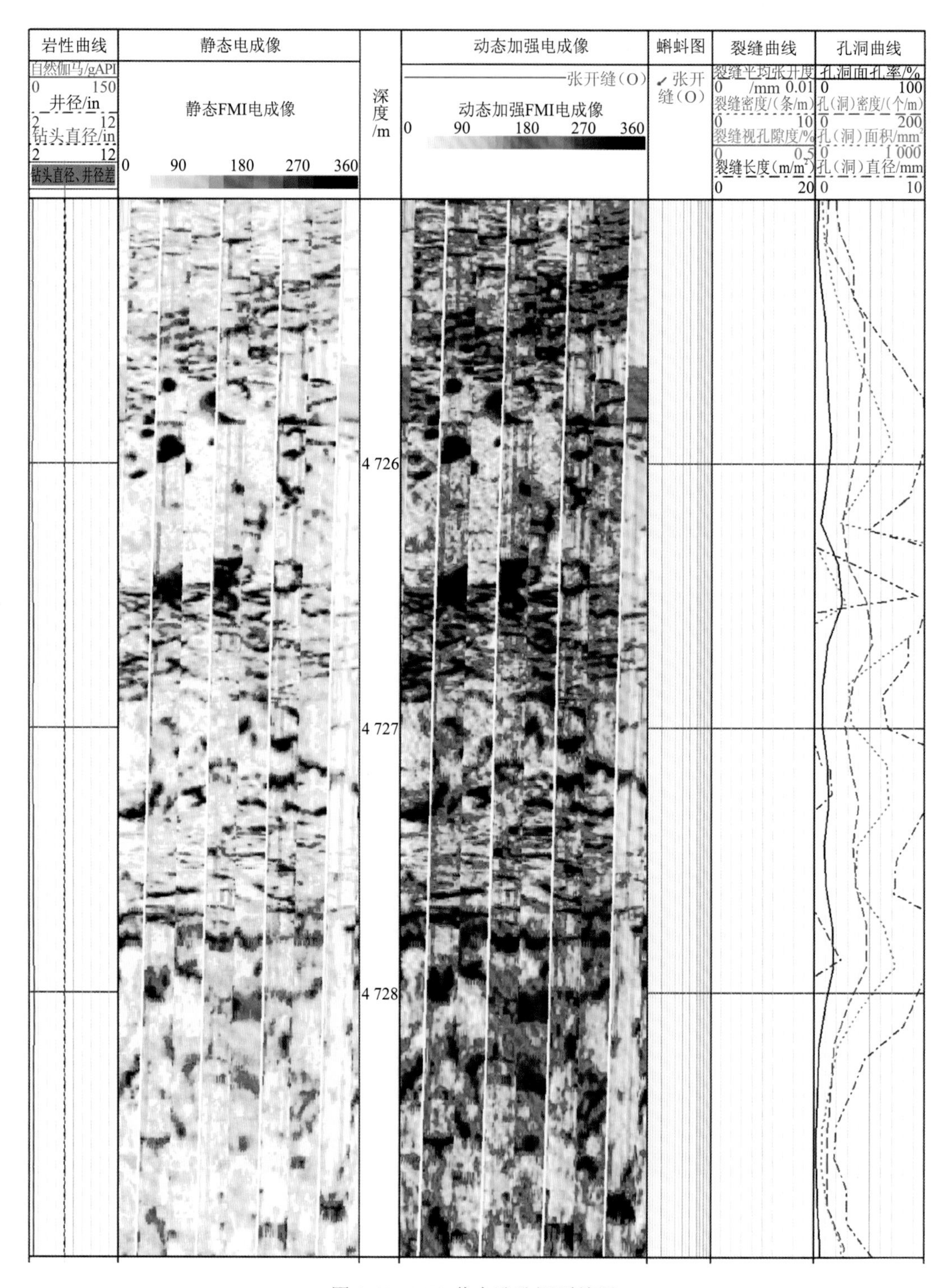

图 3-69　T70 井大孔孔洞型储层

2. 裂缝-孔洞型储层细分

裂缝-孔洞型储层中不但裂缝发育，孔、洞也比较发育，孔、洞是这类储层的主要储集空间，裂缝既可以作为储集空间，也可以作为主要的渗流通道。裂缝、孔、洞的同时发育大大提高了地层的储集能力，改善了地层的渗流能力。裂缝-孔洞型储层往往储量大，产量高，容易形成高产稳产储层。根据裂缝、孔（洞）的空间分布特征，该储层可进一步细分为组合型储层、溶蚀扩大型储层。

1）组合型储层

该类储层裂缝和孔洞之间不沟通或沟通少，各自独立存在，从 FMI 成像图上可以清楚地看出暗色正弦状曲线和豹斑状孔洞（图 3-70）。

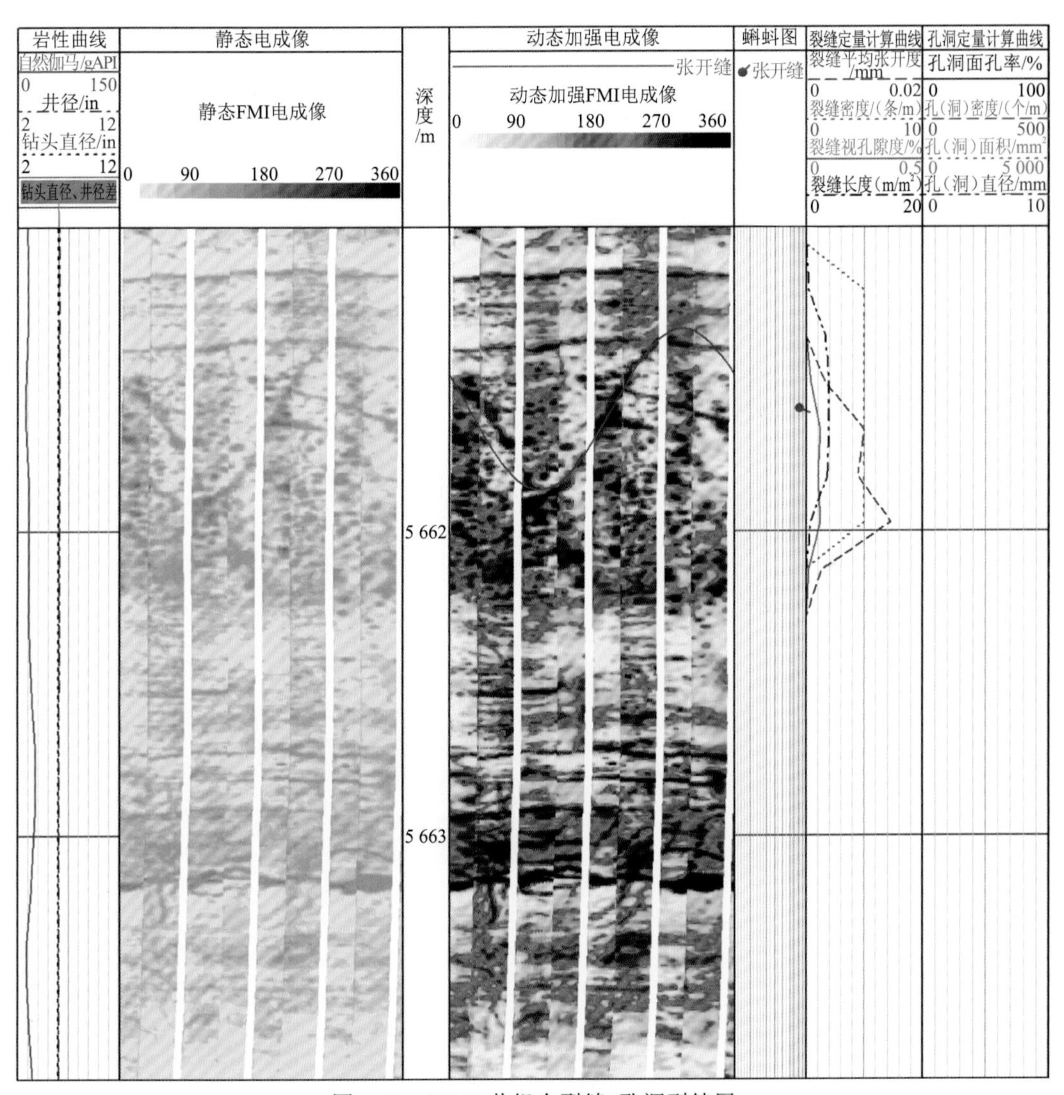

图 3-70　ZG42 井组合裂缝-孔洞型储层

2）溶蚀扩大型储层

该类储层孔洞主要沿裂缝溶蚀扩大形成，裂缝与孔洞相互沟通，共同组成溶蚀裂缝-

孔洞型储层。该类储层往往发育在溶洞的顶部或底部，以及风化淋漓带，这类缝洞组合的层段更容易成为有效储层。在FMI成像图上可见裂缝有溶蚀扩大的现象，并且溶蚀孔洞主要由裂缝相连（图3-71）。

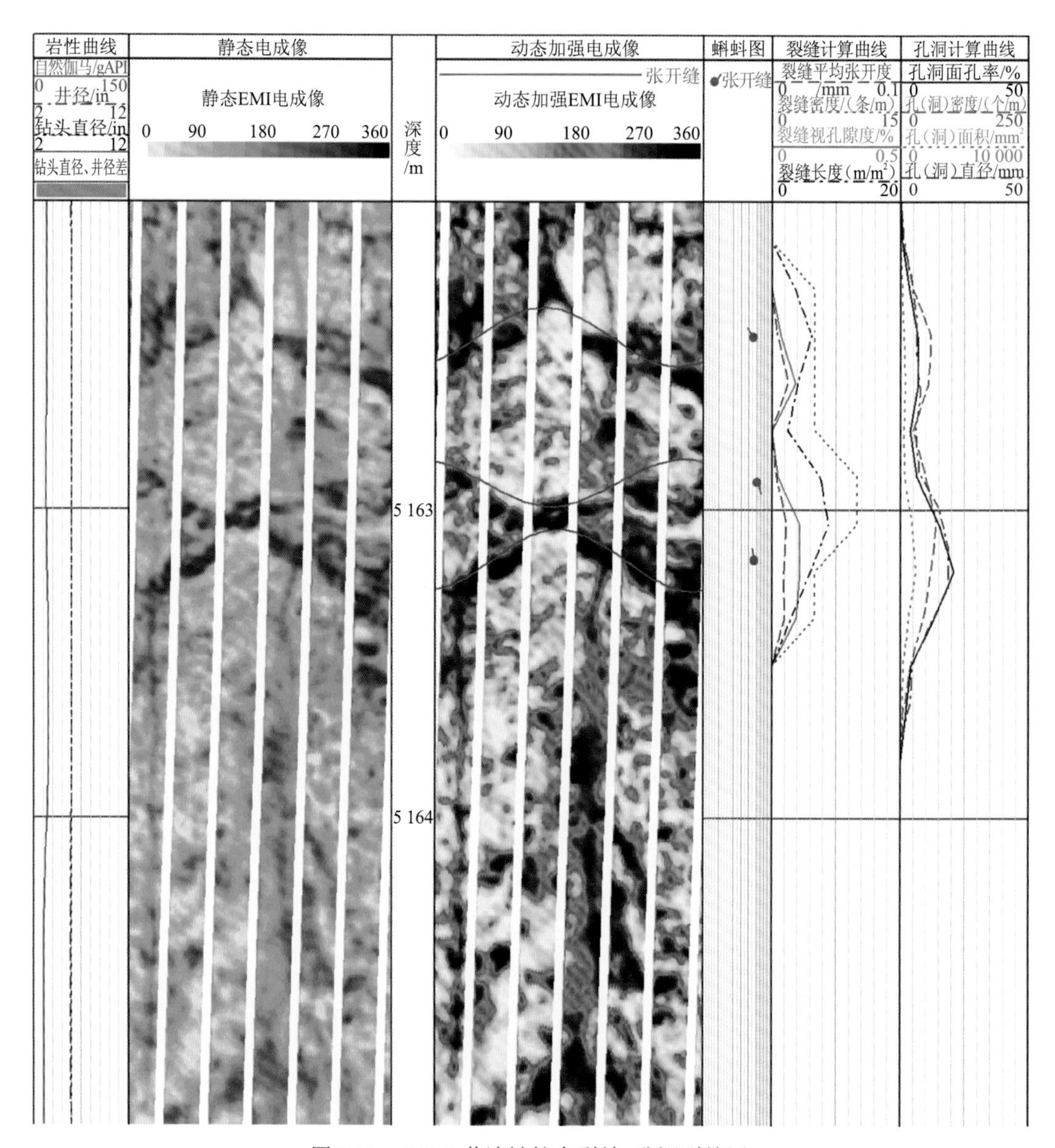

图3-71　T62-3井溶蚀扩大裂缝-孔洞型储层

3.5.2　孔洞型储层有效性判别

根据塔中地区已获得的试油资料和部颁标准，按储集空间的发育程度、储渗性能的好坏，将塔中地区奥陶系碳酸盐岩储层划分为I、II、III类储层及干层。I类储层储集性能最好，然后为II类、III类储层，干层最差或为非储层。将日产量大于10 m^3 的试油井段定义为工业产能井段，将日产量小于 10 m^3 的试油井段定义为非工业油流井段。不同储层类别的含义如下。

I 类储层：不用酸化压裂，就可获得工业产能的储层。

II 类储层：经现代工艺技术酸化、压裂改造后，能获得工业产能的储层。

III 类储层：经现代工艺技术酸化、压裂后，能产出一定的流体，但达不到工业产能的储层。

干层：极少产出或不产出流体。

为了研究碳酸盐岩储层的有效性，定义以下几个参数：①累计有效孔隙厚度=$\sum\phi_i\times$采样间隔，$\phi_i>$孔隙度下限；②有效厚度=采样间隔$\times N$，N为$\phi_i>$孔隙度下限的采样点数；③平均有效孔隙度=（累计有效孔隙度×100）/有效厚度。

累计有效孔隙厚度综合反映了储层有效孔隙度和有效厚度的大小，平均有效孔隙度反映了孔洞型储层的质量，与孔隙结构的好坏有密切关系。而衡量裂缝发育程度的参数一般有裂缝孔隙度和渗透率。

在把孔洞型储层细分为大孔孔洞型储层和小孔孔洞型储层的基础上，结合试油资料研究孔洞型储层有效性发现：大孔孔洞型储层的试产情况要比小孔孔洞型储层好。大孔孔洞型储层以 II 类储层和 III 类储层为主；小孔孔洞型储层以 III 类储层和干层为主；大孔孔洞型储层比小孔孔洞型储层更容易成为有效储层。例如：X201C 井 5 205.40～5 570.00 m 层段，通过常规资料和成像资料观察发现其以孔洞为主要储集体，且以大孔为主，该层段为大孔孔洞型储层，其试油结果为：5 205.40～5 570.00 m 压裂后完测，4 mm 油嘴，日产油 25.6 m^3，日产气 7.6×10^4 m^3，为 II 类储层。而 X16 井 6 531.68～6 562.08 m 层段，通过常规资料和成像资料观察发现其以孔洞为主要储集体，且以小孔为主，该层段为小孔孔洞型储层，其试油结果为：6 531.68～6 562.08 m 中测，日产液 0.01 m^3，为干层。

结合测井资料研究 24 口井，共 27 个试油层段（表 3-10）的孔洞型储层试油资料发现：孔洞型储层的储集能力除与影响储层好坏的物性参数（如孔隙度）相关外，还与储层的累计有效孔隙厚度有关。也就是说，虽然某些孔洞型储集层段的孔隙度较高，但是如果储层的累计有效孔隙厚度达不到一定值时，该储层就有可能得不到较好的产量。

表 3-10　孔洞型储层有效性研究信息统计表

井号	试油层段/m	累计有效孔隙厚度/m	平均有效孔隙度/%	试油结论（日产量）	储层类别
X70	4 703.50～4 770.00	0.531 6	2.282	产油：1.38 m^3；产气：4 673 m^3	III
X72	4 964.00～4 978.00	0.458 5	3.782	产油：0.24 m^3；产液：0.98 m^3	III
X73	4 695.00～4 710.00	0.218 0	2.422	产油：0.24 m^3；产水：14.82 m^3	III
X82	5 440.00～5 487.00	0.214 0	2.233	产油：192 m^3；产气：279 801 m^3	II
X85	6 324.00～6 415.00	0.140 0	2.871	酸化，抽汲；产油：0.01 m^3	干层
X201C	5 205.40～5 570.00	0.478 0	4.242	压裂，4 mm 油嘴；产油：25.6 m^3；产气：7.6×10^4 m^3	II
X621	4851.00～4885.00	1.084 0	3.414	产油：170.69 m^3；产气：89 399 m^3	II

续表

井号	试油层段/m	累计有效孔隙厚度/m	平均有效孔隙度/%	试油结论（日产量）	储层类别
X721	5 030.00～5 070.00	0.490 9	3.073	产油：8.17 m^3；产水：0.23 m^3	III
X822	5 614.00～5 675.00	0.883 7	3.786	见油花，少量气；产水：0.96 m^3	III
	5 720.00～5 750.00	0.017 9	1.967	见油花	干层
X824	5 613.00～5 654.00	0.321 8	2.919	产油：7.82 m^3；产水：20%～30%	III
	5 687.20～5 750.00	0.058 5	2.126	—	干层
X825	5 225.00～5 300.00	0.051 3	2.160	—	干层
X826	5 652.72～5 673.00	0.195 6	3.206	见油花，少量气；产水：7.2 m^3	III
X1	5 798.00～5 830.00	0.365 0	4.320	酸化；产油：0.55 m^3；产水：11.21 m^3	II
X2	5 866.00～5 893.00	0.738 0	4.198	压裂，8 mm 油嘴；产油：5.04 m^3；产气：5.19×10^4 m^3	II
X7	5 865.00～5 880.00	0.362 0	4.568	酸压；产油：80 m^3；产气：15.7×10^4 m^3；产水：106.0 m^3	II
X9	6 051.00～6 480.00	4.746 0	4.039	C2-1，8 mm 油嘴；产气：0.13×10^4 m^3；产水：23.5 m^3	I
X15	6 360.50～6 364.50	0.049 0	3.571	产液：0.11 m^3	III
X16	6 531.68～6 562.08	0.028 0	1.867	中测；产液：0.01 m^3	干层
X17	6 206.00～6 270.00	0.282 0	3.588	酸化；产气：0.25×10^4 m^3；产液：5.7 m^3	III
X19	6 708.00～6 719.00	0.220 0	3.200	酸压，敞放；产液：4.26 m^3	III
	6 603.00～6 619.00	0.126 0	3.733	敞放；产液：0.08 m^3	III
X41	5 570.00～5 580.00	0.300 0	3.890	日产液：15.3 m^3	III
X101	6 200.50～6 240.00	0.235 0	3.715	酸压；产油：3.87 m^3	III
X163	6 140.00～6240.00	0.472 0	4.104	酸压；产油：105 m^3；产气：4×10^4 m^3	II
X701	6 189.00～6 203.50	0.045 0	3.750	酸压；产气：5 000 m^3	III

由表 3-10 中所列的试油层段统计信息建立孔洞型储层有效性判别图版，如图 3-72 所示。从图中可以看出，当储层的平均有效孔隙度小于 4%，累计有效孔隙厚度达到 1 m 以上时，储层才能达到工业产能。而当平均有效孔隙度大于 4%时，储层成为有效储层的门槛则可以降低。平均有效孔隙度小于 4%的孔洞型储层，若累计有效孔隙厚度小于 1 m，一般达不到工业产能。对孔洞型储层而言，孔隙度大时，储层容易成为有效储层，但是只有当储层达到一定厚度时，其产能才能达到工业产能。

若利用电成像测井将孔洞型储层细分为大孔孔洞型储层和小孔孔洞型储层，它们在判别图版中的分布情况如图 3-73 和图 3-74 所示。从图 3-73 中可知大孔孔洞型储层没有干层，主要为 II 类层和 III 类层。从图 3-74 中可知小孔孔洞型储层主要为 III 类层和干层。对比图 3-73 和图 3-74 的数据点分布情况，可以看出大孔孔洞型储层有效性优于小孔孔洞型储层。

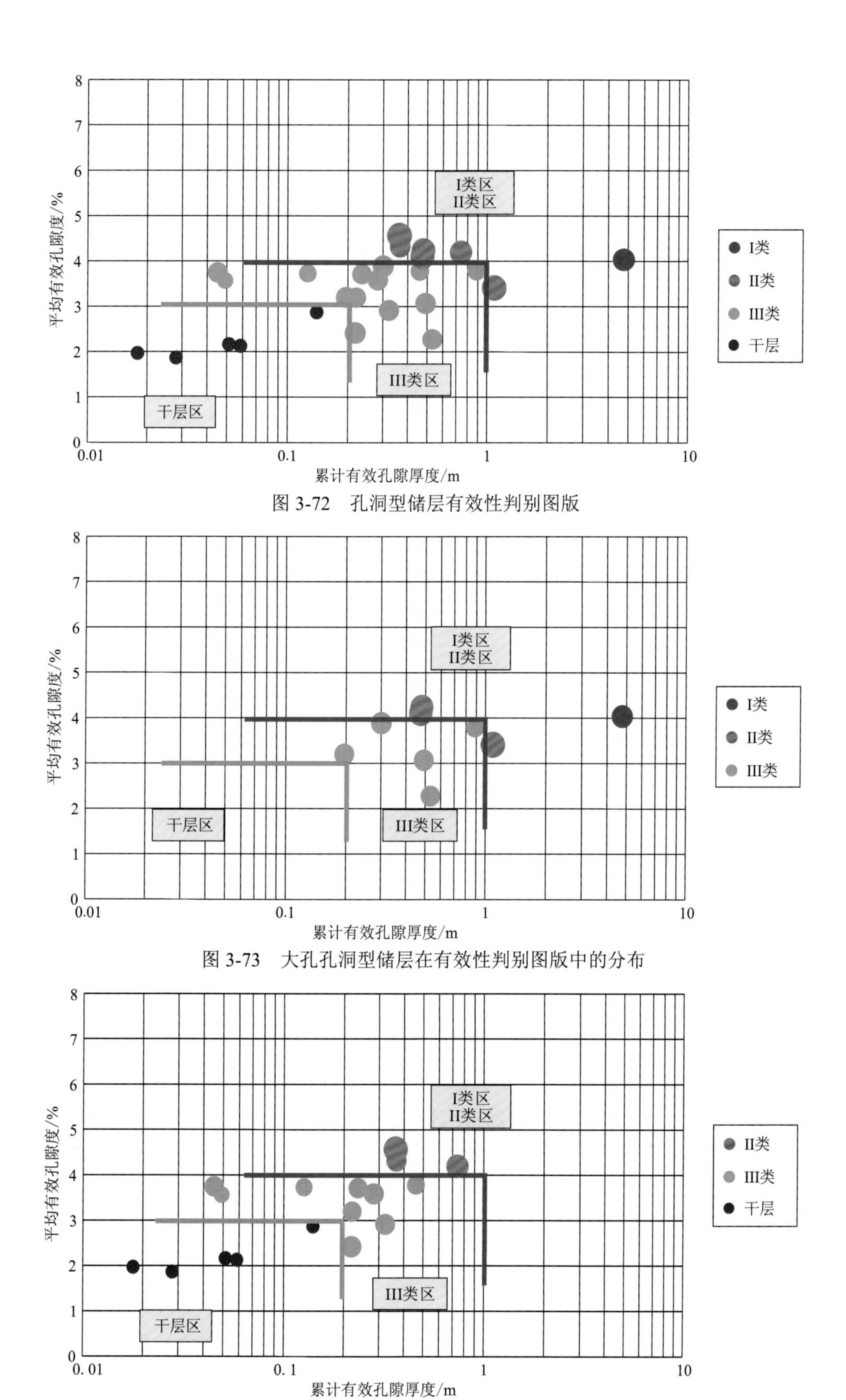

图 3-72　孔洞型储层有效性判别图版

图 3-73　大孔孔洞型储层在有效性判别图版中的分布

图 3-74　小孔孔洞型储层在有效性判别图版中的分布

3.5.3 裂缝-孔洞型储层有效性判别

裂缝-孔洞型储层的有效性不仅与裂缝、孔洞的发育程度有关，而且与裂缝、孔洞的组合方式有关。裂缝-孔洞型储层可细分为两类：溶蚀扩大型、组合型。结合试油资料研究这两种不同的裂缝-孔洞型储层发现：溶蚀扩大型储层比组合型储层更容易成为高产稳产的储层。例如：X431 井 5 362.17～5 463.44 m 层段，通过成像资料观察发现孔洞主要沿裂缝溶蚀发育，为溶蚀扩大型储层，其试油结果为 5 362.17～5 463.44 m 酸压，4 mm 油嘴，日产油 85.39 m^3，日产气 3.6×10^4 m^3，为 II 类储层；而 X31C 井 3 961.34～4 003.57 m 井段通过成像资料观察发现孔洞和裂缝只是简单的组合，相互沟通少或不沟通，为组合型裂缝-孔洞型储层，其试油结果为 3 961.34～4 003.57 m，支撑跨隔，敞放，日产液 0.48 m^3，为 III 类储层。

表 3-11 为 I 区 33 口井 35 个试油层段的裂缝-孔洞型储层有效性研究信息统计表。

表 3-11 部分层段裂缝-孔洞型储层有效性研究信息统计表

井号	试油层段/m	渗透率/mD	裂缝孔隙度/%	累计有效孔隙厚度/m	储层类型	试油结论（日产量）	储层类别
X62	4 700.50～4 758.00	11.600	0.080 0	0.650	组合型	裸眼酸化，7.94 mm 油嘴；产油：38.2 m^3；产气：36 824 m^3；产水：17.22 m^3	II
X62-1	4 892.07～4 973.76	—	0.215 0	1.190	溶蚀扩大型	完测，5 mm 油嘴；产油：131.49 m^3；产气：37 471 m^3	I
X62-3	5 072.00～5 177.00	—	0.090 0	4.200	溶蚀扩大型	完测，8 mm 油嘴；产油：7.04 m^3；产气：18 317 m^3	I
X70C	4 754.00～4 830.00	2.200	0.200 0	0.670	组合型	中测加砂压裂，6 mm 油嘴；产油：12.69 m^3；产气：52 600 m^3	II
X72	5 125.00～5 130.00	120.000	0.680 0	1.040	溶蚀扩大型	放喷求产，5 mm 油嘴；产油：29.5 m^3；产气：9 560 m^3；产水：62.63 m^3	I
X74	4 633.40～4 699.05	0.560	0.270 0	0.275	组合型	酸压，8 mm 油嘴；产油：1 m^3；产水：7.27 m^3	III
X82	5 349.52～5 385.00	1.450	0.090 0	0.690	组合型	中测加砂压裂，8 mm 油嘴；产油：16.62 m^3；产气：9 914 m^3；产水：41.02 m^3	II
X83	5 433.00～5 441.00	0.980	0.040 0	0.030	组合型	产油：2.71 m^3，气微量	III
X86	6 273.00～6 320.00	0.547	0.032 0	0.780	溶蚀扩大型	酸化；产油：42.3 m^3；产气：8.8×10^4 m^3	II
X242	4 516.25～4 546.56	2.200	0.150 0	0.590	溶蚀扩大型	8 mm 油嘴；产油：49.47 m^3；产气：72 711 m^3；产液：68.82 m^3	II
X623	4 922.06～5 000.00	7.510	0.466 0	0.880	组合型	中测；产水 13.1 m^3	I
X721	5 355.00～5 505.00	11.060	0.691 0	8.250	溶蚀扩大型	测试放喷求产，12 mm 油嘴；产油：126.48 m^3；产气：72×10^4 m^3	I
	4 946.00～4 961.00	0.940	0.031 9	0.383	组合型	酸化，6.35 mm 油嘴；产油：34.6 m^3；产液：53.9 m^3；产气：51 811 m^3	II

续表

井号	试油层段/m	渗透率/mD	裂缝孔隙度/%	累计有效孔隙厚度/m	储层类型	试油结论（日产量）	储层类别
X722	5 356.00～5 750.00	138.000	0.520 0	7.100	溶蚀扩大型	放喷；产油：154 m^3；产气：27 883 m^3；产水：73.5 m^3	I
X724	5 529.00～5 550.00	—	0.248 0	0.237	组合型	见油花；产液：7.52 m^3	III
X821	5 212.60～5 250.20	—	0.025 0	0.890	溶蚀扩大型	自喷求产，8 mm 油嘴；产油：101.88 m^3；产气：307 358 m^3	I
X822	5 784.00～5 795.00	0.510	0.090 0	0.093	组合型	4 mm 油嘴无油	III
X823	5 369.00～5 490.00	2.700	0.130 0	0.710	组合型	酸压，8 mm 油嘴；产油：88.8 m^3；产气：332 641 m^3	II
X826	5 685.00～5 710.00	1.730	0.270 0	0.205	组合型	中测，6.73 mm 油嘴；产油：7 m^3；产气：48.85 m^3	III
X828	5 595.00～5 603.00	1.330	0.290 0	0.590	组合型	酸化，6 mm 油嘴；产油：5.27 m^3；产气：13 340 m^3	II
X861	6 350.00～6 360.00	—	0.220 0	0.132	组合型	S1 酸 1；连续油管；产水：3.83 m^3	III
X1	6 148.00～6 450.00	1.940	0.416 0	7.530	溶蚀扩大型	累计产水 44.9 m^3	I
X2	5 944.00～6 000.00	0.207	0.269 0	0.216	组合型	S2 酸 1，6 mm 油嘴；产气：0.68×10^4 m^3	III
X3	6 523.00～6 553.00	—	0.270 0	0.063	组合型	S1 酸 1；产液：0.44 m^3	III
X5	6 351.64～6 460.00	0.603	0.073 0	0.647	组合型	酸压，6 mm 油嘴；产油：44.8 m^3；产气：13.1×10^4 m^3	II
X17	6 438.00～6 448.00	1.740	0.260 0	0.474	溶蚀扩大型	S1 酸 1，10 mm 油嘴；产油：116 m^3；产气：57.4×10^4 m^3；产液：116 m^3	II
X24	6 268.00～6 488.00	—	0.055 0	1.326	溶蚀扩大型	酸压，产气：0.12×10^4 m^3 产水：334 m^3	II
X31C	3 961.34～4 003.57	—	0.063 0	0.125	组合型	支撑跨隔；敞放液：0.48 m^3	III
X44	5 603.96～5 858.50	2.530	0.170 0	1.084	溶蚀扩大型	自喷求产，5 mm 油嘴；产水：79.8 m^3	I
X42	5 615.00～5 640.00	1.237	0.065 0	1.613	溶蚀扩大型	产水：76.8 m^3	I
X102	6 022.50～6 410.00	0.210	0.030 0	0.896	溶蚀扩大型	酸化，5 mm 油嘴；产油：74.34 m^3；产气：54 412 m^3	II
X431	5 362.17～5 463.44	0.270	0.040 0	0.625	溶蚀扩大型	酸压，4 mm 油嘴；产油：85.39 m^3；产气：3.6×10^4 m^3	II
X601	6 253.50～6 400.00	—	0.573 0	9.863	溶蚀扩大型	C1-1，6 mm 油嘴；产水：169.4 m^3	I
	6 480.00～6 542.00	—	0.316 0	0.014	溶蚀扩大型	C2-1，4 mm 油嘴；产水：28.7 m^3	I
X701	6 119.00～6 139.00	—	0.140 0	0.288	组合型	气举；酸液 12.2 m^3	III

依据表 3-11 中所列的试油层段统计信息，利用累计有效孔隙厚度与裂缝孔隙度建立裂缝-孔洞型储层有效性判别图版，如图 3-75 所示。

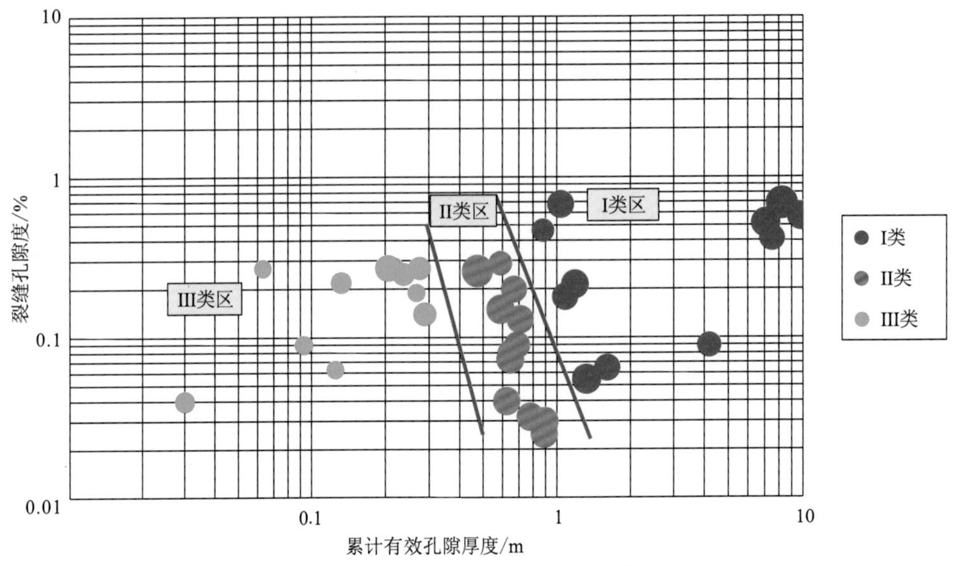

图 3-75　I 区裂缝-孔洞型储层有效性判别图版

由图 3-75 可以看出：裂缝-孔洞型储层的有效性与裂缝孔隙度和储层累计有效孔隙厚度有较密切的关系。该类储层有效性随着累计有效孔隙厚度的增大而变好；随着裂缝孔隙度的增大而变好。

将表 3-11 中的资料点进一步细分为两类，即溶蚀扩大裂缝-孔洞型储层资料点和组合裂缝-孔洞型储层资料点，将两者分别放入裂缝-孔洞型储层有效性判别图版中，如图 3-76 和图 3-77 所示。由图 3-76 可以看出溶蚀扩大裂缝-孔洞型储层以 I 类和 II 类储层为主。由图 3-77 可以看出组合裂缝-孔洞型储层以 II 类和 III 类储层为主，即溶蚀扩大裂缝-孔洞型储层有效性优于组合裂缝-孔洞型储层。

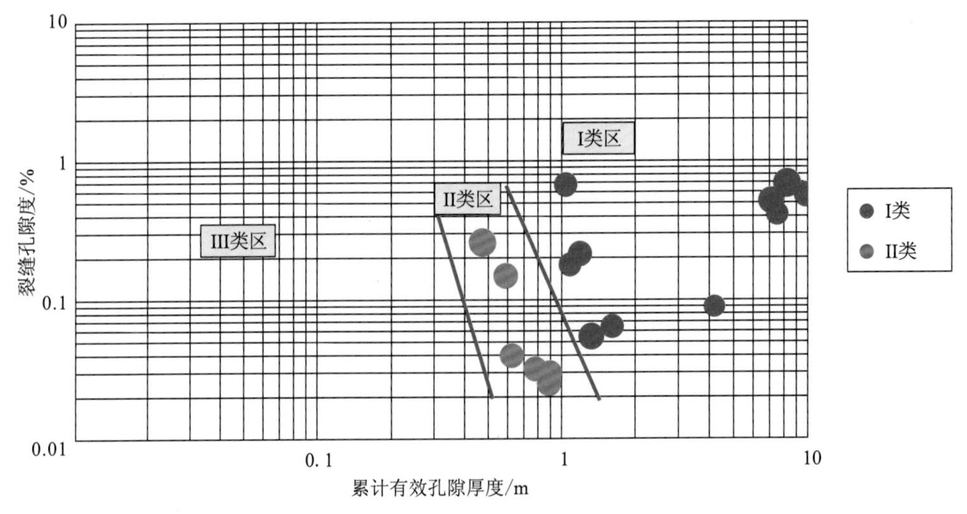

图 3-76　溶蚀扩大裂缝-孔洞型储层在有效性判别图版中的分布

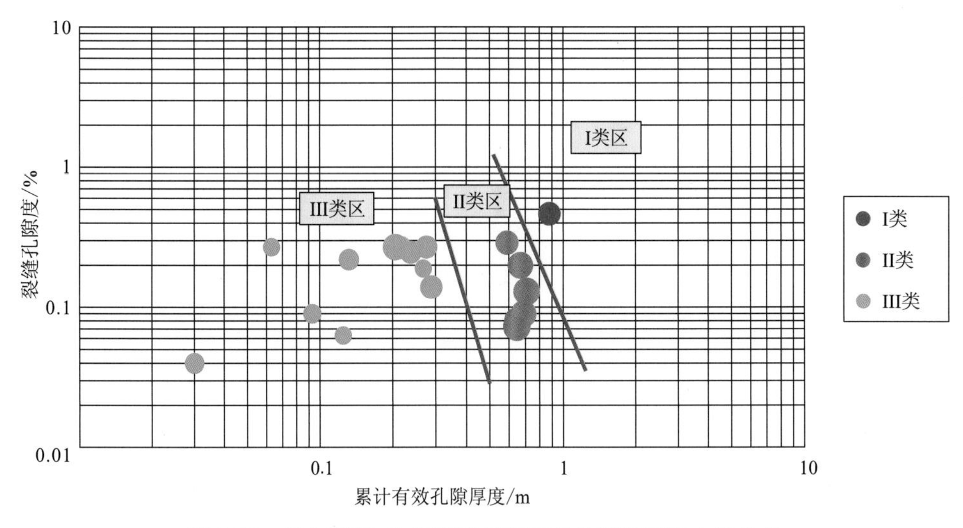

图 3-77　组合裂缝-孔洞型储层在有效性判别图版中的分布

3.5.4　洞穴型储层有效性判别

洞穴型储层充填程度与其有效性有着密切的关系，未充填及半充填的洞穴储层一般是有效储层，而被矿物或岩石充填的洞穴型储层则一般为无效的非储层。

由洞穴型储层充填程度评价相关研究可知，被充填洞穴与未充填洞穴在密度、自然伽马值和深电阻率上有明显的差异。在 I 区，被充填洞穴密度高、自然伽马值高；半充填洞穴密度不高（局部充填碳酸盐岩则储层密度偏高）、自然伽马值中等；未充填洞穴储层密度较低、自然伽马值低、深电阻率也较低。

结合测井资料研究 16 口井，16 个试油层段（储层信息见表 3-12）的洞穴型储层试油资料发现：洞穴型储层的储集能力符合以上分析规律，其有效性与密度、自然伽马值和深电阻率及储层厚度有关。

表 3-12　洞穴型储层有效性研究信息统计表

井号	洞穴层段/m	洞穴厚度/m	密度值/(g/cm^3)	自然伽马值/API	深电阻率/(Ω·m)	孔隙度/%	折合日产量/m^3	储层类别
X12	6 189.1～6 197.0	7.90	2.05	10.00	2.00	30.18	C1 酸 1 油嘴 6 mm，231	I
X15-2	6 082.1～6 088.6	6.50	1.95	79.50	15.00	25.03	S1 酸 1 油嘴 3 mm，67.5	I
X22-2H	5 689.3～5 696.6	7.30	2.56	8.15	14.69	15.40	S1-1 油嘴 6 mm，153.12	I
X49	5 374.1～5 379.8	5.70	2.19	54.93	15.00	13.02	S1-1 敞放，64.87	I
X106	6 109.2～6 114.6	5.40	2.37	13.40	22.34	11.45	S1-1 油嘴 4 mm，139.92	I
X111	6 103.0～6 109.3	6.30	2.41	14.00	15.23	16.79	S1-1 油嘴 5 mm，174.7	I
X162	6 173.9～6 178.8	4.90	2.33	25.80	13.26	15.15	S1-1 油嘴 6 mm，378.8	I
X501	6 214.8～6 220.8	6.00	2.67	67.60	25.17	7.20	S1-1 油嘴 4 mm，402.1	I

续表

井号	洞穴层段/m	洞穴厚度/m	密度值/（g/cm³）	自然伽马值/API	深电阻率/(Ω·m)	孔隙度/%	折合日产量/m³	储层类别
X26	6 235.0～6 239.0	4.00	2.27	111.80	16.89	11.15	S1 酸 1 油嘴 5 mm，269	II
X261H	6 857.0～6 859.9	2.90	2.56	85.89	70.47	7.30	S1 酸 1 气举，19	II
X432	5 495.6～5 500.3	4.70	2.74	96.20	17.31	6.80	S1 酸 1 油嘴 4 mm，111.8	II
X701	5 543.9～5 546.5	2.60	2.30	23.64	8.46	11.62	S3 酸 1 气举，35.5	II
X451	5 822.7～5 826.0	3.30	2.13	88.74	68.16	8.24	S1 酸 1 敞放，20.18	II
X4	5 905.9～5 908.0	2.04	2.71	104.30	42.23	0.10	S1 酸 1 敞放，3	III
X5	6 273.1～6 274.9	1.80	2.72	74.40	19.10	0.05	—	III（综合分析）
X7	5 820.0～5 823.0	3.00	2.87	119.90	19.46	0.15	—	III（综合分析）

注：折合日产量=气日产量/1 000+油日产量+水日产量

依据表 3-12 中所列的试油层段统计信息，利用储层厚度、密度和自然伽马值建立洞穴型储层有效性判别图版，如图 3-78 所示。

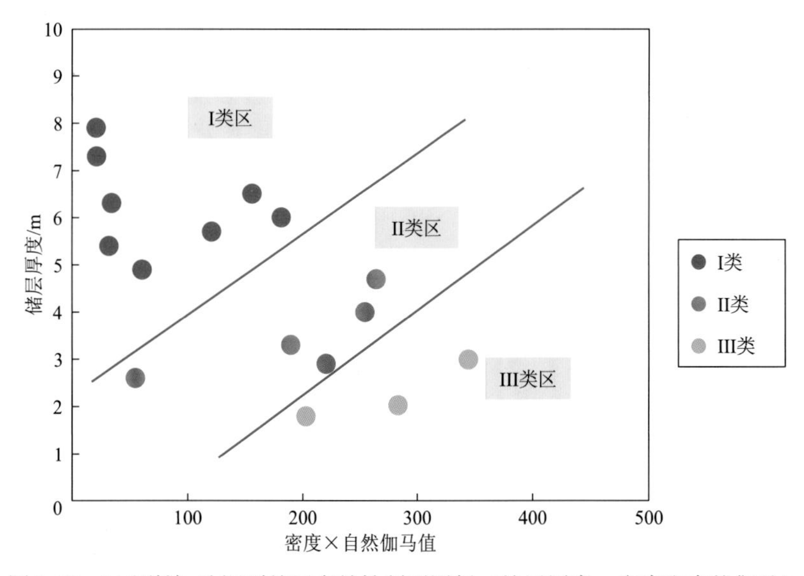

图 3-78　I 区裂缝-孔洞型储层有效性判别图版（储层厚度、密度和自然伽马）

由图 3-78 可以看出：洞穴型储层的有效性与储层厚度和密度与自然伽马值的乘积有较密切的关系。该类储层有效性随着储层厚度的增大而变好；随着自然伽马值、密度的增大而变差。

依据表 3-12 中所列的试油层段统计信息，利用储层厚度和孔隙度建立洞穴型储层有效性判别图版（图 3-79）。

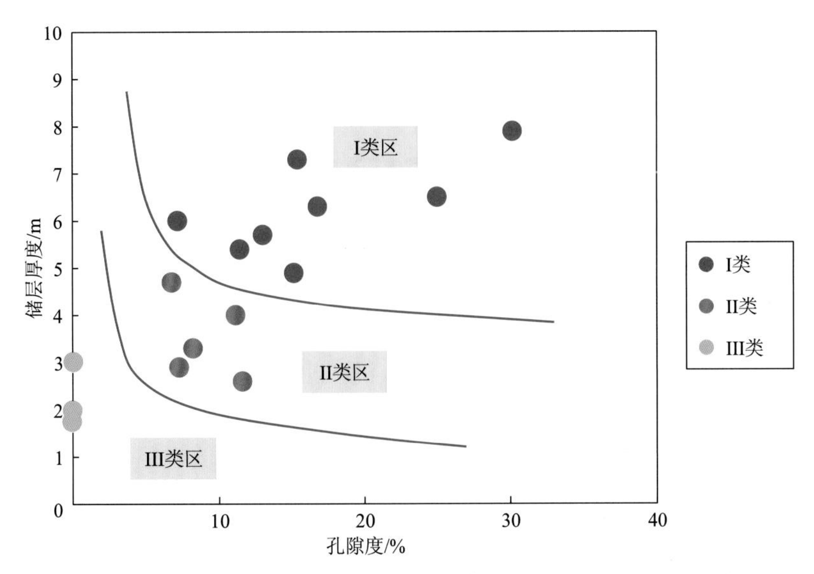

图 3-79　I 区裂缝-孔洞型储层有效性判别图版（储层厚度和孔隙度）

由图 3-79 可以看出：洞穴型储层的有效性与储层厚度和孔隙度有较密切的关系。一般来说，储层厚度越大，孔隙度越大，洞穴型储层有效性越好，孔隙度小但储层达到一定厚度时也能获得较高产能。

第4章　低电阻率气层测井识别与评价

低电阻率油气层在我国分布广泛，其储量和产能相当可观，是我国寻找油气的重要领域之一。但这类复杂油气层的电阻率低，给测井识别与评价带来困难。本章以我国海上Y盆地为例，讨论低电阻率气层的测井识别与评价方法，低电阻率油层的测井评价方法将在第5章讨论。

本章全面系统地讨论Y盆地形成低电阻率气层的机理与测井识别方法，通过大量的基础实验研究，包括高温高压电性实验、高温高压岩石物性实验、核磁共振实验、半渗隔板毛细管压力实验，研究高温高压条件下岩石物性、电性的变化规律，束缚水饱和度的变化规律及求取方法，核磁共振 T_2 截止值的变化规律等，为低电阻率油气层的测井评价提供大量实验基础，为正确评价低阻气层提供依据。

4.1　低电阻率气层形成机理

本节根据Y盆地D气田和L气田钻井取心所做的大量岩心化验分析资料（包括物性、粒度、薄片鉴定、X衍射、电镜扫描、压汞毛细管压力、离心毛细管压力、岩石阳离子交换量等）及荧光分析测试的岩石微量元素资料，较全面深入地分析D气田和L气田部分含气储层低电阻率形成的机理。研究分析认为，形成该气田部分气层低电阻率性质的根本地质原因是含气储层中饱含大量的原生束缚水（其饱和度高达60%以上）。而形成高饱和度束缚水的地质物理条件，则是由储层本身特定的岩性（由细-极细石英粉砂和泥质组成的泥质粉砂岩）、特定的孔隙结构（特别发育的微细孔喉结构），较高的泥质含量（20%左右），并含有较多的伊利石、蒙脱石（或伊-蒙混层）黏土矿物、较高矿化度的地层水，以及强亲水性的岩石等地质环境和物理因素造成的。

4.1.1　D气田和L气田低电阻率气层概述

Y盆地D气田和L气田含气层，储层岩性主要是一套由浅海、陆坡、盆地等较稳定环境下沉积的细-极细的泥质粉砂岩。含气层埋深小于1 600 m，地层压力系数为1.03～1.20，地温梯度为4.5 ℃/100 m，地层水为 $NaHCO_3$ 型，矿化度在30 000 mg/L左右。两气田含气储层在测井曲线上的特性基本相同，含气储层在测井曲线上显示出两种特性：一种显示出较高的地层电阻率特征，其值在2.5 Ω · m以上，明显高于泥岩电阻率（泥岩电阻率为1.0～1.2 Ω·m），并有明显的声波时差（时差明显增大或出现周波跳跃）、中子

（中子孔隙度明显偏小）和密度（密度明显减小）等测井异常特性，这类气层称为高电阻率气层；另一种无明显的高电阻率特性，其电阻率与泥岩和水层的电阻率（水层电阻率为 0.9～1.3 Ω·m）相差甚小或几乎无差别，而且无明显的声波时差、中子和密度等测井异常特性，这类气层称为低电阻率气层。

图 4-1 为典型的高电阻率气层测井曲线特征。图 4-2 为典型的低电阻率气层测井曲线特征。

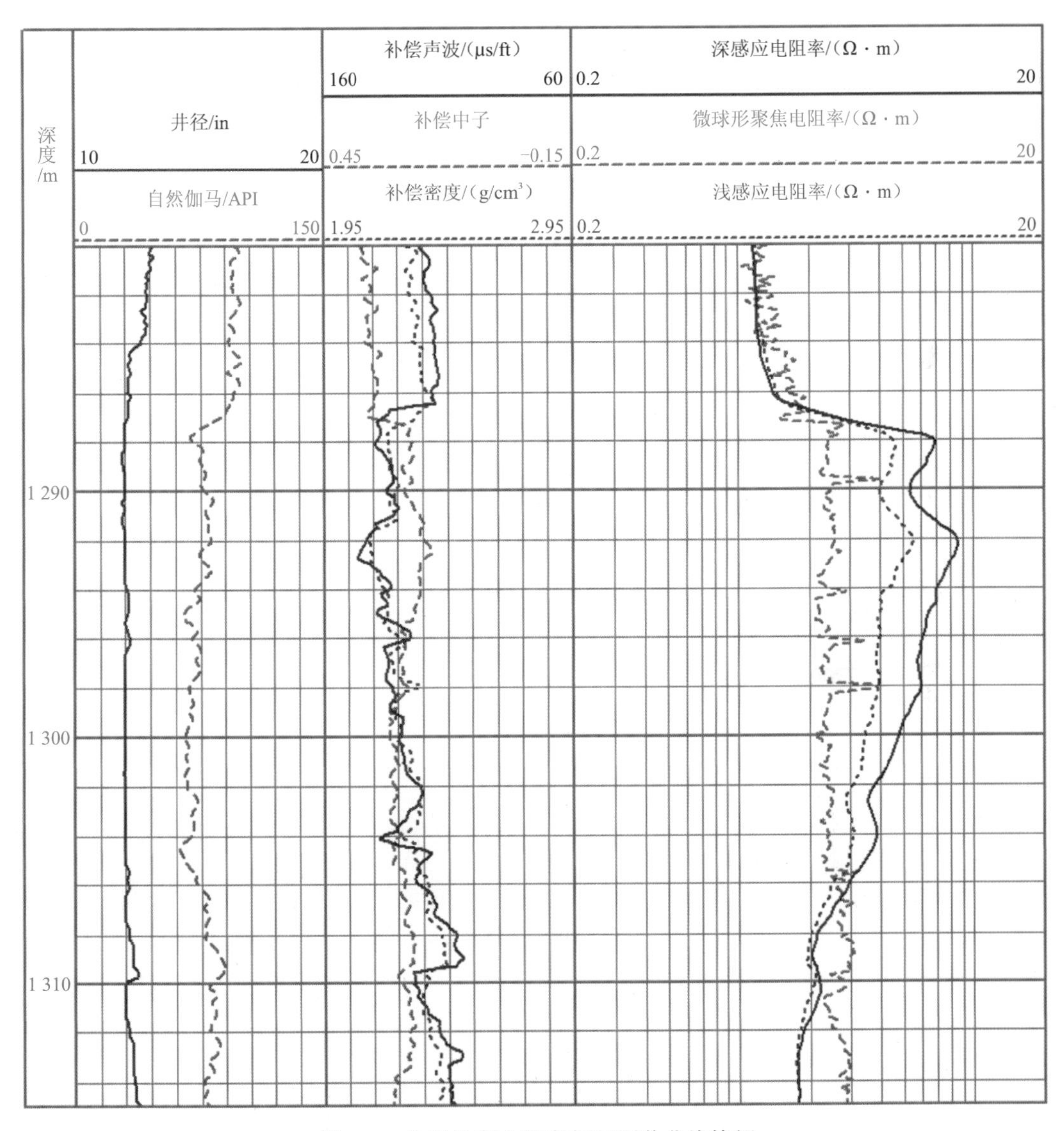

图 4-1　典型的高电阻率气层测井曲线特征

从图 4-1 和图 4-2 可以得到低阻气层的基本特点：储层岩性为泥质粉砂岩，岩层电阻率接近或稍高于泥岩和水层，且无声学和核测井异常特性。

通常，高阻气层属高孔（25%～30%）、中渗（100×10^{-3}～900×10^{-3} μm^2）、高产能的储层，低阻气层则属中孔（＜25%）、低渗（<100×10^{-3} μm^2）、低产能的储层。

高阻气层是气田产气段的主力产层。低阻气层产能虽较小，但分布范围较广，也是

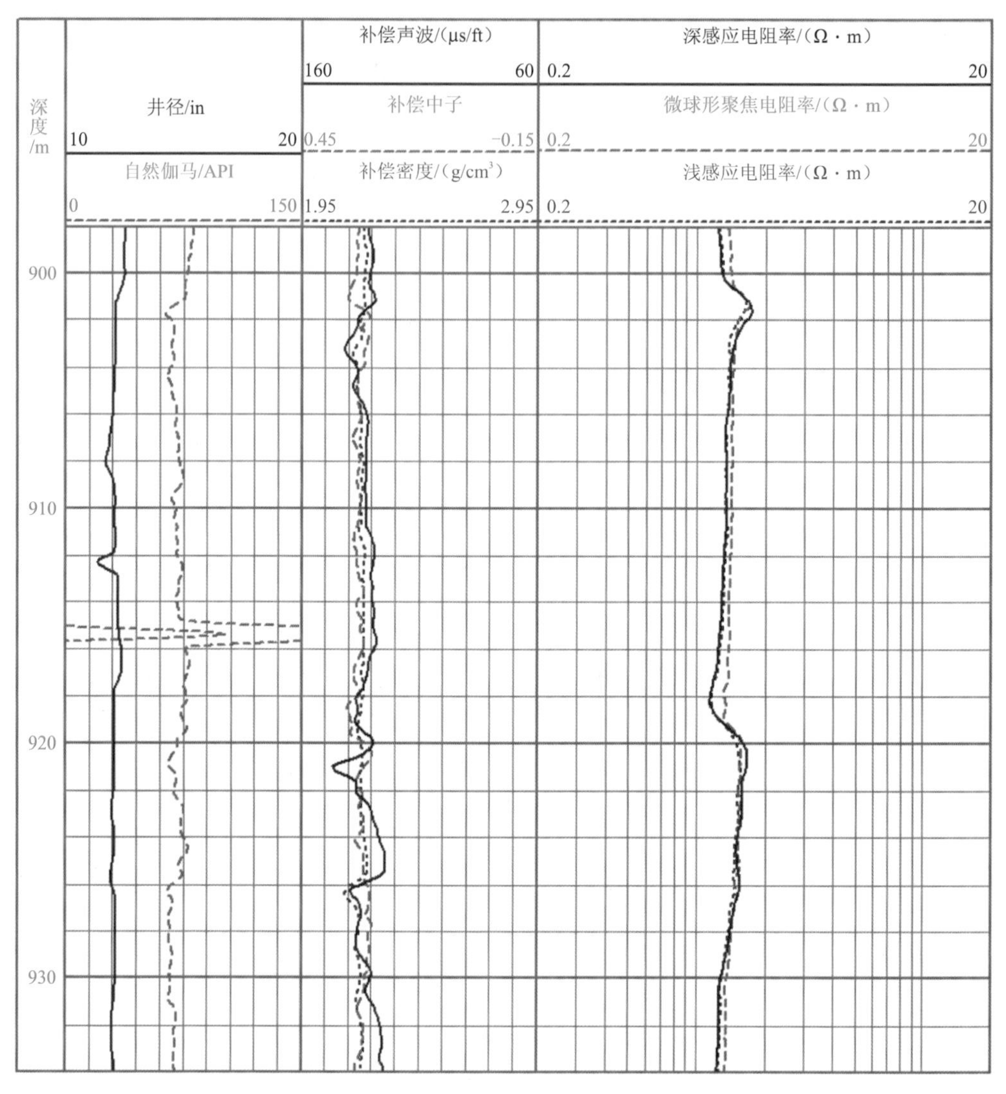

图 4-2　典型的低电阻率气层测井曲线特性

气田产能的重要组成部分。由于低阻气层的各种地质物理特性，特别是其电性与相邻的泥岩和水层差别不大。因此，它们在测井图上难以被识别，为提高测井对低阻气层的识别能力及测井评价的可靠性，有必要对气层低电阻率特性的形成机理进行研究。

4.1.2　D 气田和 L 气田含气储层低电阻率特性形成机理

利用 D 气田和 L 气田大量钻井取心所做的岩心化验分析资料，从储层的岩性、储层的孔隙结构、储层的黏土矿物成分和含量、地层水和束缚水、储层岩石润湿性、储层岩石阳离子交换量、储层岩石微量元素含量、地层水矿化度等方面入手，根据储层物理特性和周边环境及条件较深入地分析造成气层低电阻率性质的机理。

1. 岩性及其对地层电阻率的影响

根据薄片鉴定分析和粒度分析资料，D 和 L 两气田低电阻率气层的岩性主要是由细-极细粒的石英粉砂和泥质组成的泥质粉砂岩。泥质以分散状形式出现在地层中，部分黏土矿物以条纹状排列，不均匀地填塞粒间孔隙，泥质中还不均匀地含有不规则的粉晶状菱铁矿物质，储层孔隙度发育中等，连通性较好。

表 4-1 和表 4-2 分别列出了 D 和 L 两气田经试油证实的部分低电阻率气层和高电阻率气层储层粒度分析数据（平均值）。

表 4-1　两气田低电阻率气层岩石粒度分析数据

井号	气层井段 /m	产量 /（$\times 10^4 m^3$/天）	深电阻率 /（Ω · m）	粉砂含量 /%	黏土含量 /%	（粉砂+黏土）含量 /%	统计岩样块数
D7	1 358～1 386	0.60	1.7～2.0	54.5	15.7	70.2	24
D7	1 403～1 415	12.60	1.7～2.0	52.2	11.7	63.9	24
D8	1 342～1 358	4.92	1.3～1.6	67.7	23.9	91.6	13
D4	1 271～1 293	—	1.2～1.6	59.7	21.9	81.6	46
D 气田平均				58.5	18.3	76.8	—
L3	394.5～410.5	1.24	1.2～1.3	73.2	22.0	95.2	20
L5	1170～1200	2.70	1.3～1.4	78.2	20.7	98.9	9
L 气田平均				75.7	21.4	97.1	—
总平均				64.3	19.3	83.6	—

表 4-2　两气田高电阻率气层岩石粒度分析数据

井号	气层井段 /m	产量 /（$\times 10^4 m^3$/天）	深电阻率 /（Ω·m）	粉砂含量 /%	黏土含量 /%	（粉砂+黏土）含量 /%	统计岩样块数
D2	1 284～1 296	46.2	2.0～2.4	43.7	10.6	54.3	35
D2	1 331～1 361	112.0	2.1～7.1	33.1	9.2	42.3	30
D4	1 320～1 340	38.5	6.8～13	27.7	11.4	39.1	16
D 气田平均				34.8	10.4	45.2	—
L1	851～858	35.4	3.5～5.5	47.2	13.2	60.4	9
L1	972～985	28.7	7.1～20.0	41.9	11.7	53.6	28
L 气田平均				44.6	12.5	57.1	—
总平均				38.7	11.2	49.9	—

从表 4-1 和 4-2 可以看出，在低电阻率气层中，粒径为 0.032～0.004 μm 的粉砂级岩粒平均含量为：D 气田 58.5%，L 气田 75.7%；粒径小于或等于 0.002 μm 的黏土级岩粒平均含量为：D 气田 18.3%，L 气田 21.4%。在高电阻率气层中，粉砂级岩粒平均含量为：D 气田 34.8%，L 气田 44.6%；黏土级岩粒平均含量为：D 气田 10.4%，L 气田 12.5%。与低电阻率气层相比，高电阻率气层粉砂和黏土岩粒含量要小得多，D 气田粉砂级岩粒平均含量比 L 气田少 27%，黏土岩粒平均含量少约 5%。

高、低电阻率气层岩粒大小和含量对比表明，地层（气层）电阻率与岩石粒径有密切关系，在该区地层条件下，岩粒越细，地层电阻率越低，反之则越高。这表明岩石颗粒粗细是影响储层电阻率高低的重要因素之一。

岩粒小导致地层电阻率降低的机理在于：首先，岩粒越小，岩石比表面积越大，岩层颗粒表面吸附水含量就越高，吸附在岩粒表面的束缚水越多，地层中岩石的导电性便得到了增强，使地层电阻率降低；其次，岩粒越小，形成的孔隙和喉道就很小，小岩粒含量越高，地层中小孔隙和小喉道就越发育，使岩层中残余水（束缚水）含量急剧升高，这又增强了岩石导电性，使地层电阻率下降。

D 与 L 两气田低电阻率气层中粉砂级岩粒与黏土级岩粒占总体的 77%～97%，这意味着低电阻率气层中发育了十分丰富的微小孔隙和小喉道。即在低电阻率气层中，普遍含有大量的束缚水。这些饱含在微小孔喉中的束缚水和岩粒表面的吸附水，应当认为是形成气层低电阻率特性的基本地质环境和条件。

表 4-3 是三口井样品岩石比表面积分析结果。结果表明，比表面积越大的岩层，岩粒越小，其毛细管束缚水与岩粒表面吸附水越多，岩层电阻率随之下降，反之亦然。

表 4-3　三口井样品岩石比表面积分析结果

井号	岩样深度/m	岩石比表面积/（m^2/g）	地层电阻率/（Ω · m）
D3	1 296.00	2.142 6	8.5
L6	1 583.10	11.626 8	1.8
D5	1 394.54	8.138 2	2.8

2. 黏土含量和矿物成分及其对地层电阻率的影响

1）黏土含量

通过岩石粒度分析资料与测井资料的对比，可以建立储层黏土含量与地层电阻率之间的关系。图 4-3 为两气田地层电阻率与黏土含量之间的关系，由图可看出，随黏土含量的增加，地层电阻率降低。这种关系与理论和实际都是相符的。该区黏土含量越高，地层电阻率就越低的机理，是因为该区黏土矿物中含有较多的伊蒙成分矿物，颗粒表面含有大量吸附水、毛细管水及结晶水。

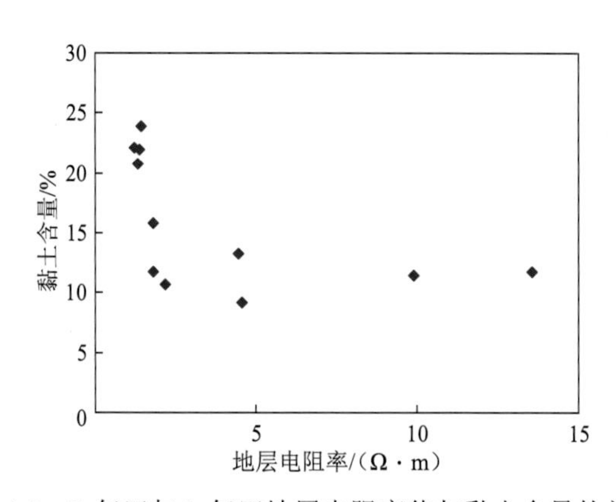

图 4-3　D 气田与 L 气田地层电阻率值与黏土含量的关系

2）黏土矿物成分

由 X 衍射分析资料可知，两气田含气储层的黏土主要由 4 种矿物组成：伊利石、蒙脱石（或伊蒙混层）、高岭石和绿泥石。表 4-4 和表 4-5 分别列出了两气田试油证实的低电阻率气层和高电阻率气层所含黏土的矿物成分及其质量分数。

表 4-4 两气田低电阻率气层黏土矿物成分质量分数

井号	深度/m	产量/（×10⁴ m³/天）	电阻率/（Ω·m）	蒙脱石（S）/%	伊利石（I）/%	高岭石（K）/%	绿泥石（C）/%	伊+蒙（S+I）/%	高+绿（K+C）/%	统计岩块数
D3	1 260～1 268	3.00	1.5～1.8	36.3	25.7	19.8	18.2	62.0	38.0	3
D4	1 271～1 293	少量	1.2～1.6	28.0	29.2	22.3	19.9	57.2	42.2	7
D6	1 400～1 419	少量	1.2～1.6	24.7	34.8	20.7	19.8	59.5	40.5	1
D7	1 358～1 368	0.60	1.7～2.0	23.1	26.2	44.9	5.7	49.3	50.6	9
D7	1 403～1 415	12.60	1.7～2.0	24.1	26.9	42.6	6.6	51.0	49.2	8
D8	1 342～1 358	4.92	1.3～1.6	32.0	31.0	19.8	17.2	63.0	37.0	4
D8	1 369～1 405	0.97	1.4～1.6	31.0	29.0	20.4	18.8	60.0	39.2	3
D9	1 395～1 410	2.80	1.4～1.8	33.5	25.5	20.0	22.0	59.0	42.0	2
D 气田平均				29.1	28.5	26.3	16.0	57.6	42.3	—
L1	920～932	30.10	1.5～1.7	40.0	29.0	15.0	16.0	69.0	31.0	5
L2	963～985	25.10	1.2～1.3	45.0	23.0	17.0	15.0	68.0	32.0	2
L3	394.5～410.5	12.40	1.2～1.3	43.5	29.5	13.0	14.0	73.0	27.0	2
L3	579～590	9.30	1.4～1.5	38.0	28.0	17.0	17.0	66.0	34.0	—
L5	1 170～1 120	2.70	1.3～1.4	32.0	31.5	16.5	20.0	63.5	36.5	—
L 气田平均				39.7	28.2	15.7	16.4	67.9	32.1	—
总平均				33.2	28.4	22.2	16.2	61.6	38.4	—

表 4-5 两气田高电阻率气层黏土矿物成分质量分数比较

井号	气层深度/m	产量/（×10⁴ m³/天）	电阻率/Ω·m	蒙脱石（S）/%	伊利石（I）/%	高岭石（K）/%	绿泥石（C）/%	伊+蒙（S+I）/%	高+绿（K+C）/%	统计岩块数
D2	1 284～1 296	46.2	2.0～2.4	28.2	29.9	22.5	20.2	58.1	42.7	11
D2	1 331～1 361	112.0	2.1～7.1	16.5	36.6	47.7	—	53.1	47.7	29
D3	1 287～1 307	30.0	4.0～8.5	35.8	33.3	30.9	—	69.1	30.9	16
D4	1 320～1 340	38.5	6.8～13.0	30.0	28.4	21.1	19.9	58.4	41.0	6
D5	1 322～1 326	46.5	2.0～2.4	19.7	30.6	26.9	22.8	50.3	49.7	2
D5	1 386～1 410	77.3	2.0～2.8	25.0	30.5	23.8	20.7	55.5	44.5	1
D 气田平均				25.9	31.6	28.8	20.9	57.4	42.8	—
L1	851～858	35.4	3.5～5.0	25.5	40.7	16.1	17.7	66.2	33.8	3
L1	972～985	28.7	7.1～20.0	34.0	29.5	19.6	17.8	63.5	37.4	10
L3	1 486～1 496	54.5	5.5～6.5	37.0	24.0	25.0	14.3	61.0	39.3	3
L 气田平均				32.2	31.4	20.2	16.6	63.6	36.8	—
总平均				28.0	31.5	26.0	19.1	59.5	40.8	—

对比这些数据可以得到下面两点基本认识。

（1）两气田无论是低电阻率还是高电阻率气层，它们所含的黏土在矿物组成及质量分数上，大体是相同的：伊＋蒙黏土质量分数约为 60%；高＋绿黏土质量分数约为 40%。伊、蒙成分均多于高、绿成分，这表明黏土矿物成分及其质量分数的差异不是影响该区气层电阻率值高低的主要因素。

（2）虽然黏土矿物成分及其质量分数不是影响该区气层电阻率高低的主要因素，但这并不等于气层电阻率的高低与黏土成分无关。众所周知，伊利石和蒙脱石矿物晶格间距较大，分子间吸引力相对较弱，因而它们具有较强的吸水能力，并易于膨胀，也就是说具有较好的导电性，因此，有人称它们为有效黏土。而高岭石和绿泥石则无这种特性，它们对地层导电性一般是无贡献的，它们与地层中的砂岩颗粒一样，不起导电作用，因此，人们称其为无效黏土。从这个角度说，就整体来看，黏土对地层电阻率是有影响的。在该区，黏土的影响就在于：由于气层中黏土含量较高，黏土中伊、蒙成分比例又较高，黏土在整体上使所有的气层（无论是高电阻率还是低电阻率气层）电阻率降低了，L 气田的低电阻率气层电阻率普遍稍低于 D 气田的低电阻率气层，其原因之一就是 L 低电阻率气层中黏土总含量较高，且黏土中伊、蒙成分又高于 D 气田（表 4-4）。

3）黏土分布形式

从薄片分析和电镜扫描资料可以看出，黏土在气层中以分散状不均匀地分布在粒间和岩粒表面，部分充填于粒间孔道。在这种情况下，随着储层内泥岩和黏土的增加，其直接的结果是进一步改造孔隙结构，使小孔隙、小喉道更加发育，从而导致地层中束缚水含量升高；另外，少量的黏土在孔道中成为所谓的“黏土桥”，也会增强地层的导电能力，这些因素都会给地层成为一种良好的以束缚水为导体的导电网络创造条件。当然，随着储层内黏土和泥质的增加，会使孔隙的几何形状和结构变得更加复杂，孔道弯曲度增大，不利于地层导电。这两者是互相矛盾的结果。不过在实际中，人们一般认为其总的结果是增强了地层的导电能力，使地层电阻率下降了。

总之，就该区来说，黏土含量及其矿物成分，是影响气层电阻率的一个重要因素，但不是形成低电阻率气层的关键因素。

3. 孔隙结构特性及其对地层电阻率的影响

岩石孔隙空间是由孔隙和喉道组成的，孔隙反映了岩层的储集能力，而喉道则控制着孔隙的储集和渗滤能力。为分析储层流体渗滤特性和所含的束缚水量，有必要了解储层的孔隙结构特性。

下面分析两气田含气储层的孔隙结构特性及其对地层电阻率的影响。

1）气层孔隙度

表 4-6 是两气田已试油证实的低电阻率气层和高电阻率气层由岩心物性分析得到的地层孔隙度平均值。从表中数据看出，高电阻率气层孔隙度为 24%～31%，属高孔储层；低电阻率气层孔隙度为 20%～28%，属中孔储层。

表 4-6　D 气田和 L 气田气层岩心孔隙度分析数据表

井号	井段 /m	气层电阻率 /（Ω·m）	孔隙度 /%	备注
D3	1 260～1 268	1.5～1.8	22.0	低电阻率气层
D4	1 271～1 293	1.2～1.6	21.9	
D6	1 400～1 419	1.2～1.6	24.4	
D7	1 358～1 386	1.7～2.0	20.3	
D7	1 403～1 415	1.7～2.0	22.3	
D8	1 342～1 358	1.3～1.6	21.7	
D9	1 395～1 410	1.4～1.8	24.1	
L2	963～985	1.2～1.3	24.2	
L5	1 170～1 200	1.3～1.4	27.5	
L6	825～848	1.0～1.4	27.8	
L6	1 582～1 600	1.7～1.8	25.8	
	低电阻率气层平均		23.8	
D2	1 284～1 296	2.0～2.4	24.9	高电阻率气层
D2	1 331～1 361	2.1～7.1	24.2	
D3	1 287～1 307	4.0～8.5	24.6	
D4	1 320～1 340	6.8～13	30.2	
D5	1 322～1 326	2.2～4.0	27.5	
D5	1 386～1 410	2.0～2.8	27.8	
L1	851～858	3.5～5.0	30.3	
L7	972～985	7.1～2.0	29.4	
	高电阻率气层平均		27.4	

2）气层孔隙结构

从孔隙结构特性上看，该区含气储层普遍存在双重结构的孔隙：一种是空间较大，喉道较粗的可渗滤的孔隙；另一种是空间很小，喉道也很小的不可渗滤的微细孔隙。

图 4-4 与图 4-5 展示出了 L6 井 3-3 号样和 D5 井 13-2 号样在实验室压汞分析得到的孔喉半径分布频率直方图。D5 井属较高电阻率气层（电阻率约 2.8 Ω · m），L6 井属低电阻率气层（电阻率约 1.7 Ω · m）。从由压汞资料得到的孔喉半径分布频率直方图可以看出，高、低电阻率气层孔隙分布和结构有明显差别。即低电阻率气层孔喉半径变化范围较小，一般在 0.003 7～9.35 μm，其中半径小于 0.585 9 μm（认为孔喉半径大于该值的孔隙对渗透率有贡献，小于该值的孔隙对渗透率无贡献，其中的流体为束缚水）的孔喉占 55%～70%；而高电阻率气层的孔喉半径变化范围较大，可从 0.003 7 μm 变化到 37.5 μm，且半径小于 0.585 9 μm 的孔喉数量仅占 40%左右。

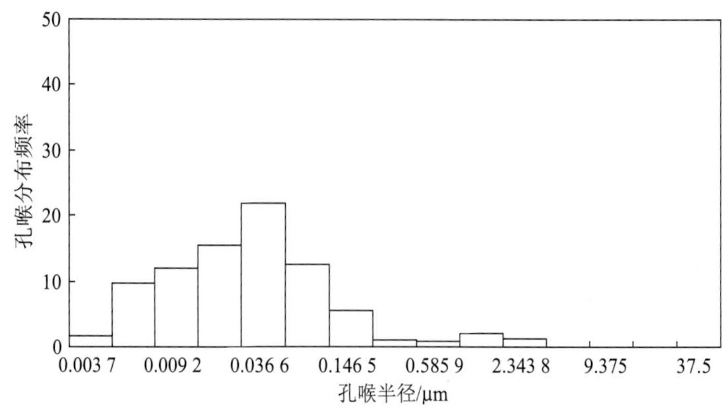

图 4-4　L6 井 3-3 号样压汞孔喉半径分布频率直方图

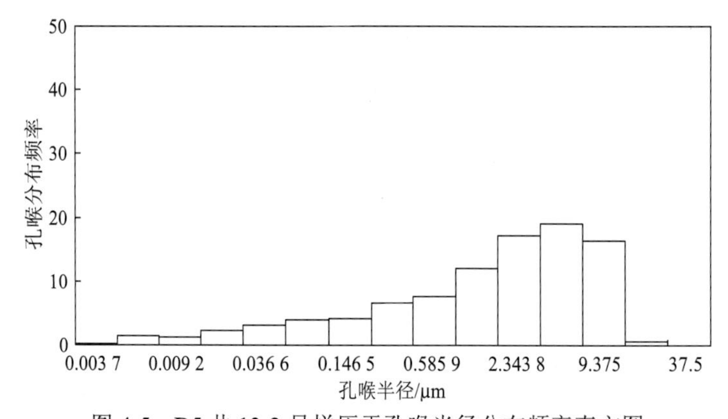

图 4-5　D5 井 13-2 号样压汞孔喉半径分布频率直方图

低电阻率气层与高电阻率气层在孔隙结构上的差别，表明该区气层电阻率与气层孔隙结构特性有直接的关系，可以这样说，微细孔隙（小孔隙、小喉道）越发育，地层电阻率就越低。从图中可以看出，低电阻率气层中微细孔隙十分发育，导致其束缚水含量高达 60%以上，加之地层水的矿化度较高（在 30 000 mg/L 以上），是一种良好的导体，这样构成的地层（介质），在电学上就是一种低电阻率介质。

4. 岩石润湿性及其对地层电阻率的影响

岩石润湿性是控制储层内流体分布状况的基本因素，而流体分布状况则是构成岩层导电结构的基本框架，因此，岩石润湿性与地层导电能力有密切的关系。

组成两气田储层岩石骨架的物质主要是石英，储层的胶结物为泥质，泥质中还富含伊利石、蒙脱石等矿物。从岩石润湿性角度看，组成储层的造岩矿物几乎都属亲水性，石英是亲水性的造岩矿物，伊利石、蒙脱石具有强吸水能力，也是亲水的。因此，不难想象该区气层是属于亲水性一类岩层。在这种储层中，水是润湿相，油气是非润湿相。按照润湿相形成的流体分布规律，亲水地层中的水通常吸附在岩石颗粒表面，并且将占据岩层中那些很细小的孔隙和喉道。按照这个规律，可以认为该区气层中所有微细孔隙空间全部被润湿相（水）所充填（或占据）。上述分析已知，该区低电阻率气层微细孔隙占总孔隙体积的 60%左右，则 60%左右的总孔隙体积都被润湿相（水）所占据，即束缚水饱和度高达60%以上，其地层电阻率应当是很低的。由此可见，润湿特性也是构成该区气层低电阻率性质的一个重要因素，它给气层提供了一个使水相互连接成一体、把地层变成一个四通八达的导电网络的条件，使气层成为良好的导体。

5. 地层水矿化度及其对地层电阻率的影响

地层水是地层导电的主要物质，地层电阻率的高低很大程度上取决于地层水矿化度的高低。有了良好的地层环境和条件（岩性、孔隙结构、润湿性等），地层的导电能力才会高，如无导电良好的地层水导体充填，地层的导电能力也不会好。

该区气层地层水矿化度一般较高，大部分层段为20 000～30 000 mg/L（表4-7），在地层温度下（60～70 ℃），该区地层水电阻率为0.07～0.45 Ω · m，低电阻率气层地层水电阻率为 0.07～0.2 Ω · m，这是一种非常良好的导体。该区气层既有良好的地质环境，又有良好的导电物质充填，这样就为地层的低电阻率性质创造了必要和充分条件。

表4-7　D、L气田部分气层地层水矿化度及电阻率

井号	气层井段/m	地层水矿化度/（mg/L）	水型	地层水电阻率/（Ω · m）	地层深电阻率/（Ω · m）
D3	1 287～1 307	18 923	$NaHCO_3$	0.17	4.0～8.5
D4	1 320～1 340	11 419	$NaHCO_3$	0.24	6.8～13.0
D5	1 322～1 326	7 200	$NaHCO_3$	0.45	2.0～2.8
D5	1 386～1 410	21 640	$NaHCO_3$	0.18	2.0～2.8
D7	1 403～1 415	34 145	$NaHCO_3$	0.09	1.7～2.0
D7	1 358～1 386	43 654	$NaHCO_3$	0.07	1.7～2.0
D8	1 342～1 358	18 754	$NaHCO_3$	0.17	1.7～2.0
D9	1 395～1 410	14 510	$NaHCO_3$	0.21	1.4～1.8
L3	579～590	35 438	$NaHCO_3$	0.16	1.5
L3	1 486～1 496	7 339	$NaHCO_3$	0.40	20.0
L6	1 595～1 600	16 176	$NaHCO_3$	0.20	1.8

6. 岩石阳离子交换量及其对地层电阻率的影响

前述已知，D和L气田储层含有较多的泥质，而且泥质（黏土）中又含有较多的蒙脱石（或伊蒙混层）、伊利石等矿物，那么储层的阳离子交换能力与泥质产生的附加导电性需要进行进一步讨论。为考察地层（气层）阳离子交换量（cation exchange capacity，CEC）及其对地层电阻率的影响，从D3井、D5井和L4井三口井中共取出15块岩样进行阳离子交换容量分析，表4-8是测量的结果。

表4-8　岩样阳离子交换容量测量结果

序号	井号	样号	井深/m	CEC/（mmol/100 g）	备注
1	L4	L-1	581.0	11.762	低电阻率气层

续表

序号	井号	样号	井深/m	CEC/（mmol/100 g）	备注
2	L4	L-2	584.0	21.012	低电阻率气层
3	L4	L-3	587.0	6.918	
4	L4	L-4	589.5	8.959	
5	L4	L-5	985.7	7.905	
6	D5	L-6	1 330.6	7.490	
7	D5	L-7	1 335.6	9.587	
8	D5	L-8	1 345.2	13.792	
9	D5	L-9	1 424.0	4.305	
10	D5	L-10	1 428.6	4.822	
11	D3	H-1	1 290.5	0.651	高电阻率气层
12	D3	H-2	1 292.5	3.308	
13	D3	H-3	1 294.5	3.364	
14	D3	H-4	1 298.8	8.825	
15	D3	H-5	1 299.5	1.255	

从表 4-8 可以看出，低电阻率气层阳离子交换量并不大，因此，由它产生的附加导电性是很小的，显然，岩石阳离子交换量不是构成该区气层低电阻率性质的重要因素。

根据 X 衍射分析结果，D3 井 1 287～1 307 m 井段气层的电阻率为 4.0～8.5 Ω · m，其黏土矿物中蒙脱土（或伊蒙混层）平均质量分数为 30%，伊利石质量分数为 28.4%，高岭石质量分数为 21.1%，绿泥石质量分数为 19.9%，伊、蒙成分总质量分数达 58.4%，而该井段的阳离子交换量为 0.651～8.825 mmol/100 g。这表明该气田的气层阳离子交换量值很小，由它产生的附加导电性也较小，CEC 值不是造成地层（气层）低电阻率的主要因素。

7. 菱铁矿含量及其对地层电阻率的影响

D 和 L 气田储层泥质胶结物中，常可观察到一些菱铁矿、铁白云石等物质。铁是导电物质，这种物质对地层电阻率有无影响及其影响程度均需要进一步讨论。为考察菱铁矿对气层的影响，从 D3 井、D5 井、L3 井、L4 井和 L5 井 5 口井中取出 9 块岩样，借助中国科学院正负电子对撞机进行同步辐射 X 射线荧光分析，测量岩样中所含的菱铁矿和其他微量元素的含量。表 4-9 是荧光分析测试的结果（只列出了 Fe 元素含量）。

表 4-9　同步辐射 X 射线荧光分析测试的结果

井号	类别	井深/m	Fe 元素质量分数/%	电阻率/（Ω · m）
D3	高阻	1 292.5	0.700	8.5

续表

井号	类别	井深/m	Fe 元素质量分数/%	电阻率/（Ω · m）
D5	低阻	1 330.6	2.097	1.5
D5	低阻	1 335.6	3.549	1.5
D5	低阻	1 343.2	3.082	1.3
L3	泥岩	548.0	6.707	1.1
L4	低阻	581.0	4.852	1.5
L4	低阻	587.0	5.695	1.5
L4	低阻	985.7	4.711	2.3
L5	泥岩	1 170.7	5.791	1.1

从 5 口井 9 块岩样荧光分析测试数据与测井、岩心分析数据比较，可得出以下三点认识。

（1）两气田含气储层中菱铁矿的含量并不高，含量最高者是泥岩层（其 Fe 质量分数为 6.707%）；在其他气层中，菱铁矿的质量分数都小于 3.5%。

（2）菱铁矿主要以不均匀的分散状分布于泥质中。因此，菱铁矿含量随泥质含量的变化而变化。

（3）菱铁矿含量低，且不是组成岩石骨架的物质。因此可以认为，菱铁矿不直接对地层电阻率起影响，它对地层电阻率的影响只能通过泥质来实现。泥质含量越高，菱铁矿含量越高时才可能对地层电阻率起影响。

总之，菱铁矿含量不是造成气层低电阻率特性的主要因素。

8. 束缚水饱和度

目前的岩心分析资料中，可用于估算储层束缚水饱和度的资料有：相对渗透率、压汞毛细管压力曲线、离心毛细管压力曲线及半渗透隔板毛细管压力分析。对这些实验分析资料估算的束缚水饱和度进行的分析表明：该区含气储层的束缚水含量普遍较高，尤其是低电阻率气层，其束缚水含量相对较高，高电阻率气层束缚水含量明显降低，估计值见表 4-10。关于束缚水饱和度的问题将在 4.4 节专门讨论。

表 4-10　两气田部分产气储层束缚水饱和度估计值

井号	气层井段/m	气层电阻率/（Ω · m）	束缚水饱和度估计值（%）/样品数	
			压汞法	离心法
D2	1 331～1 361	7.1（高电阻率层）	40.1/3	52.4/8
D3	1 287～1 307	8.3（高电阻率层）	31.4/8	46.1/9
D4	1 321～1 340	13.0（高电阻率层）	38.9/4	42.4/4
D5	1 386～1 410	2.8（高电阻率层）	33.6/10	40.0/9
L6	1 582～1 600	1.8（低电阻率层）	74.0/5	50.8/3

根据以上讨论，可将影响本地区气层电阻率的因素概括至表 4-11。

表 4-11 Y 盆地气层低电阻率的影响因素

影响因素	技术指标	低电阻率气层			高电阻率气层			对气层电阻率的影响程度排序
		D 气田	L 气田	平均	D 气田	L 气田	平均	
粒度	（粉砂级+黏土级）颗粒质量分数/%	76.8	97.1	83.6	45.2	57.1	49.9	I
孔隙结构	孔喉半径变化范围/μm	0.037～9.375			0.037～37.5			I
	半径小于 0.585 9 μm 的孔喉所占比例/%	55～60			＜40			
	总孔隙度/%	20～27			25～30			
黏土含量	粒径小于 0.004 μm 的黏土所占比例/%	18.3	21.1	19.3	10.4	12.5	11.2	II
黏土矿物成分	伊利石+蒙脱石质量分数/%	59.0	67.9	61.5	55.5	63.2	58.3	III
	高岭石+绿泥石质量分数/%	41.0	32.1	38.5	44.5	36.8	41.7	
润湿性	润湿相为水，非润湿相为油	亲水			亲水			I
地层水	地层水电阻率/Ω · m	0.07～0.21			0.17～0.45			III
阳离子交换容量	CEC 值/（mmol/100 g）	6.918～21.012			0.651～8.825			很小
菱铁矿	菱铁矿质量分数/%	<3.6	<4.9	4.0	0.7	—	—	很小

注：表中平均值均为两气田的样品总平均值

4.2 低电阻率气层测井识别方法

目前，无论是高电阻率气层还是低电阻率气层，其测井识别与评价都没有达到令人满意的程度。高电阻率气层在电性曲线上有显示，比较容易识别；然而，低电阻率气层在电性曲线上几乎无显示，识别比较困难，低电阻率气层的评价是当前测井解释领域中普遍关注的难题。

本节根据气层对孔隙度系列测井曲线的影响，提出识别低电阻率气层的方法。

4.2.1 空间模量差比值法

岩石含气后，其空间模量将大大降低，这是使用空间模量差比值法识别天然气层的

物理基础。空间模量差比值定义为

$$\mathrm{DR}=\frac{M_{\mathrm{w}}-M}{M} \tag{4-1}$$

式中：DR 为空间模量差比值；M_{w} 为目的层完全含水时岩石空间模量；M 为目的层岩石的空间模量。

纵波在岩石中的传播速度取决于岩石的空间模量和体积密度。根据弹性力学理论，纵波在岩石中的传播速度为

$$V_{\mathrm{c}}=\sqrt{\frac{M}{\rho_{\mathrm{b}}}}\times 10^{-2} \tag{4-2}$$

式中：V_{c} 为纵波速度，m/s；M 为空间模量，dyn/ cm^2；ρ_{b} 为体积密度，$\mathrm{g/cm^3}$。

纵波时差等于纵波速度的倒数，即

$$\Delta t_{\mathrm{c}}=\frac{10^8}{\sqrt{\dfrac{M}{\rho_{\mathrm{b}}}}} \tag{4-3}$$

式中：Δt_{c} 为纵波时差，μs/m。

由此解出岩石的空间模量：

$$M=\frac{\rho_{\mathrm{b}}}{\Delta t_{\mathrm{c}}^2}\times 10^{16} \tag{4-4}$$

目的层完全含水时岩石空间模量由式（4-4）根据全含水泥质砂岩模型得

$$M_{\mathrm{w}}=\frac{\phi\rho_{\mathrm{w}}+V_{\mathrm{sh}}\rho_{\mathrm{sh}}+(1-\phi-V_{\mathrm{sh}})\rho_{\mathrm{ma}}}{\left[\phi\Delta t_{\mathrm{w}}+V_{\mathrm{sh}}\Delta t_{\mathrm{sh}}+(1-\phi-V_{\mathrm{sh}})\Delta t_{\mathrm{ma}}\right]^2}\times 10^{16} \tag{4-5}$$

式中：M_{w} 为目的层完全含水时岩石空间模量，$\mathrm{dyn/cm^2}$；ρ_{w} 为水的密度，$\mathrm{g/cm^3}$；ρ_{ma} 为骨架密度，$\mathrm{g/cm^3}$；ρ_{sh} 为泥岩密度，$\mathrm{g/cm^3}$；ϕ 为孔隙度，小数；V_{sh} 为泥质含量，小数；Δt_{w} 为水的纵波时差，μs/m；Δt_{ma} 为骨架纵波时差，μs/m；Δt_{sh} 为泥岩纵波时差，μs/m。

将式（4-4）、式（4-5）代入式（4-1）有

$$\mathrm{DR}=\frac{\phi\rho_{\mathrm{w}}+V_{\mathrm{sh}}\rho_{\mathrm{sh}}+(1-\phi-V_{\mathrm{sh}})\rho_{\mathrm{ma}}}{\left[\phi\Delta t_{\mathrm{w}}+V_{\mathrm{sh}}\Delta t_{\mathrm{sh}}+(1-\phi-V_{\mathrm{sh}})\Delta t_{\mathrm{ma}}\right]^2}\frac{\Delta t^2}{\rho_{\mathrm{b}}}-1 \tag{4-6}$$

在储层中，当完全含水岩石空间模量大于目的层岩石空间模量时，空间模量差比值大于零（DR>0），指示为气层；反之，当目的层完全含水岩石空间模量等于目的层空间模量时，空间模量差比值等于零（DR=0），指示为非气层。

用式（4-6）作为指示天然气的指标可以抵偿岩性和孔隙度变化的影响，突出孔隙流体性质的贡献，排除测井识别气层的多解性。

4.2.2 三孔隙度差值法和三孔隙度比值法

天然气的密度远远低于油和水的密度，因此天然气层的密度测井值低于地层完全含水时的地层密度测井值；天然气的含氢指数远低于 1，并在天然气层中常存在“挖掘效应”，因此天然气层中子测井值比它完全含水时偏低；地层含气后，岩石纵波时差增大，

甚至出现“周波跳跃”，因此，天然气层的纵波时差大于其完全含水时的纵波时差。这就是用三孔隙度差值法和三孔隙度比值法识别天然气的物理基础。

由泥质砂岩体积模型，可分别写出地层流体为淡水时地层视密度孔隙度、视中子孔隙度和视声波孔隙度：

$$\phi_{da}=\frac{\rho_b-\rho_{ma}}{1-\rho_{ma}}-V_{sh}\frac{\rho_{sh}-\rho_{ma}}{1-\rho_{ma}} \tag{4-7}$$

$$\phi_{na}=\frac{H-H_{ma}}{1-H_{ma}}-V_{sh}\frac{H_{sh}-H_{ma}}{1-H_{ma}} \tag{4-8}$$

$$\phi_{sa}=\frac{1}{cp}\frac{\Delta t-\Delta t_{ma}}{189-\Delta t_{ma}}-V_{sh}\frac{\Delta t_{sh}-\Delta t_{ma}}{189-\Delta t_{ma}} \tag{4-9}$$

式中：ϕ_{da} 为地层视密度孔隙度，小数；ϕ_{na} 为视中子孔隙度，小数；ϕ_{sa} 为视声波孔隙度，小数；H 为中子测井值，小数；H_{ma} 为骨架含氢指数，小数；H_{sh} 为纯泥岩含氢指数，小数；cp 为压实校正系数。

三孔隙度差值定义为

$$C3=\phi_{da}+\phi_{sa}-2\phi_{na} \tag{4-10}$$

三孔隙度比值定义为

$$B3=\frac{\phi_{da}\phi_{sa}}{\phi_{na}^2} \tag{4-11}$$

由于 ϕ_{da}、ϕ_{sa}、ϕ_{na} 都做了岩性和泥质校正，只反映了孔隙流体性质的影响，三者的影响一并用 $C3$ 或 $B3$ 表示。显然，若地层为水层或油层，$C3=0$，$B3=1$；若地层为气层，$C3>0$，$B3>1$。

4.2.3 应用实例

图 4-6 是 D 气田某井的气层识别与处理成果图，图中三孔隙度差值与空间模量差比值曲线之间的填充能直观指示天然气的存在。从图中可清楚地看出，该井段有两个气层，上部气层井段为 1 257～1 268 m，下部气层井段为 1 287～1 312 m，上部气层电阻率极低，只有约 1.7 Ω · m，与水层和泥岩层电阻率极为接近，是典型的低电阻率气层，该气层只用电阻率曲线是无法加以判断的，直接由密度、中子、声波测井曲线判断也比较困难。下部气层电阻率高，是该气田的“高电阻率气层”，可由电阻率和三孔隙度测井曲线直接进行判断。实际试气的结果表明，1 260～1 267 m 井段，每天产气 $11.04\times10^4\ m^3$；1 287～1 307 m 井段，每天产气 $97.98\times10^4\ m^3$，与测井识别结果一致。

图 4-7 为 L 气田某井的气层识别与处理成果图。由图可见，只从原始测井曲线上，很难判断气层的存在，但从天然气的识别参数上看，该井段存在两个低电阻率气层（见第 6、7 两道中的气标志），它们的存在可由试气结果得以证实：901～914 m 井段与 920～932 m 井段合试，日产天然气 $30.35\times10^4\ m^3$。

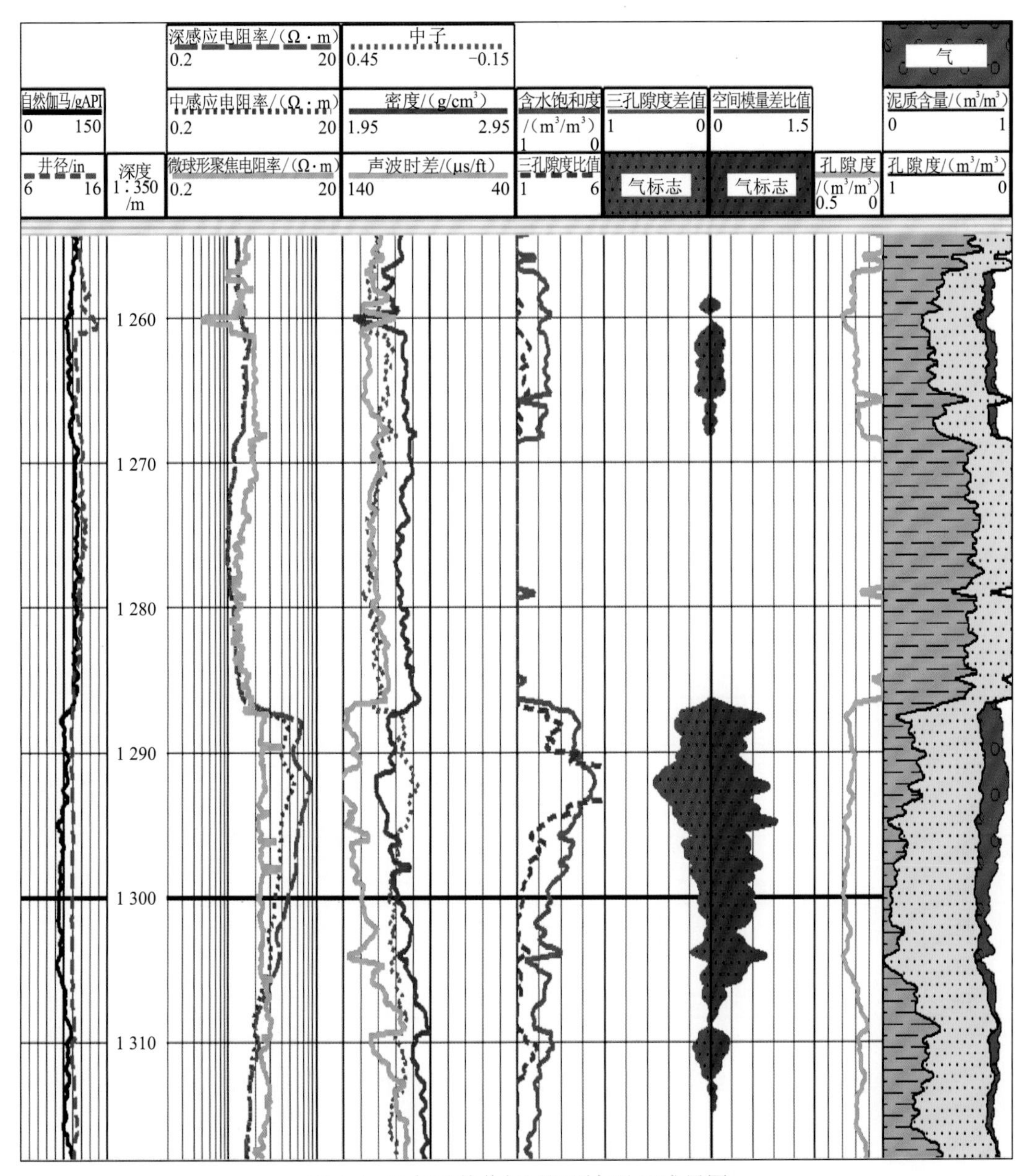

图 4-6　D 气田某井气层识别与处理成果图

由以上分析和应用实例可以看出：对低电阻率气层的识别，用空间模量差比值法、三孔隙度差值法和三孔隙度比值法能较好地指示气层的存在，空间模量差比值与三孔隙度差值相结合进行显示更直观。这些方法不仅适用于低电阻率气层，同样适用于其他高阻率气层，尤其是在浅层和高孔隙度地层中效果较好，这是因为在浅层中，天然气的空间弹性模量、体积密度、含氢指数和纵波时差与水层相差更大，在高孔隙度地层中，孔隙流体特性对测井曲线的贡献相对较大。

本节给出的三种方法都考虑了泥质和骨架的影响，因而只反映天然气的存在。

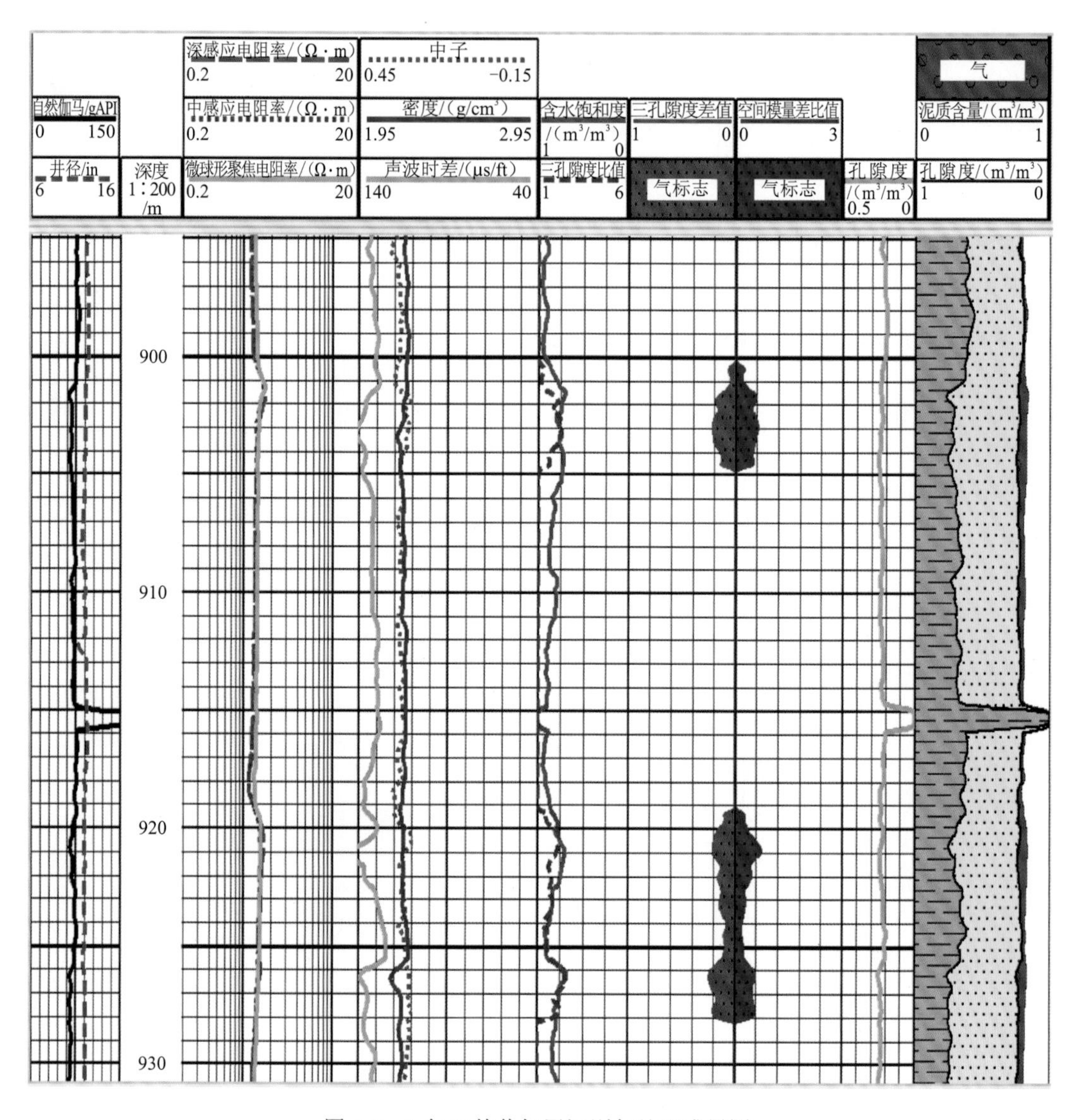

图 4-7　L 气田某井气层识别与处理成果图

4.3　高温高压条件下岩石物性与电性实验

与常温常压条件下相比，油气层在高温高压条件下的物理性质和电学性质都将发生较大变化。因此，用常规方法对其进行测井评价具有较大困难，测井评价精度难以保障，也容易导致错误的测井解释结论。Y 盆地在多个构造带上存在高温高压地层，并发现有良好的天然气显示。因此，对高温高压条件下岩石电学性质和岩石物理性质进行实验研究，对提高测井评价精度具有重要意义，也为逐步正确认识高温高压地层提供第一手资料。为此，进行以下实验工作。

（1）孔隙度、渗透率测定。共测岩样 35 块，测定压力分别为 5 MPa、10 MPa、15 MPa、20 MPa、30 MPa、40 MPa、50 MPa。

（2）地层水电阻率测量。采用实验室模拟地层水法，配置矿化度为 15 000 mg/L 和 35 000 mg/L 的两种 NaCl 盐水，测定温度为 25～90 ℃，分 12 个温度点测量，分别绘制测定电阻率-温度曲线和计算电阻率-温度曲线。

（3）地层水矿化度对测量结果影响实验。共测 5 块岩样。设定压力点为 5 MPa、10 MPa、15 MPa、20 MPa、30 MPa；设定温度点为 30 ℃、40 ℃、55 ℃、70 ℃、85 ℃、100 ℃、120 ℃，分别获得各种温压条件下的 a、b、m、n 值。

（4）不同温压条件下 a、m 值测量。共测 30 块岩样。根据给定温度和压力测量全含水岩心电阻率，设定压力点为 5 MPa、10 MPa、15 MPa、20 MPa、30 MPa、40 MPa、50 MPa；设定温度点为 30 ℃、40 ℃、55 ℃、70 ℃、85 ℃、100 ℃、120 ℃。绘制不同温度与压力条件下，地层因素与孔隙度的关系曲线，确定地层温压条件下的 a、m 值。

（5）不同温压条件下 b、n 值测量。共测 30 块岩样（其中一块被压坏，未获得数据）。在压力点为 5 MPa、10 MPa、15 MPa、20 MPa、30 MPa、40 MPa、50 MPa，以及温度点为 30 ℃、40 ℃、55 ℃、70 ℃、85 ℃、100 ℃、120 ℃条件下，用气驱法测量岩心电阻率，在 30%～100%含水饱和度范围内，获取 5～7 种含水饱和度的岩心电阻率测量值。绘制不同温度与压力条件下，地层电阻率增大系数与含水饱和度关系，获得不同温度与压力条件下的 b、n 值。

实验完成后，对实验结果进行系统分析，研究温度对地层水电阻率的影响规律、压力对岩石孔隙度和渗透率的影响规律、矿化度对岩石电性参数的影响规律、温度和压力对岩石电性的影响规律等，并由此获得含水饱和度的计算方法、高压条件下孔隙度和渗透率的计算方法。

4.3.1 压力对孔隙度的影响

压力对孔隙度的影响表现为：随围压的增大孔隙度减小。为研究压力对孔隙度的影响程度，对 35 块样品进行不同围压的孔隙度和渗透率测量。图 4-8 和图 4-9 分别是 1 号样品和 15 号样品孔隙度随压力的变化规律，由两图可见，孔隙度随压力的变化规律非常明显，压力增大，孔隙度减小，但减小程度与自身孔隙度和渗透率有关，渗透率低的样品一般泥质含量高，颗粒细，容易被压缩，因而孔隙度减小量大。因此在建立孔隙度的覆压校正公式时，分高渗和低渗分别对待。

高渗（$K \geq 20\times10^{-3}\ \mu m^2$）：

$$\begin{aligned}\phi = &1.069\,225\,39\phi_1 - 0.077\,979P - 0.000\,500\,861\phi_1 P \\ &- 0.001\,195\,23\phi_1^2 + 0.000\,658\,173P^2 - 1.778\,381\,8\end{aligned} \tag{4-12}$$

低渗（$K<20\times10^{-3}\ \mu m^2$）：

$$\begin{aligned}\phi = &0.321\,88\phi_1 - 0.038\,37P - 0.003\,404\phi_1 P \\ &+ 0.023\,363\,97\phi_1^2 - 0.000\,183\,25P^2 + 4.122\,573\end{aligned} \tag{4-13}$$

式中：ϕ 为校正后孔隙度，%；ϕ_1 为 1 MPa 压力下孔隙度（可认为是地面孔隙度），%；P 为净上覆地层压力，MPa。

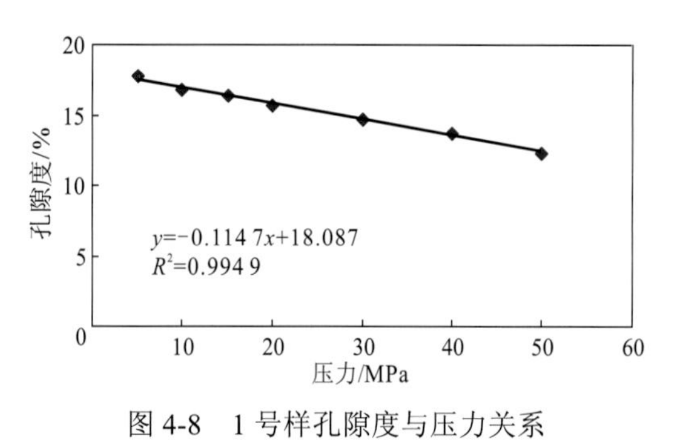

图 4-8　1 号样孔隙度与压力关系

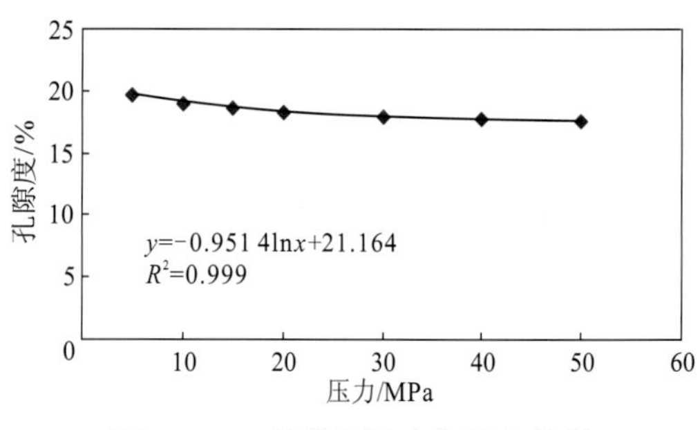

图 4-9　15 号样孔隙度与压力关系

4.3.2　渗透率与孔隙度和压力的关系

在以往的实际资料处理中，计算地下的渗透率使用的是地面条件的渗透率模型。由实验结果可看出，当岩石承受一定压力时，渗透率与孔隙度的关系将发生变化。下式是渗透率与孔隙度及围压间的关系。

$$K = (0.668\,817 - 0.000\,789\,25P)10^{\phi(0.093\,033\,3-0.000\,603\,48P)} \qquad (4\text{-}14)$$

式中：P 为净上覆地层压力，MPa；ϕ 为孔隙度，%；K 为渗透率，$\times 10^{-3}\ \mu m^2$。

图 4-10 是渗透率与孔隙度和压力的关系。由图可见，当压力一定时，渗透率随孔隙度的增大而很快上升，这是已有的事实。此外，当孔隙度为一定值时，随压力的增大，渗透率降低。即在实际地层中，随深度的加大，有两方面原因引起渗透率减小：一是压实作用导致孔隙度减小，而使渗透率降低；二是压力的增大，孔隙结构变复杂，从而导致渗透性能变差。因此在计算地下渗透率时，要考虑压力的影响，若直接用地面条件的渗透率模型计算地下渗透率会使计算的渗透率偏大。

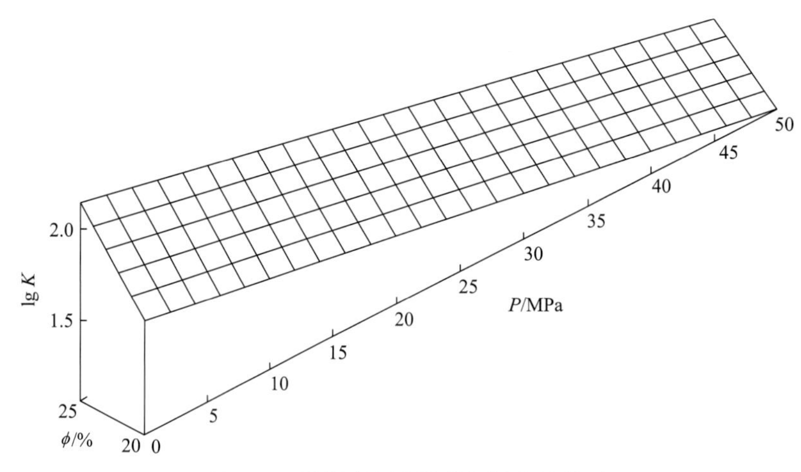

图 4-10　渗透率与孔隙度和压力的关系

K 的单位为 $\times 10^{-3}\ \mu m^2$

4.3.3 地层水电阻率与温度的关系

为研究地层水电阻率与温度的关系，进行实验室模拟地层水的电阻率测量实验。实验中配制了两种矿化度（分别为 35 000 mg/L 和 15 000 mg/L）的 NaCl 溶液，分别测量不同温度下的电阻率，把测量电阻率与计算电阻率作对比，以验证确定地层水电阻率（R_w）方法的可行程度。测量结果如图 4-11 所示，从测量结果可看出，测量电阻率与理论公式计算电阻率的变化趋势完全一样，数值非常接近，这说明在实验过程中，不需要测量各个温度下的饱和盐水电阻率，直接由公式计算即可，在测井数据处理中，地层水电阻率完全可以由理论公式求得。

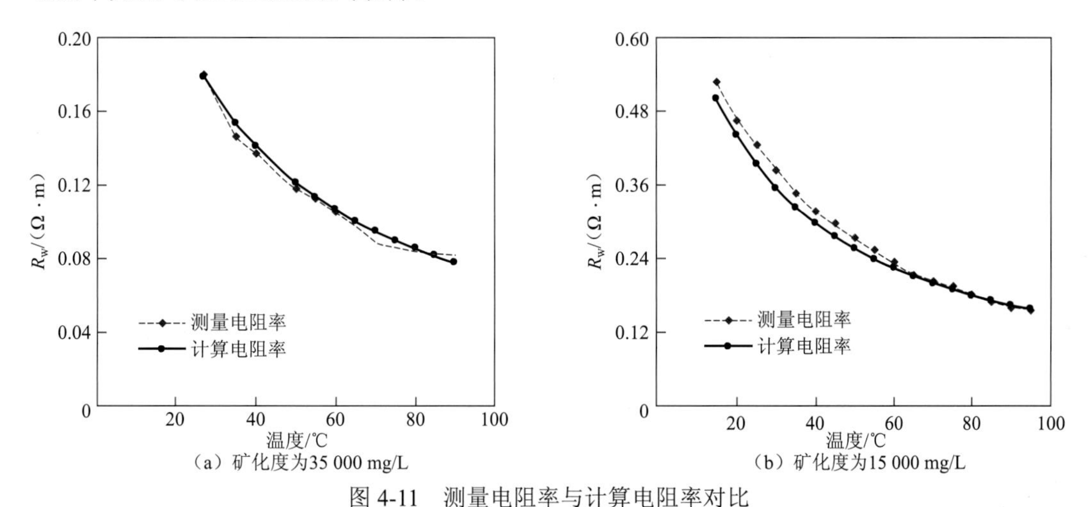

（a）矿化度为35 000 mg/L　（b）矿化度为15 000 mg/L

图 4-11　测量电阻率与计算电阻率对比

4.3.4 矿化度对岩电参数的影响

为研究模拟地层水矿化度对实验结果是否有影响及影响程度大小，对 5 块样品分别用 35 000 mg/L 和 15 000 mg/L 矿化度盐水做对比实验，获得 2 种矿化度、7 种不同温度、7 种不同压力下岩石的电性参数。图 4-12 是 10 MPa 压力条件下、7 种不同温度时，矿化度对 *m* 值的影响。由图可见，用两种不同矿化度的盐水，得到的 *m* 值非常接近，由此可认为，矿化度对 *m* 值无影响。

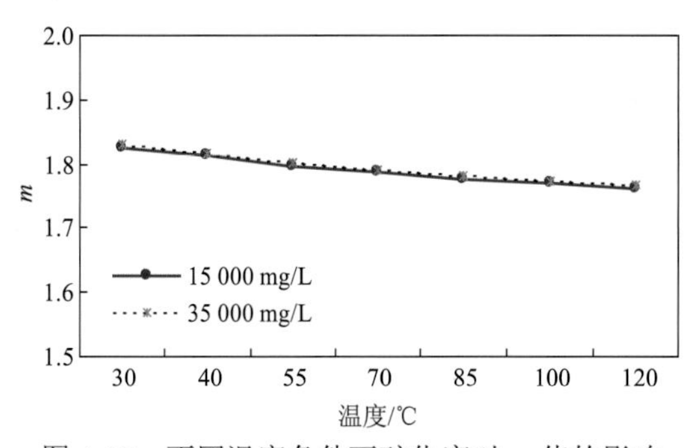

图 4-12　不同温度条件下矿化度对 *m* 值的影响

图 4-13 是 7 种不同压力下，平均 n 值（7 种不同温度下 n 的平均值）受矿化度的影响。图 4-14 是 7 种不同温度下，平均 n 值（7 种不同压力下 n 的平均值）受矿化度的影响。由这两图可知，矿化度对 n 值有影响，矿化度升高，n 值变大。该规律与已有实验结果一致，具体规律见表 4-12。由此可见，岩电实验确定阿奇公式的参数时，饱和盐水的矿化度应尽量与实际地层一致。

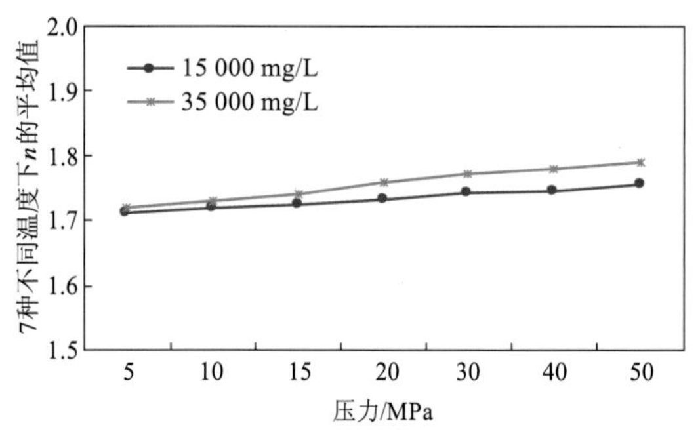

图 4-13　不同压力下矿化度对 n 值的影响

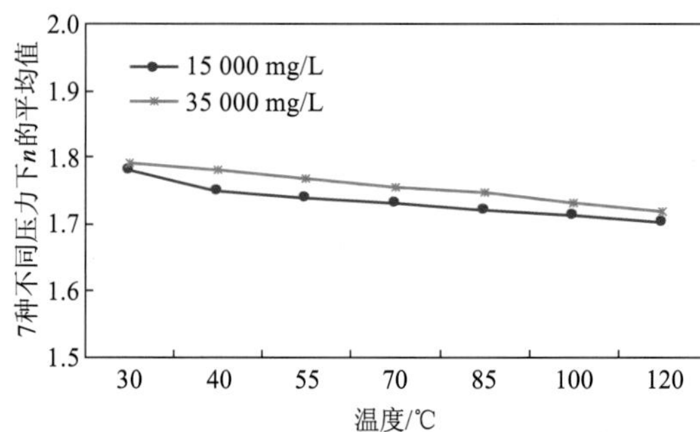

图 4-14　不同温度下矿化度对 n 值的影响

表 4-12　SH 油田地层水电阻率对 n 值的影响

R_w/（Ω · m）	V_{sh}/%	n
2.0	10	1.50
1.5	10	1.54
1.0	10	1.58
0.7	10	1.61
0.5	10	1.63
0.1	10	1.67

4.3.5　b、n值随温度和压力的变化

为得到高温高压条件下的含水饱和度模型，以及温度和压力对饱和度模型中重要参数 a、b、m、n 的影响，进行高温高压条件下的岩电实验研究。高温高压岩电实验中共有 30 块样品，其中一块被压碎，未做成功，两块岩样中途被压碎，缺少 40 MPa 和 50 MPa 下的数据。所测量的温度点为 30 ℃、40 ℃、55 ℃、70 ℃、85 ℃、100 ℃、120 ℃，测量压力点为 5 MPa、10 MPa、15 MPa、20 MPa、30 MPa、40 MPa、50 MPa。为测量 n 值，每个岩样测量 7～8 种饱和度（岩性差，束缚水饱和度太高的岩样只能得到 5 种或 6 种饱和度），即每个样品需测量 7×7×7=343 个点。

每块样品参数的变化不一样，但存在相同的规律。

由实验结果可以看出，b 值不受温度和压力变化的影响。全部样品 b 值的变化范围很小，可作为常数看待。图 4-15 是所有样品所得 b 值的直方图，由图可见，其均值为 1.03，取值范围为 1.00～1.08。

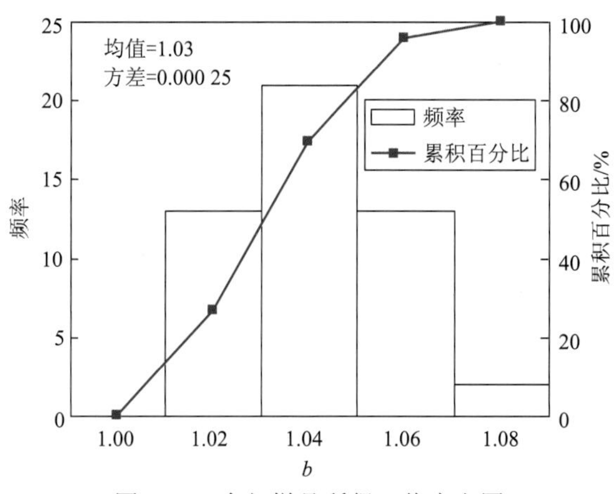

图 4-15　全部样品所得 b 值直方图

n 值受温度和压力的共同影响，温度升高，n 值降低，压力升高，n 值升高。图 4-16 是 D 地区所有样品所得 n 值随温度和压力的变化规律。由图可看出：温度与压力对 n 值同时产生影响。在实际地层中，随埋深的增加，温度与压力同时上升，它们对 n 值的影响会相互抵消一部分，但温度和压力在数值上的增加量是不一样的，因此 n 值随深度的变化而发生变化（假设影响 n 值的其他条件不变）。D 地区的变化规律为

$$n = 1.516\,434 - 0.001\,489\,56t + 0.003\,425\,4P - 0.000\,002\,49tP + 0.000\,004\,768t^2 - 0.000\,019\,86P^2 \tag{4-15}$$

式中：t 为地层温度，℃；P 为净上覆地层压力，MPa；n 为饱和度指数。

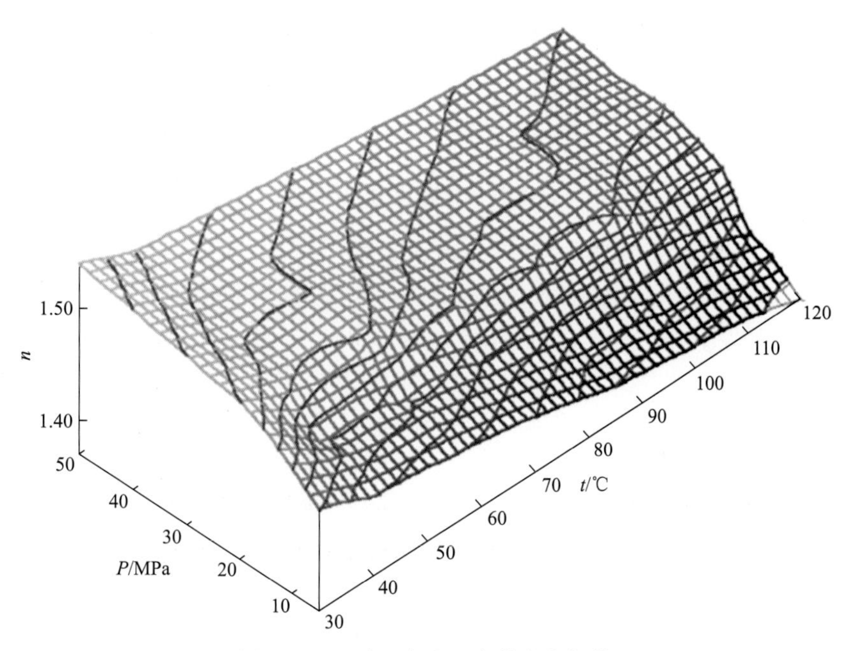

图 4-16　n 随温度和压力的变化规律

4.3.6 a、m值随温度和压力的变化

由阿奇公式 $\frac{R_o}{R_w}=\frac{a}{\phi^m}$ 可看出，当 $\phi\to 100\%$ 时，$a=1$。为讨论和应用方便，现假设 $a=1$，有此假设后，可明显看出 m 值随温度和压力的变化规律，如图 4-17 所示。由图可见：m 值受温度和压力的共同影响，温度升高，m 值降低，压力升高，m 值升高；当压力小于 20 MPa 时，m 值受压力影响大，当压力大于 20 MPa 后，m 值受压力影响小。在实际地层中，随深度的加大，温度与压力同时上升，它们对 m 值的影响程度会相互抵消一部分，但由于温度和压力的影响程度是不一样的，m 值随深度的变化而发生变化。

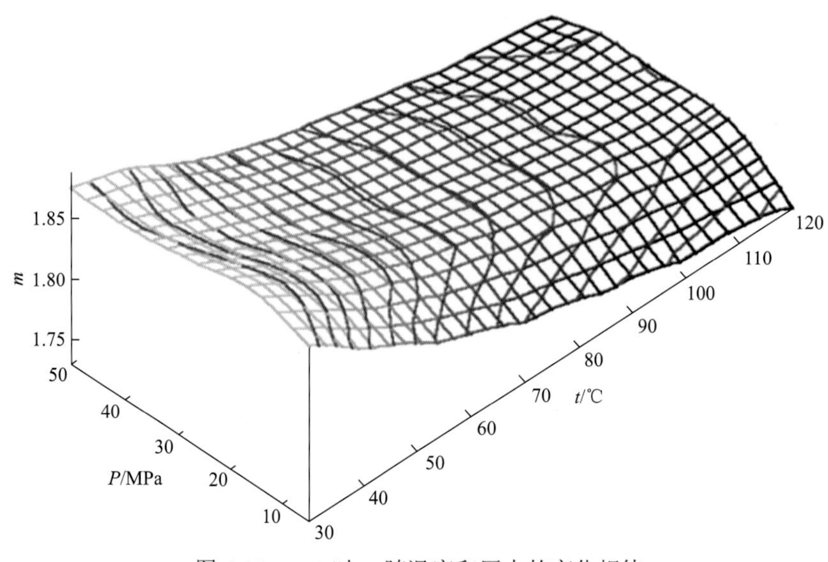

图 4-17　a=1 时 m 随温度和压力的变化规律

当 a=1 时，m 与温度 t、压力 P 之间的关系为

$$m=1.946\,96-0.003\,260\,88t+0.001\,788\,422P+0.000\,006\,216tP+0.000\,012t^2-0.000\,035\,49P^2 \tag{4-16}$$

4.3.7 高温高压地层温度与压力对含水饱和度计算结果的影响

具有正常温度和压力的地层中，随地层的加深，温度与压力同时上升，它们对 m、n 值的影响会相互抵消很多。但在高温高压地层中，温度很高，但净上覆地层压力较小，因而它们对 m、n 的影响只能抵消小部分，其结果是温度的影响相对较大。即在高温高压地层中，n 值有明显下降。图 4-18 是 D-11 井某井段在三种条件下用阿奇公式计算出的含水饱和度结果的对比，这三种条件是：①常温常压（t=25 ℃，P=1 MPa）；②假设地层为正常温度和正常压力（t=110 ℃，地层压力=28 MPa，P=36 MPa）；③地层为高温高压地层（t=150 ℃，地层压力=57 MPa，P=7 MPa）。由图 4-18 可看出，三种条件计算的

含水饱和度均有差别，尤其是常温常压条件下计算的含水饱和度较其他两者高 5%～8%，异常高温高压条件下计算的含水饱和度比正常温度和压力条件下计算的含水饱和度还低 3%～3.5%。

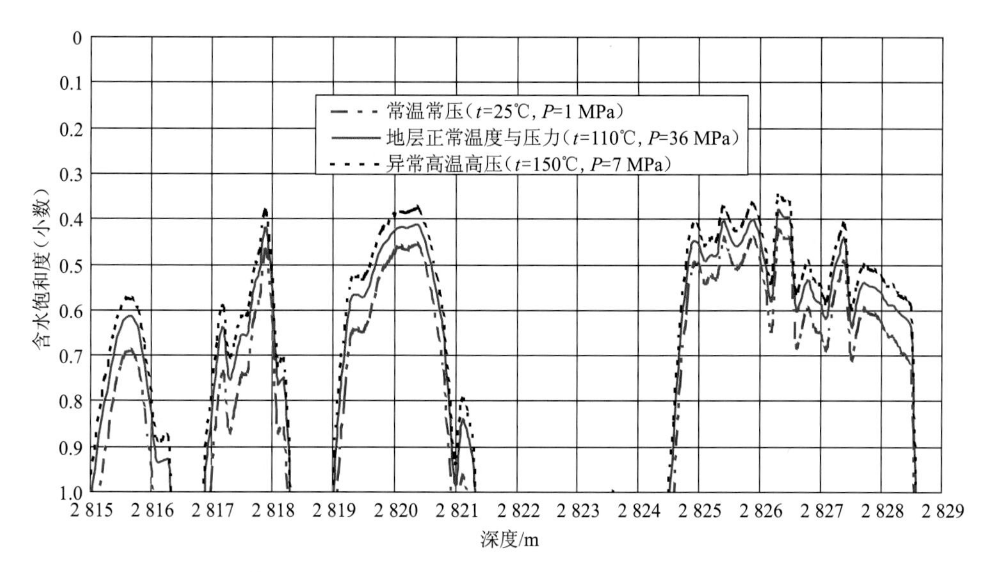

图 4-18　D-11 井某井段在三种不同条件下用阿奇公式计算出的含水饱和度对比

4.4　束缚水饱和度测井评价方法

束缚水饱和度是油气层评价的关键参数之一。Y 盆地出现的纯气层，其束缚水饱和度在 20%～70%之间变化，这与其他油田的情况有较大的不同。因此，对束缚水饱和度及其计算方法进行研究，对 Y 盆地天然气的勘探有重要意义。不同类型的储层，束缚水饱和度的影响因素各不相同，用测井资料求取的方法也就不一样，本节研究的目的，就是为了解决 Y 盆地束缚水饱和度的计算问题，进而解决气层的识别问题，为该盆地测井解释与评价提供依据。

目前，核磁共振测井是唯一能测量束缚水饱和度的较为有效的测井方法，但由于昂贵的测井成本，使其不能作为常规测井方法使用。除核磁共振测井外，其他常规测井也能间接地反映束缚水饱和度的大小，本节讨论束缚水饱和度及其求取方法。

本节从理论上研究束缚水饱和度的影响因素，通过现有化验分析资料，如孔隙度、渗透率、粒度、黏土矿物、压汞、毛细管压力、核磁共振等分析资料，研究影响储层束缚水饱和度的主要地层参数，并确定这些参数与束缚水饱和度之间的定量关系，再找出这些参数与测井信息之间的定量关系，以此确定测井信息与束缚水饱和度之间的关系方程。研究发现，束缚水含量较高的地层，束缚水饱和度还是自由水界面以上的高度的函数。因此，研究束缚水饱和度与其他参数相互关系时，还考虑了自由水界面以上的高度的影响。建立束缚水饱和度与测井信息间的定量关系后，再采用双水多矿物地层组分分析模型，利用最优化原理，求解包括束缚水饱和度在内的地层参数。

4.4.1 实验室中不同束缚水饱和度的测量方法

1. 束缚水的概念

对于什么是束缚水，至今没有一个严格而确切的定义。油藏工程师定义为：在地层压力条件下滞留于微小毛细管及孔壁表面而不能流出的地层水。实验工程师定义为：当驱替压力增大很多而含水饱和度减小很少时，此时的含水饱和度即为束缚水饱和度，没有被驱替出来的水就是束缚水。总而言之，对束缚水的定义未设定明确的标准或条件。束缚水主要由毛细管束缚水和薄膜束缚水两部分组成。毛细管束缚水是由于毛细管压力的存在而形成的，它是油气藏形成过程中，驱动力无法克服毛细管压力而滞留于微小毛细管中与颗粒接触处的残存水；薄膜束缚水是指由于表面分子力的作用而滞留在亲水岩石孔壁上的薄膜残留水。因此，束缚水含量与地层的孔隙结构、岩石性质及形成条件有关。

储层是否出水关键在于孔隙是否含有可动水及油气水的相对渗透率、流体性质等，如果束缚水饱和度与含水饱和度相等，则无可动水，即使含水饱和度大于含油饱和度，储层仍然是无水油气层，因此准确计算束缚水饱和度是准确判断油气层的基础。特别是含水饱和度较高的低电阻率油气层，储层多为粉砂岩或泥质细粉砂岩，岩性细，致使储层束缚水含量高，即用电阻率测井信息计算的含水饱和度较高，若不对这一高的含水饱和度进行确切的认识，分辨它是束缚水还是可动水，将有可能漏解释油气层。

影响储层束缚水饱和度大小的因素很多，主要有孔喉直径、粒度、孔隙度、渗透率、气柱高度等。

2. 不同测量方法

在 D 和 L 气田，能得到束缚水饱和度的实验分析方法有：离心机毛细管压力测量、压汞毛细管压力测量、半渗透隔板毛细管压力测量和核磁共振测量。这些实验分析方法都是通过驱替（或与驱替有关）方法测量束缚水饱和度，束缚水饱和度所需要的驱替压力的大小与驱替流体类型有关。离心机毛细管压力、半渗透隔板毛细管压力测量属于气驱水，压汞毛细管压力测量属于汞驱气，汞-气界面张力远大于气-水界面张力，因而对实验所得的毛细管压力曲线进行分析对比时，需将这些压力统一到相同条件下。本小节将压力统一到气驱水条件下，得到的气驱水毛细管压力更接近该地区实际情况。

1）不同条件毛细管压力的相互转换

当两种流体在毛细管中时，毛细管压力为

$$P_{\mathrm{c}}=\frac{2\sigma\cos\theta}{r} \tag{4-17}$$

式中：r 为毛细管半径；θ 为毛细管壁与液面之间的接触角，即液体的润湿接触角。

若将压汞法与半渗透隔板法或离心机法进行对比，需对润湿条件作校正，校正方法是将压汞毛细管压力曲线依据下列关系转换成空气-盐水系统或油-水系统的毛细管压力曲线。

$$\frac{P_{\mathrm{cHg}}}{P_{\mathrm{cw}}}=\frac{2(\sigma\cos\theta)_{\mathrm{Hg}}/r}{2(\sigma\cos\theta)_{\mathrm{w}}/r}=\frac{(\sigma\cos\theta)_{\mathrm{Hg}}}{(\sigma\cos\theta)_{\mathrm{w}}} \tag{4-18}$$

式中：P_{cw}、$(\sigma\cos\theta)_{\mathrm{w}}$ 分别表示空气-水系统的毛细管压力及界面张力乘以润湿接触角的余弦值；P_{cHg}、$(\sigma\cos\theta)_{Hg}$ 分别表示空气-汞系统的毛细管压力及界面张力乘以润湿接触角的余弦值。σ 和 θ 的值最好能用油田实际测量值，若没有实际测量值，可用表 4-13（沈平平 等，1995）中的值。

表 4-13　典型的界面张力和接触角值

条件与接触系统		接触角/（°）	$\cos\theta$	界面张力 σ/（N/m）	$\sigma\cos\theta$
实验室	空气-水	0	1.000	72	72
	油-水	30	0.866	48	42
	空气-汞	140	0.765	480	367
	空气-油	0	1.000	24	24
油藏	水-油	30	0.866	30	26
	水-气	0	1.000	50	50

注：表中界面张力与油藏温度、压力有关，表中值为 5 000 ft（1 524 m）深的油藏条件下的值

大量实验结果表明，P_{cHg}/P_{cw} 值对于砂岩是 7.5，对于灰岩是 5.8。因此对砂泥岩地层，可用下式将压汞毛细管压力转换为气驱水毛细管压力：

$$P_{cw}=\frac{P_{cHg}}{7.5} \tag{4-19}$$

同样可以将实验室求得的毛细管压力曲线换算为油藏条件的毛细管压力曲线，即

$$P_{cR}=P_{cL}\frac{(\sigma\cos\theta)_R}{(\sigma\cos\theta)_L} \tag{4-20}$$

式中：下标 R 表示油藏条件下；L 表示实验室条件下。

对于水-气系统，参照表 4-13，可得到油藏条件下毛细管压力与实验室条件下毛细管压力的转换关系。

$$P_{cR}=0.694P_{cL} \tag{4-21}$$

将压汞毛细管压力换算到油藏条件气水毛细管压力的关系式为

$$P_{cR}=\frac{0.694P_{cHg}}{7.5}=0.092\,5P_{cHg} \tag{4-22}$$

2）束缚水饱和度测量方法对比

在测量束缚水饱和度的方法中，一般认为半渗透隔板法测量精度比其他方法高，因为其实验条件较接近于实际油气藏的润湿及驱替条件，因此，通常将半渗透隔板法作为其他方法的对比标准。表 4-14 将几种测量束缚水饱和度方法的优缺点作了对比。

表 4-14　常用束缚水饱和度测量方法优缺点对比

测量方法	优点	缺点
半渗透隔板法	接近实际油气藏驱替条件，驱替均匀，测量精度较高，气驱水时最大允许压力可达 1.4 MPa	测量时间长，不能满足常规测井分析的要求；不能测量松散岩心
离心机法	兼有半渗透隔板法和压汞法两者的优点，测量速度快	所能达到的毛细管压力有限
压汞法	测量速度快，测量范围大，对岩样的形状、大小要求不高	润湿特性与油水（气）不一样；岩样不能重复使用
核磁共振法	可同时得到束缚流体和可动流体的含量	与所采用驱替压力有关

4.4.2　影响束缚水饱和度的主要地质因素

1. 微观孔隙结构

由式（4-17）可知，孔喉直径的大小是决定毛细管压力高低的直接原因，也控制着束缚水饱和度的大小。如果岩石中的孔喉直径都小，则岩石的束缚水含量高。因此，微观孔隙的大小及其分布特征，决定了束缚水饱和度的高低。

碎屑岩的微观孔隙结构指孔隙与喉道的大小与分布。粒间孔隙结构由组成岩石骨架的颗粒粒度分布及其排列方式所决定，由不同成分类型的黏土矿物以不同的分布方式充填所改造。组成岩石骨架的颗粒粒径小或黏土矿物含量高，是高束缚水产层普遍具有的特征。这是因为粒度中值小的砂岩储层，普遍表现为孔隙喉道半径小、微孔隙发育、孔隙弯曲度大、毛细管束缚水含量高的特点。而且，吸水性强的黏土矿物的充填会进一步改造粒间孔隙，使微小孔隙增加，岩石比表面积增大，薄膜滞水增多。总之，由于粒度中值变小和黏土矿物的充填，储层渗透率降低、孔隙度变小、束缚水含量升高。

根据压汞毛细管压力曲线可以了解储层的微观孔隙结构，它们主要反映在孔喉直径大小和分布特点上。通过 D 气田各井岩心压汞实验，可以看出，该地区砂岩孔隙结构可分为具有双峰特征的孔隙结构、单峰特征的孔隙结构及没有明显峰特征的孔隙结构，具体描述如下。

双峰特征的孔隙结构是指孔喉直方图中具有两个明显的峰值，一是微细孔喉峰值（一般小于 0.1 μm），二是中到粗孔喉峰值。其中微细孔喉峰值大小决定了束缚水饱和度的高低，而中到粗孔喉峰值大小决定了地层的生产能力，孔喉峰值越大，频率越高，其渗透率越高。图 4-19 为 D3 井汞 8 号样的孔喉半径直方图。该图有明显的两个峰，一个峰是孔喉半径<0.1 μm 处，对应束缚水，另一个峰是孔喉半径为 9.375 μm 处，对应具有生产能力的孔隙。该岩心孔隙度为 30.93%，渗透率为 $189.95\times10^{-3}\ \mu m^2$，物性很好，具有很好的生产能力。

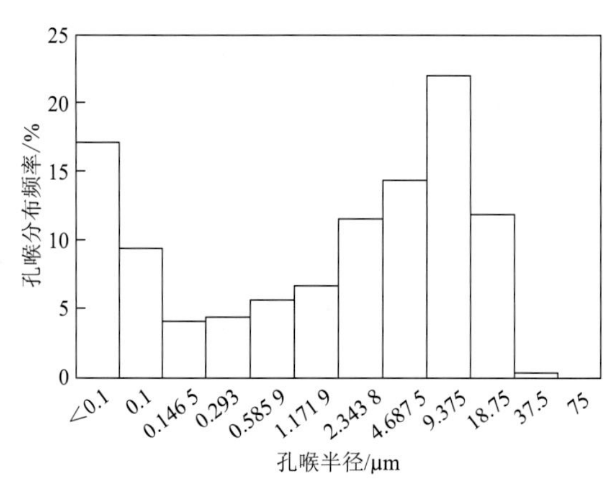

图 4-19　D3 井汞 8 号样孔喉半径直方图

单峰特征的孔隙结构是指孔喉直方图中具有一个明显的峰值，峰值的位置决定了地层的物性。图 4-20、图 4-21 是两个物性完全不同的岩样，其中图 4-20 岩样的孔喉峰值为< 0.1 μm，其频率达到 89.844%，孔隙度为 8.79%，渗透率为 0.068 5×10^{-3} μm^2，属于低孔低渗，该地层束缚水饱和度很高，生产能力极低。而图 4-21 孔喉峰值为 4.687 5 μm，其频率达到 18%，因此，它的孔隙度和渗透率都比较高，其孔隙度为 29.07%，渗透率为 78.761×10^{-3} μm^2，该地层属于高孔高渗，具有很好的生产能力。

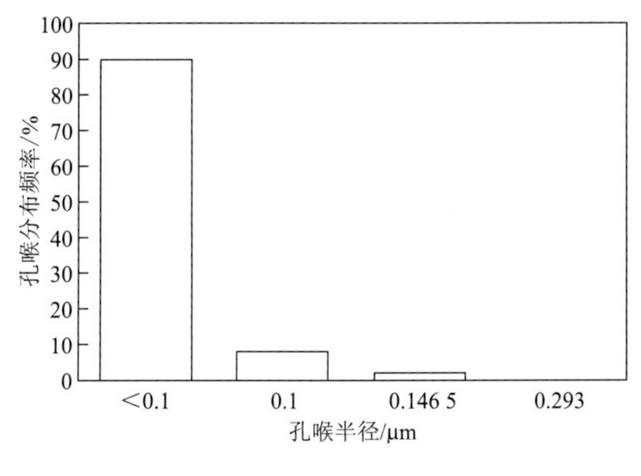

图 4-20　D3 井汞 32 号样孔喉半径直方图

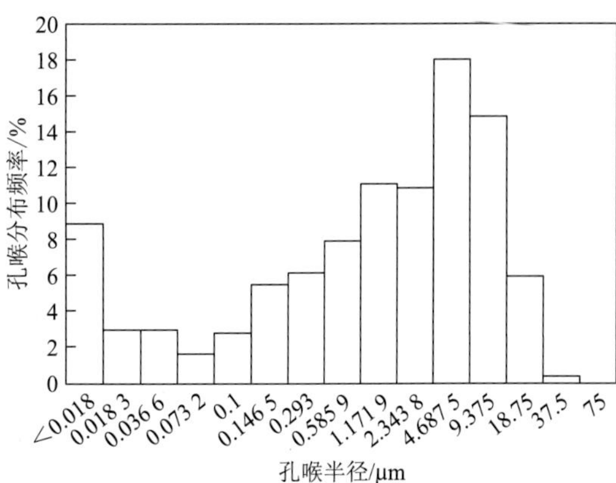

图 4-21　D3 井汞 22 号样孔喉半径直方图

没有明显峰值的孔喉结构是指岩样的孔喉频率分布比较均匀，如图 4-22 所示。该岩样孔隙度为 30.64%，渗透率为 106.638×10^{-3} μm^2。

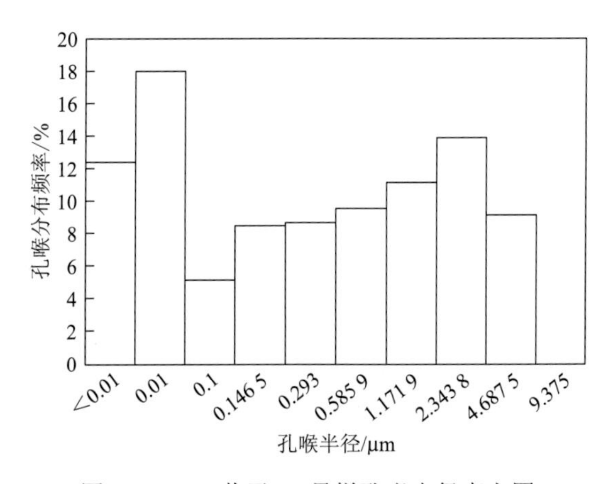

图 4-22　D4 井汞 17 号样孔喉半径直方图

D 气田储层孔喉结构大致如上述三种情况，其中单峰孔喉结构较多，高电阻率气层尤以中粗孔喉较多，岩性相对较粗；而低电阻率气层尤以微细孔喉居多，地层岩性很细，所以束缚水饱和度较高。

2. 粒度

粒度对束缚水含量的影响源于两方面：颗粒的粗细影响孔隙和喉道的大小，孔隙和喉道越小，毛细管压力越大，越容易形成毛细管束缚水；颗粒的粗细决定了岩石与水接触面积的大小，颗粒越细，岩石与水接触的面积越大，会形成较多的薄膜束缚水。

图 4-23 为 D 气田砂岩地层束缚水饱和度与粒度中值 Φ的关系图，从图中可以看出，

束缚水饱和度随 Φ的变大（M_d变小，$M_d = \frac{1}{2^{\Phi}}$）而呈增大趋势，两者有较好的相关性。特别是 Φ>4 时，束缚水饱和度的增大趋势更明显，这不仅说明粉砂岩地层具有高束缚水饱和度的特点，还说明砂岩地层的粒度中值是影响束缚水含量的重要因素。对于不同地质特点的砂岩地层，它们的变化关系并不完全相同。这是因为：组成砂岩骨架的颗粒粒度变小，将引起地层孔隙结构的复杂化，即孔隙喉道半径变小和孔隙曲折度增大，会导致储层渗透率变小和比表面积增大。同时，由于颗粒粒度变小，砂岩中粉砂含量和黏土含量升高，造成束缚水饱和度增大。其实，从粒度分析资料来看，泥质含量本身就是具有某种粒度特征的成分，它是粒径<4 μm 的黏土含量与极细粉砂含量之和，而粒度中值是粒度分析中的一个重要参数，即粒度成分中累积百分比为 50%时对应的颗粒粒径。因此，粒度中值对束缚水饱和度的影响，本身就包含着粉砂和泥质含量的影响。

3. 泥质含量

图 4-24 为 D 气田各井束缚水饱和度与泥质含量关系图，泥质含量采用粒度分析中的颗粒粒径<8 μm 的累积和，从图中可以看出，随着储层泥质含量的升高，束缚水饱和度呈升高趋势，但相关性较差，因此单纯采用泥质含量这一参数，难以满足估算储层束缚水饱和度的精度要求，一般只作为定性分析的依据。

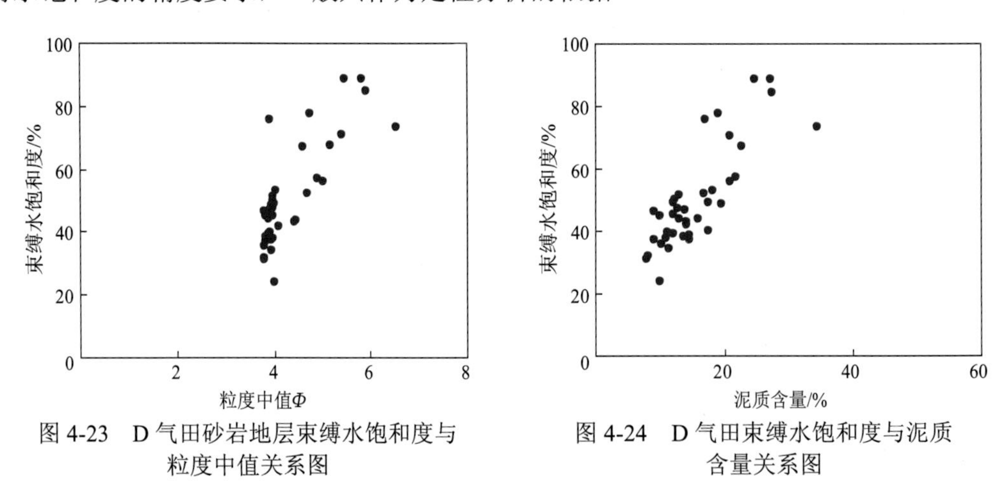

图 4-23　D 气田砂岩地层束缚水饱和度与粒度中值关系图

图 4-24　D 气田束缚水饱和度与泥质含量关系图

同样可作出束缚水饱和度与黏土含量的关系图（颗粒粒径 r<4 μm）、束缚水饱和度与粉砂含量（4 μm< r <32 μm）的关系图、束缚水饱和度与（粉砂+黏土）含量（r <32 μm）的关系图，这些关系图与图 4-24 有相同的趋势。

4.4.3　自由水界面以上高度对束缚水饱和度的影响

在储层条件下，气水密度差所产生的浮力与毛细管压力相平衡，由此可得出储层条件下毛细管压力与自由水界面以上高度的关系。

$$h = \frac{P_{cR}}{\rho_w - \rho_g} \times 100 \quad (4\text{-}23)$$

式中：h 为自由水界面以上高度，m；P_{cR} 为储层条件下的毛细管压力，MPa；ρ_w 为储层条件下水的密度，g/cm^3；ρ_g 为储层条件下气的密度，g/cm^3。

油藏条件下毛细管压力与实验室条件下毛细管压力 P_{cL} 的关系见式（4-20）。

界面张力与接触角在实验室中测定比较困难，当无确切的油藏实际测定值时，对于水-气系统，可认为 $(\sigma\cos\theta)_L = 72$ mN/m，$(\sigma\cos\theta)_R = 50$ mN/m（约 1 524 m 深油藏条件的值）。若假设地层水密度为 1 g/cm^3，井下天然气的密度为 0.12 g/cm^3，再利用式（4-20）及式（4-23）可将气水毛细管压力曲线转换成自由水界面以上高度与含气饱和度的关系曲线，转换关系为

$$h = 78.9P_{cwL} \tag{4-24}$$

式中：P_{cwL} 为实验室条件下气水毛细管压力，MPa。

图 4-25 为两岩样由离心机毛细管压力曲线转换而成的含气饱和度与自由水界面以上高度的关系图。由图可看出：①高束缚水饱和度气层的含气饱和度明显低于低束缚水饱和度气层；②高束缚水饱和度气层含气饱和度随自由水界面以上高度渐变，而低束缚水饱和度气层表现出“突变”；③高束缚水饱和度气层原始含水饱和度（即束缚水饱和度）随自由水界面以上高度的变化而变化较大，而低束缚水饱和度气层原始含水饱和度随自由水界面以上高度的变化而变化不大。图 4-26 是某纯气层含水饱和度与深电阻率随深度变化的实例。

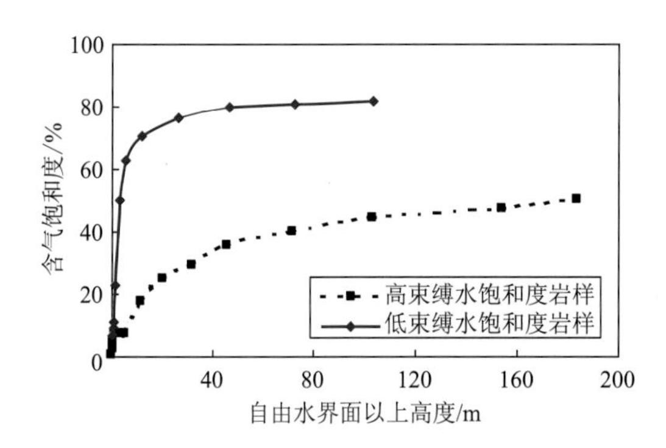

图 4-25　两岩样含气饱和度与自由水界面以上高度的关系

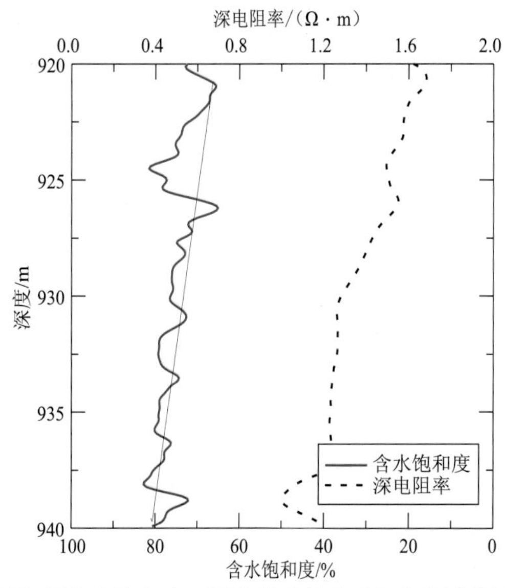

图 4-26　某井纯气层含水饱和度（即束缚水饱和度）与深电阻率随深度的变化

4.4.4 束缚水饱和度与测井信息的定量关系

束缚水饱和度的大小取决于岩石孔隙结构特征、岩石粒度、泥质含量，但这些参数不能通过测井手段直接测量到，只能通过测井信息间接地反映出来。因而，只有找到束缚水饱和度与能反映束缚水含量的测井信息之间的定量关系，才能通过测井资料来评价地层束缚水饱和度的大小。

1. 束缚水饱和度与孔隙度、自由水界面以上高度的关系

1）与孔隙度、渗透率的关系

孔隙度和渗透率是能间接反映束缚水饱和度大小的岩石物性参数，孔隙度小的岩石，其孔隙结构一般较为复杂，孔隙空间小，喉道细，因而能束缚较多的水，形成高束缚水饱和度。孔隙空间大、结构简单、喉道大的岩石，具有较强的流体渗透能力，而它不能束缚较多的地层水，因而孔隙度和渗透率与束缚水饱和度具有相关关系。图 4-27 是 D 气田束缚水饱和度与孔隙度的关系图。图 4-28 是 D 气田束缚水饱和度与渗透率的关系图。从这些关系图可看出，束缚水饱和度与孔隙度和渗透率都具有较好的相关关系。

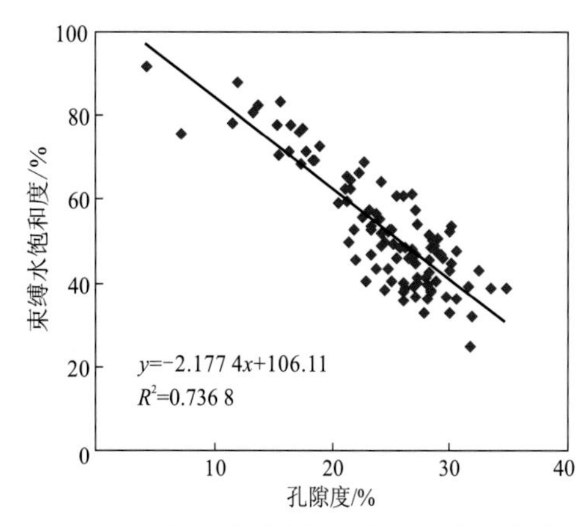

图 4-27 D 气田束缚水饱和度与孔隙度关系图

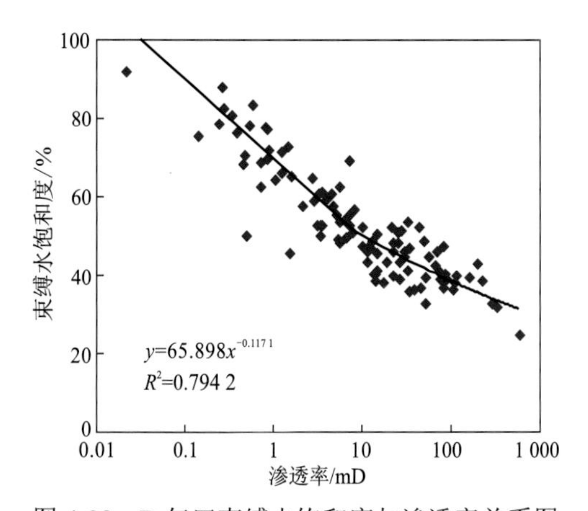

图 4-28 D 气田束缚水饱和度与渗透率关系图

图 4-29 是 D 气田孔隙度与渗透率的关系图，由图可见，孔隙度与渗透率也有较好的相关关系，即用孔隙度就能反映束缚水饱和度的大小，不必使用渗透率。另外，目前

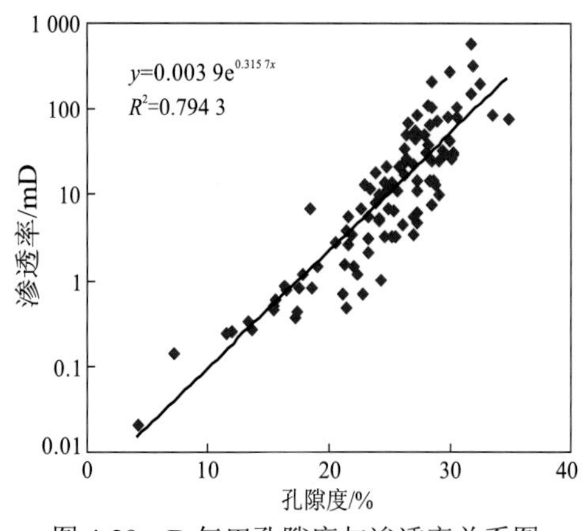

图 4-29 D 气田孔隙度与渗透率关系图

由测井资料能够求得准确的孔隙度，而不能求得准确的渗透率，求渗透率的主要方法还是使用孔隙度。因而，这里用孔隙度这一物性参数来反映束缚水饱和度的大小。

2）与孔隙度和自由水界面以上高度的关系

4.4.3 小节已指出，束缚水饱和度与自由水界面以上高度有关，尤其是当孔隙结构复杂，岩石颗粒分选不好（表现为孔隙度低）时。因此，用孔隙度和自由水界面以上高度共同反映束缚水饱和度的大小更好，经反复研究和试算，用下式能较好地表达束缚水饱和度与孔隙度和自由水界面以上高度的关系。

$$S_{wi} = ae^{b\phi} + c\ln h\phi^d \tag{4-25}$$

式中：S_{wi} 为束缚水饱和度，小数；ϕ 为孔隙度，小数；h 为自由水界面以上高度，m。其中：若孔隙度为小数，自由水界面以上高度 h 以 m 为单位，束缚水饱和度为小数，由实验分析资料可得到地区常数 a、b、c、d 的值如下。

由 D 气田离心机资料得到：

$a = 1.04$，$b = -0.661\,674$，$c = -0.671\,9$，$d = 1.596$。相关系数 $R = 0.91$。

由 D 气田离心机与压汞资料得到：

$a = 1.06$，$b = -0.653$，$c = -0.4$，$d = 1.1$。相关系数 $R = 0.849$。

由 D3 井离心机资料得到：

$a = 1.01$，$b = -0.525\,9$，$c = -3.213$，$d = 2.538$。相关系数 $R = 0.95$。

由 D3 井压汞资料得到：

$a = 3.103$，$b = -4.587$，$c = -0.060\,32$，$d = -0.667\,4$。相关系数 $R = 0.93$。

由 L 气田压汞、离心机资料一起得到：

$a = 2.582$，$b = -3.629$，$c = -0.535\,7$，$d = 1.678\,2$。相关系数 $R = 0.79$。

由 L 气田 900 m 以下岩样压汞、离心机资料一起得到：

$a = 2.856$，$b = -4.104$，$c = -0.949$，$d = 2.204$。相关系数 $R = 0.84$。

由式（4-25）可作出束缚水饱和度与自由水界面以上高度关系（图 4-30），以及束缚水饱和度与孔隙度关系（图 4-31）。由图 4-30 可看出不同孔隙度条件下束缚水饱和度与自由水界面以上高度关系，即相同孔隙度时，束缚水饱和度随气柱高度的增大而减小。由图 4-31 可看出不同自由水界面以上高度条件下，束缚水饱和度随孔隙度的变化规律。

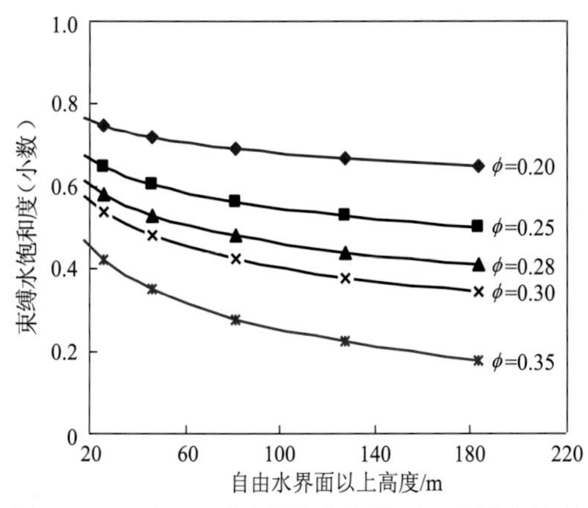

图 4-30　D 气田不同孔隙度条件下，束缚水饱和度与自由水界面以上高度关系图

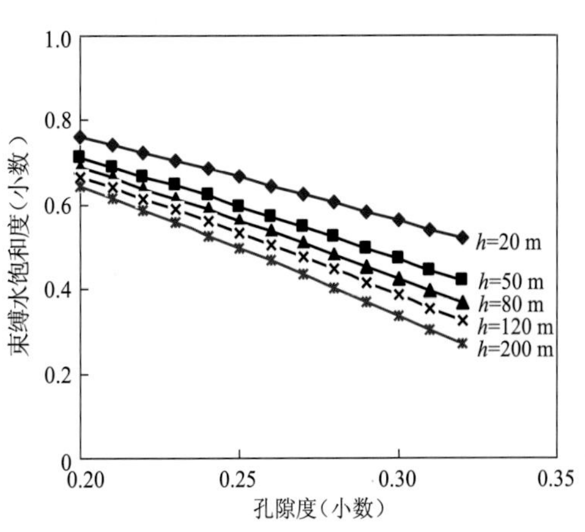

图 4-31　D 气田不同自由水界面以上高度条件下束缚水饱和度与孔隙度关系图

即气柱高度相同时，束缚水饱和度随孔隙度的增大而减小。

2. 束缚水饱和度与测井值间的关系

1）与自然伽马值的关系

自然伽马测井能够反映出泥质含量的高低，因而能反映出束缚水含量的高低，但由于该地区束缚水饱和度的大小主要由粒度和孔隙度的大小控制，束缚水饱和度与自然伽马值相关关系不好。

2）与自然电位值的关系

自然电位测井能反映出渗透性的好坏，从而反映出束缚水含量的高低，但由于自然电位受泥浆滤液电阻率、地层电阻率等因素的影响，在该地区它不能反映出束缚水饱和度的变化情况。

3）与电阻率的关系

纯气层处，束缚水饱和度等于含水饱和度，与电阻率有如下关系（参见第 2 章）。

$$S_{wi}=\frac{1}{\phi}\sqrt{\frac{R_w}{a_t'R_t}} \tag{4-26}$$

式中：a_t' 为经验常数，其值为 2.5。

4.4.5 双水多矿物模型地层组分分析方法

以下讨论用地层组分分析模型计算包括束缚水含量在内的地层参数的方法。

1. 双水多矿物地层组分分析模型

1）物理模型

双水多矿物地层组分分析模型是在第 1 章介绍的地层组分分析程序基础之上发展起来的。在双水多矿物地层组分分析模型中，孔隙中水的组分增加了束缚水。双水多矿物地层组分分析模型如图 4-32 所示。需特别注意的是：这里所讲的“双水”不同于以前定义的“双水”，其束缚水不包含黏土束缚水，只包含有效孔隙中的毛细管束缚水及部分骨架表面吸附水。

固体		孔隙流体	
骨架	泥质	不动油气、天然气	可动水、束缚水
$x_{ma1},x_{ma2},\cdots,x_{mak}$	x_{sh}	x_{or},x_{gas}	x_{fw},x_{bw}
$1-V_{sh}-\phi$	V_{sh}	S_o	S_w
		ϕ	

图 4-32 双水多矿物地层组分分析模型

由图 4-32 表示的双水多矿物地层组分分析模型有：

孔隙度

$$\phi=x_{or}+x_{fw}+x_{bw}+x_{gas} \tag{4-27}$$

地层含水饱和度

$$S_w=\frac{x_{fw}+x_{bw}}{x_{or}+x_{fw}+x_{bw}+x_{gas}} \tag{4-28}$$

束缚水饱和度

$$S_{wi}=\frac{x_{bw}}{x_{or}+x_{fw}+x_{bw}+x_{gas}} \tag{4-29}$$

冲洗带含水饱和度

$$S_{xo}=\frac{x_{fw}+x_{bw}+x_{gas}}{x_{or}+x_{fw}+x_{bw}+x_{gas}} \tag{4-30}$$

泥质含量

$$V_{sh}=x_{sh} \tag{4-31}$$

2）数学模型

根据以上物理模型，可写出各种测井仪器的响应方程。例如，密度测井的响应方程为

$$\begin{aligned}\rho_b=&\rho_{or}x_{or}+\rho_{fw}x_{fw}+\rho_{bw}x_{bw}+\rho_{gas}x_{gas}+\rho_{sh}x_{sh}\\&+\rho_{ma1}x_{ma1}+\rho_{ma2}x_{ma2}+\cdots+\rho_{mak}x_{mak}\end{aligned} \tag{4-32}$$

式中：$\rho_{or},\rho_{fw},\rho_{bw},\rho_{gas},\rho_{sh},\rho_{ma1},\rho_{ma2},\cdots,\rho_{mak}$ 分别为地层中不可动油、自由水、束缚水、天然气、泥质、岩石骨架矿物（1～k 种）的体积密度。

上述密度测井响应方程与其他测井仪器的响应方程，都可用通式表示为

$$\sum_{j=1}^{n}A_{ij}x_j=B_i \quad (i=1,2,\cdots,m;j=1,2,\cdots,n) \tag{4-33}$$

式中：m 为测井仪器的个数；n 为地层组分个数；A_{ij} 为第 j 个组分对第 i 个测井仪器的测井响应值；B_i 为地层对第 i 个测井仪器的响应值（测井值）。

解以上由 m 个方程组成的方程组，就可以求得 x_j，求解方法参见第 1 章。

2. 泥质含量及束缚水饱和度测井响应方程的确定

根据双水多矿物地层组分分析模型，大部分测井响应方程均可写成式（4-33）的形式，不能写成这种形式的响应方程为泥质含量测井响应方程、束缚水饱和度测井响应方程、电阻率测井响应方程，电阻率测井响应方程的处理方法在第 1 章已作介绍，下面介绍泥质含量测井响应方程和束缚水饱和度测井响应方程的处理方法。

1）泥质含量测井响应方程

该响应方程主要用来确定泥质含量。该地区砂岩骨架以石英为主，无特殊的放射性物质，自然伽马测井值能较好地指示泥质含量。确定泥质含量的方程为

$$I_{sh}=\frac{GR-GR_{cn}}{GR_{sh}-GR_{cn}} \tag{4-34}$$

$$x_{sh}=\frac{2^{I_{sh}GCUR}-1}{2^{GCUR}-1} \tag{4-35}$$

式中：GCUR 为常数，GR_{sh}、GR_{cn} 分别为解释井段纯泥岩层和纯砂岩层的自然伽马测井值，x_{sh} 为泥岩组分的相对含量（即泥质含量）。由式（4-34）、式（4-35）可得

$$(2^{GCUR}-1)x_{sh}=2^{I_{sh}GCUR}-1 \tag{4-36}$$

2）束缚水饱和度测井响应方程

前文已经指出：束缚水饱和度与孔隙度和自由水界面以上高度有关，利用半渗透隔板毛细管压力资料、离心机毛细管压力资料和压汞分析资料可得到束缚水饱和度与孔隙度及自由水界面以上高度的关系，其形式为式（4-25），由该式可得 S_{wi}。

利用 $S_{wi}=\dfrac{x_{bw}}{x_{or}+x_{fw}+x_{bw}+x_{gas}}$，可得束缚水饱和度响应方程。

$$S_{wi}x_{or}+S_{wi}x_{fw}+(S_{wi}-1)x_{bw}+S_{wi}x_{gas}=0 \tag{4-37}$$

4.4.6 实际资料处理与分析

根据以上分析研究结果，应用双水多矿物模型解释程序对 Y 盆地 D 和 L 气田多口井的实际测井资料进行处理。

图 4-33 为 D-S1 井处理成果图。由图可知，在 1 469～1 487.5 m 井段内，测井计算

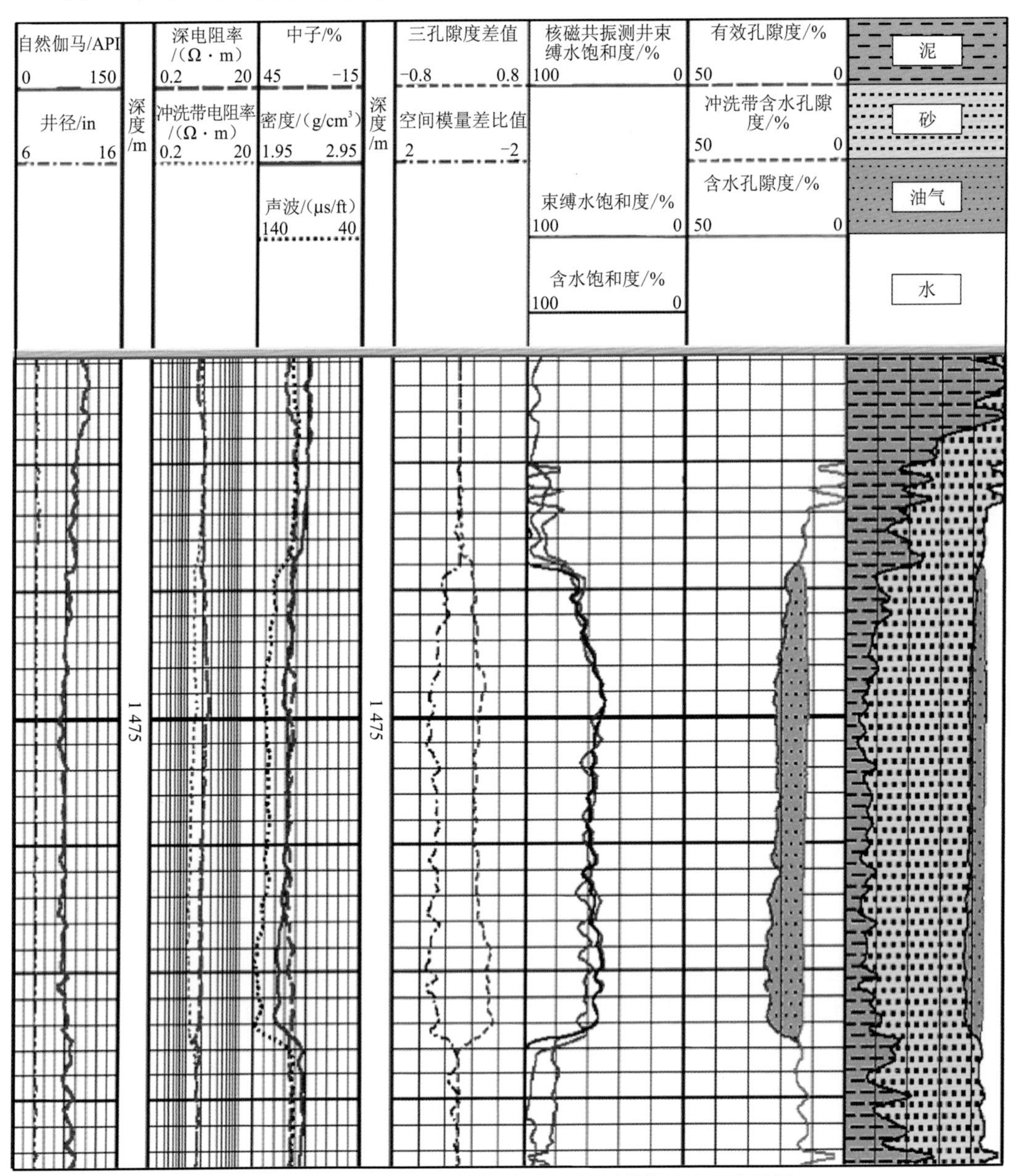

图 4-33　D-S1 井双水多矿物地层组分分析模型处理成果图

的束缚水饱和度 S_{wb} 与含水饱和度 S_w 非常接近，说明该井段无可动水，应为纯气层。另外，由核磁共振测井得到的束缚水饱和度（combinable magnetic resonance-capillary bound fluid，CMR-CBF）与 S_{wb} 和 S_w 亦非常接近，这也说明测井计算的含水饱和度是可信的。这是因为：S_w 主要由电测井得到，S_{wb} 主要由孔隙度测井及自由水界面以上高度得到，而核磁共振测井束缚水饱和度主要由地层的核磁共振特性决定，由三方面的信息得到几乎相同的结果，那么该结果应是可靠的。

图 4-34 为 D-S3 井处理成果图。该井 1 509.8～1 601.2 m 计算的束缚水饱和度与含水饱和度 S_w 相近，应为纯气层，在 1 601.2～1 604 m，两饱和度相分离，说明该井段有可动水存在，应为气水过渡带，图中 1 604 m 以下 S_w 为 100%，为水层。

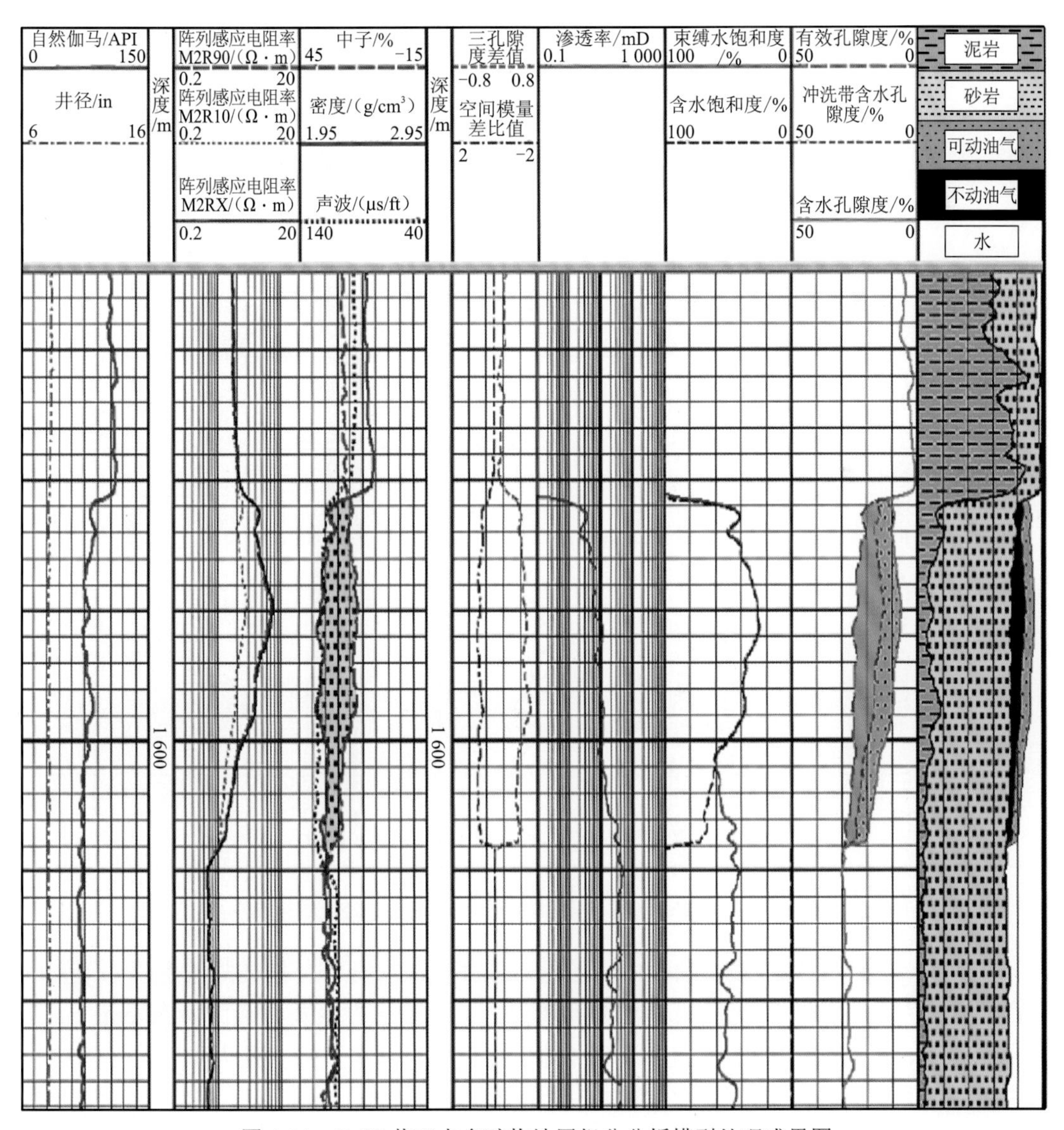

图 4-34　D-S3 井双水多矿物地层组分分析模型处理成果图

图 4-35 为 D3 井处理成果图。图中束缚水饱和度与含水饱和度非常接近，所绘储层应为纯气层。

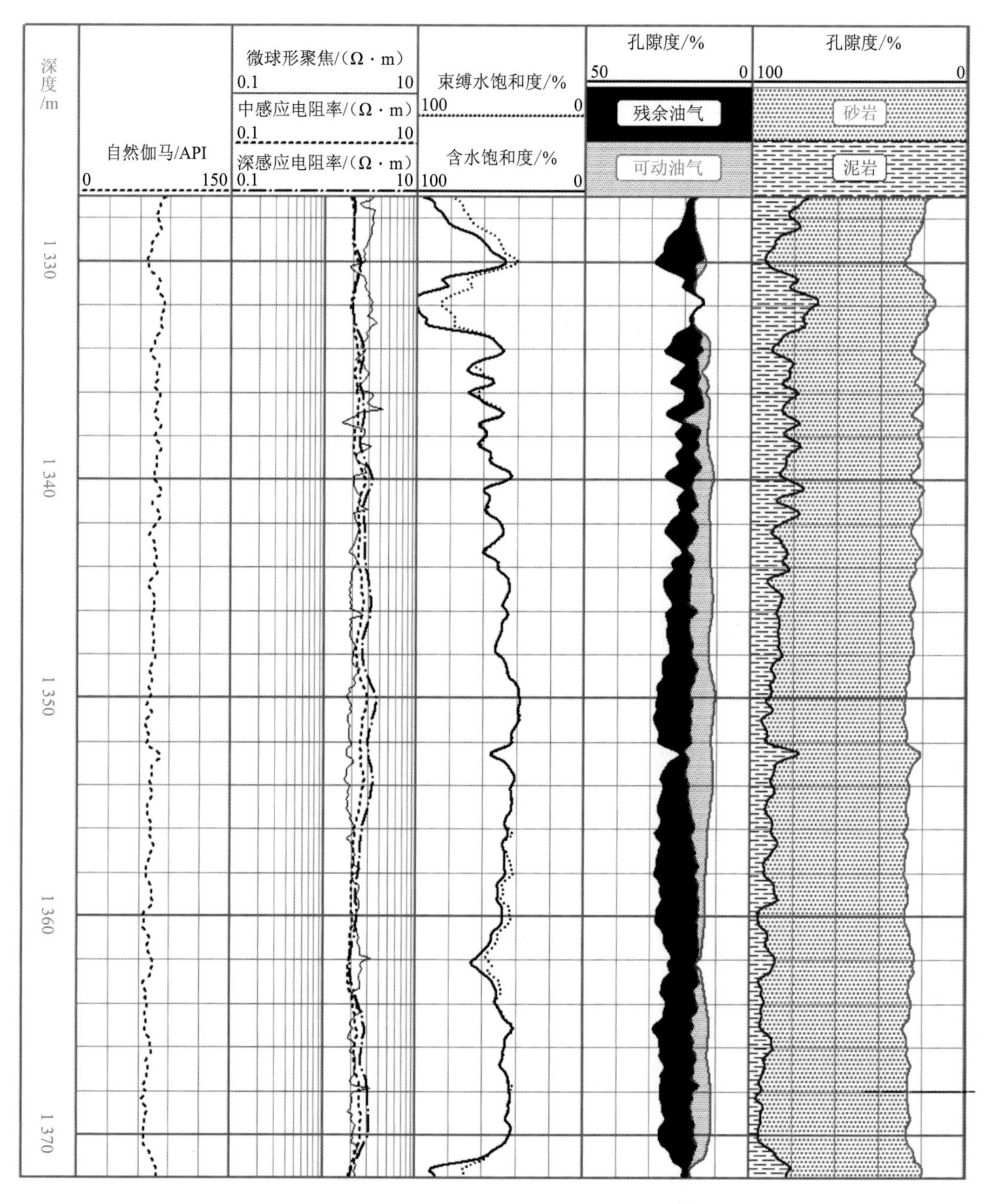

图 4-35　D3 井双水多矿物地层组分分析模型处理成果图

图 4-36 为 L6 井处理成果图。由图可见，该井段气层处存在核磁共振束缚水饱和度高于测井计算含水饱和度及束缚水饱和度，并且核磁共振孔隙度（coherent magic resonance pulse，CMRP）小于测井计算孔隙度的现象，这些现象都是天然气对核磁共振测井的影响所致。

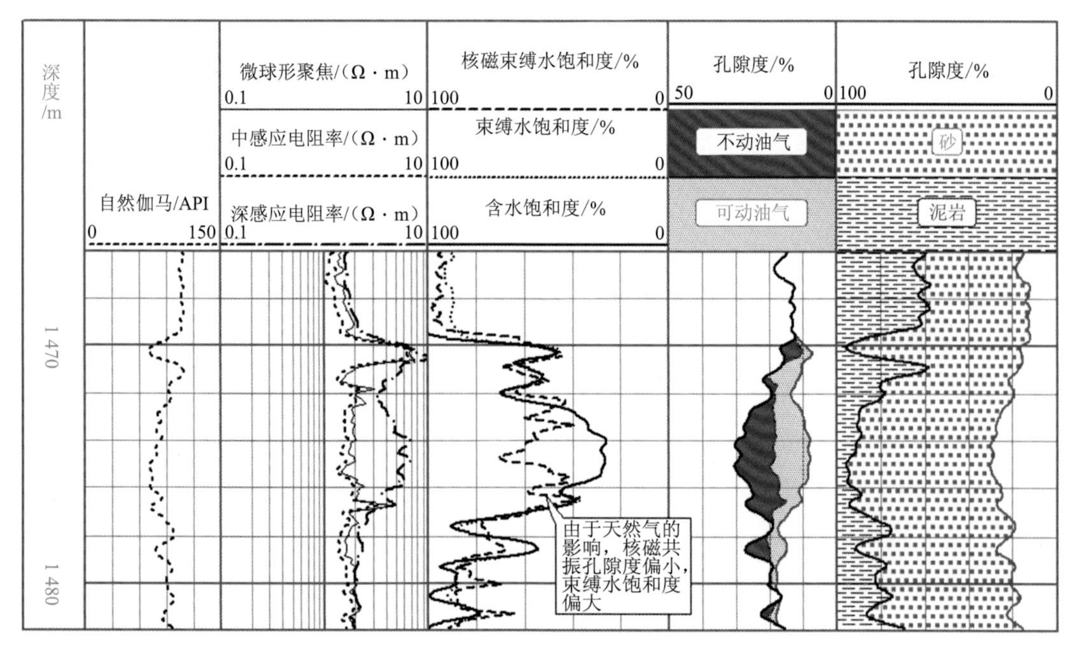

图 4-36 L6 井双水多矿物地层组分分析模型处理成果图

4.5 核磁共振 T_2 截止值实验

核磁共振测井通过测量纵向弛豫时间、横向弛豫时间和扩散特性，可以得到与岩性无关的地层总孔隙度，划分束缚流体与可动流体相对体积，提供有关储层油气类型、地层孔隙度、孔隙尺寸分布、渗透率、原油黏度、含油气饱和度及产能性质等多种重要参数，因此在复杂岩性储层评价中具有非常好的应用前景。

实验室岩心核磁共振测量主要用以确定核磁共振测井资料解释中的关键参数之一——T_2 截止值，同时用以确定孔隙度、渗透率、束缚流体饱和度等测井解释模型参数。实验室岩心核磁共振测量还有助于现场测井中有关参数的合理选择，以便更好地评价油、气储集层。

4.5.1 实验测量过程与测量参数选择

岩样核磁测量采集参数的选取，以尽可能多地获取核磁信号为原则。一般情况下，回波间距 TE 尽量小，等待时间 T_w 和回波数 N_e 尽量大。本实验采用的基本测试参数为：TE=0.2 ms、T_w=6 s。

岩样准备：根据仪器测量的有效尺寸和选送岩样的大小，对样品进行预处理，测量样品直径、长度，洗油洗盐，测岩样干重、水中重、饱和水岩心重、离心后岩心重等。

常规物性测量：在室温 25 ℃、相对湿度 56%的条件下，用气体渗透率仪测得岩样空气渗透率，用氦孔隙度仪测得岩样孔隙度。

饱和盐水：先将岩样在 0.1 MPa 条件下抽真空 8 h，用矿化度为 7 000 mg/L 的盐水饱和，再在 26 MPa 压力条件下饱和 12 h。

离心前核磁测量：首先测量标准水样（4 000 mg/L 的 NaCl 溶液，重量为 32.084 89 g，密度为 1.000 1 g/mL）的 T_2 谱，采集参数为回波间距 TE=0.7 ms，等待时间 T_w=20 s、回波数 N_e=8 192，扫描次数为 32 次，接收增益 20%。然后对饱和水岩样进行 T_2 谱测试，采集参数为回波间距 TE=0.2 ms，等待时间 T_w=6 s、回波数 N_e=4 096，接收增益 100%。

离心后核磁测量：在 50 psi 压力下对岩样进行离心处理，使其达到束缚水状态，然后进行核磁测量，主要采集参数与前面相同。

以上测量在仪器温度为 30 ℃、室温为 15～25 ℃、相对湿度为 50%～70%的条件下进行。

4.5.2 测量结果及分析

1. 数据分析方法

1）T_2 截止值 $T_{2cutoff}$ 的确定

一般认为 $T_{2cutoff}$ 大约在 T_2 谱两峰的交点附近，将右峰（大于 $T_{2cutoff}$）称为可动峰，左峰（小于 $T_{2cutoff}$）称为不可动峰，可动峰与不可动峰的下包面积之比即为可动与不可动流体之比。因此，通过离心法确定岩样的可动与不可动流体之比后，对照 T_2 谱即可确定岩样的 $T_{2cutoff}$。

另一种确定 $T_{2cutoff}$ 的常用方法是，对离心前后的 T_2 谱分别作累积线，从离心后的 T_2 谱累积线最大值处作 X 轴平行线，与离心前的 T_2 谱累积线相交，由交点引垂线到 X 轴，其对应的值为 $T_{2cutoff}$，见图 4-37。实验室一般采用后一种方法确定 T_2 截止值。

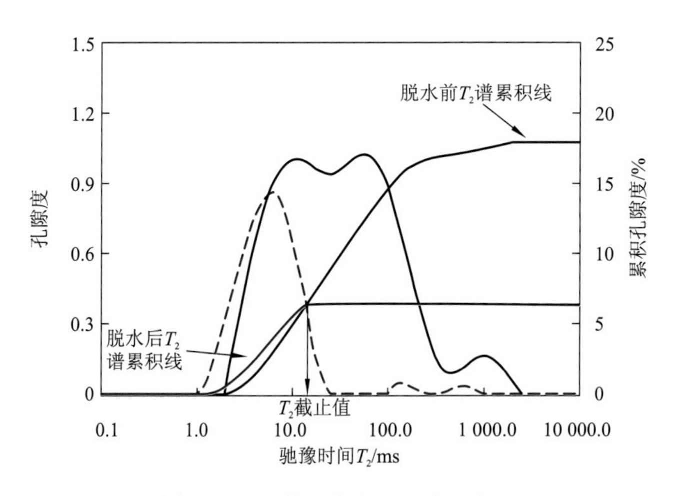

图 4-37　T_2 截止值求取方法示意图

2）T_2 平均值的计算

算术平均值：

$$T_{2s}=\frac{\sum T_{2i}\phi_i}{\phi_{nmr}} \tag{4-38}$$

几何平均值：

$$T_{2g} = \left(\prod T_{2i}^{\phi_i}\right)^{\frac{1}{\phi_{nmr}}} \tag{4-39}$$

式中：ϕ_{nmr}为核磁总孔隙度，小数；ϕ_i为对应分量T_{2i}的孔隙度分量。

3）核磁渗透率的确定

利用岩心的空气渗透率与核磁共振岩心测量结果进行统计分析，主要采用以下4种渗透率的计算模型进行分析对比。

SDR模型：利用饱和水岩样的核磁孔隙度ϕ_{nmr}、T_2几何平均值T_{2g}计算渗透率，模型参数为C_1，由统计分析求得。

$$K_1 = C_1\left(\frac{\phi_{nmr}}{100}\right)^4 T_{2g}^2 \tag{4-40}$$

Coates-cutoff 模型：利用饱和水岩样的核磁孔隙度及T_2截止值求得的束缚水体积ϕ_{nmrb}和自由水体积ϕ_{nmrm}计算渗透率，模型参数为C_2，由统计分析求得。

$$K_2 = \left(\frac{\phi_{nmr}}{C_2}\right)^4 \left(\frac{\phi_{nmrm}}{\phi_{nmrb}}\right)^2 \tag{4-41}$$

Coates-SBVI模型：利用饱和水岩样的核磁孔隙度及频谱束缚流体体积（spectral bulk volume irreducible，SBVI）方法求得的束缚水体积和自由水体积计算渗透率，模型参数为C_3，由统计分析求得。

$$K_3 = \left(\frac{\phi_{nmr}}{C_3}\right)^4 \left(\frac{\phi_{nmrm}}{\phi_{nmrb}}\right)^2 \tag{4-42}$$

SDR-reg模型：利用饱和水岩样的核磁孔隙度及T_2几何平均值T_{2g}计算渗透率，模型参数为C_4、m、n，由统计分析求得。

$$K_4 = C_4\left(\frac{\phi_{nmr}}{100}\right)^m T_{2g}^n \tag{4-43}$$

在上述公式中，渗透率单位为$10^{-3}\ \mu m^2$，孔隙度单位为%，T_{2g}单位为ms。

2. T_2截止值

对37块岩心进行核磁共振测试，回波间隔时间TE=0.2 ms，等待时间T_w=6 s，回波数N_e=4 096次，并进行了弛豫谱分析。总的来说，T_2截止值变化范围比较大（9.50～40.24 ms），37块样品T_2截止值平均值为23.74 ms。

3. 核磁测量孔隙度与束缚水饱和度分析

37块样品的平均氦孔隙度为25.36%，平均核磁孔隙度为24.15%，两种孔隙度与核磁孔隙度的相关系数为0.974，核磁孔隙度略低。

图4-38为岩心氦孔隙度与核磁孔隙度关系图，两者相关性较好，误差较小。核磁孔隙度总的来说略偏低。这可能是由于样品渗透率较低，仪器测量不到衰减特别快的短T_2成分。由于现有仪器的回波时间还不能做到足够短，难以测量到微小孔隙中的流体核磁共振信号，所以核磁孔隙度一般要比常规测量孔隙度小。

37块岩心的常规离心法束缚水饱和度和核磁测量束缚水饱和度的分析结果见图4-39。称重法、核磁信号法（毛细管压力为50 psi，T_2截止值为23.74 ms）求得的束缚水饱和度平均值分别为66.46%、65.77%，其相关系数为0.983 8。

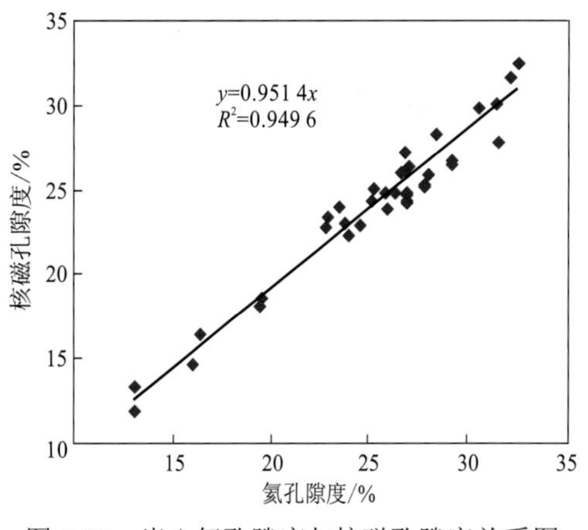

图 4-38　岩心氦孔隙度与核磁孔隙度关系图

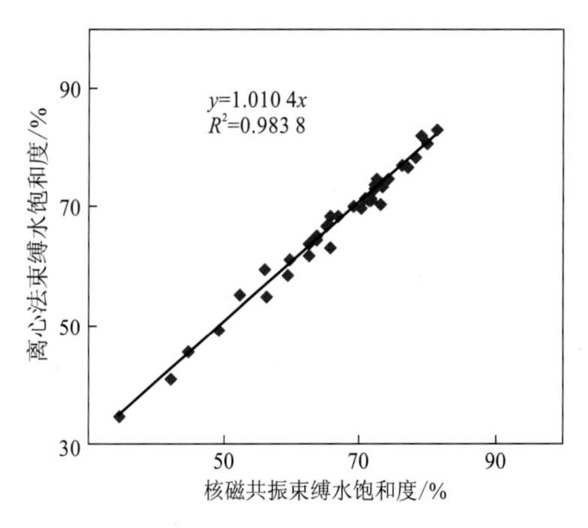

图 4-39　核磁共振束缚水饱和度与离心法束缚水饱和度关系图

4. 渗透率分析

利用前述 4 种渗透率计算模型对岩心核磁测量结果进行了计算和分析。图 4-40 是各

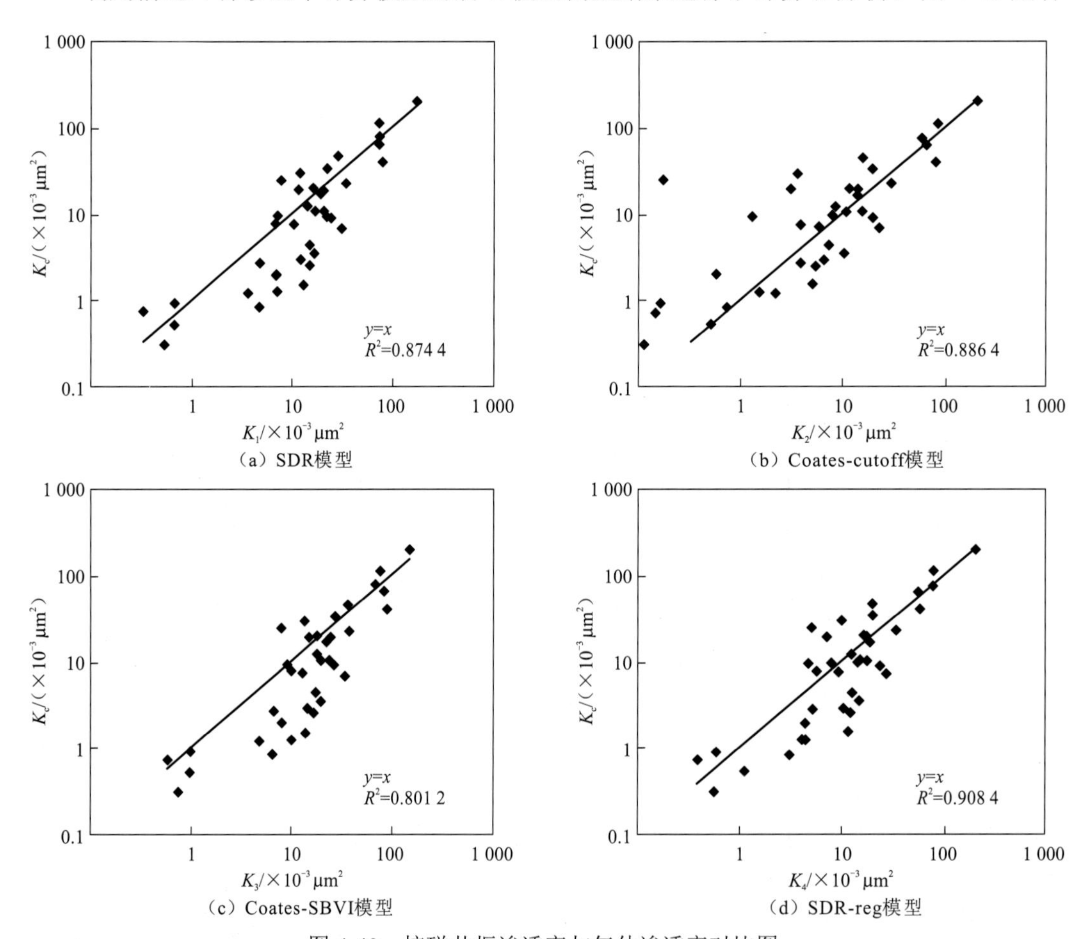

图 4-40　核磁共振渗透率与气体渗透率对比图

种方法得到的核磁共振渗透率与气体渗透率对比图。对 37 块岩样的渗透率分析结果为：平均空气渗透率为 $22.77\times10^{-3}\,\mu m^2$，SDR 模型平均渗透率为 $25.21\times10^{-3}\,\mu m^2$，Coates-cutoff 模型平均渗透率为 $20.11\times10^{-3}\,\mu m^2$，Coates-SBVI 模型平均渗透率为 $27.0\times10^{-3}\,\mu m^2$，SDR-reg 模型平均渗透率为 $22.94\times10^{-3}\,\mu m^2$。由气体渗透率和相关核磁共振测量参数可以确定核磁渗透率计算公式的参数，见表 4-15。

表 4-15　各种渗透率公式结果

渗透率模型	渗透率公式形式	待定系数	相关系数
SDR	$K_1 = C_1\left(\frac{\phi_{nmr}}{100}\right)^4 T_{2g}^2$	C_1=19.803	0.874 4
Coates-cutoff	$K_2 = \left(\frac{\phi_{nmr}}{C_2}\right)^4\left(\frac{\phi_{nmrm}}{\phi_{nmrb}}\right)^2$	C_2=10.247	0.886 4
Coates-SBVI	$K_3 = \left(\frac{\phi_{nmr}}{C_3}\right)^4\left(\frac{\phi_{nmrm}}{\phi_{nmrb}}\right)^2$	C_3=8.5	0.801 2
SDR-reg	$K_4 = C_4\left(\frac{\phi_{nmr}}{100}\right)^m T_{2g}^n$	C_4=1.271，m=2.981，n=2.427	0.908 4

4.5.3　T_2 截止值与毛细管压力及自由水界面以上高度的关系

1. 基于束缚水饱和度估计值的 T_2 截止值确定

4.4 节指出，Y 盆地 D 气田束缚水饱和度与孔隙度和自由水界面以上高度的关系为

$$S_{wi} = 1.04e^{-0.6617\phi} - 0.6719\ln h\phi^{1.596} \tag{4-44}$$

若假设地层水密度为 1 g/cm³，地下天然气的密度为 0.12 g/cm³，气水毛细管压力与自由水界面以上高度的关系见式（4-24）。

由式（4-24）和式（4-44）可估算出各样品分别在 h=7.9 m、20 m、27.2 m、39.4 m、54.4 m、63 m、78.9 m、94.6 m、150 m、200 m（对应毛细管压力分别为 0.1 MPa、0.25 MPa、0.345 MPa、0.5 MPa、0.69 MPa、0.8 MPa、1 MPa、1.2 MPa、1.9 MPa、2.5 MPa）条件下的束缚水饱和度。由此可得样品束缚水体积 $V_{wi} = \phi S_{wi}$，再由实测全含水累积核磁共振孔隙度曲线可得 T_2 截止值估算值。表 4-16 为各样品在不同毛细管压力下的 T_2 截止值估计值。图 4-41 为毛细管压力为 50 psi 时，T_2 截止值估计值与实验测量值对比图。由图可知，利用束缚水饱和度估计值推得的 T_2 截止值（估计值）与实验测量值有较好的一致性。

2. T_2 截止值与毛细管压力及自由水界面以上高度的关系

由表 4-16 可得到不同毛细管压力（气柱高度）下 T_2 截止值的平均值，由此可得到 T_2 截止值与毛细管压力的关系，见图 4-42。T_2 截止值与毛细管压力有如下指数关系。

表 4-16 各样品在不同毛细管压力下的 T_2 截止值估计值

样品号	毛细管压力 P_c/MPa									
	0.100	0.250	0.345	0.500	0.690	0.800	1.000	1.200	1.900	2.500
	自由水界面以上高度 h/m									
	7.9	20.0	27.2	39.4	54.4	63.0	78.9	94.6	150.0	200.0
3-7	48.7	35.9	32.4	28.7	25.8	24.6	22.9	21.6	18.5	16.9
3-8	18.4	14.8	13.7	12.6	11.7	11.3	10.7	10.2	9.2	8.6
3-9	24.5	19.6	18.2	16.7	15.4	14.9	14.1	13.5	12.1	11.3
3-13	95.9	63.3	55.1	46.7	40.4	37.8	34.2	31.5	25.7	22.6
3-15	66.3	45.2	39.9	34.2	30.0	28.2	25.7	23.9	19.8	17.5
3-17	30.6	25.3	23.7	22.0	20.6	20.0	19.1	18.4	16.7	15.8
6-1	44.3	31.7	28.3	24.8	22.0	20.9	19.3	18.0	15.3	13.7
6-2	35.7	26.5	24.0	21.3	19.2	18.3	17.0	16.1	13.9	12.6
6-4	45.0	31.7	28.3	24.6	21.8	20.6	18.9	17.7	14.9	13.3
6-5	70.0	49.8	44.5	38.8	34.5	32.7	30.1	28.2	22.9	19.9
6-6	32.4	25.9	24.1	22.0	20.4	19.7	18.7	17.9	16.0	15.0
6-8	53.4	41.3	35.0	34.3	31.4	30.1	28.3	26.9	23.7	21.9
6-9	40.0	29.3	26.4	23.3	27.9	19.9	18.4	17.3	14.8	13.5
6-11	32.3	26.4	24.7	22.7	21.2	20.5	19.5	18.8	16.9	15.9
7-5	30.2	24.1	22.4	20.4	18.9	18.2	17.3	16.5	14.8	13.8
7-7	24.2	18.7	17.8	16.6	15.5	15.1	14.4	13.9	12.7	12.0
7-8	31.7	25.0	23.1	21.0	19.4	18.7	17.6	16.8	15.0	13.9
7-9	29.4	24.7	23.4	21.8	20.5	20.0	19.2	18.5	17.0	16.1
7-10	50.3	37.0	33.5	29.6	26.6	25.4	23.6	22.2	19.1	17.3
7-11	35.0	27.3	25.2	22.8	20.9	20.1	18.9	18.0	16.0	14.8
7-12	44.8	34.3	31.4	28.2	25.7	24.7	23.1	22.0	19.2	13.5
9-2	14.6	11.7	10.8	9.9	9.2	8.9	8.4	8.0	7.2	6.7
9-19	13.3	10.5	9.8	8.9	8.2	7.9	7.5	7.1	6.3	5.9
9-24	14.0	10.7	9.8	8.8	8.0	7.7	7.2	6.8	5.9	5.5
9-9	13.8	11.8	11.3	10.6	10.1	9.8	9.5	9.2	8.5	8.1
8	30.8	21.6	19.2	16.6	14.7	13.9	12.8	11.9	10.0	8.9
9	14.6	11.4	10.5	9.5	8.7	8.4	7.9	7.5	6.7	6.2
29	31.7	20.6	17.9	15.1	13.0	12.2	11.0	10.1	8.2	7.2
4	43.6	37.2	35.3	33.1	31.4	30.6	29.4	28.6	26.4	25.1
5	56.4	46.6	43.7	40.5	37.9	36.8	35.2	33.9	30.8	29.0
15	29.9	22.5	20.4	18.2	16.5	15.7	15.4	14.7	13.2	12.3
9-1	14.2	11.6	10.8	10.0	9.3	9.0	8.6	8.2	7.4	7.0
9-11	20.0	14.2	12.7	11.0	9.8	9.3	8.5	8.0	6.7	6.1
平均值	35.8	26.9	24.5	22.0	20.2	19.1	18.0	17.0	14.9	13.6

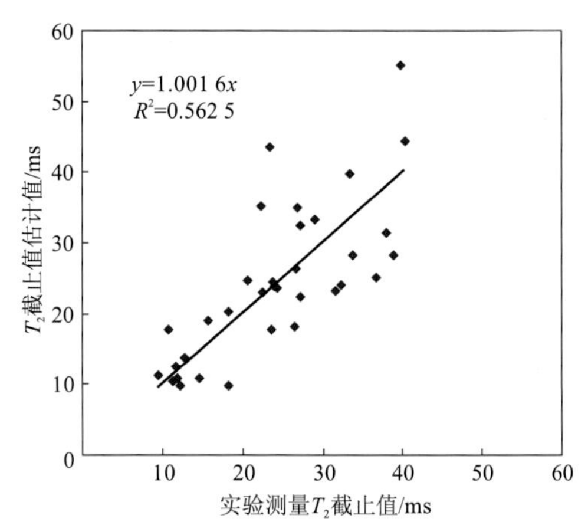

图 4-41　毛细管压力为 0.345 MPa（50 psi）时 T_2 截止值估计值与实验测量值对比图

x 为实验测量 T_2 截止值；y 为 T_2 截止值估计值；R 为相关系数

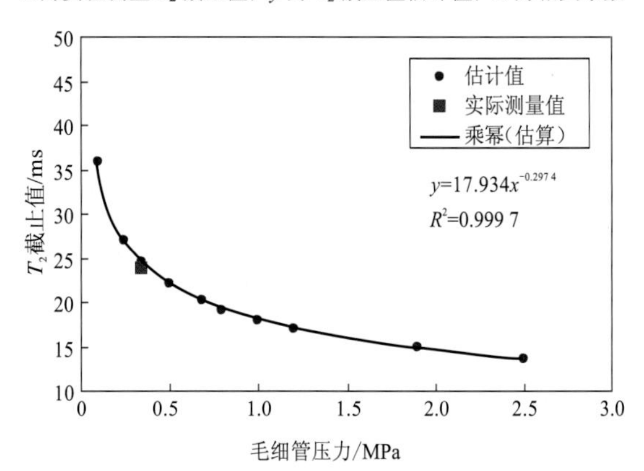

图 4-42　T_2 截止值与毛细管压力关系图

$$T_{2\text{cutoff}} = \frac{17.934}{P_c^{0.2974}} \tag{4-45}$$

式中：P_c 为毛细管压力，MPa；$T_{2\text{cutoff}}$ 为 T_2 截止值估计值，ms。

将 P_c=0.345 MPa（50 psi，为本次实验所用脱水毛细管压力）代入上式可得该压力下 T_2 截止值估计值为 $T_{2\text{cutoff}}$=24.6 ms，而该压力脱水所测的 T_2 截止值为 23.74 ms，两者非常接近。因此可用上式估计任意驱替压力下的 T_2 截止值。

由于毛细管压力与自由水界面以上高度有对应关系，T_2 截止值与自由水界面以上高度有关，见图 4-43。它们的关系为

$$T_{2\text{cutoff}} = \frac{65.773}{h^{0.2973}} \tag{4-46}$$

4.5.4　资料处理

利用实验所得结果，对 DS-1、DS-2、DS-4 井核磁共振测井资料及常规测井资料进行处理。在核磁共振资料处理中，重点考查 T_2 截止值对计算结果的影响。T_2 截止值分别选用由本实验在 50 psi 驱替压力下测得的 23 ms、由式（4-45）估算的 0.69 MPa（100 psi）驱替压力下的 20 ms，以及常用的 33 ms。

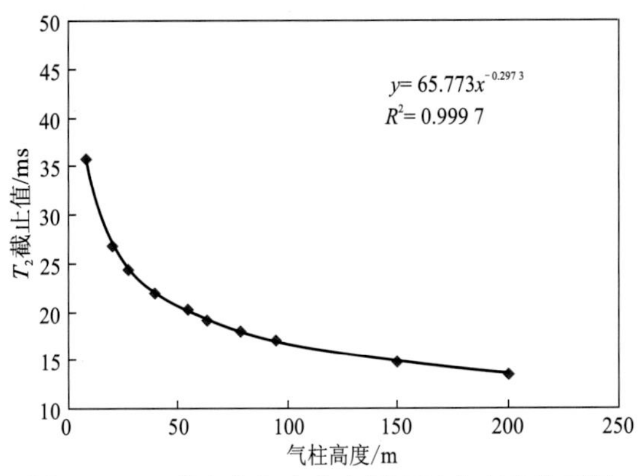

图 4-43 T_2截止值与自由水界面以上高度关系图

图 4-44 为 DS-1 井某层段在三种情况下束缚水饱和度、渗透率计算结果的对比。由图可见，无论是束缚水饱和度还是渗透率，三者的差别均较大，因此，不能用固定不变的 T_2截止值处理核磁共振资料。

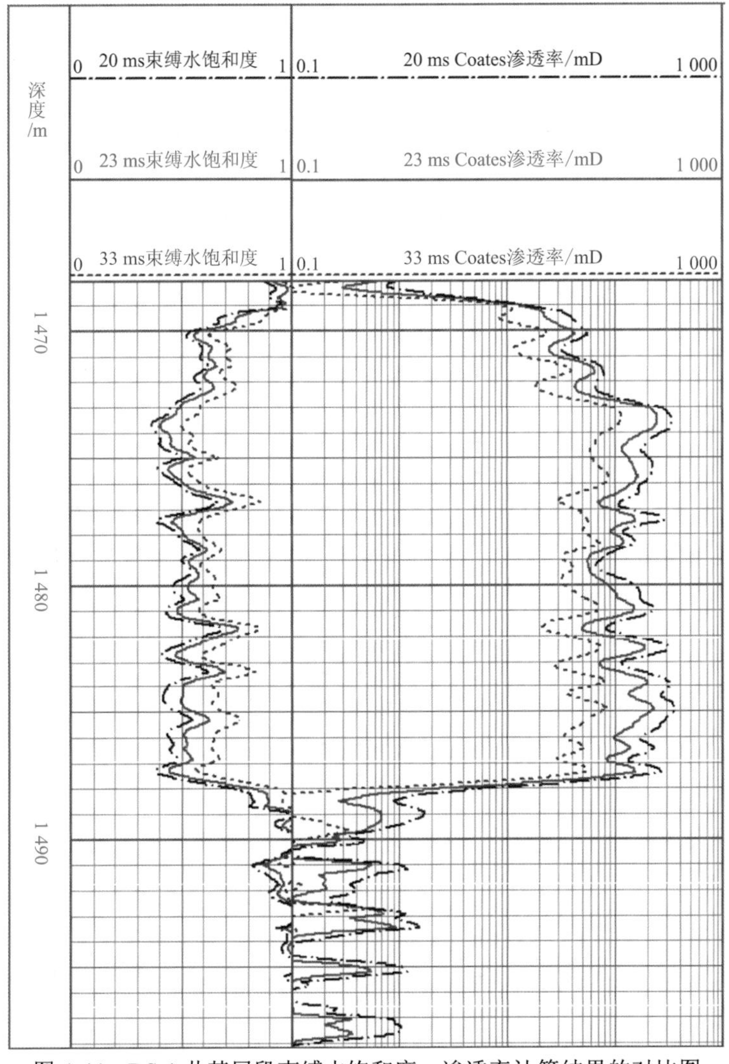

图 4-44 DS-1 井某层段束缚水饱和度、渗透率计算结果的对比图

第5章 低电阻率油层测井评价

低电阻率油藏具有油质轻、产能高的特点，因此勘探这类油气藏同样具有较高的经济价值。

低电阻率油层的电阻率非常接近于水层电阻率或围岩电阻率，因此，由电阻率曲线计算含油饱和度、进行油水层识别和油水界面划分比较困难。本章以H4油田为例，讨论低电阻率油层的测井评价方法，并给出评价方法在E地区的应用情况。

H4油田大范围出现低电阻率油层，为正确评价油藏条件下的饱和度，并对油水层及油水界面进行正确的识别，有必要对低电阻率油藏的低电阻率特性及其形成机理作详细的分析。

5.1 H4油田低电阻率油层特征

5.1.1 岩心及流体样品分析

H4油田低电阻率油层主要出现在东河砂岩层段。东河砂岩以细粒石英砂岩为主，石英质量分数为76%～89%，颗粒分选好，杂基含量低，孔隙发育，连通性好，平均孔隙度为18.2%，平均渗透率为$463.8\times10^{-3}\,\mu m^2$，为中高孔、中高渗优质储层。

由流体分析资料可知，H4油田油藏为正常的黑油油藏，原油具有中密度（0.878 2～0.897 4 g/cm^3）、中黏度（15.19～22.43 mPa · s）、低凝固点（−35～−14 ℃）、低含硫量（0.070 5%～0.113 2%）、低含蜡量（0.037 5%～0.094 8%）、中胶质沥青质量分数（6.05%～12.59%）的“三中三低”特点。东河砂岩地层水氯离子矿化度为14.3×10^4 mg/L，总矿化度为23.2×10^4 mg/L，密度为1.162 1～1.165 9 g/cm^3，为$CaCl_2$水型。

5.1.2 电性特征

对低电阻率油气层的确认，没有统一的电阻率界限标准，一般来讲，可以从两个方面考虑：①油气层电阻率与邻近泥岩层相当，甚至小于泥岩电阻率；②油气层电阻率与下部水层接近，油气水层难以区分。如H4油田东河砂岩部分油层，电阻率仅为0.6 Ω · m，而水层最低电阻率仅为 0.28 Ω · m。由于油水层电阻率十分接近，这类油层含油饱和度的计算方法研究就成为低电阻率油层储层参数研究的重点之一。低电阻率油层的确认一般要依靠可靠的试油资料来证实，在此基础上，研究制定出低电阻率油层的判别标准。

表 5-1 为 H4 油田东河砂岩油藏试油结果与相应层段的电阻率对比。出油层段最低地层电阻率仅为 0.65 Ω · m，与 H403 井水层平均电阻率相当。根据国内外大部分油田经验，可以把同等物性条件下电阻率指数小于 3 的油气层定义为低电阻率油气层。取 H403 井试水层平均电阻率 0.55 Ω · m 作为对比标准，H4 油田东河砂岩储层电阻率 0.55～1.65 Ω · m 的油层可视为低电阻率油层。

表 5-1　H4 油田东河砂岩油藏试油结果与电阻率对比

井号	井段/m	厚度/m	日产量/（m^3/天）			测试结论	电阻率/（Ω · m）	
			油	气	水		区间	平均值
H1-2	5 046.4～5 059.5	3.1	24.50	—	—	油层	0.69～1.27	0.91
H4	5 069.6～5 076.7	7.1	266.00	微量	—	油层	0.89～2.27	1.49
H402	5 081.2～5 083.7	2.4	218.00	—	—	油层	0.86～1.44	1.03
H402	5 084.8～5 087.2	2.4	125.00	—	—	油层	0.55～0.97	0.65
H403	5 067.0～5 078.1	11.1	10.98	—	—	油层	0.68～1.82	1.02
H403	5 077.2～5 096.8	19.6	—	—	113.00	水层	0.33～0.99	0.55

根据上述划分低电阻率油层的标准，可对 H4 油田部分井 CIII 油藏进行油层类型划分，见表 5-2。东河砂岩层段发育两套低电阻率油层：一层位于油藏顶部，相当于 H402 井 5 081～5 083 m 井段；另一层位于油藏底部，相当于 H402 井 5 085.8～5 088.3 m 井段。中间夹一段正常电阻率油层。两套低电阻率油层均具有岩性细、分选好、微孔隙发育的特点。中间的“相对高阻”油层具有岩性相对较粗、储层非均质性稍强、碳酸盐岩含量较多的特点。从 H4 油田 CIII 油藏电阻率剖面图和自然伽马曲线对比可知，两个低电阻率油层中间的相对高电阻率层以 H402 井为最厚，向两边逐渐减薄，分别至 H1-2 和 H403 井处尖灭，呈透镜体状，低电阻率层则具有广泛的空间分布，贯穿整个 CIII 油藏。

表 5-2　H4 油田部分井油层类型

井号	井段/m		层厚/m	电阻率/（Ω· m）		解释结论
				区间	平均值	
H1-2	5 046.4	5 049.5	3.1	0.69～1.27	0.91	低电阻率油层
H4-2	5 048.0	5 048.9	0.9	1.78～4.42	3.21	一般油层
	5 048.9	5 051.7	2.8	1.23～1.64	1.45	低电阻率油层
	5 051.7	5 054.5	2.8	1.70～2.20	1.87	一般油层
	5 054.5	5 057.5	3.0	1.14～1.65	1.34	低电阻率油层
H402	5 081.0	5 083.0	2.0	0.86～1.65	1.01	低电阻率油层
	5 083.0	5 085.8	2.8	1.66～1.84	1.72	一般油层
	5 085.8	5 088.3	2.5	0.55～1.58	0.76	低电阻率油层
H4	5 068.2	5 072.7	4.5	1.13～1.64	1.31	低电阻率油层
	5 072.7	5 074.7	2.0	1.76～2.27	1.96	一般油层
	5 074.7	5 078.5	3.8	0.82～1.64	1.22	低电阻率油层
H403	5 075.9	5 080.4	4.5	0.55～1.60	0.79	低电阻率油层

5.2 H4 油田低电阻率油层形成机理

H4 油田石炭系为低幅度地层岩性圈闭油藏，储集层主要为细砂岩、粉砂岩和泥质粉砂岩。该地区由于地层水矿化度高，储层的电阻率低于邻近的泥岩层，与水层的电阻率差别小，因此很难正确地解释、评价油层的含水饱和度和确定油水界面。通过对大量岩心资料分析，排除了金属矿物导电的可能性。泥浆矿化度与地层水矿化度相比低得多，因而泥浆滤液侵入也不可能是引起低电阻率的原因。分析认为，储层电阻率低的原因主要有：地层水矿化度高；岩性细，油藏圈闭幅度低，使束缚水含量较高；黏土类型及其分布。下面对低电阻率油层形成机理进行分析。

5.2.1 高矿化度地层水的影响

根据 H403 井 5 083.4～5 097 m 井段的两个水样分析资料（表 5-3）可看出：H4 油田石炭系东河砂岩段地层水为 $CaCl_2$ 型，矿化度平均值为 232 250.18 mg/L，密度平均为 1.164 g/cm^3，pH 平均为 5.96，属于极高矿化度型地层水。在其他地质条件相同的情况下，这样高矿化度的地层水往往会使含油储集层的电阻率降低。因为只要岩石孔隙内壁和喉道表面的吸附水存在连通的条件，含油储集层的电阻率就会变得很低，而岩石颗粒细、粉砂成分含量升高和泥质的存在能提供这一条件。因此极高矿化度地层水是引起含油储层电阻率降低的一个主要原因。

表 5-3 H403 井地层水分析结果

序号	pH	密度/（g/cm^3）	离子矿化度/（mg/L）							
			HCO_3^-	Cl^-	SO_4^{2-}	Ca^{2+}	Mg^{2+}	Na^++K^+	总矿化度	水型
1	5.99	1.162 1	188	142 911	564	18 032	2 031	68 492	232 124	$CaCl_2$
2	5.92	1.165 9	187	143 133	513	17 818	2 109	68 710	232 376	$CaCl_2$

图 5-1 模拟了孔隙度为 20%的情况下不同饱和度时地层电阻率（R_t）随地层水电阻

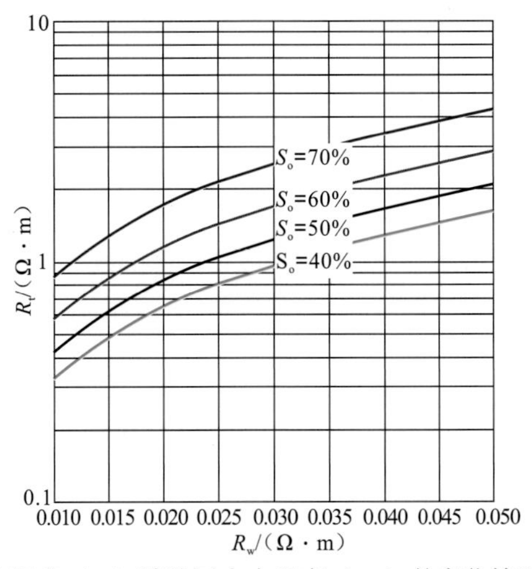

图 5-1 地层电阻率（R_t）随地层水电阻率（R_w）的变化情况（ϕ=20%）

率（R_w）的变化情况。对于 S_o=50%，ϕ=20%，当 R_w 从 0.02 Ω · m 下降到 0.012 Ω · m 时，R_t 从 0.83 Ω · m 下降到 0.5 Ω · m。

5.2.2 含油储层岩性、油藏幅度的影响

根据扫描电镜分析、薄片鉴定分析和粒度分析资料，H4 油田东河砂岩段含油储层的岩性主要是以石英为主的细砂岩、极细砂岩、粉砂岩和泥质粉砂岩。胶结物主要为泥质、硅质、灰质，黏土大多是粒表片状伊–蒙混层和伊利石及粒间蠕虫状高岭石，泥质以分散状形式出现在地层中或不均匀地填塞粒间，储层粒间溶孔发育，连通性较好。

1. 不同井储层岩性变化的影响

图 5-2 是 H4 井粒度中值直方图。从图中看出，储层岩性以粉砂岩（0.01～0.10 mm）和细砂岩（0.10～0.25 mm）为主。由粒度分析资料可知，H401、H4、H1-2 三口井粉砂岩质量分数分别为 47%、53.5%、62.5%。岩性变细，泥质成分也增加。如图 5-3 所示，随着岩石颗粒粒度中值变小，泥质质量分数以幂指数升高。

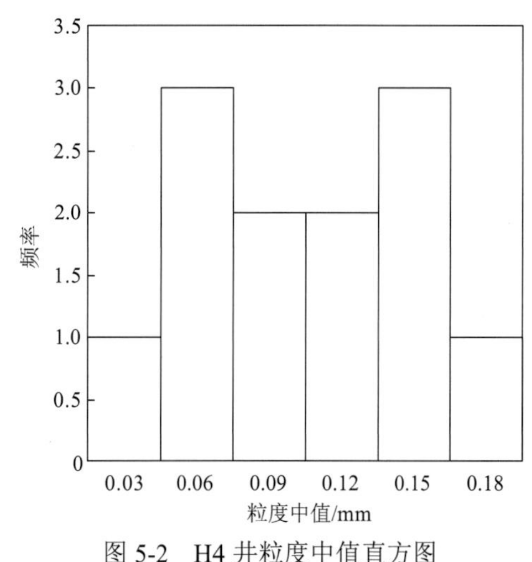

图 5-2 H4 井粒度中值直方图

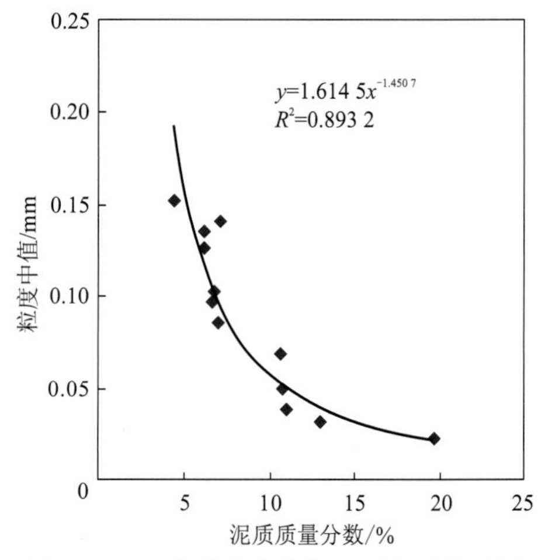

图 5-3 H4 井粒度中值与泥质含量关系图

随着岩性变细，孔隙空间与孔喉变小，物性变差，含油储层的电阻率也降低，H1-2 井油层电阻率比 H4 井油层电阻率低（表 5-2）就是例证之一。

2. 同一油层岩性的影响

在同一油层中，岩性、物性的变化会造成电阻率的变化。表 5-4 是 H4 井粒度分析资料与电阻率对比表，表 5-5 是 H4 井物性、压汞分析资料与电阻率对比表。由表 5-4 和表 5-5 可看出，随着粉砂含量及泥质含量的升高，电阻率变低，如第 1、3、5、6 层，第 6 层由于接近油水界面电阻率较低。根据铸体薄片鉴定分析资料，这几层粒间溶孔发育，连通性好，孔隙分布均匀，物性好。第 4 层由于岩石颗粒粒径变化大，中砂岩质量分数达 10%以上，同时岩石微细成分粉砂岩及泥质含量也较高，造成物性变化大，根据铸体薄片鉴定分析资料，粒间有大量胶结物充填，主要成分为泥质、灰质、绿泥石，造

成粒间孔隙不发育，孔隙分布不均，同时未被充填部分粒间溶孔又较发育，连通性较好，这样造成储层物性变化大，电阻率也出现变化，呈现储层的相对“高阻”。第 2 层岩石颗粒粗，微细成分粉砂岩及泥质含量相对低，岩性较纯，粒间溶孔或局部粒间溶孔较发育，连通性较好，物性好，电阻率稍高。

表 5-4　H4 井粒度分析资料与电阻率对比表

序号	深度/m	各粒级质量分数/%					电阻率/(Ω·m)
		粗砂	中砂	细砂	粉砂	泥质	
1	5 068.0～5 069.3	0.02	4.38	79.72	10.32	5.68	1.1
2	5 069.3～5 070.6	2.75	11.36	75.58	6.84	3.48	1.3
3	5 071.2～5 071.9	0.02	3.85	77.45	12.05	6.65	1.1
4	5 072.5～5 074.4	0.13	10.17	68.55	15.72	5.43	2.0
5	5 075.5～5 076.8	0.11	8.81	71.62	12.63	7.47	0.9
6	5 078.3～5 080.2	0.79	7.28	73.64	14.25	4.04	0.6

表 5-5　H4 井物性、压汞分析资料与电阻率对比表

序号	深度/m	孔隙度/%	渗透率/($\times10^{-3}\mu m^2$)	中值喉道半径/μm	排驱压力/MPa	电阻率/(Ω·m)
1	5 068.0～5 069.3	18.8	300.0	4.84	0.054	1.1
2	5 069.3～5 070.6	18.8	651.2	7.64	0.047	1.3
3	5 071.2～5 071.9	17.8	284.3	4.89	0.056	1.1
4	5 072.5～5 074.4	6.1～21.9	7.4～1 007	1.34～8.97	0.038～0.128	1.74～2.27
5	5 075.5～5 076.8	20.0	516.2	4.95	0.056	0.9
6	5 078.3～5 080.2	19.6	662.0	6.22	0.049	0.6

随着岩性变细，孔隙喉道变小，毛细管排驱压力变大，油气不易进入微孔隙中，从而导致含油储层电阻率降低。图 5-4 是 H402 井东河砂岩储层段地层电阻率与平均毛管半径对比图（两者采用同一刻度）。在油层段（5 081～5 088 m）地层电阻率随平均毛管半径变化的趋势非常明显。当平均毛管半径小于 3.5 μm 时，地层电阻率降低到 1.0 Ω · m 以下。

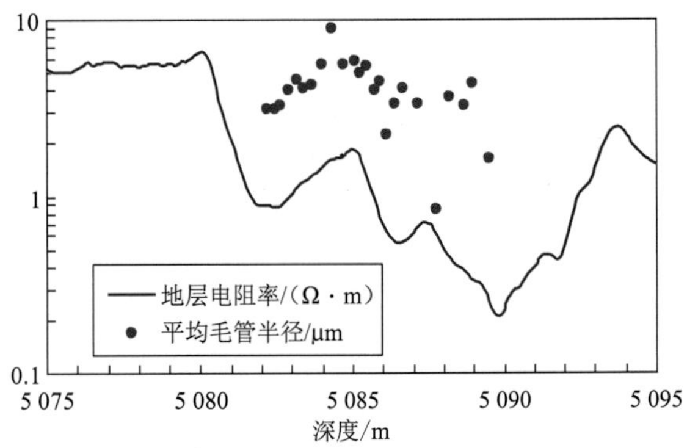

图 5-4　H402 井东河砂岩储层段地层电阻率与平均毛管半径对比图

H4 油田石炭系东河砂岩段的储层油藏构造幅度小，油柱高度低，造成束缚水饱和度偏高，这也是造成油气储层电阻率低的原因之一。该地区的低电阻率油层，一般位于油水界面附近。

5.2.3 黏土的影响

黏土矿物的主要类型有蒙脱石、伊利石、高岭石及绿泥石，不同类型的黏土矿物对地层电阻率的影响不同。储层中存在黏土矿物一方面会使地层出现附加导电性，另一方面地层会出现微孔隙结构，增大孔隙的表面积，也会提高地层的导电率。如果黏土以分散的形式充填孔隙空间，往往使孔隙结构变得复杂，反而会降低地层的导电率。

黏土矿物的附加导电性是由黏土矿物的不平衡电荷、黏土矿物的大表面积和存在于黏土矿物中的水溶液所决定的。

1. 水溶液中的双电层特性

黏土的三种主要矿物都呈片状结构，高岭石呈鳞片状晶体形态，蒙脱石呈不规则的细粒状、鳞片状或鹅毛状晶体形态，伊利石呈不规则的鳞片状晶体形态。

低价阳离子由于取代了黏土晶格中的高价阳离子，在黏土矿物晶体表面形成了一层负电荷，这种带负电荷的黏土颗粒置于水溶液中时，就会吸引水溶液中的阳离子，使靠近晶体表面的阳离子（水溶液）具有一定的厚度，随着距表面距离的增大，阳离子数减少，形成扩散状分布，这样由晶体表面的负电荷和由负电荷从水溶液中吸引到表面附近的阳离子就构成了双电层。根据斯特恩双电层理论，在双电层厚度内液体一般具有的特性是：①只含有阳离子，不含水溶液中的阴离子，因此黏土表面具有排盐现象，使颗粒表面的水矿化度比远离颗粒表面的水矿化度要低；②在一般情况下，在双电层内的阳离子由于受黏土表面负电场的影响，在液体中不能自由运动，所以这一层液体导电性很差，电阻率较高，被称为结合水。

在高矿化度地层水的地层中，一般泥岩的电阻率要高于储层的电阻率，这与黏土表面的排盐现象有关。

2. 阳离子交换特性

一般情况下，黏土颗粒表面吸附的阳离子是不自由运动的，但在较强的外电场作用下，吸附的阳离子也会被由外电场力加速后自由运动的阳离子所交换，从而使结合水中的部分阳离子发生移动，引起导电现象。由离子交换产生的导电性就是结合水的附加导电性。阳离子交换特性与黏土矿物类型和分散度有关，蒙脱石是黏土矿物中阳离子交换能力最强的，每 100 g 黏土中交换容量 CEC 达 80～150 mEq；高岭石是最弱的，每 100 g 黏土中交换容量 CEC 仅为 3～15 mEq；伊利石交换容量 CEC 介于蒙脱石和高岭石之间，为每 100 g 黏土中 10～40 mEq。黏土颗粒的分散度不同，其可交换的阳离子容量也不相同，颗粒的分散度大，阳离子交换容量也大，一般 CEC 为每 100 g 黏土 3～9 mEq。另外阳离子交换容量还受溶液酸碱度的影响，在碱性的水溶液中，可交换的阳离子容量要大一些。

3. 附加导电性

根据 Waxman 等（1968）的研究结果，泥质地层中如蒙脱石、伊利石、绿泥石等活性黏土矿物成分的存在对岩石导电性具有附加作用，这种作用可归因于发生在颗粒表面的阳离子交换过程。黏土矿物颗粒表面的阳离子交换作用大小与地层水矿化度有密切的关系，一般在低、中矿化度情况下，泥质的附加导电性显著，而在高矿化情况下，泥质的附加导电性贡献很小。

Waxman 等（1968）在实验研究的基础上，提出了含水泥质砂岩电导率的一般方程：

$$C_o = \frac{1}{F}(C_w + BQ_v) \quad (5\text{-}1)$$

$$C_t = \frac{1}{FS_w^{-n}}(C_w + BQ_v / S_w) \quad (5\text{-}2)$$

式中：C_t、C_o和 C_w分别为含油岩石、全含水岩石和地层水的电导率；B 为平衡阳离子电化学当量电导率，它是溶液电导率和地层温度的函数；Q_v为黏土中可交换阳离子的浓度，取决于黏土类型、含量和岩石本身的物理性质；F 为地层因素；n 为饱和度指数；S_w为含水饱和度。

式（5-2）第二项是黏土附加导电量，决定黏土附加导电量的参数为 B。

Waxman 等（1968）根据实验结果，给出了常温下（25 ℃）计算 B 的经验公式：

$$B = 3.83\left[1 - 0.83\exp\left(-0.5 / R_w\right)\right] \quad (5\text{-}3)$$

式中：R_w为地层水电阻率。

根据这一关系，在低矿化度地层水条件下，黏土的附加导电性与水溶液导电性相比，是显著的；而在高矿化度地层水条件下，黏土的附加导电性与水溶液导电性相比可忽略。但是根据 Waxman 等（1974）和毛志强等（1999）的实验结果，在高温条件下，B 值随溶液的电导率升高而显著地增大，尽管矿化度在大于 15×10^4 mg/L 后趋于平稳，但与常温下比较，B 值要大得多。因此，在阳离子交换浓度 Q_v中等或较高的情况下，黏土的附加导电性也是明显的。

对于 H4 油田，根据 X 射线衍射检测的几块岩样结果（表 5-6），H4 油田石炭系东河砂岩段底部低电阻率含油储层，黏土矿物以伊-蒙混层为主，其次为伊利石和高岭石，水层以黏土矿物高岭石为主。黏土矿物在不同的储层中，对电阻率的影响是不一样的。

表 5-6　H4 井黏土矿物测试分析结果

深度/m	层位	岩性	黏土矿物组分相对含量/%				
			伊/蒙间层	伊利石	高岭石	绿泥石	伊/蒙间层比
5 068.83	C	褐色细砂岩	62	18	20	0	15
5 069.40	C	褐色细砂岩	51	14	35	0	15
5 070.70	C	褐色细砂岩	82	17	1	0	10
5 071.96	C	灰色细砂岩	55	10	32	3	10
5 078.63	C	灰色细砂岩	62	18	20	3	10
5 085.56	C	浅灰色细砂岩	30	7	63	0	10

在含油储层中，较高电阻率处高岭石含量要高一些，这是由于高岭石具有阳离子交换性弱和颗粒分散的特点。根据铸体薄片分析和电镜扫描资料，高岭石在岩石中一般以片粒状形式充填在粒间孔隙中，使孔隙结构复杂化，岩石导电时有效截面变小，路径曲折度变大，导致岩石电阻率升高。

在水层段，黏土矿物以高岭石为主，在岩性粗成分含量多的细砂层中，电阻率很低，但随着泥质含量升高与粒度变细，电阻率明显地升高，最后接近泥岩地层的电阻率，说明在水层中，黏土矿物也是起到阻塞喉道、提高导电路径曲折度的作用。

从粒度分析资料来看（表 5-4），在低电阻率油层处，泥质含量在 7.5%以下，黏土矿物以伊-蒙混层为主，其次为伊利石，高岭石含量很低（表 5-6）。由于伊-蒙混层比较低，属于有序混层，其阳离子的交换特性与伊利石相当，黏土矿物的阳离子交换特性为中等程度。黏土矿物一方面起到附加导电的作用，另一方面由于其表面积大，岩石颗粒表面的粗糙度上升，使吸附水含量升高，增强了岩石的导电性。但在极高矿化度地层水条件下，黏土矿物的附加导电性与束缚水溶液导电性比较，是否明显，要看岩石的阳离子交换容量，也要看黏土矿物的含量和分布状况。

图 5-5 是 H4、H1-2、H402 和 H403 4 口井 50 块岩样阳离子交换浓度直方图。从图中可看出，由于黏土含量低，阳离子交换容量 CEC 很小，阳离子交换浓度 Q_v 大部分小于 0.2。根据式（5-2），考虑高温的影响，取 B 值在 120 ℃时的极限值 14 左右，如图 5-6（毛志强 等，1999）所示，地层水电阻率取 0.012 6 Ω · m（地层水矿化度达 23×10^4 mg/L），

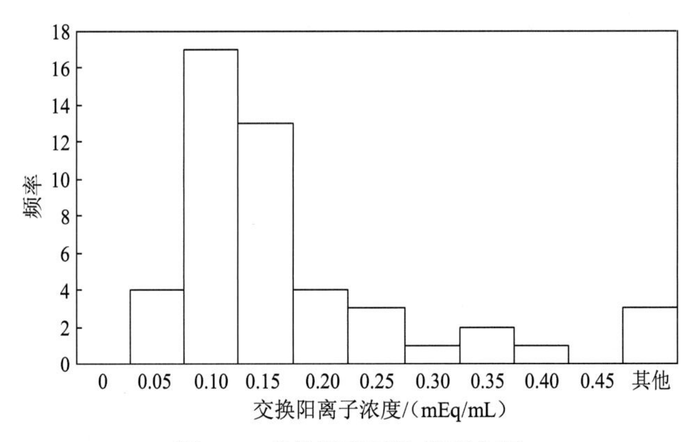

图 5-5　交换阳离子浓度直方图

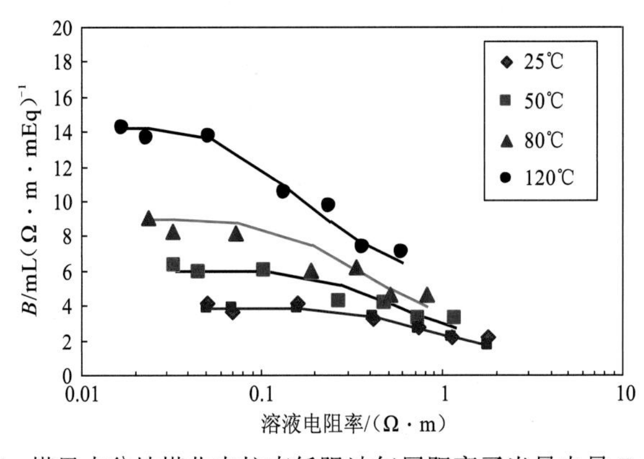

图 5-6　塔里木盆地塔北吉拉克低阻油气层阳离子当量电导 B 值图版

由于 Q_v 值很小，BQ_v/S_w 这项与 C_w 比较是很小的，不到 C_w 的 6%，即附加导电性的贡献不到地层水导电性贡献的 6%。因此，黏土附加导电性不是造成东河砂岩段油层低电阻率的主要原因。

5.3 H4 油田测井储层参数

5.3.1 孔隙度系列测井响应方程的选择

地层参数是通过最优化原理由测井值及测井响应参数反演得到的，即最终计算得到的孔隙度与所有用到的响应方程有关。常见的对孔隙度计算影响最大的响应方程有密度测井响应方程、中子测井响应方程和声波测井响应方程，由于不同地区密度、中子、声波测井值与孔隙度的相关关系是不同的，在选择响应方程并给它们赋予权重系数时（不同的权重系数，对结果的贡献不一样，权重系数大，对结果的影响大），应考虑相关关系的好坏。

图 5-7 是 H4 油田密度测井、中子测井、声波测井与岩心分析孔隙度关系图。由图可见，密度测井值与岩心分析孔隙度相关系数最大（R^2=0.837 9），即密度测井与孔隙度的关系最为密切。因此该地区密度测井比中子测井和声波测井能更好地反映孔隙度的情况，在测井评价中，应选取密度测井确定孔隙度。

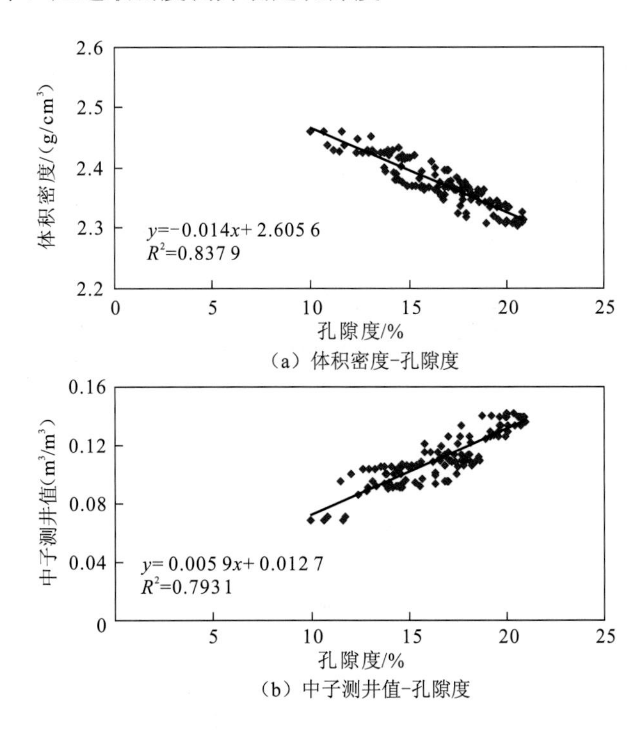

（a）体积密度-孔隙度

（b）中子测井值-孔隙度

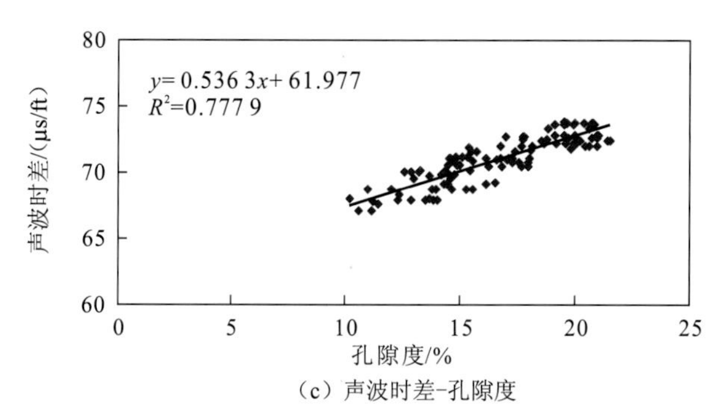

（c）声波时差-孔隙度

图 5-7　密度测井、中子测井、声波测井值与岩心分析孔隙度关系图

5.3.2　渗透率模型

渗透率是一个比较复杂的参数，其影响因素很多，有孔隙度、孔隙结构、泥质含量、颗粒粗细等，用测井资料计算渗透率，比较容易得到且精度可信的信息为有效孔隙度和地层泥质含量。从现有资料来看，H4 油田影响渗透率的主要因素为孔隙度。

图 5-8 为东河砂岩段渗透率与孔隙度的关系图，该图表明，渗透率与孔隙度的单相关关系较好，符合精度要求。因而采用以下渗透率-孔隙度单因素模型计算渗透率：

$$K = 0.079\,4\mathrm{e}^{0.433\,9\phi} \tag{5-4}$$

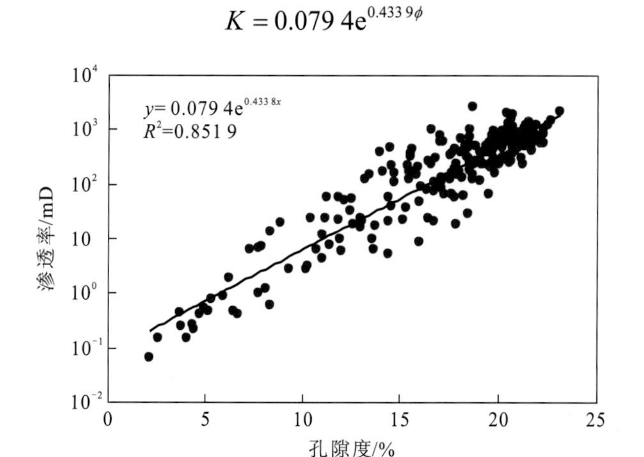

图 5-8　H4 油田东河砂岩段渗透率与孔隙度关系图

5.3.3　油藏条件下饱和度响应方程及岩电参数

1. 地层水电阻率的确定

1）利用测井资料反求地层水电阻率

选择一纯水层（S_w=1），利用阿奇公式反求地层水电阻率 R_w。

$$R_w = \frac{\phi^m R_t}{a} \tag{5-5}$$

式中：该电参数 m、a 通过实验室岩电分析得到；孔隙度 ϕ 由孔隙度测井计算获得；R_t

为水层的电阻率测井值。

对于东河砂岩段，选取 H402 井 5 090 m 电阻率最低处为标准水层，R_t=0.21 Ω · m，ϕ=20.6%，反求 R_w=0.012 6 Ω · m。

2）利用水分析资料确定地层水电阻率

为了解地层水的特性，曾在 H403 井 5 083.4～5 097.0 m 水层段进行了钻杆地层测试（drill-stem testing，DST），见表 5-3。根据水样各离子浓度的分析结果，将其转化为等效 NaCl 矿化度后，即可用下式估算实验室条件下的地层水电阻率。

$$R_{wl} = 0.012\,3 + \frac{3\,647.5}{p_{NaCl}^{\ 0.955}} \tag{5-6}$$

式中：R_{wl} 为实验室条件下的地层水电阻率，Ω · m；p_{NaCl} 为等效 NaCl 矿化度，mg/L。

转化为地层条件下的地层水电阻率：

$$R_w = R_{wl}\left(\frac{T_l + 21.5}{T_f + 21.5}\right) \tag{5-7}$$

式中：T_l 和 T_f 分别为实验室温度和地层温度，℃。

地层温度由深度通过下式得到。

$$T_f = 0.017\,9H + 22.878 \tag{5-8}$$

式中：H 为地层深度，单位为 m。取 T_l＝24 ℃，油藏中部 H=5 080 m；由于没有合适的等效 NaCl 矿化度转换图版，用地层水总矿化度代替 p_{NaCl}，取两个水样的平均值 p_{NaCl}=232 344 mg/L，由式（5-6）～式（5-8）可得：R_w≈0.013 Ω · m。

用试水分析资料确定的地层水电阻率比测井资料反求的地层水电阻率 R_w 稍有偏大，这可能与该区极高的地层水矿化度有关，在地层条件下地层水可能是过饱和的，在取样过程中，由于温度下降和压力变小，可能有部分盐析出，致使分析的矿化度偏低。所以，测井计算时使用反算结果：R_w=0.012 6 Ω · m。

2. 油藏条件下含油饱和度计算

毛细管水作为束缚水，它与地层可动水有着同样的导电特性，因此通常可以用阿奇公式来确定含油饱和度。为尽可能地模拟油藏条件下的含油储层电性特征，进行一定量的高温高压岩电实验。图 5-9 为 H402、H403 井东河砂岩储层高温高压岩电实验结果。实验条件：温度 110 ℃，压力 40 MPa，模拟地层水矿化度 20×10^4 mg/L。由图 5-9 可得实验结果为：a=0.991 3，m=1.707 6，b=1.023 2，n=1.391 3。

高温高压岩电实验在一定程度上消除了泥质的附加导电性等因素的影响，使得本来就很少的泥质附加导电性影响可以忽略，并且实验环境更接近地层储层条件。因此，用该实验结果计算的含油饱和度就更符合实际。图 5-10 比较了 H402 井东河砂岩段常温常压岩电实验和高温高压岩电实验计算的含油饱和度（东河砂岩段常温常压岩电实验结果为：a=1.033 4，b=1.057 9，m=1.769 2，n=1.410 9），由图看出，用高温高压岩电实验结果计算的含油饱和度比常温常压岩电实验结果计算的含油饱和度高 3%～10%，低电阻率层段较相对高电阻率层段有更大的差别。

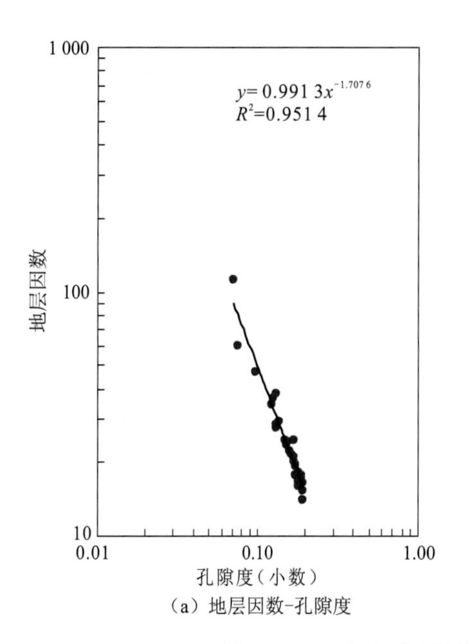

（a）地层因数-孔隙度

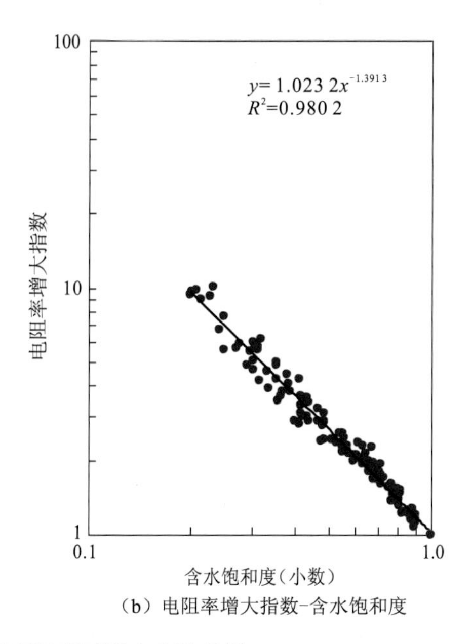

（b）电阻率增大指数-含水饱和度

图 5-9　H4 油田东河砂岩储层高温高压岩电实验结果

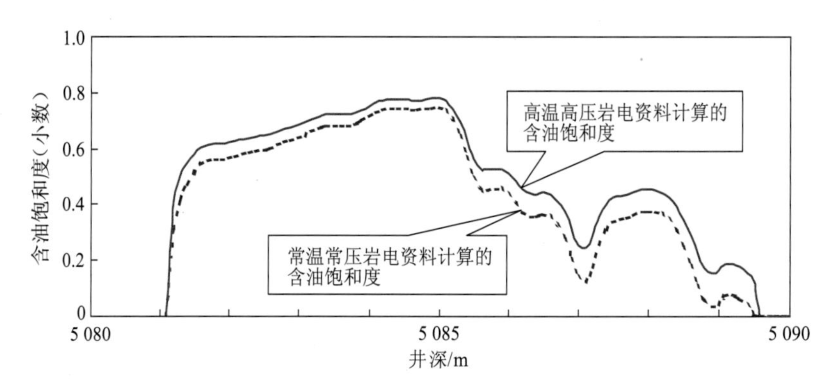

图 5-10　H402 井油层段常温常压岩电实验和高温高压岩电实验计算的含油饱和度

3. Waxman-Smits 模型含水饱和度计算

若考虑泥岩的附加导电性，应使用式（5-2）（即 Waxman-Smits 模型，简称 W-S 模型）计算含水饱和度。为研究该地区低电阻率油层中黏土是否存在附加导电性，并确定其对计算含水饱和度的影响程度，使用 W-S 模型对 H402 井东河砂岩段进行试算。在试算中，式（5-2）中的岩电参数采用常温常压实验结果。由图 5-5 可知，该地区大部分岩样 Q_v 值为 0.05～0.15，因此可取 Q_v=0.1，由地层温度（约 100 ℃）与地层水电阻率（0.012 6 Ω · m），用图 5-6 得 B 约为 12 mL/（Ω · m · mEq）。图 5-11 是用三种模型（高温高压岩电实验、常温常压岩电实验、W-S 模型）计算结果的对比。由该图可看出，W-S 模型计算结果与常温常压岩电参数计算结果相差很小，这同时也验证了在东河砂岩段，黏土的附加导电性很小，可以忽略，它不是形成该地区低电阻率油层的主要因素。

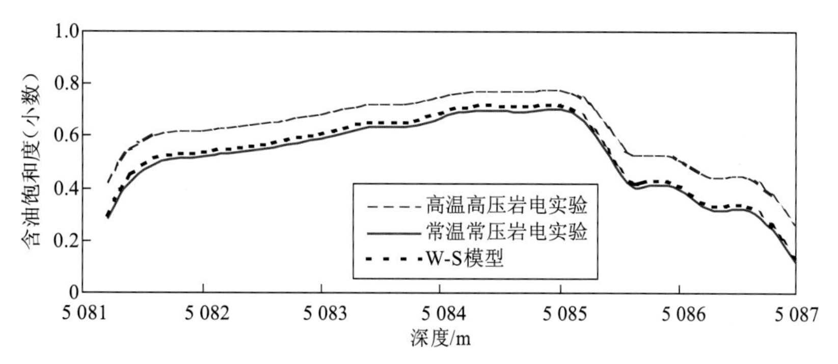

图 5-11　不同饱和度模型计算结果对比

5.3.4　计算结果检验

储层参数解释模型建立得是否合理，参数计算结果是否符合精度要求，需要用实际岩心分析资料来检验，一般可用直方图、关系图、点状图等对比分析。孔隙度与渗透率模型的检验采用测井计算结果与岩心分析成果对比分析的方式。由于测井计算得到的孔隙度为地下孔隙度，为方便对比，把测井计算的孔隙度利用覆压校正公式（由实验得到）校正到地面条件。饱和度的检验则使用岩心毛细管压力分析数据。

1. 孔隙度

表 5-7 为各小层孔隙度计算误差统计结果。由表可知，除 H402 井中泥岩段误差稍大，其余各层绝对误差均小于 1.5%，相对误差小于 10.5%。图 5-12、图 5-13 分别为 H4 油田岩心分析孔隙度与测井计算孔隙度直方图，由图可以看出，测井计算结果与岩心分析结果有着非常接近的频率分布，均值分别为 15.67%和 15.38%，可见测井计算的孔隙度与岩心分析孔隙度非常接近。

表 5-7　油层各小层孔隙度计算误差统计

层号	井名	层位	深度/m	厚度/m	岩心分析孔隙度/%	测井计算孔隙度/%	计算误差	
							绝对/%	相对/%
1	H4	CIII	5 068.2～5 072.7	4.5	18.8	18.5	0.3	1.6
2	H4	CIII	5 072.7～5 074.7	2.0	18.4	17.5	0.9	4.9
3	H4	CIII	5 074.7～5 078.5	3.8	18.8	19.0	0.2	1.1
4	H402	CI	5 033.2～5 034.3	1.1	13.5	15.4	1.9	14.1
5	H402	CIII	5 081.0～5 085.8	4.8	20.3	20.4	0.1	0.5
6	H402	CIII	5 085.8～5 088.3	2.5	17.8	18.3	0.5	2.8
7	H4-2	CI	5 002.3～5 003.5	1.2	14.6	16.1	1.5	10.3
8	H4-2	CII	5 006.8～5 008.5	1.7	15.0	16.3	1.3	8.7
9	H4-2	CIII	5 048.0～5 057.5	9.5	16.1	15.9	0.2	1.2
10	H403	CIII	5 075.9～5 077.8	1.9	16.1	15.7	0.4	2.5

续表

层号	井名	层位	深度/m	厚度/m	岩心分析孔隙度/%	测井计算孔隙度/%	计算误差	
							绝对/%	相对%
11	H403	CIII	5 077.8～5 080.4	2.6	17.2	16.8	0.4	2.3
12	H2	CI	5 013.7～5 014.3	0.6	10.6	11.7	1.1	10.4
13	H2	CII	5 017.5～5 019.0	1.5	13.7	13.9	0.2	1.5
14	H2	—	5 020.2～5 020.9	0.7	10.8	9.8	1.0	9.3
15	H2	—	5 022.8～5 024.0	1.2	9.0	9.7	0.7	7.8
平均			—				0.7	5.3
逐点			以上层段所有资料点误差的平均				1.3	8.5

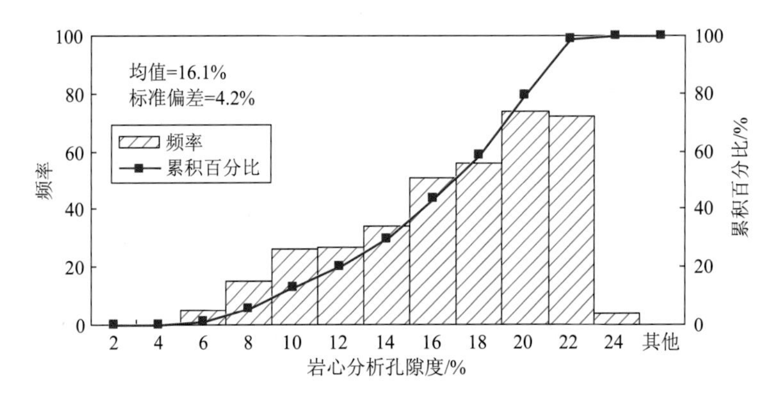

图 5-12 岩心分析孔隙度直方图

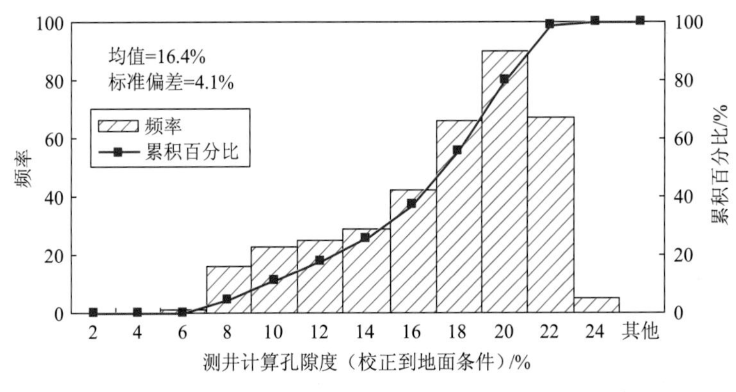

图 5-13 测井计算孔隙度直方图

2. 渗透率

表 5-8 为各小层渗透率计算误差统计结果，由表 5-8 可知，计算渗透率的绝对误差为 $54.4\times10^{-3}\ \mu m^2$，相对误差为 27.5%。若逐点统计，绝对误差为 $149\times10^{-3}\ \mu m^2$，相对误差为 69%。图 5-14、图 5-15 分别为岩心分析渗透率与测井计算渗透率直方图，由两幅直方图可知，计算渗透率与分析渗透率的分布非常一致，且均值十分接近，分别为 $289\times10^{-3}\ \mu m^2$ 与 $287\times10^{-3}\ \mu m^2$。

表 5-8　油层各小层计算误差统计

层号	井名	层位	深度/m	厚度/m	岩心分析渗透率/×10^{-3} μm^2	测井计算渗透率/×10^{-3} μm^2	计算误差	
							绝对/×10^{-3} μm^2	相对/%
1	H4	CIII	5 068.2～5 072.7	4.5	374	269	105.0	28.1
2	H4	CIII	5 072.7～5 074.7	2.0	386	206	180.0	46.6
3	H4	CIII	5 074.7～5 078.5	3.8	470	502	32.0	6.8
4	H402	CI	5 033.2～5 034.3	1.1	77	88	11.0	14.3
5	H402	CIII	5 081.0～5 085.8	4.8	574	577	3.0	0.5
6	H402	CIII	5 085.8～5 088.3	2.5	199	273	74.0	37.2
7	H4-2	CI	5 002.3～5 003.5	1.2	96	141	45.0	46.9
8	H4-2	CII	5 006.8～5 008.5	1.7	90	147	57.0	63.3
9	H4-2	CIII	5 048.0～5 057.5	9.5	167	116	51.0	30.5
10	H403	CIII	5 075.9～5 077.8	1.9	288	202	86.0	29.9
11	H403	CIII	5 077.8～5 080.4	2.6	136	75	61.0	44.9
12	H2	CI	5 013.7～5 014.3	0.6	25	27	2.0	8.0
13	H2	CII	5 017.5～5 019.0	1.5	49	49	0.0	0.0
平均				—			54.4	27.5
逐点			以上层段所有资料点误差的平均				149.0	69.0

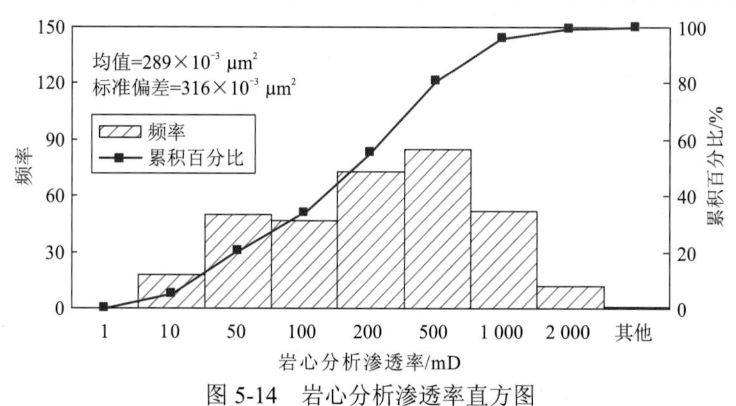

图 5-14　岩心分析渗透率直方图

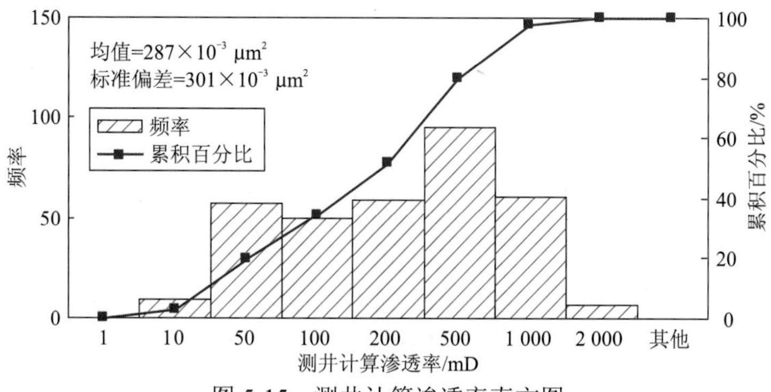

图 5-15　测井计算渗透率直方图

3. 饱和度

根据现有资料还无法对含油饱和度进行精确检验，只能根据其纵向的变化趋势定性分析其可靠程度。由一般油藏饱和度的分布规律可知，在油水密度差和岩石物性一定的情况下，含油饱和度随自由水界面以上高度（油藏高度）的升高而增大。这是驱动力和毛细管压力平衡的结果。对毛细管压力曲线进行分析，可以近似地得到地层原始含油饱和度。

图 5-16 为 H4 油田 CIII 油藏含油饱和度随自由水界面以上高度的变化图。纵坐标为自由水平面以上的高度，由毛细管压力换算得到。图中曲线由平均毛细管压力曲线得到，对不同渗透率范围分别进行统计平均，散点代表测井计算结果。从图中可看出两者吻合得较好，说明测井计算的含水饱和度符合油藏的油气水分布规律。毛细管压力曲线选自 H4、H402、H403、H1-2 等井相应层段内的压汞资料。处于油藏高部位的 H1-2、H4-2 两口井，由于物性偏差，测井计算含油饱和度资料点基本位于（1～100）$\times 10^{-3}\,\mu m^2$ 的渗透率物性范围内，与油藏物性变化趋势相符；低部位的 H4、H402、H403 井，储层物性较好，含油饱和度资料点介于（100～1 000）$\times 10^{-3}\,\mu m^2$ 的渗透率物性范围内。最下面的三个资料点为水层数据。

图 5-17 为 H4 井测井处理饱和度检验结果图，测井处理的饱和度为逐点解释结果。由图可见，测井计算的含油饱和度与由毛细管压力预测的含油饱和度趋势一致。

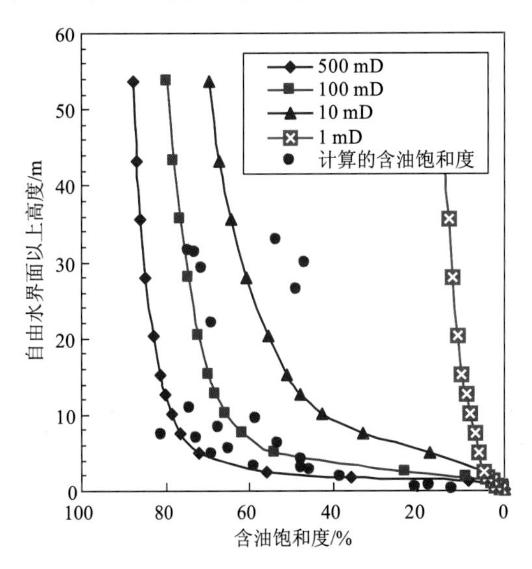

图 5-16 H4 油田 CIII 油藏含油饱和度随深度的变化图

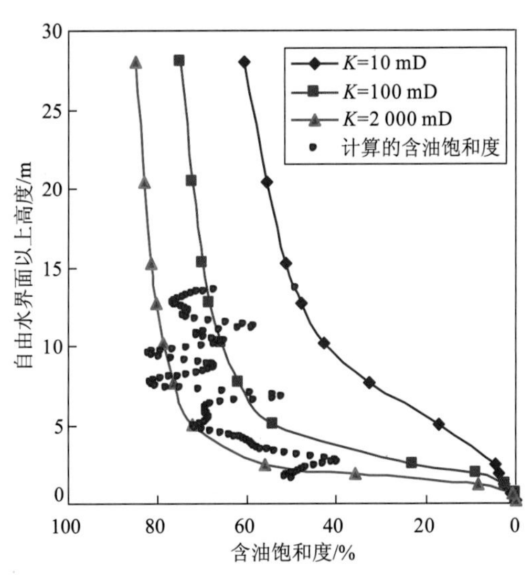

图 5-17 H4 井用含油饱和度与油藏高度关系图版检验测井计算的含油饱和度

5.4 基于油水相对渗透率的低电阻率油藏产液性质确定

含油饱和度的大小并不是产层在生产测试过程是否出水的唯一标准。对于高束缚水含量的产层，即使含油气饱和度小于 50%，仍然可产无水油气。为此，本节从油藏物理学的基本概念入手，以油水在微观孔隙中的分布与渗流理论为依据，结合 H4 油田实际资料，研究油水相对渗透率的求取方法，并用其确定油藏产液性质，辅助识别低电阻率油藏。

5.4.1 基于测井资料的束缚水饱和度模型建立

通过研究发现，H4 油田东河砂岩储层束缚水饱和度与孔隙度、泥质（粉砂+黏土）含量关系密切，但并不是所有的井都展现出相同的相关性。对于由胶结类型或胶结程度不同而引起的纵向非均质较强的储层（如 H4 井），束缚水饱和度与孔隙度有较好的关系（图 5-18）；由粒度变化而引起毛细管发育的储层（如 H402 井），束缚水饱和度与泥质含量的关系密切（图 5-19）。因此，建立以孔隙度、泥质含量两个参变量求取束缚水饱和度的模型。

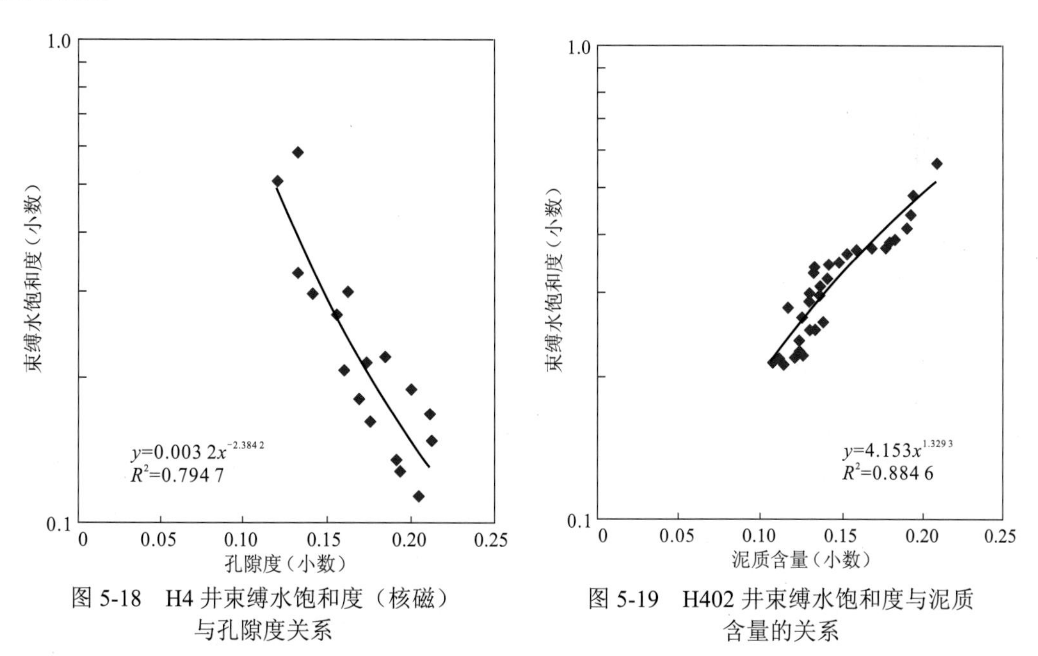

图 5-18 H4 井束缚水饱和度（核磁）与孔隙度关系

图 5-19 H402 井束缚水饱和度与泥质含量的关系

由孔隙度求束缚水饱和度：

$$S_{wi1} = \frac{0.003\,2}{\phi^{2.384\,2}} \quad (5\text{-}9)$$

由泥质含量求束缚水饱和度：

$$S_{wi2} = 4.153 \cdot V_{sh}^{1.329\,3} \quad (5\text{-}10)$$

式中：S_{wi1}、S_{wi2} 分别为由孔隙度和泥质含量求得的束缚水饱和度，小数；ϕ、V_{sh} 分别为孔隙度和泥质含量，小数。

实际使用中，为同时考虑孔隙度和泥质含量对束缚水饱和度的双重影响，取以上两式的平均值作为最终求得的束缚水饱和度。

5.4.2 基于油水相对渗透率的储层产液性质确定

由岩石及其孔隙所含流体组成的储集层中，地层产液的动态规律主要服从多相流体在多孔介质中的分布与渗流特性。根据这一规律，地层所产流体的性质主要取决于油或水在孔隙中各自的渗流能力。使用相对渗透率这一物理量，就可以较好地描述储层的产液特性。

图 5-20 是 H4 油田某井岩石样品油水相对渗透率与含水饱和度实验结果，由实验结果进行多元非线性回归可得油水相对渗透率的计算公式。

$$S = \frac{S_{\mathrm{w}} - S_{\mathrm{wi}}}{1 - S_{\mathrm{wi}}} \tag{5-11}$$

$$K_{\mathrm{rw}} = (0.451\,2S + 0.292\,8)^{3.454} \tag{5-12}$$

$$K_{\mathrm{ro}} = (1 - S)^{2.729}(1 - S^{0.368}) \tag{5-13}$$

式中：S_{w} 和 S_{wi} 分别为由测井计算的含水饱和度与束缚水饱和度，小数；K_{rw} 和 K_{ro} 分别为水相对渗透率和油相对渗透率，小数。

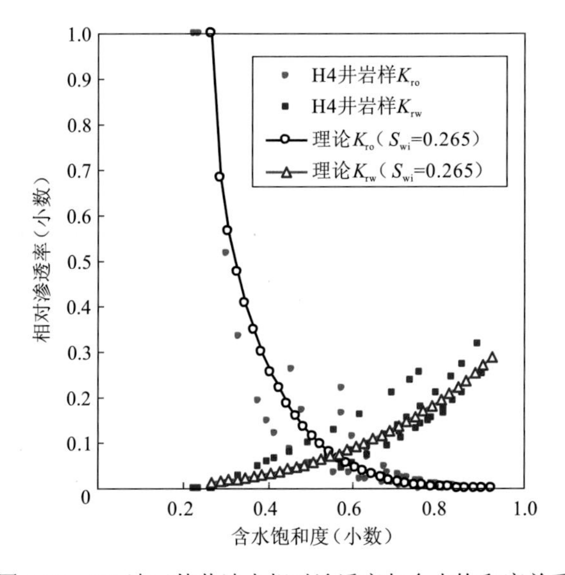

图 5-20　H4 油田某井油水相对渗透率与含水饱和度关系

5.4.3 应用实例

图 5-21 是 H4 油田 X 井某井段测井处理成果图。由图可见，在 5 078.5 m 井段以上，油相相对渗透率远大于水相相对渗透率，该深度可定为油层底界；5 078.5～5 080.4 m 井段，油水两相相对渗透率相近，油水同出，该层段为油水同层；5 080.4 m 以下井段，水相相对渗透率远大于油相相对渗透率，为水层。5 069.64～5 076.72 m 井段的试油结果为：采用 8 mm 油嘴、19.07 MPa 生产压差，日产油 266 m^3，无水产出。该结果表明，油水界面应在 5 076.72 m 之下，与测井处理分析结果相符合。

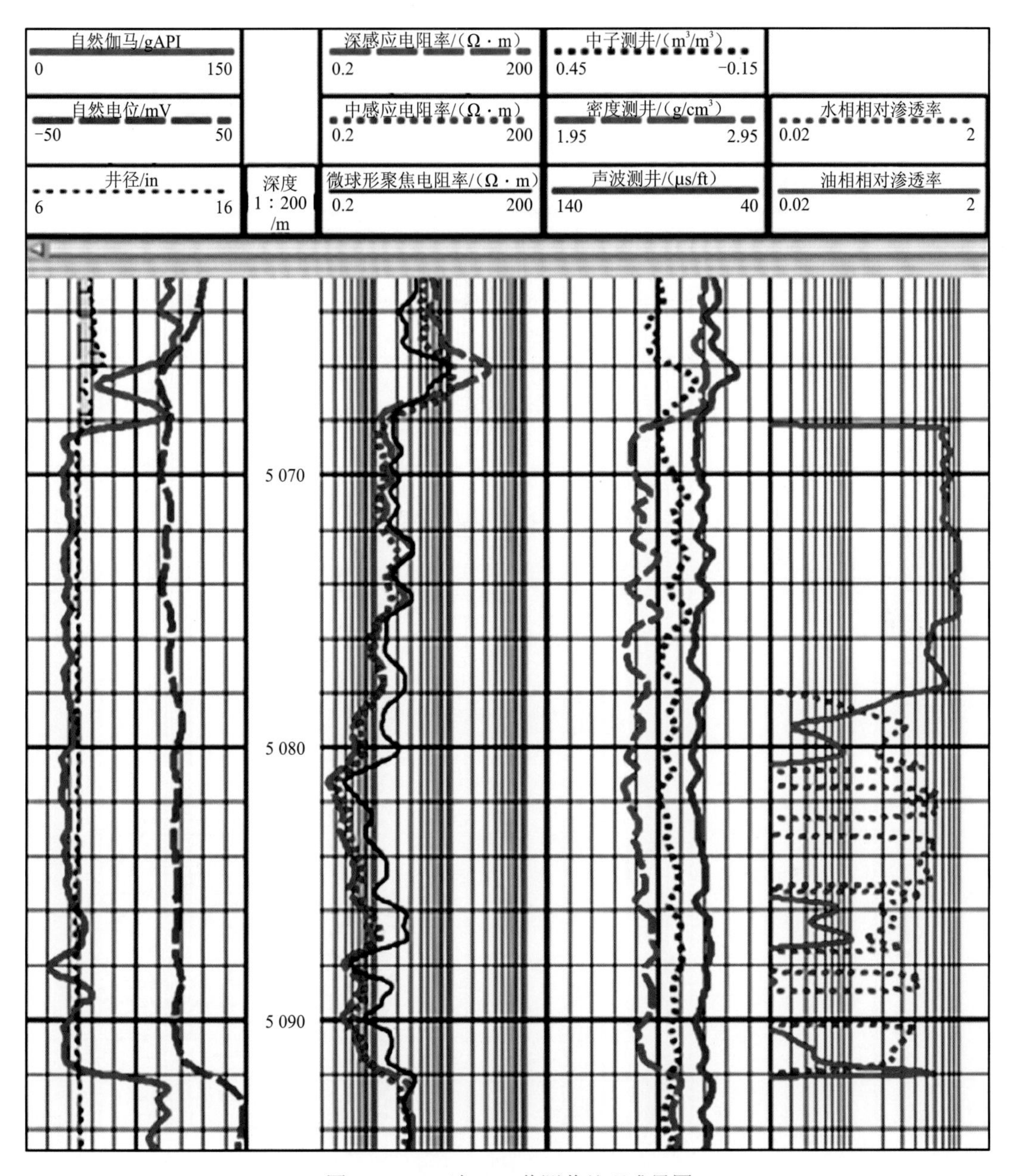

图 5-21　H4 油田 X 井测井处理成果图

图 5-22 是 J 井测井处理成果图。由图可见，层段 3 807～3 810 m 电阻率极低，约为 0.65 Ω · m，非常接近于下部水层电阻率。但计算的相对渗透率表明，该层段的油相相对渗透率远大于水相相对渗透率，应为油层特征，该结论被试油结果所证实：在层段 3 807～3 809 m 试油，日产油 100.97 m^3。

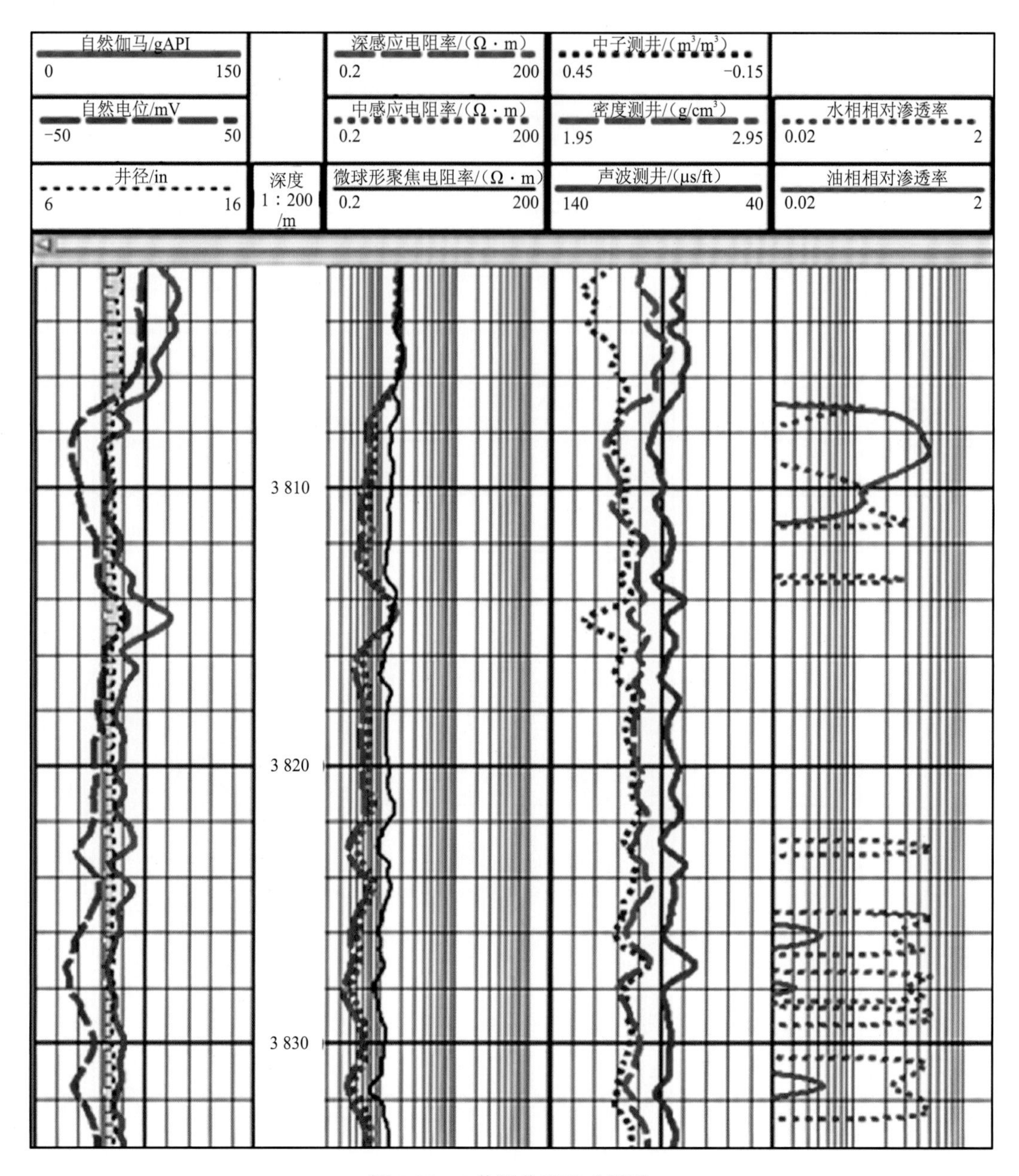

图 5-22　J 井测井处理成果图

5.5　低电阻率油层测井解释方法在 E 地区的应用

南海东部海域存在大量的低电阻率油层，在 E 地区的中浅层中广泛发育。由于其电阻率与水层或泥岩电阻率差别很小，使测井油水层识别困难，且容易与水层、油水同层混淆，甚至漏解释油气层。其饱和度的计算也存在较大问题：低电阻率油层含油饱和度可能较低，饱和度计算结果容易受到质疑。

5.5.1 E 地区低电阻率油层与正常油层的测井响应特征

对 E 地区油田进行全面分析可以看出，研究区存在正常油层、低电阻率油层、油水同层、含油水层、水层和干层。

对于正常油层，其深电阻率在 3 Ω · m 以上，自然伽马值相对较低，一般低于 100 API。低电阻率油层的电阻率与正常油层相比要小得多，同时泥质含量比正常油层的泥质含量高。从油层到油水同层、含油水层、水层，深电阻率依次减小，并且深浅电阻率差值也依次减小。如图 5-23 所示，1 487～1 492 m 井段为 E1 井的一个正常油层，其深电阻率

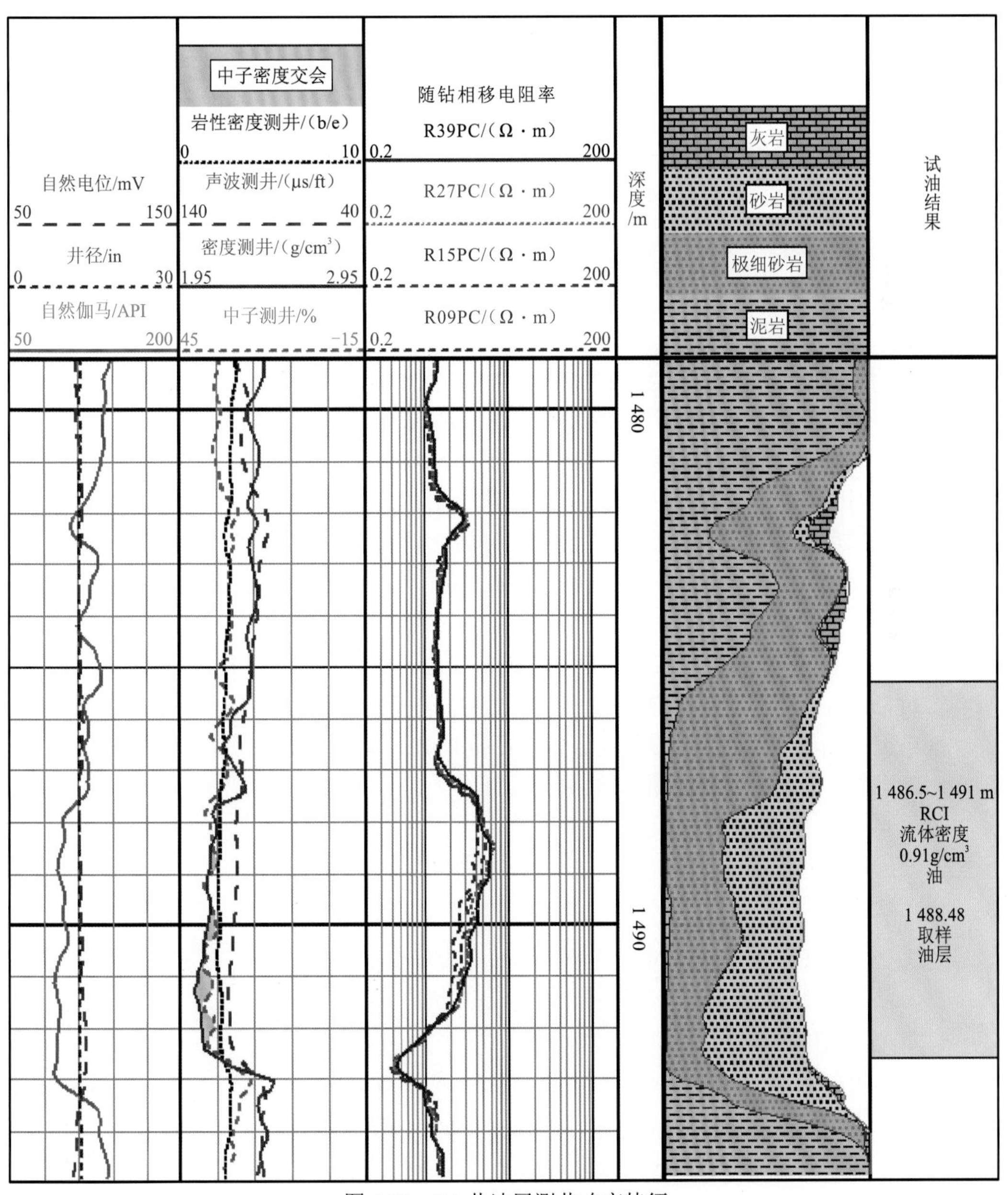

图 5-23　E1 井油层测井响应特征

大于 5 Ω · m，深浅电阻率差值较大，自然伽马值为 93 API；1 482～1487 m 井段为低电阻率油层，自然伽马值约为 110 API，相比正常油层较高。

E1 井的 1 490 m 和 1 491 m 处的 44 号样品和 45-3 号样品的岩心描述中，显示该深度处为中砂岩，颗粒相对低电阻率油层粗。该地区正常油层的岩石颗粒一般比低电阻率油层的粗。该深度段模块式地层测试器（modular dynamics tester，MDT）取样为油样。

统计分析正常油层的测井响应特征，总体表现为泥质含量低，粒度比较粗，深电阻率一般在 3 Ω · m 以上，见表 5-9。

表 5-9　正常油层电阻率响应特征

井号	顶深/m	底深/m	厚度/m	深电阻率/（Ω · m）	自然伽马/API	结论依据
E1	1 315.0	1 318.8	3.8	8.185 0	87.743 4	MDT
E3	1 631.0	1 638.6	7.6	5.166 0	81.367 0	MDT
E20	1 855.0	1 857.4	2.4	9.042 1	66.915 0	综合解释
E20	1 869.2	1 872.6	3.4	8.651 1	72.696 0	MDT
E20	1 898.0	1 904.0	6.0	7.159 4	70.854 0	MDT

低电阻率油层的深电阻率一般为 1～2 Ω · m，与正常油层电阻率相差比较明显，并且正常油层的深浅电阻率差值比低电阻率油层的深浅电阻率差值大。在低电阻率油层处，泥质含量相对于正常油层大，束缚水含量相对于正常油层大，岩石颗粒比正常油层的岩石颗粒细。低电阻率油层一般为细砂岩和粉砂岩，正常油层一般为中砂岩。

图 5-24 为 E1 井 1 315.0～1 318.5 m 深度处的正常油层段和 1 318.5～1 328.0 m 深度处的低电阻率油层段的测井曲线图。由图可见，正常油层电阻率高，在 3 Ω · m 以上，低电阻率油层电阻率在 1 Ω · m 左右，远远小于正常油层。正常油层深浅电阻率差值较大，一般在 2 Ω · m 以上；低电阻率油层的深浅电阻率差值很小，两曲线几乎重叠在一起。

低电阻率油层 1 318.5～1 328.0 m 段岩心描述多为油斑、油迹粉砂岩，如表 5-10 所示，由此可知，该段低电阻率油层的颗粒很细。

5.5.2　E 地区低电阻率油层成因简述

关于低电阻率油气藏形成机理的分析，在本书的 4.2 节及 5.2 节中有详细描述。本小节不对 E 地区低阻成因进行逐一分析，仅对主要成因作简要描述。

1. 颗粒粗细的影响

图 5-25 和图 5-26 是由研究区油田粒度分析资料得到的正常油层和低电阻率油层各组分含量平均值直方图，由图可看出，正常油层砂岩成分以中砂为主，粗砂、细砂次之，而低电阻率油层砂岩成分以细砂、极细砂为主，中砂、粗粉砂次之。

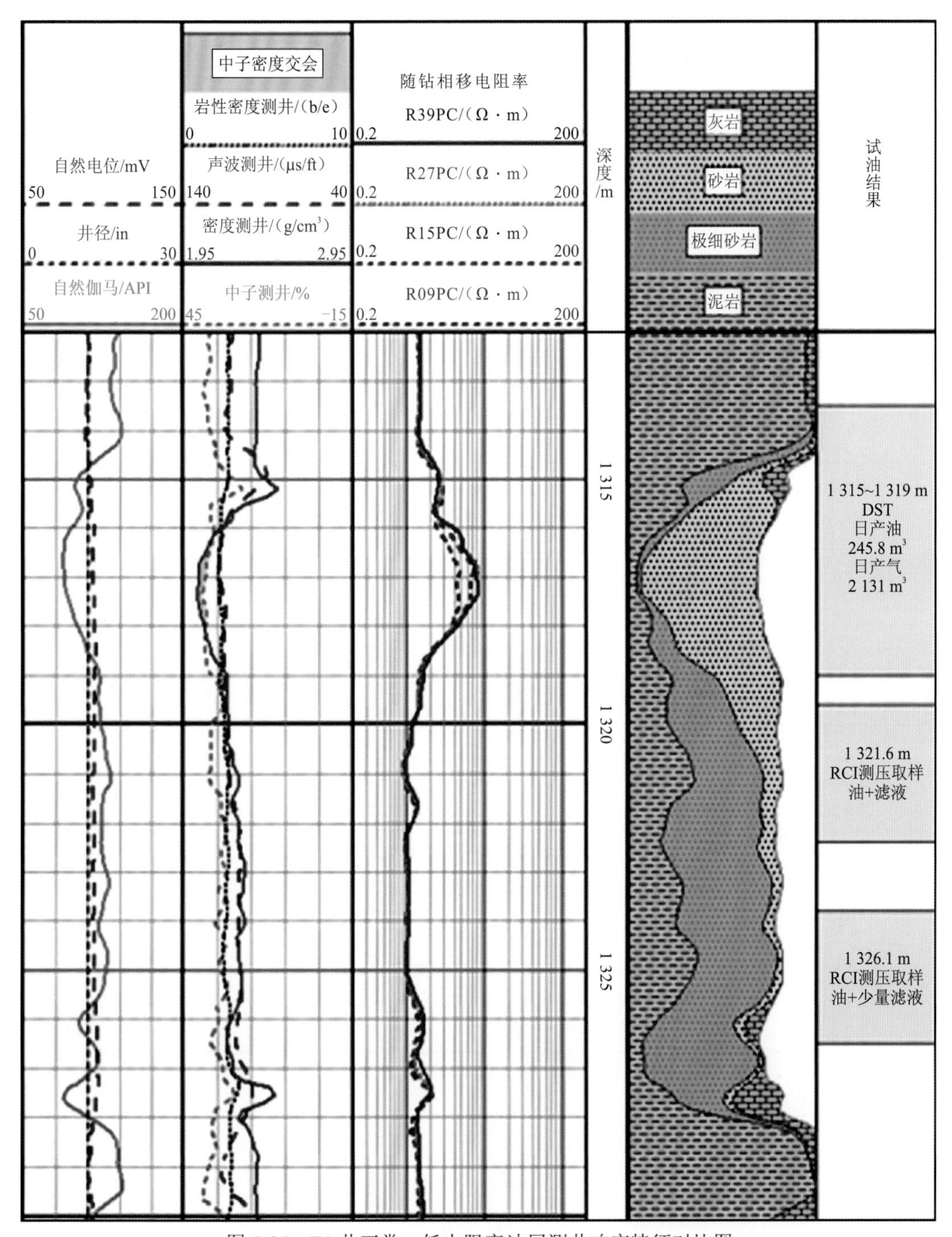

图 5-24　E1 井正常、低电阻率油层测井响应特征对比图

颗粒粗细由平均粒径来度量，平均粒径与泥质含量（粒度分析中黏土含量+细粉砂含量+粗粉砂含量）有一定的相关关系，图 5-27 是由 E2、E3、E20、E17、E19、E13、E16 等井粒度分析资料得到的平均粒径与泥质含量关系图。

表 5-10　E1 井 1 318.8～1 326.8 m 岩心描述表

序号	深度/m	岩心长度/mm	岩性描述	荧光显示
1	1 318.8	48.0	富含油粉砂岩：褐灰色，少量细粒，泥质胶结，疏松；含油面积 90%，分布均匀，油味浓，染手，滴水渗	直照暗黄色，荧光面积 100%，A 级，滴照乳白色，快速扩散
2	1 320.0	50.0	油斑粉砂岩：褐灰色，成分主要为石英，少量细粒，泥质胶结，疏松，见少量生物碎屑；含油面积 40%，分布不均，油味浓，染手，滴水渗	直照暗黄色，荧光面积 100%，A 级，滴照乳白色，快速扩散
3	1 321.0	43.0	油斑粉砂质泥岩：灰色，性软，粉砂质占 1/4 呈条带状分布；整个条带为褐灰色，饱含油，含油面积 15%，油味浓，染手，滴水渗	直照暗黄色，荧光面积 15%，D 级，滴照乳白色，快速扩散
4	1 321.7	35.0	油迹泥质细砂岩：灰色，成分以石英为主，少量长石及暗色矿物，粉-细粒为主，少量中粒，次棱角-次圆状，分选差，泥质胶结，疏松；泥质重，分布不均，局部为细砂岩。见少量生物碎屑；含油面积 5%，斑状分布，油味淡，不染手，滴水渗	直照暗黄色，荧光面积 20%，D 级，滴照乳白色，快速扩散
5	1 323.5	45.0	荧光粉砂质泥岩：灰色，粉砂质分布不均呈不规则条纹、条带及团块分布，性软。粉砂质内见荧光显示，滴水渗	直照暗黄色，荧光面积 20%，D 级，滴照乳白色，快速扩散
6	1 325.0	45.0	油迹泥质粉砂岩：灰色，泥质重，泥质呈不规则条纹及条带状分布。含油面积 5%，点状分布，油味淡，不染手，滴水渗	直照暗黄色，荧光面积 45%，C 级，滴照乳白色，快速扩散
7	1 326.1	43.0	粉砂质泥岩：灰色，粉砂质分布不均，呈条带及团块状分布，见不规则韵律层理，性软	无
8	1 326.8	47.0	油斑砂质泥岩：灰色，性软，砂质为宽 1～2 mm 的条带与泥质呈频繁互层出现，韵律层理明显，砂质有粉砂和细砂。所有砂质条带为褐灰色，饱含油，含油面积 20%，油味浓，染手，滴水渗	直照暗黄色，荧光面积 25%，D 级，滴照乳白色，快速扩散

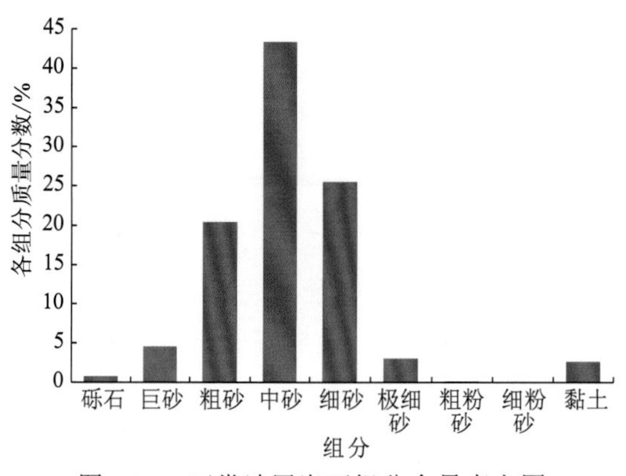

图 5-25　正常油层岩石组分含量直方图

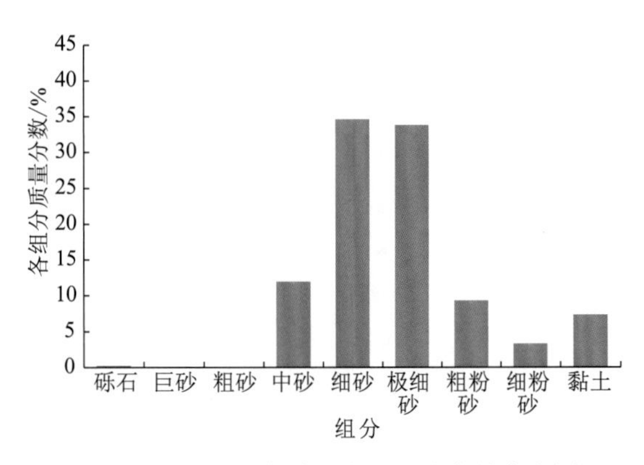

图 5-26　低电阻率油层岩石组分含量直方图

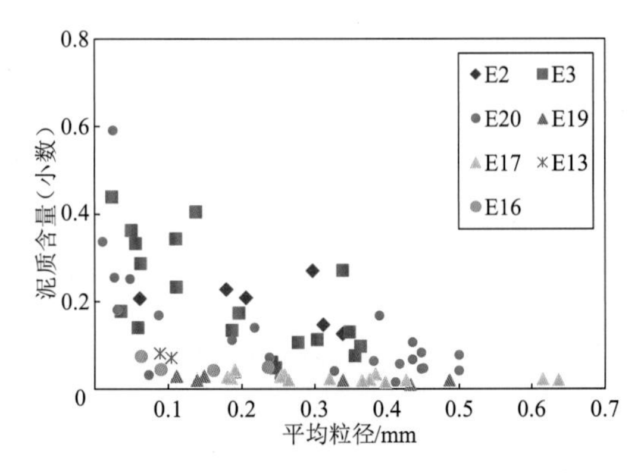

图 5-27　粒度分析平均粒径与泥质含量关系图

由于平均粒径与泥质含量有很好的相关关系，这两个参数均可用来研究颗粒粗细对电阻率的影响程度。

图 5-28 和图 5-29 是油层电阻率与泥质含量和平均粒径关系图，由图可以看出，随着泥质含量的升高电阻率明显降低，随着平均粒径的增大电阻率升高。

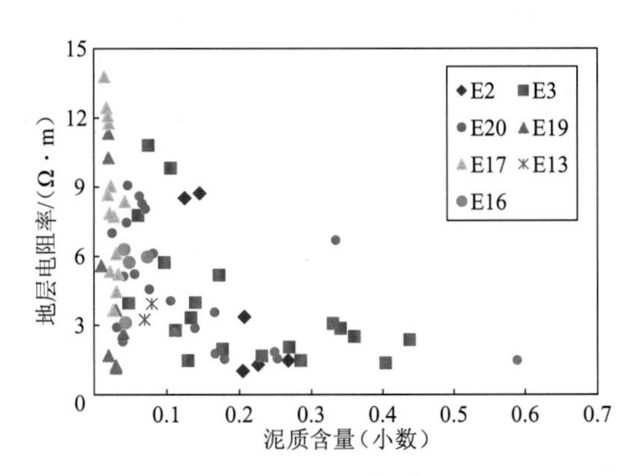

图 5-28　油层电阻率与泥质含量关系图

由以上分析可以看出，岩石颗粒细是导致油层电阻率降低的一个主要原因。

一般来说，岩石颗粒过细会导致储层孔隙结构差、束缚水含量高，从而导致油层电阻率低。具体来说孔隙的大小、连通性、孔喉半径比等孔隙结构特征均会对岩石电阻率

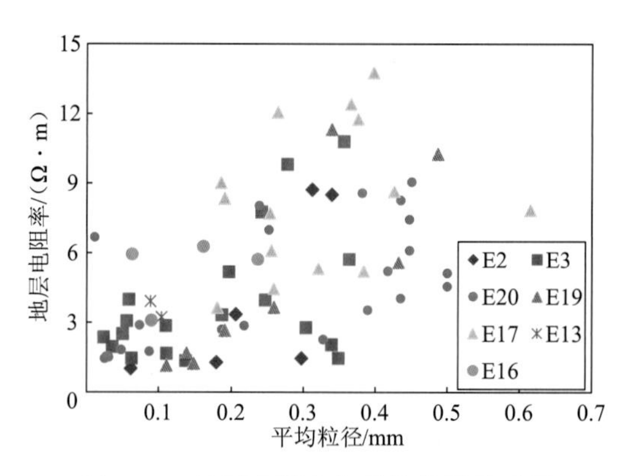

图 5-29　油层电阻率与平均粒径关系图

产生影响。毛细管压力曲线是毛细管压力与饱和度的关系曲线，一定的毛细管压力对应一定的孔隙喉道半径。从孔隙结构的角度看，毛细管压力曲线可以反映岩石的孔隙喉道分布情况。

表5-11是由E地区油层岩样半渗透隔板毛管压力资料得到的孔隙结构参数与电阻率对比表。图 5-30～图 5-33 分别为由表 5-11 作出的油层电阻率与束缚水饱和度、束缚水孔隙度、平均孔喉半径、渗透率之间的关系图。

表 5-11　E 地区油层岩样孔隙结构参数与电阻率对比表

井号	岩心号	井深/m	孔隙度/%	空气渗透率/（$\times10^{-3}\mu m^2$）	束缚水饱和度/%	束缚水孔隙度/%	平均孔喉半径/μm	电阻率/（Ω·m）
E1	1	1 162.4	22.5	7.140	75.70	17.03	1.58	1.76
E1	8	1 316.5	33.9	2 205.000	19.50	6.61	6.30	7.17
E1	41_1	1 484.4	23.0	11.900	52.00	11.96	3.04	1.63
E1	51	1 659.3	20.7	17.700	51.00	10.56	2.15	1.88
E7	28	1 311.3	15.0	7.550	68.10	10.22	1.86	1.42
E7	37	1 408.5	4.9	0.009	87.50	4.29	2.17	3.49
E7	48	1 955.0	14.7	0.271	78.80	11.58	1.58	1.85
E17	66	1 517.0	32.8	2 591.000	19.04	6.24	4.19	9.49
E17	48	1 819.5	20.4	257.000	42.14	8.60	1.28	4.78
E17	45	1 896.0	16.6	18.100	52.06	8.64	1.13	3.22
E17	38	2 086.0	9.3	2.700	56.30	5.24	0.77	3.46
E17	31	2 161.5	13.6	0.801	82.36	11.20	0.65	2.53
E17	24	2 208.5	27.3	3 760.000	17.57	4.80	3.40	4.67
E17	15	2 255.0	26.9	2 063.000	17.56	4.72	5.71	9.75
E17	10	2 271.5	21.1	667.000	31.15	6.57	3.17	4.18
E3	5	1 394.5	27.2	27.400	64.30	17.49	0.99	1.31

续表

井号	岩心号	井深 /m	孔隙度 /%	空气渗透率 /（$\times10^{-3}\mu m^2$）	束缚水饱和度 /%	束缚水孔隙度 /%	平均孔喉半径 /μm	电阻率 /（Ω·m）
E3	11	1 481.0	26.3	391.000	46.57	12.25	1.79	1.46
E3	17	1 781.0	23.5	536.000	40.67	9.56	2.02	1.45
E4	2	1 318.2	17.6	165.000	38.41	6.76	1.73	1.44
E4	9	1 577.6	22.3	9.850	55.66	12.41	1.31	1.18
E4	13	1 580.0	28.8	3 050.000	33.65	9.69	4.49	1.74

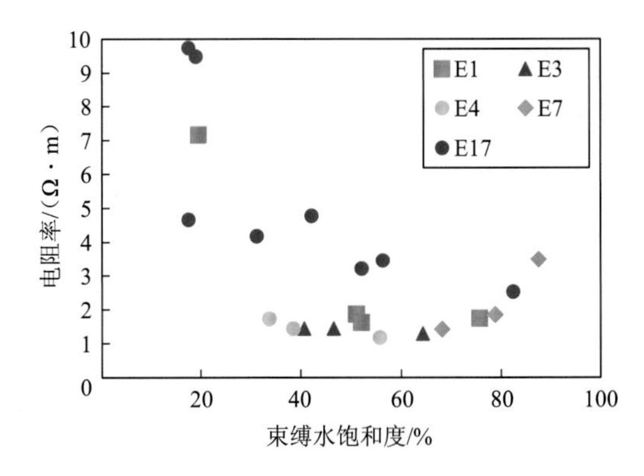

图 5-30　油层电阻率与束缚水饱和度关系

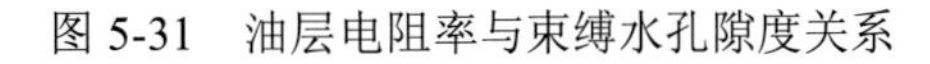

图 5-31　油层电阻率与束缚水孔隙度关系

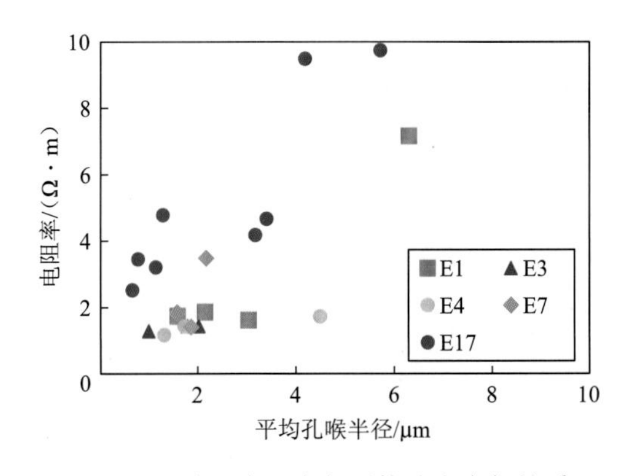

图 5-32　油层电阻率与平均孔喉半径关系

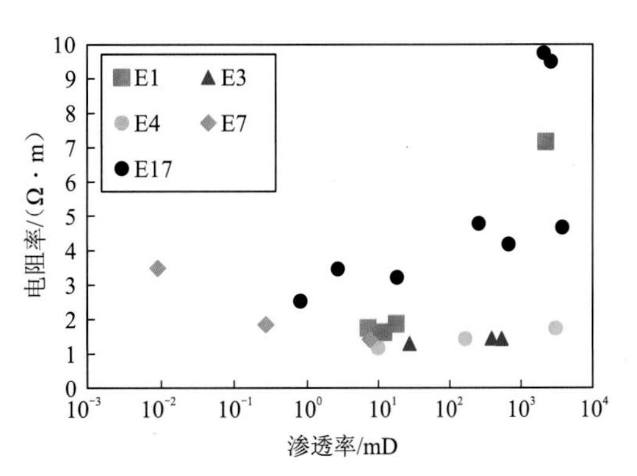

图 5-33　油层电阻率与渗透率关系

由图 5-30 可看出，随着束缚水饱和度的减小，电阻率升高。由图 5-31 可看出，随束缚水孔隙度的增大，电阻率降低。在这两幅图中，资料点变化趋势较明显，这是因为地层的导电性强弱直接由导电的水含量控制，导电路径的曲折程度只是影响导电能力的一个次要因素。

由图 5-32 可看出，随平均孔喉半径的增大，电阻率升高。平均孔喉半径越大，地层孔隙和喉道越大，油气越容易进入储层孔隙，因而进入孔隙中的油气越多，地层电阻率越高。

由图 5-33 可看出，随渗透率的升高，电阻率升高。渗透率是孔隙度、束缚水饱和度、孔隙结构复杂程度的综合反映，渗透率低的储层，可能孔隙度小、孔隙结构复杂（孔喉半径比大、喉道小），因而导电能力差。在该地区，由于储层物性普遍较好，物性不是制约电阻率的主要因素。

2. 油藏幅度的影响

若油藏幅度小，油气不足以克服更大毛细管压力而进入更小孔隙，则油气充满程度较低，这是形成低电阻率油层的外在因素。

对于一个完整的油气藏，油气藏的顶部为纯油气层，含油饱和度高。中间可能存在油（气）水过渡带，含油饱和度较低，之下可能为底部水层或边部水层。之所以存在这种垂向的流体分层性，主要是因为流体密度存在差异，导致油气水在同一油气藏中所承受的纵向驱替力不同，即存在油气水分异作用。

如果油气水的分异作用较弱，就不能形成高饱和度纯油气层，成为低电阻率油层或油水同层。研究区的有些层系油气藏中存在大量的油水同层，之所以出现这种情况，主要是因为油藏高度低。

油气藏的成藏过程受流体–孔隙系统所控制，在流体驱动力的作用下，油气首先进入孔隙结构好、排替压力小的储层，而后，随着驱动力的加大，油气可以进入孔隙结构较差、排替压力较大的储层，使得含油饱和度进一步加大。在储层性质相同的条件下，流体驱动力作用主要受控于油气柱高度（距自由水平面的高度），因此，储层的含油饱和度与其所处的油藏位置密切相关，即油水分异作用导致含油饱和度随着油气柱高度的加大而升高。

对于好的油气藏，油柱高度大，含油饱和度高；而低幅度的油气藏，其油柱高度小，若同时受沉积和成岩作用影响，储层物性相对较差，油水在圈闭内分异不好，则可能形成低含油饱和度油层或油水同层。当然，同一油柱高度下，不同孔隙结构的油气藏含油饱和度也存在明显的差别。图 5-34 为工区油柱高度与电阻率的关系，由图可见，油柱高度较大的地层，含油比较饱满，地层电阻率明显较高。但是该工区部分储层油柱高度偏小，导致油层电阻率较低。

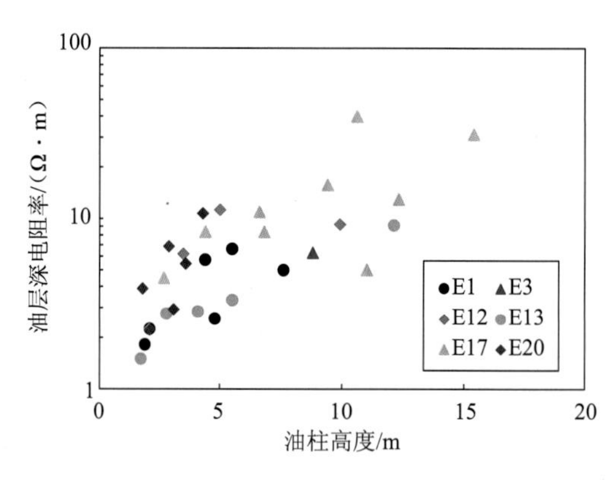

图 5-34　油柱高度与电阻率的关系

通过以上分析，该区部分储层油藏幅度低，油气浮力不足以克服更小的毛细管压力进入更小的孔隙，导致油层含油饱和度不高，电阻率低。这是该区存在低电阻率油层的重要原因。

5.5.3 核磁共振测井在低电阻率油层评价中的应用

核磁共振测井测量结果基本不受岩石骨架的影响，对孔隙结构及孔隙流体反映灵敏，能较好地避开复杂岩性对储层评价造成的不利影响，可以准确地计算储层参数，识别储层好坏。

核磁共振测井测量岩石孔隙内氢核的横向弛豫时间 T_2 和纵向弛豫时间 T_1，其中横向弛豫时间 T_2 取决于储集层的孔隙结构与流体性质。通过 T_2 谱可得到孔隙的分布情况，根据 T_2 谱波形特征，选择合理截止值，可有效区分储集层中可动流体和束缚流体。基于油、气、水存在不同的弛豫与扩散特性，利用 T_2 谱分布形态法、差谱法、移谱法能识别储层的流体性质。

核磁共振测井 T_2 谱包含有岩石孔隙结构的分布及所含流体的各种信息，不但可以判别储层中流体的性质，在解释孔隙度、渗透率、自由水、泥质束缚水、毛细管束缚水等参数时也具有非常明显的优势，并能够通过 T_2 谱的分布研究孔隙结构，达到直观评价储层的目的。

综上所述，核磁共振测井不但可以判别储层流体性质，定量提供孔隙度、渗透率等参数，而且能通过 T_2 谱的分布研究孔隙结构，对复杂储层评价提供很好的帮助。将核磁共振测井与常规测井相结合，形成的配套技术可明显提高复杂储层油气层的识别符合率和孔隙度、渗透率参数的解释精度。

1. 储层有效性识别

低电阻率油层的岩性颗粒细，泥质含量高，孔隙结构较为复杂，常规测井方法针对该类储层没有明显的响应特征，有效储层及油水识别极其困难。因此对于该类型复杂储层，在常规测井中没有明显响应，识别区分困难的情况下，利用核磁共振测井新技术能够较好地识别储层。

在核磁共振测井测得的 T_2 谱中，通常认为 T_2 截止值小于 3 ms 的部分为泥质束缚水，大于 3 ms 的部分为有效孔隙 ϕ。可动孔隙和束缚孔隙的 T_2 截止值具有较强的区域特征且难以确定。为绕过这一难题，将有效孔隙分为大孔隙和小孔隙（其概念与可动孔隙和束缚孔隙不同），取 T_2 截止值 33 ms 为大小孔隙的分界线，定义大于 3 ms 且小于 33 ms 部分的孔隙度为小孔隙 ϕ_X，大于 33 ms 的孔隙为大孔隙 ϕ_D。在这一认识的基础上，定义“大孔率”参数 DKL：其物理意义为大孔隙在有效孔隙中所占的比例，即

$$\mathrm{DKL}=\frac{\phi_D}{\phi}=\frac{\phi_D}{\phi_D+\phi_X} \tag{5-14}$$

其中 ϕ_D 和 ϕ_X 都能通过对核磁测井 T_2 谱进行区间孔隙度分析得到。大孔率参数能反映岩石的孔隙结构特征，其与“可动孔隙”必然呈正相关关系，储层的大孔率越大，其可动孔隙度也越大，孔隙结构越好。而泥岩、中细砂岩和极细砂岩的孔隙结构特征有明显区别，利用这一参数能较好地区分有效储层和无效储层。

在实际生产中，常使用测压资料作为储层有效性的判别依据，在测压资料中测试为

“好层”的层位是有效储层，测试为“致密层”的层位是无效储层，测试为“低渗层”的层位其渗流能力介于有效储层与无效储层之间。

以测压资料为判别依据，利用核磁测井测得的总孔隙度及提炼出的大孔率两个参数，可建立目标区储层有效性识别图版，如图 5-35 所示。

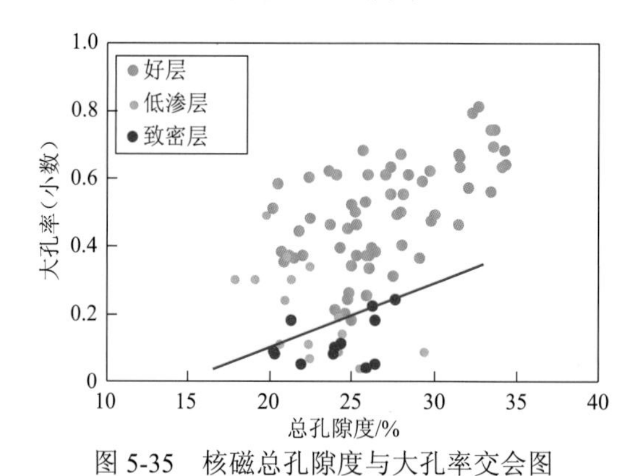

图 5-35　核磁总孔隙度与大孔率交会图

如图 5-35 所示，在总孔隙度相同的情况下，有效储层的大孔率始终大于无效储层，即在总孔隙度相同的情况下，有效储层的孔隙结构更好，可动孔隙度更大，而无效储层的孔隙绝大部分为束缚孔隙。

2. 储层流体性质识别

识别储层流体性质通常可利用阿奇公式推导并计算出储层的视地层水电阻率，由此识别油层和水层。视地层水电阻率的含义是假设储层孔隙中全含水时水的电阻率。在储层物性相同的情况下，油层的视地层水电阻率总是大于水层的视地层水电阻率。因此可制作视地层水电阻率 R_{wa} 与有效孔隙度 ϕ 的交会图，用于识别油层与水层。

但在 E 地区，低电阻率油层具有岩性细、束缚水含量高的特点，储层孔隙中通常是油水并存的。这导致相同有效孔隙度的条件下，低电阻率油层计算出的视地层水电阻率介于正常油层与水层之间，且容易与水层混淆，导致其识别困难，如图 5-36 所示。

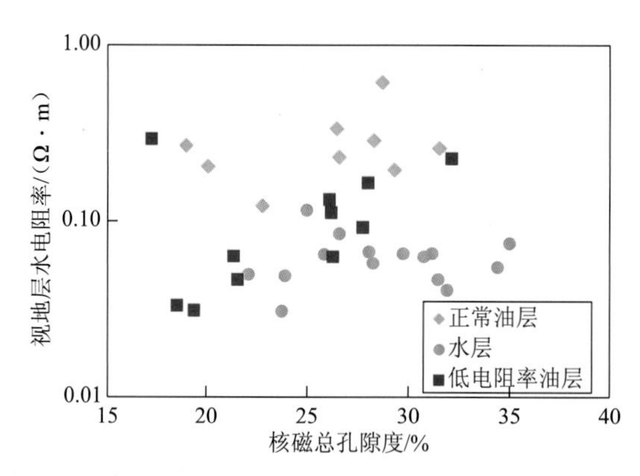

图 5-36　核磁总孔隙度与视地层水电阻率交会图

为消除束缚水的影响，使用大孔率与视地层水电阻率绘制交会图。在低电阻率油层中，由于油无法克服较大的毛细管压力进入小孔隙，通常仅存在于可动孔隙中。因此低电阻率油层中大孔率实际上表示含油饱和度的最大值。但在水层中，无论是可动孔隙还是束缚孔隙，其中的流体都是水。所以为了消除束缚水的影响，使用核磁大孔率和视地层水电阻率绘制交会图，可较好地区分水层、低电阻率油层，如图 5-37 所示。

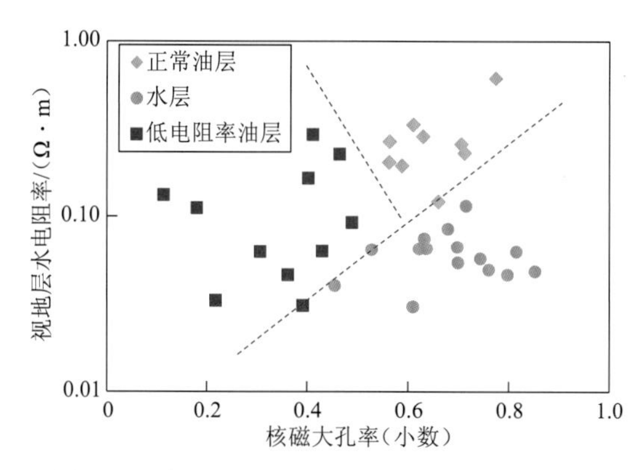

图 5-37　核磁大孔率与视地层水电阻率交会图

从图 5-37 可以看出：相同大孔率条件下，水层的视地层水电阻率总是小于油层；低电阻率油层的大孔率小于正常油层。由大孔率与视地层水电阻率交会图也可较好地识别正常油层与低电阻率油层。

3. 与常规测井联合反演的极细砂岩含量计算

分析 I 区低电阻率油层测井曲线，除有电阻率低的特点外，还具有自然伽马值高的特征，其自然伽马值几乎与泥岩相当。而图 5-26 中的低电阻率油层的岩心粒度分析资料显示其平均泥质含量（图 5-26 中粗粉砂、细粉砂及黏土之和）小于 25%。

对比图 5-25 和图 5-26 中正常油层与低电阻率油层的主要颗粒成分，发现低电阻率油层中含有大量的极细砂，而正常油层中几乎不含极细砂。据此可推测极细砂岩含量高是导致南海东部地区低电阻率油层束缚水含量高的原因，且极细砂岩的自然伽马值远大于粗砂、中砂和细砂，仅略低于泥质。

通过以上分析认为，I 区低电阻率油层的主要成因是高极细砂岩含量导致的高束缚水含量，根据表 5-12 所示的颗粒粒度划分，在测井解释的过程中，将“砂岩”这一地层组分分为颗粒粗、孔喉半径大、束缚水含量低的“中细砂岩”（粒度分布范围为 0.5～0.125 mm）和颗粒细、孔喉半径小、束缚水含量高的“极细砂岩”（粒度分布范围为 0.125～0.062 5 mm）。若能准确地计算“极细砂岩”含量，则能在低电阻率油层高自然伽马值的背景下计算出相对准确的泥质含量，从而解决 I 区低电阻率油层的漏解释及储层参数计算精度问题。

表 5-12　碎屑颗粒粒度划分表

粒级划分	砾石	砂					粉砂		黏土（泥）
		巨砂	粗砂	中砂	细砂	极细砂	粗粉砂	细粉砂	
颗粒直径/mm	大于 2	2～1	1～0.5	0.5～0.25	0.25～0.125	0.125～0.062 5	0.062 5～0.031 2	0.031 2～0.003 9	<0.003 9

为计算中细砂岩、极细砂岩和泥质的含量，岩石体积模型变得更为复杂，常规的测井解释方法不能解决这种复杂岩性问题，因此采用最优化测井解释方法。但在实际处理过程中，依然需要选用合理的测井曲线。目前最优化测井解释过程中，主要依靠自然伽马及三孔隙度曲线计算地层组分含量，这些曲线存在两方面不足：①中细砂岩与极细砂岩主要的矿物组分都是石英（SiO_2），其密度、中子和声波的矿物骨架值几乎无差别，三孔隙度曲线对中细砂岩与极细砂岩的区分效果有限；②研究区低电阻率油层自然伽马值仅略低于泥岩层，自然伽马曲线对泥岩与极细砂岩的区分效果有限。如果仅使用常规测井曲线，计算出的泥质、中细砂岩和极细砂岩含量准确性不够。

泥岩、中细砂岩与极细砂岩三种岩性的孔隙结构有明显差异，其中：中细砂岩的孔隙结构最好；泥岩的孔隙结构最差，孔隙中几乎全是束缚水；极细砂岩的孔隙结构介于两者之间。核磁测井为目前唯一能表征孔隙结构的测井方法，为解决极细砂岩含量计算精度问题，考虑在最优化测井解释的目标函数中加入核磁测井信息，综合核磁资料与常规测井资料进行联合反演。

用核磁资料与常规测井资料进行联合反演的思路为：首先使用式（5-14）从核磁测井资料中提取出大孔率曲线 DKL；然后推导出其测井响应方程，并确定方程中的每个骨架参数；最后利用最优化测井解释原理，同时使用常规曲线测井响应方程和大孔率测井响应方程构建目标函数，求解获得联合反演结果。

1）大孔率曲线的测井响应方程

为使大孔率曲线参与计算地层组分，需要写出大孔率曲线的响应方程，并确定每种地层组分的骨架参数。大孔率骨架参数与常规测井骨架参数不同，以密度测井为例，在地层中每一种地层组分都有固定的骨架密度，其值的大小取决于组分的化学成分和测量环境，如石英的化学成分为 SiO_2，这决定了石英的骨架密度为 2.65 g/cm^3 左右。但地层组分的大孔率与其化学成分关系不大，其值仅与孔隙结构有关。因为纯矿物或流体均没有孔隙结构，所以传统体积模型中的各个组分没有大孔率骨架参数值，也无法写出响应方程。

孔隙结构是指岩石内的孔隙和喉道类型、大小、分布及其相互连通关系。固体矿物骨架的排列形成了孔隙及孔隙结构，而流体又填充在孔隙中，孔隙结构决定了流体的存在形式。只有地层组分同时具有固体骨架和孔隙流体时，该组分才有孔隙和孔隙结构，也才有大孔率参数。为写出大孔率参数的响应方程，将传统的体积模型做出一定修改，如图 5-38 所示。

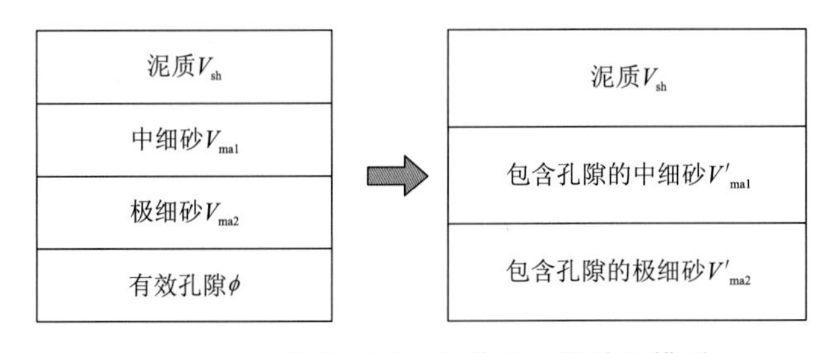

图 5-38　传统体积模型与修改后的体积模型

将传统体积模型中的有效孔隙ϕ分为中细砂岩孔隙体积$V_{\phi\mathrm{ma1}}$和极细砂孔隙体积$V_{\phi\mathrm{ma2}}$，即

$$\phi = V_{\phi\mathrm{ma1}} + V_{\phi\mathrm{ma2}} \tag{5-15}$$

修改后的体积模型有

$$1 = V_{\mathrm{sh}} + V'_{\mathrm{ma1}} + V'_{\mathrm{ma2}} \tag{5-16}$$

在修改后的体积模型中，中细砂（含孔隙）V'_{ma1}是指原体积模型中的中细砂V_{ma1}与中细砂孔隙体积$V_{\phi\mathrm{ma1}}$之和；极细砂（含孔隙）V'_{ma2}是指原体积模型中的极细砂V_{ma2}与极细砂孔隙体积$V_{\phi\mathrm{ma2}}$之和，即

$$\begin{cases} V'_{\mathrm{ma1}} = V_{\mathrm{ma1}} + V_{\phi\mathrm{ma1}} \\ V'_{\mathrm{ma2}} = V_{\mathrm{ma2}} + V_{\phi\mathrm{ma2}} \end{cases} \tag{5-17}$$

传统体积模型中的泥质、中细砂、极细砂和孔隙均没有大孔率这一骨架参数，但修改后体积模型中的各组分表示的是骨架与对应孔隙的结合，所以有大孔率这一骨架参数。根据新的体积模型写出大孔率的响应方程为

$$\mathrm{DKL} = V_{\mathrm{sh}}\mathrm{DKL}_{\mathrm{sh}} + V'_{\mathrm{ma1}}\mathrm{DKL}_{\mathrm{ma1}} + V'_{\mathrm{ma2}}\mathrm{DKL}_{\mathrm{ma2}} \tag{5-18}$$

式中：$\mathrm{DKL}_{\mathrm{sh}}$、$\mathrm{DKL}_{\mathrm{ma1}}$和$\mathrm{DKL}_{\mathrm{ma2}}$分别为泥岩、中细砂岩（含孔隙）和极细砂岩（含孔隙）的大孔率，这些值可以在岩性较纯的层段读取。

砂岩的有效孔隙度等于有效孔隙体积比总体积，即

$$\phi = \frac{V' - V}{V'} \tag{5-19}$$

式中：V'为岩石总体积；V为岩石固体骨架体积；ϕ为岩石有效孔隙度。

将式（5-19）变形，得

$$V' = \frac{V}{1-\phi} \tag{5-20}$$

同理中细砂（含孔隙）V'_{ma1}和极细砂（含孔隙）V'_{ma2}可写成

$$\begin{cases} V'_{\mathrm{ma1}} = \dfrac{V_{\mathrm{ma1}}}{1-\phi_{\mathrm{ma1}}} \\ V'_{\mathrm{ma2}} = \dfrac{V_{\mathrm{ma2}}}{1-\phi_{\mathrm{ma2}}} \end{cases} \tag{5-21}$$

式中：ϕ_{ma1}为中细砂岩有效孔隙度；ϕ_{ma2}为极细砂岩有效孔隙度。

岩石物理学中，对于碎屑岩，其孔隙度大小的控制因素主要有：颗粒大小的均一性、胶结或固结程度、沉积和沉积后的压实量、填充方式，与颗粒粒径的大小没有直接关系。因此可以假设纯中细砂的有效孔隙度ϕ_{ma1}和纯极细砂的有效孔隙度ϕ_{ma2}相等，即

$$\phi_{\mathrm{ma1}} = \phi_{\mathrm{ma2}} \tag{5-22}$$

式(5-22)中两种砂岩的有效孔隙体积$V_{\phi\mathrm{ma1}}$和$V_{\phi\mathrm{ma2}}$可分别写成两种砂岩的总体积V'_{ma1}和V'_{ma2}乘以两种砂岩的有效孔隙度ϕ_{ma1}和ϕ_{ma2}，即

$$\phi = V'_{\mathrm{ma1}}\phi_{\mathrm{ma1}} + V'_{\mathrm{ma2}}\phi_{\mathrm{ma2}} \tag{5-23}$$

将式（5-23）和式（5-22）代入式（5-16），得中细砂有效孔隙度ϕ_{ma1}、极细砂有效孔隙度ϕ_{ma2}和泥质砂岩有效孔隙度ϕ之间的关系：

$$\phi_{ma1} = \phi_{ma2} = \frac{\phi}{1 - V_{sh}} \tag{5-24}$$

将式（5-24）代入式（5-21）再代入式（5-18），化简得大孔率曲线的响应方程：

$$DKL = V_{sh}DKL_{sh} + V_{ma1}DKL_{ma1} + V_{ma2}DKL_{ma2} + \phi \frac{DKL\text{-}V_{sh}DKL_{sh}}{1 - V_{sh}} \tag{5-25}$$

此方程为非线性方程。定义视有效孔隙大孔率 DKL_{ϕ}，其值为

$$DKL_{\phi} = \frac{DKL - V_{sh}DKL_{sh}}{1 - V_{sh}} \tag{5-26}$$

根据实际核磁测井资料，泥岩大孔率参数 DKL_{sh} 为 0.05 左右，低电阻率油层大孔率为 0.3～0.6，正常油层大孔率一般大于 0.7。E 地区正常油层泥质含量一般小于 15%，低电阻率油层泥质含量一般小于 30%。在有效储层，DKL_{ϕ} 分子中的 $V_{sh}DKL_{sh}$ 相对于大孔率 DKL 可忽略不计，分母 $1\text{-}V_{sh}$ 值大于 0.7，对式（5-25）整体的影响不大，为使用方便，忽略两者的影响，则可将式（5-25）写为

$$DKL = V_{sh}DKL_{sh} + V_{ma1}DKL_{ma1} + V_{ma2}DKL_{ma2} + \phi DKL \tag{5-27}$$

式（5-25）与式（5-21）之间的误差为

$$R = \phi \frac{DKL - V_{sh}DKL_{sh}}{1 - V_{sh}} - \phi DKL = \phi \frac{V_{sh}\left(DKL - DKL_{sh}\right)}{1 - V_{sh}} \tag{5-28}$$

为估算误差 R 的最大值，假设有效孔隙 ϕ 取最大值 30%、泥质含量 V_{sh} 取最大值 30%、泥质大孔率 DKL_{sh} 约为 0.05，在低电阻率油层大孔率 DKL 取 0.3～0.6。则 R 的最大值为 0.03～0.07，该值只有低电阻率油层大孔率的十分之一，故为了使用方便，实际中可使用式（5-27）。

式（5-27）形式与常规测井曲线的响应方程通式一致，故可用其与常规测井曲线响应方程共同构筑最优化测井解释的目标函数。可利用核磁测井资料中的孔隙结构信息进行联合反演，区分泥岩、中细砂岩和极细砂岩，从而提高地层参数的计算精度。

2）大孔率的骨架响应值

为使大孔率曲线参与计算地层组分，在推导出大孔率曲线的响应方程的基础上，还需要确定每种地层组分的骨架参数。

将式（5-27）变形得

$$\left(1 - \phi\right)DKL = V_{sh}DKL_{sh} + V_{ma1}DKL_{ma1} + V_{ma2}DKL_{ma2} + \phi \times 0 \tag{5-29}$$

从式（5-29）可以看出，若输入曲线使用 $(1-\phi)DKL$，则孔隙流体部分的 DKL 值可以全部使用 0，这样可以减少程序的计算量，提高程序的运行速度。

为计算 V_{sh}、V_{ma1} 和 V_{ma2}，则需要确定 DKL_{sh}、DKL_{ma1} 和 DKL_{ma2}。其中泥岩的大孔率骨架值 DKL_{sh} 和中细砂岩的大孔率骨架值 DKL_{ma1} 可以从测井曲线中岩性较纯的层段读取。对于 E 地区，泥岩骨架值 DKL_{sh} 约为 0.05，中细砂岩骨架值 DKL_{ma1} 约为 0.86。

在泥岩骨架值与中细砂岩骨架值确定的情况下，可以使用岩心粒度分析资料刻度获得极细砂岩骨架值。表 5-13 为由 E20 井岩心粒度分析得到的泥质、中细砂和极细砂含量及对应的核磁大孔率值。

表 5-13　E20 井粒度分析各组分含量及核磁测井大孔率值

序号	井名	深度/m	孔隙度（小数）	泥质含量（小数）	中细砂含量（小数）	极细砂含量（小数）	大孔率（小数）
1	E20	1 541.4	0.256	0.123	0.607	0.014	0.529
2	E20	1 622.4	0.174	0.335	0.087	0.404	0.286
3	E20	1 624.0	0.196	0.193	0.061	0.550	0.353
4	E20	1 625.0	0.184	0.375	0.084	0.357	0.222
5	E20	1 794.4	0.284	0.098	0.126	0.492	0.495
6	E20	1 806.2	0.251	0.062	0.527	0.160	0.693
7	E20	1 870.7	0.305	0.000	0.668	0.027	0.828
8	E20	1 872.4	0.165	0.133	0.642	0.060	0.681
9	E20	1 948.5	0.122	0.590	0.033	0.255	0.153
10	E20	2 157.0	0.269	0.001	0.698	0.032	0.869
11	E20	2 160.0	0.279	0.002	0.689	0.030	0.828
12	E20	2 164.0	0.265	0.005	0.659	0.071	0.829

由表 5-13 中数据可以计算出$(1-\phi)\mathrm{DKL}-V_{sh}\mathrm{DKL}_{sh}-V_{ma1}\mathrm{DKL}_{ma1}$值，并绘制 V_{ma2} 与$(1-\phi)\mathrm{DKL}-V_{sh}\mathrm{DKL}_{sh}-V_{ma1}\mathrm{DKL}_{ma1}$ 的交会图，如图 5-39 所示，图中的斜率就是极细砂岩骨架大孔率值 DKL_{ma2}，即 $\mathrm{DKL}_{ma2}=0.389\ 8$。

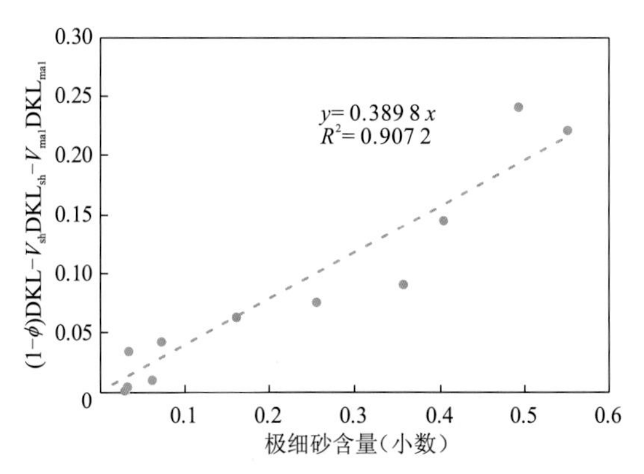

图 5-39　V_{ma2} 与$(1-\phi)\mathrm{DKL}-V_{sh}\mathrm{DKL}_{sh}-V_{ma1}\mathrm{DKL}_{ma1}$ 交会图

图 5-40 为 E20 井联合反演成果图，从图中可以看出联合反演计算出的孔隙度、泥质含量、极细砂含量与岩心分析孔隙度、岩心薄片粒度分析泥质含量、岩心薄片粒度分析极细砂岩含量匹配良好。说明联合反演方法能有效提高低电阻率油层储层参数计算精度。

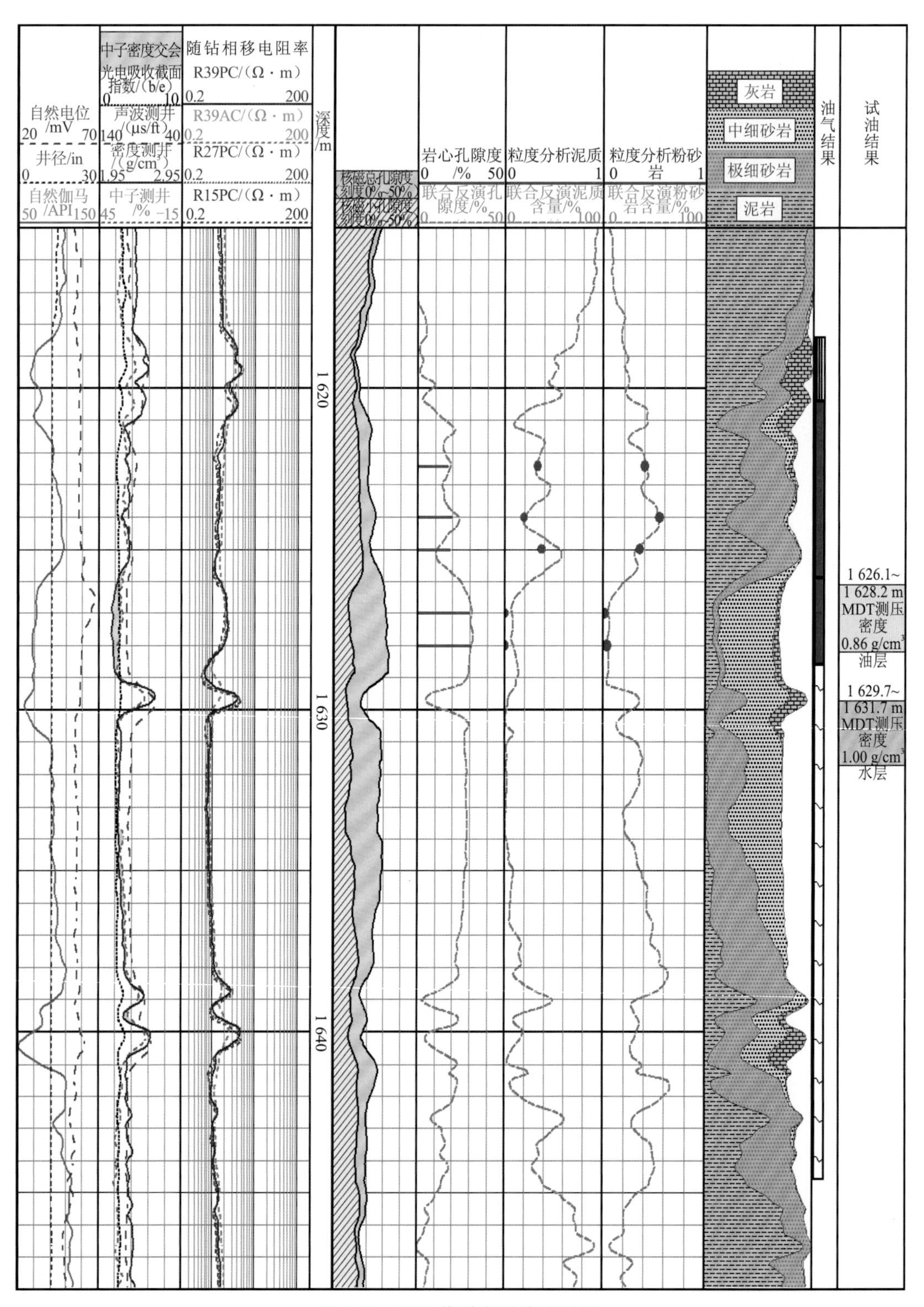

图 5-40　E20 井联合反演成果图

5.5.4 基于电成像测井高分辨率电阻率曲线的砂泥岩薄互层识别

所谓薄层，一般来说指的是厚度小于测井仪器有效纵向分辨率的地层，在砂泥岩中最常见。在测井中，因为常规测井仪器的纵向分辨率较低，测井响应值受围岩影响较大，各参数的计算精度降低，当地层层厚小于测井仪器分辨率时，就会出现薄层的问题，这种情况在砂泥岩中是很常见的。在砂泥岩薄互层中，所测的响应值是薄层测井响应和围岩测井响应的褶积，这是仪器纵向分辨率范围内地层的综合响应，所以，曲线会出现失真的现象，导致无法获得真正的测井响应。

电成像测井具有分辨率高及直观性强的特点，可以反映丰富的地质信息。从电成像数据中提炼出一条高分辨率电阻率曲线，然后利用该曲线计算地层的电阻率各向异性，可以有效识别薄互层，其具体步骤如下。

首先，将高分辨率电阻率曲线与静态图重叠，按静态图中的明暗条纹给予合适的泥岩阈值，识别薄互层剖面中的泥岩与砂岩。

然后，统计一个常规测井资料采样间隔（RLEV，通常为 0.10～0.15 m）内高分辨率电阻率曲线落在泥岩阈值内的点数 N。

则一个 RLEV 内的泥岩厚度为

$$H_{sh} = N \times \text{RLEVF} \tag{5-30}$$

式中：H_{sh}为一个RLEV内的泥岩厚度，m；RLEVF为成像资料采样间隔，其值为0.002 5 m。

泥岩的相对体积为

$$V_{sh} = \frac{N}{\text{RLEV/RLEVF}} \tag{5-31}$$

砂岩的相对体积为

$$V_{sd} = 1 - \frac{N}{\text{RLEV/RLEVF}} \tag{5-32}$$

在垂直井中，对于砂泥岩薄互层，其地层水平电阻率可看作砂岩电阻率和泥岩电阻率的并联，即

$$\frac{1}{R_h} = \frac{V_{sh}}{R_{sh}} + \frac{1-V_{sh}}{R_{sd}} \tag{5-33}$$

式中：R_h为地层水平电阻率；V_{sh}为泥岩相对体积；R_{sh}和R_{sd}分别为泥岩电阻率和砂岩电阻率。

同理，在垂直井中，对于砂泥岩薄互层，其地层垂直电阻率可看作砂岩电阻率和泥岩电阻率的串联，即

$$R_v = V_{sh}R_{sh} + \left(1 - V_{sh}\right)R_{sd} \tag{5-34}$$

式中：R_v为地层垂直电阻率；V_{sh}为泥岩相对体积；R_{sh}和R_{sd}分别为泥岩电阻率和砂岩电阻率。

则地层电阻率各向异性为地层垂直电阻率与地层水平电阻率之比，即

$$\lambda = \frac{R_v}{R_h} \tag{5-35}$$

将式（5-33）和式（5-34）代入式（5-35）并化简得

$$\lambda=\frac{\left(R_{sh}-R_{sd}\right)^2}{R_{sh}R_{sd}}\times V_{sh}\left(1-V_{sh}\right)+1 \tag{5-36}$$

从式（5-36）中可以看到，若泥岩电阻率 R_{sh} 和砂岩电阻率 R_{sd} 的比值固定，则地层电阻率各向异性可看成仅与 V_{sh} 有关的函数。在实际处理过程中设砂岩电阻率 R_{sd} 是泥岩电阻率 R_{sh} 的 10 倍时，则有

$$\lambda=8.1\times V_{sh}\left(1-V_{sh}\right)+1 \tag{5-37}$$

V_{sh} 与 $V_{sh}(1-V_{sh})$的关系如图 5-41 所示，若认为泥质含量小于 0.2 的储层为砂岩层，泥质含量在 0.2～0.8 的层为薄互层，泥质含量大于 0.8 的层为泥岩层，则薄互层对应的地层电阻率各向异性值 λ ＞2.296。

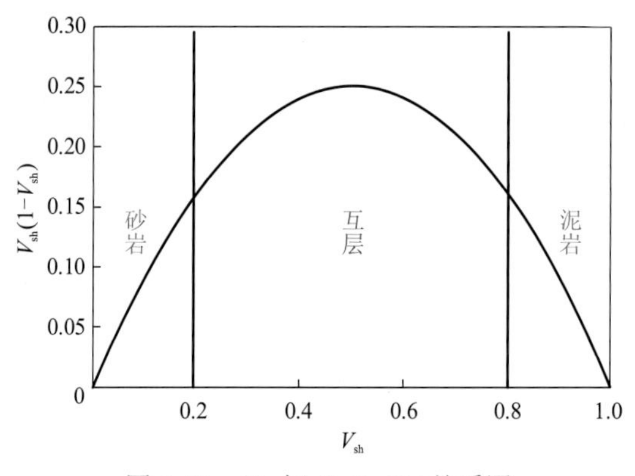

图 5-41　V_{sh} 与 $V_{sh}(1-V_{sh})$关系图

图 5-42 为 E1 井薄互层识别成果图，图中电阻率各向异性曲线识别出 5 个薄互层。图 5-43 为 E1 井 1 310～1 330 m 电成像动态图与静态图，在电阻率各向异性值大于 3 的深度段，可在电成像动态图与静态图上观察到明显的砂泥岩薄互层。其中 1 321 m、1 325 m 和 1 326.8 m 深度的岩心照片上可以明显看出砂泥岩薄互层，如图 5-44～图 5-46 所示。这说明计算电阻率各向异性的方法可以定量识别砂泥岩薄互层。

进一步在电阻率各向异性值大于 3 的层段统计高分辨率电阻率曲线落在泥岩阈值内的点数，每个点计 0.002 5 m，统计其厚度。图 5-42 和图 5-43 中的 5 个薄互层中泥岩的厚度分别为 0.47 m、0.44 m、0.50 m、0.49 m 和 0.55 m。

5.5.5　主要地层参数计算模型

1. 含水饱和度计算模型

1）岩电参数的确定

由阿奇公式可知油层的电阻率除与岩石的物性（孔隙度）及含油性（含水饱和度）有关外，还与岩石的孔隙结构有密切关系。在阿奇公式中使用岩电参数来表征岩石的孔隙结构特征，其中胶结指数 m 表示孔隙结构的复杂程度，孔隙结构越复杂 m 值越大，孔隙结构越简单 m 值越小；饱和度指数 n 表示水在储层中的导电效率，导电效率越低（水

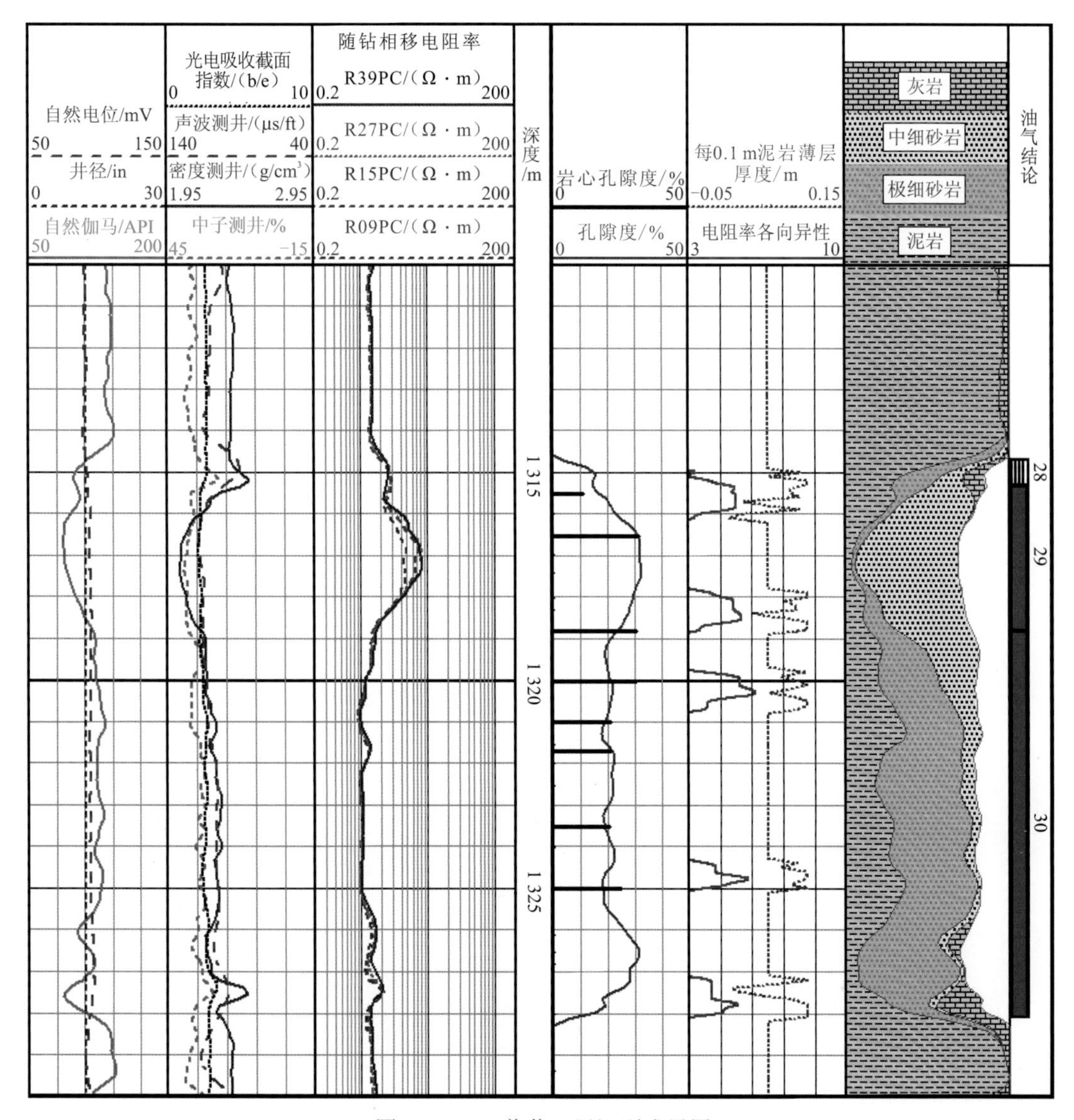

图 5-42　E1 井薄互层识别成果图

的连通性不好）n 值越大，导电效率越高（水的连通性好）n 值越小；a 和 b 为常数，其值通常接近于 1。

图 5-47 是地层因素与孔隙度关系（E1 井、E7 井及 E19 井），由图可知：低电阻率油层 $a=1.010\,8$，$m=1.579$；正常油层 $a=0.973\,6$，$m=1.656$。

图 5-48 是电阻率增大指数与含水饱和度关系（E1 井、E7 井及 E19 井），由图可知：低电阻率油层 $b=1.052\,2$，$n=1.755$；正常油层 $b=1.022\,8$，$n=1.835$。

2）计算模型

在较纯净砂岩中，可将由岩电实验得到的岩电参数代入阿奇公式计算含水饱和度：

$$S_{\mathrm{w}}=\sqrt[n]{\frac{abR_{\mathrm{w}}}{\phi^{m}R_{\mathrm{t}}}} \tag{5-38}$$

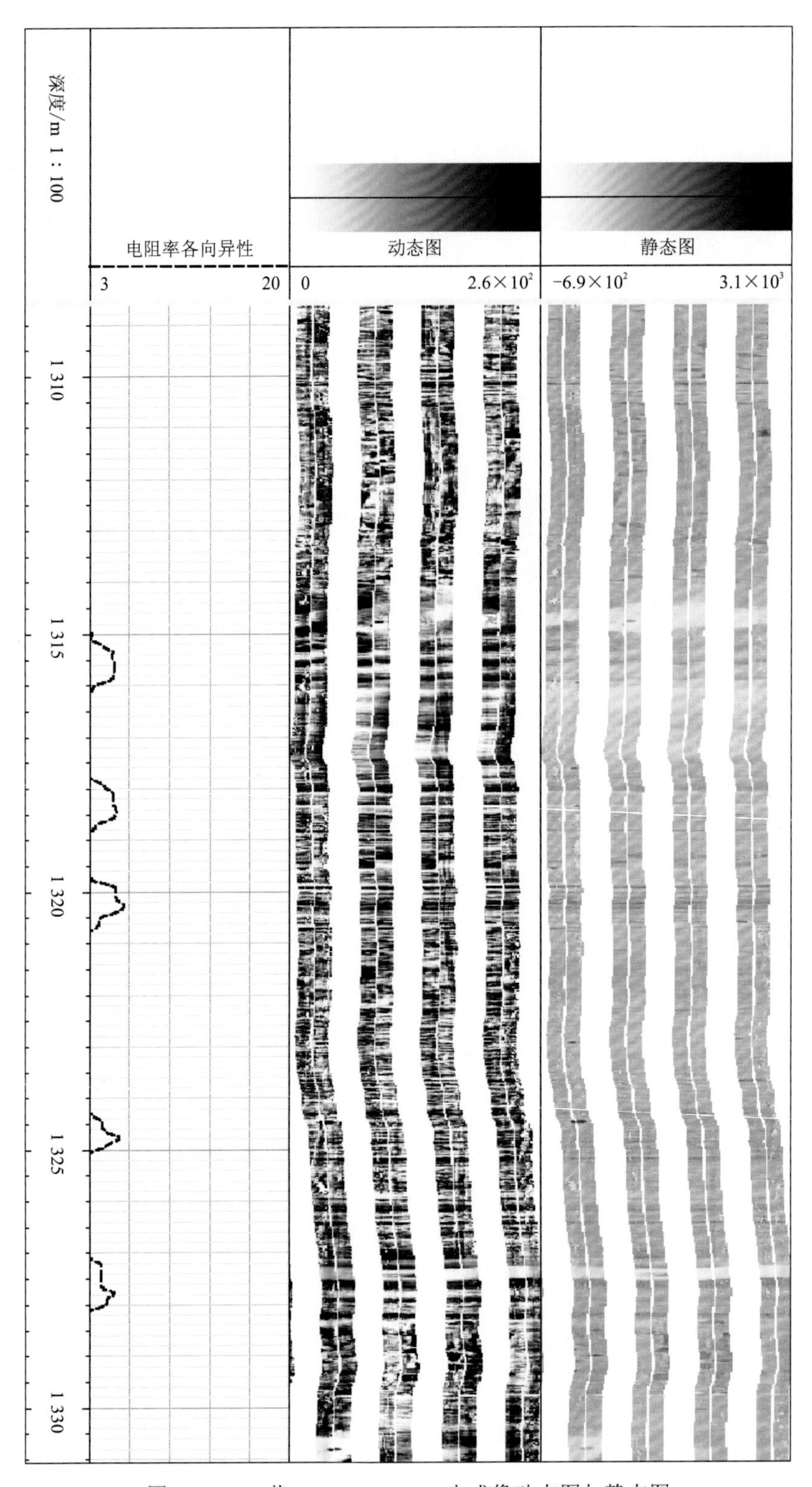

图 5-43　E1 井 1 310～1 330 m 电成像动态图与静态图

图 5-44　E1 井 1 321 m 岩心照片

图 5-45　E1 井 1 325 m 岩心照片

图 5-46　E1 井 1 326.8 m 岩心照片

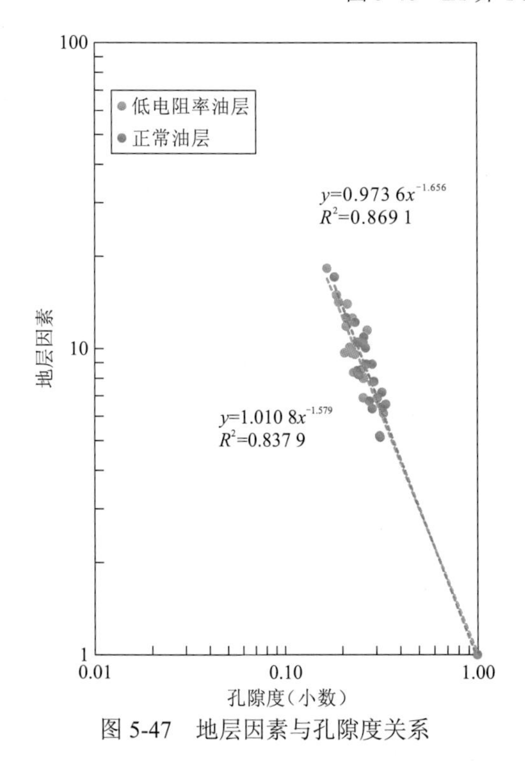

图 5-47　地层因素与孔隙度关系

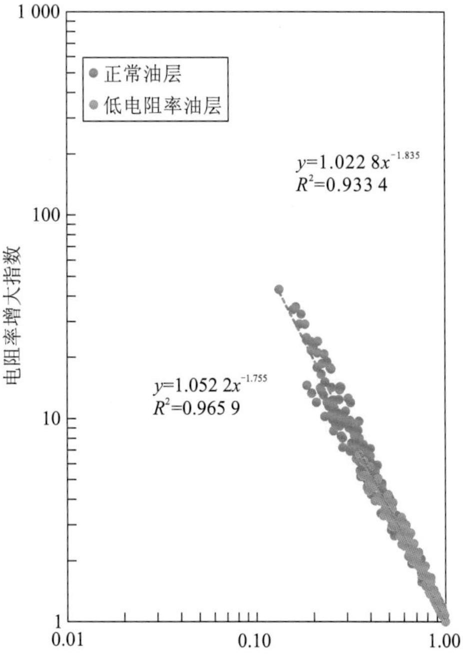

图 5-48　电阻率增大指数与含水饱和度关系

用式（5-38）计算含水饱和度时，其中岩电参数应为图 5-47、图 5-48 中得到的岩电参数。

当储层泥质含量高时，电阻率将受到泥质含量的影响，明显降低，对饱和度计算有一定的影响，因而在计算该地区油层的含水饱和度时，应考虑泥质含量的影响，采用下式计算含水饱和度：

$$S_w = \sqrt[n]{\frac{1}{\left(\frac{V_{sh}^C}{\sqrt{R_{sh}}} + \frac{\phi^{0.5m}}{\sqrt{aR_w}}\right)^2 R_t}} \tag{5-39}$$

式中：R_{sh}为泥岩电阻率，Ω · m；V_{sh}为泥质含量，小数；系数 $C=1-0.5V_{sh}$。

当利用式（5-39）计算含水饱和度时，需重新利用式（5-39）回归岩电参数。

由式（5-39）可得到（$S_w=1$ 时 $R_o=R_t$）：

$$F = \frac{R_o}{R_w} = \frac{1}{\left(\frac{V_{sh}^C}{\sqrt{R_{sh}}} + \frac{\phi^{0.5m}}{\sqrt{aR_w}}\right)^2 R_t} \tag{5-40}$$

$$I = \frac{R_t}{R_o} = \frac{1}{S_w^n} \tag{5-41}$$

式中：F 为地层因素；I 为电阻率增大指数。

由式（5-41）可知，若考虑泥质含量的影响，n 值将与由阿奇公式得到的相同（b 值为 1，实测值非常接近于 1）。由式（5-40）可知，若考虑泥质含量的影响，a 值与 m 值将与由阿奇公式得到的不同。因而需重新利用式（5-40）回归 a 值与 m 值。在这一过程中，各样品的泥质含量若有实验室分析结果，则利用实验室分析结果，否则利用测井计算结果。

表 5-14 为印尼公式回归岩电参数表（样品来自 E1 井和 E19 井常温条件下岩电实验资料）。

表 5-14　印尼公式回归岩电参数

井号	样品编号	取样深度/m	储层类型	F	ϕ（小数）	V_{sh}/%	R_{sh}/(Ω · m)	R_w/(Ω · m)	C_1	C_2	C_2-C_1	m
E1	1	1 162.40	低电阻率油层	9.67	0.097	33.82	1.40	0.05	0.077	0.322	0.245	1.89
E1	13	1 321.70	低电阻率油层	10.09	0.101	14.71	1.40	0.05	0.032	0.315	0.283	1.67
E1	15	1 325.00	低电阻率油层	6.89	0.069	30.51	1.40	0.05	0.069	0.381	0.312	1.72
E1	41-1	1 484.40	低电阻率油层	8.34	0.083	31.23	1.40	0.05	0.071	0.346	0.275	1.75
E19	13D	2 296.92	低电阻率油层	11.83	0.211	22.08	1.50	0.13	0.077	0.291	0.214	1.98
E19	18D	2 309.10	水层（差岩性）	17.13	0.184	7.79	1.50	0.13	0.025	0.242	0.216	1.81
E19	2D	1 629.95	正常油层	6.45	0.064	26.18	1.50	0.13	0.092	0.394	0.302	2.14
E19	3D	1 631.11	正常油层	7.20	0.072	24.65	1.50	0.13	0.086	0.373	0.286	2.22
E19	11D	2 293.60	正常油层	10.45	0.104	15.10	1.50	0.13	0.051	0.309	0.258	1.98
E19	12D	2 293.91	正常油层	12.21	0.122	13.93	1.50	0.13	0.047	0.286	0.239	1.98
E19	14D	2 301.05	正常油层	7.81	0.078	20.90	1.50	0.13	0.072	0.358	0.285	2.05

续表

井号	样品编号	取样深度/m	储层类型	F	ϕ（小数）	V_{sh}/%	R_{sh}/(Ω·m)	R_w/(Ω·m)	C_1	C_2	C_2-C_1	m
E19	15D	2 302.79	正常油层	12.64	0.126	17.59	1.50	0.13	0.060	0.281	0.221	1.94
E19	16D	2 304.72	正常油层	10.08	0.101	18.29	1.50	0.13	0.063	0.315	0.252	2.08

表中：$C_1=\dfrac{V_{sh}^C\times\sqrt{R_w}}{\sqrt{R_{sh}}}$；$C_2=\sqrt{\dfrac{1}{F}}$。

由式（5-40）可变形得到：

$$m=2\times\frac{\lg\left[\left(\sqrt{\dfrac{1}{F}}-\dfrac{V_{sh}^C\times\sqrt{R_w}}{\sqrt{R_{sh}}}\right)\times\sqrt{a}\right]}{\lg\phi}=2\times\frac{\lg[(C_2-C_1)\times\sqrt{a}]}{\lg\phi} \quad (5\text{-}42)$$

式（5-42）中，令 $a=1$ 则可以计算出表 5-14 中的 m 值。由此计算出的 m 值中，低电阻率油层与正常油层有明显差别，低电阻率油层的 m 值明显低于正常油层，将每块样品的 m 值取平均值，得低电阻率油层的印尼公式 m 值为 1.803，正常油层的印尼公式 m 值为 2.054。

2. 渗透率计算模型

渗透率作为储层评价的重要参数之一，一直以来是国内外石油工作者关注和致力解决的重要研究课题。渗透率指示了储层的渗流能力，直接决定了储层流体的产出能力，是储层综合评价的一个关键参数。

取心分析孔隙度包含泥质中的微小孔隙度，而这部分孔隙度对渗透率几乎无贡献，当泥质含量高时，渗透率与孔隙度相关性很差，因而，在确立渗透率计算模型时，需要剔除泥质的影响，使用泥质含量不高的砂岩类岩样的实验分析结果。经验表明，孔隙度大的地层渗透率也相应较高，渗透率随着孔隙度的增大而明显升高。

图 5-49 为 I 区储层渗透率与覆压孔隙度关系图（样本点来自 E1、E3、E4、E7、E17 井常规岩心分析资料）。由图 5-49 中红色资料点可得到正常油层渗透率计算式。

$$K=12.745e^{0.175\,8\phi} \quad (5\text{-}43)$$

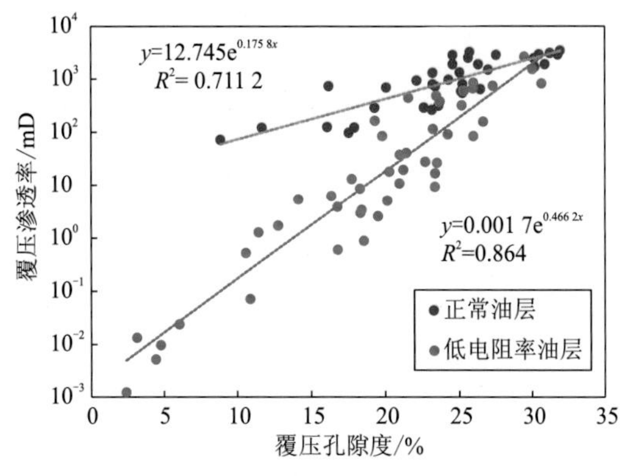

图 5-49　储层覆压渗透率与覆压孔隙度关系

由图 5-49 中蓝色资料点可得到低电阻率油层储层渗透率计算式。

$$K=0.0017\mathrm{e}^{0.4662\phi} \tag{5-44}$$

式中：K 为渗透率，mD；ϕ 为孔隙度，%。

3. 束缚水饱和度计算模型

束缚水饱和度指在某一规定压差下，岩石中不可流动的水的体积占岩石总孔隙体积的百分比。无论何种类型的油气藏，其形成均与其地质背景相关，主要受控于储层性质（亲油性、亲水性、孔隙度、渗透率、饱和度、孔隙结构等）、地层水性质（矿化度、离子活度、密度等）、油藏构造的幅度、油柱高度及驱动方式等。

影响储层束缚水饱和度大小的因素很多，归纳起来主要有泥质含量、孔隙结构、孔喉直径、粒度、岩石比表面积、分选系数、粒度中值、孔隙度、渗透率和油气柱高度等因素。

但以上这些参数不能通过测井直接测量到，只能通过测井信息间接反映出来，因而只有找到束缚水饱和度与能反映束缚水含量的测井信息间的定量关系时，才能通过测井资料评价束缚水饱和度的大小。在以上诸多因素中有许多因素是相互联系的，互为因果，并存在明显的交互影响。因此，对束缚水饱和度来说，它们并不是独立的影响因素。这些影响因素表现在泥质含量、孔隙度与渗透率中。

孔隙度和渗透率是能间接反映束缚水饱和度大小的岩石物性参数。孔隙度小的岩石，其孔隙结构一般较为复杂，孔隙空间小，喉道细，因而能束缚较多的水，形成高束缚水饱和度。孔隙空间大，孔隙结构简单，喉道大的岩石，一定具有较好的流体渗透能力，而它不能束缚较多的地层水，因而孔隙度和渗透率与束缚水饱和度具有相关关系。

毛细管压力实验是确定束缚水饱和度的有效方法。通过研究发现，地层束缚水饱和度与渗透率 K 和孔隙度 ϕ 的比值有较好的相关性。

由于 E 地区存在孔隙结构相对较好的正常油层与孔隙结构相对较差的低电阻率油层，两者在束缚水含量上有较大差别，所以将两者分开建立束缚水模型。

图 5-50 和图 5-51 分别为当毛细管压力为 8 psi（0.052 2 MPa）和 100 psi（0.689 5 MPa）时束缚水饱和度与（K/ϕ）$^{1/2}$ 的关系图（样品来自 E1、E3、E7、E20 井半渗透隔板毛细管压力资料）。由图 5-50 和图 5-51 可见，S_{wi} 与（K/ϕ）$^{1/2}$ 有较好的相关性，其关系为

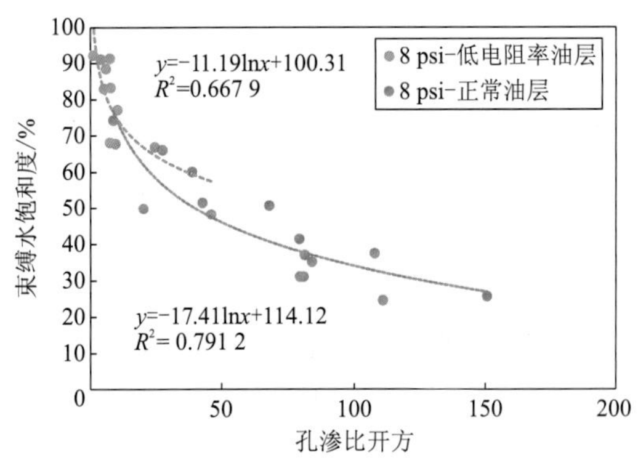

图 5-50　研究区储层 0.055 2 MPa 毛细管压力条件下束缚水饱和度与（K/ϕ）$^{1/2}$ 关系图

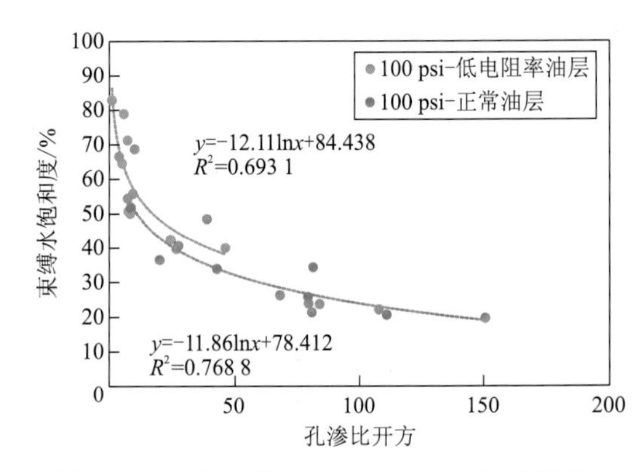

图 5-51　研究区储层 0.689 5 MPa 毛细管压力条件下束缚水饱和度与（K/ϕ）$^{1/2}$ 关系图

8 psi-低电阻率油层：$S_{wi} = -11.19\ln\sqrt{\frac{K}{\phi}} + 100.31$ （5-45）

8 psi-正常油层：$S_{wi} = -17.41\ln\sqrt{\frac{K}{\phi}} + 114.12$ （5-46）

100 psi-低电阻率油层：$S_{wi} = -12.11\ln\sqrt{\frac{K}{\phi}} + 84.438$ （5-47）

100 psi-正常油层：$S_{wi} = -11.86\ln\sqrt{\frac{K}{\phi}} + 78.412$ （5-48）

式中：S_{wi}为束缚水饱和度，%；K为渗透率，$\times 10^{-3}\,\mu m^2$；ϕ为孔隙度，小数。

研究认为 8 psi 驱替压力（气水）对应的束缚水饱和度为最大束缚水饱和度，100 psi 驱替压力对应的束缚水饱和度为最小束缚水饱和度，通过比较含水饱和度与这两个束缚水饱和度的大小可以识别储层产液性质。若含水饱和度介于两束缚水饱和度之间，为油层；若含水饱和度大于最大束缚水饱和度，地层有可动水，为水层或油水同层。油水界面附近的油层，含水饱和度接近于最大束缚水饱和度，大压差开采会出水，低电阻率油层大多属于此种情况；若含水饱和度接近（或小于）最小束缚水饱和度，油层开发不易出水，高电阻率油层多属于此类。

5.5.6 资料处理与效果分析

图 5-52 为 E20 井层段 A 测井处理解释成果图。图中 16 号层与 17 号层测井计算含水饱和度均小于最大束缚水饱和度，为纯油层特征，1 737.2～1 753.5 m 层段进行 DST 测试，19.05 mm 油嘴，日产油 245.8 m^3，产气 5 426 m^3，不产水，为纯油层。还可看出，测井计算孔隙度和渗透率与岩心测量结果接近。

图 5-53 为 E20 井层段 B 测井处理解释成果图。49 号层与 50 号层测试资料证实为油层。其中 49 号层电阻率为 3.89 Ω · m，自然伽马值为 104.59 API，上覆泥岩电阻率为 3.14 Ω · m，自然伽马值为 117 API，其余常规测井曲线中仅密度曲线与泥岩有一定差别，仅使用常规测井曲线且不计算极细砂岩时，得到的泥质含量为 58.12%，孔隙度为 11.6%，极易误判为泥岩层。但在核磁测井的区间孔隙度上 49 号层的孔隙特征介于 50 号层与上覆泥岩层之间，是典型的细颗粒低电阻率油层特征。使用核磁测井与常规测井联合反演方法计算出该层的泥质含量为 28.16%，孔隙度为 15.86%，饱和度为 60.02%，渗透率为 $7.77\times 10^{-3}\,\mu m^2$，综合解释结果为低电阻率油层，并且孔隙度和渗透率计算结果与岩心分析结果匹配很好，说明联合反演能有效识别低电阻率油层且计算出的储层参数更准确。

图 5-54 为 E20 井层段 C 测井处理解释成果图，从图中第 6 道、第 7 道和第 8 道可看到联合反演计算出的孔隙度与岩心分析孔隙对应良好、联合反演计算出的泥质含量和极细砂岩含量与岩心薄片粒度分析得到的泥质含量和极细砂岩含量匹配良好。说明联合反演计算出的孔隙度、泥质含量和极细砂岩含量精度较高。

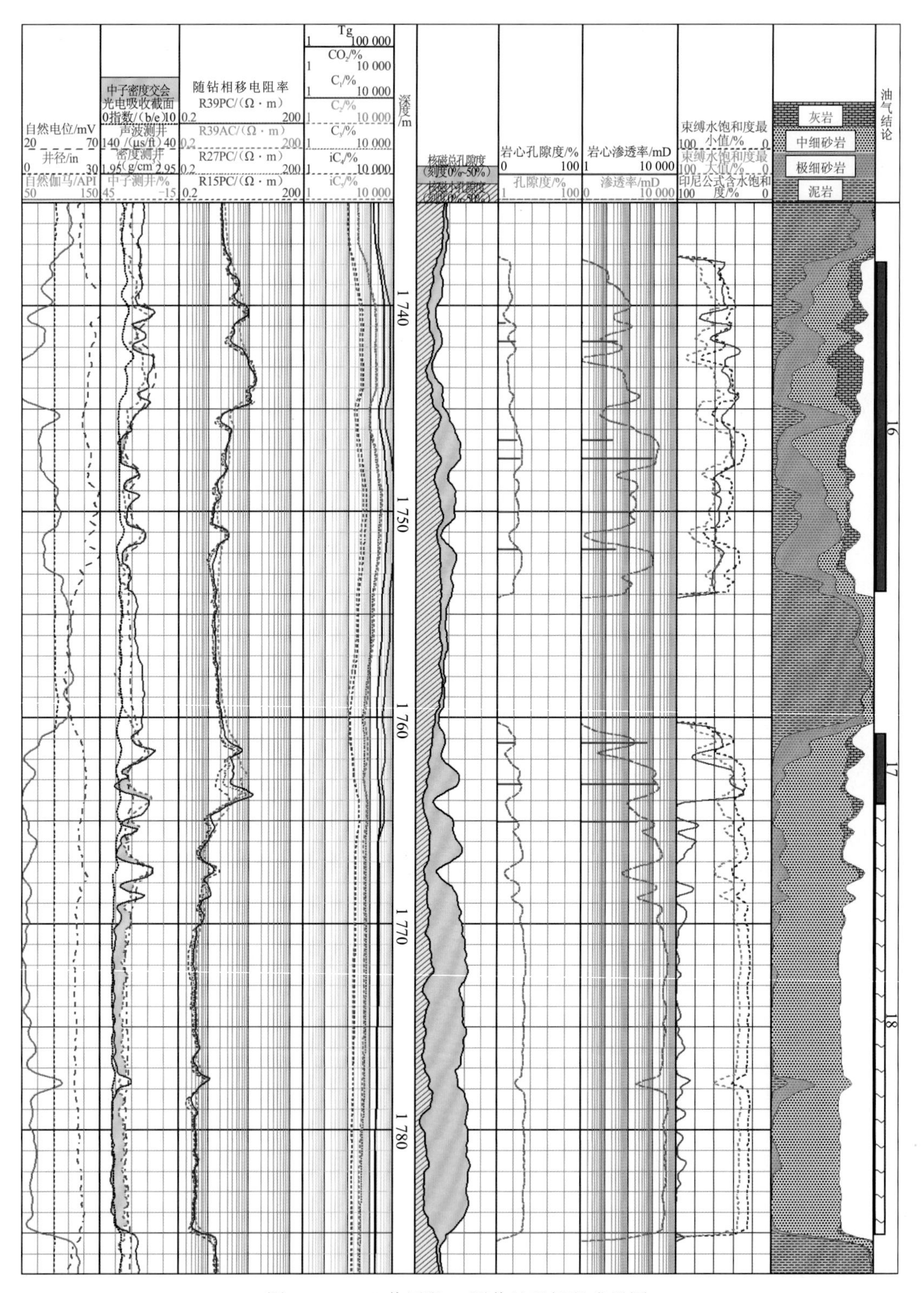

图 5-52　E20 井层段 A 测井处理解释成果图

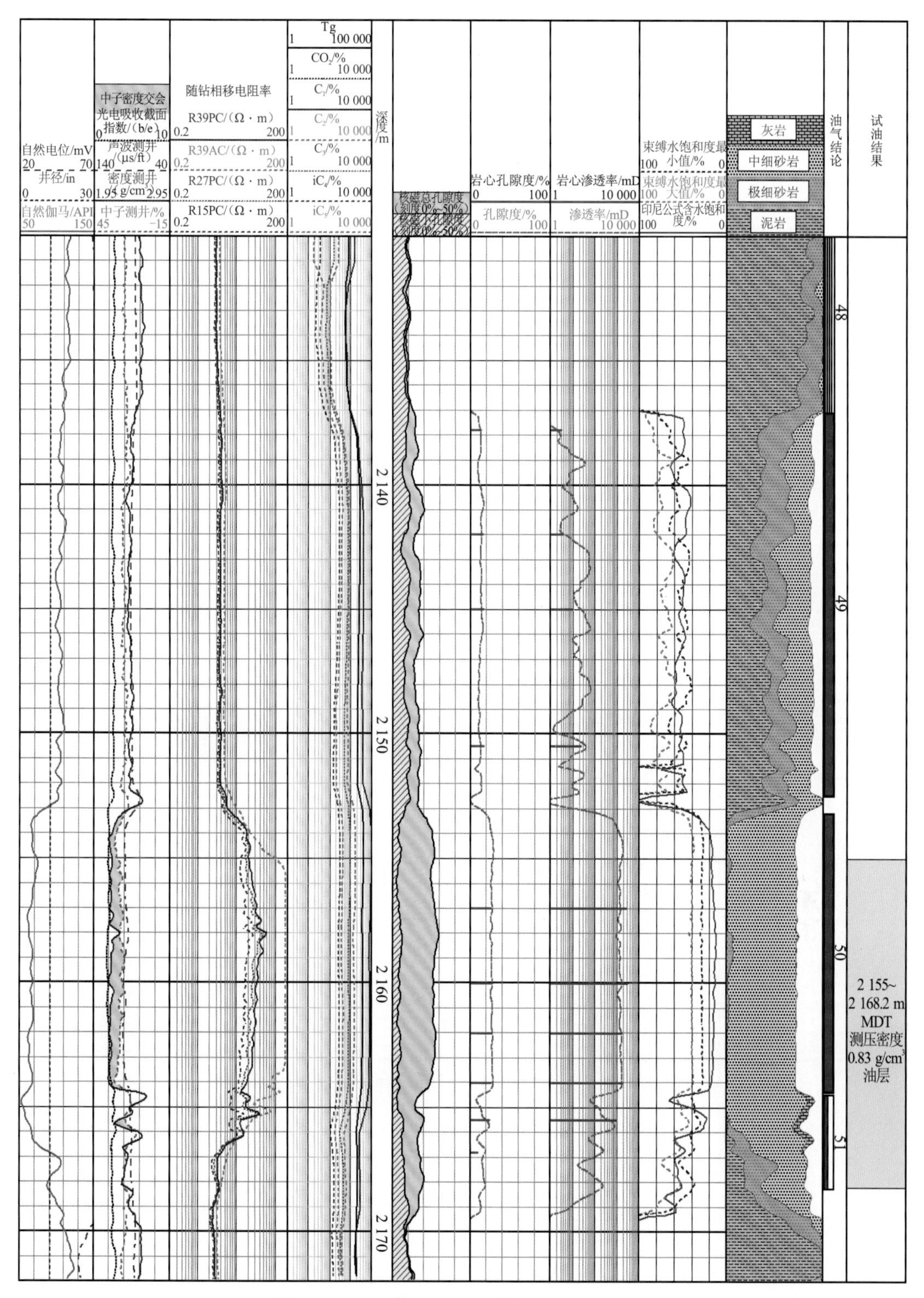

图 5-53　E20 井层段 B 测井处理解释成果图

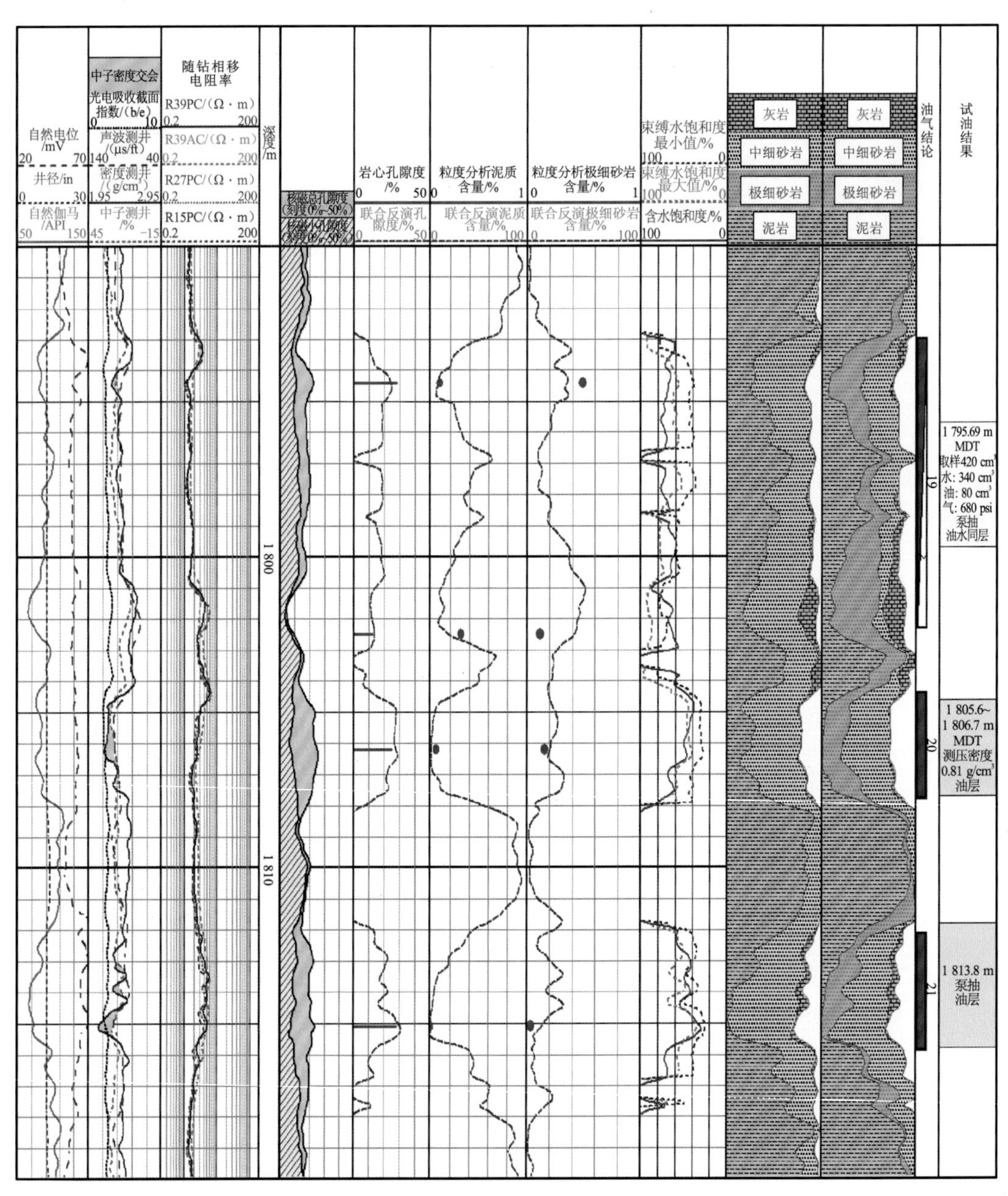

图 5-54 E20 井层段 C 测井处理解释成果图

第 6 章 水淹层测井评价

我国大多数油田都是通过注水的方法把石油开采出来的，注水是为了保持地层压力，保持油层驱油能量，从而延长稳产的期限，最终达到提高采收率的目的。本章以 L 油田为研究对象，较全面地研究水淹层测井评价的方法原理。

L 油田 1989 年投入试采，到 2000 年已进入中高含水期，为做到高速度、高效益地开发油气田，需要对水淹层的测井识别与评价方法进行研究，以提高剩余油饱和度的解释精度，准确划分水淹等级。

6.1 水淹层及其特征概述

6.1.1 水淹层和剩余油饱和度的概念

由于注入水的压力高于产层的地层压力，注入产层的水会把孔隙中的一部分油驱替出来而占据该孔隙空间，从而使产层的含油饱和度降低，含水饱和度升高。随着注水的不断进行，产层的含油饱和度不断降低，含水饱和度不断升高，经过一段时间后，产层就成为一种只含残余油且主要含注入水的水层了。产层从注入水进入起到成为只含残余油的水层为止，这期间的产层被称为水淹层。

通常认为，油田未开采前，油藏中的油气水分布是受重力和毛细管力控制的。油气水处于重力、毛细管力的平衡状态或处于流体动力学状态。把发现油藏时的含油饱和度定义为原始含油饱和度（常用 S_{oi} 表示）。开采以后，油藏中的含油饱和度随着原油的不断采出而逐渐下降。在油层产量递减的各个时期，其含油饱和度被定义为剩余油饱和度。国外有些文献将残余油饱和度 S_{or} 与剩余油饱和度统称为残余油饱和度。在我国，产层水淹后的含油饱和度都被称为剩余油饱和度。

6.1.2 剩余油的分布形式与分布规律

1. 剩余油分布形式

剩余油的分布规律与其分布形式有密切的关系。剩余油在地层中的分布分为垂向分布和平面分布。垂向分布与地层渗透率分布及地层垂向非均质特性有关；平面分布则与井网设计效果、注水井-采油井之间的地层连续性、地层非均质特性及地质构造等因素有关。

据国外一些公司的油藏工程师们对评价井资料的分析，产层水淹后剩余油分布大体有如下 6 种形式。

（1）存在于注水过程中水未洗到的低渗透率的夹层中，或者是水绕过的低渗透带中的剩余油。

（2）存在于地层压力梯度小，油不能流动的滞留带内的剩余油。

（3）存在于钻井时未被钻遇的透镜体中的剩余油。

（4）在一些小孔隙中，由于原油受到较大的毛细管力的束缚而不易流动，从而形成剩余油。

（5）有一些原油是以薄膜状的形式存在于地层岩石的表面，这种油在一次采油甚至二次采油中都无法采出而形成剩余油。

（6）有些剩余油存在于局部不渗透的遮挡层内。

2. 剩余油分布的一般分布规律

1）纵向分布规律

剩余油一般富集于正韵律沉积的地层上部、反韵律地层的下部、复合韵律地层的顶部和底部，以及孔隙度和渗透率均较差的层段内。

2）横向分布规律

在横向上，剩余油富集的部位大体分布于下列一些区域。

（1）构造高部位剩余油聚集区。

（2）相带间的局部剩余油滞留区。

（3）断层或岩性尖灭附近的滞留带，或油层上倾尖灭部位。

（4）注水井与油水界面之间的含油区。

（5）注水井间尚未波及的地区。

（6）注水井间相对吸水差的层段。

（7）岩性、物性差的地层中成片分布的剩余油区。

（8）一些厚油组中的小薄层。由于井网难以控制、储量动用差，采出程度低等，该层的剩余油一般含量较高。

3. 影响剩余油分布的主要因素

1）地层的非均质性

地层非均质性严重的地区往往是低渗透的地区，这往往成为剩余油富集区。从某种意义上讲，地层的非均质性是影响剩余油分布的最主要因素。

2）重力

这主要是由油水密度之间的差异而形成的，是形成构造高部位剩余油富集区的主要因素。

3）注采系统

油田注采系统的不完善，往往会使油层的某一层位无采油井或注水井，使该层位的油不能在良好的水驱条件下开采出来而成为剩余油。L 油田 TII 油组即属于此种情况。1997 年以前，因该油田的 TII+TIII 油组利用地层水的天然能量开采，由于两个水体的能量差异较大，产生很强的层间干扰，使 TII 油组的产能受到抑制，储量动用差，形成剩余油富集区。

4）注水地层吸水性

吸水性强的层位先水淹，吸水性弱的层位后水淹或不水淹。

5）时间

油田区内的某些采油井投产较晚，生产时间相对较短，剩余油量较大，成为剩余油富集区。

6）产层水洗程度

受各地层的沉积韵律、层内夹层、重力等诸多因素的影响，注入水通常沿着渗透性较好的部位向前推进，使孔、渗相对较差的层段成为剩余油富集区。从密闭取心资料和测井解释都可看出：在 1997 年，L 油田的 TI 油组的下部已受到注入水的驱替，呈现多段水洗现象；而该油组上部仍未水洗，含油饱和度较高，属于剩余油富集区。

7）层内薄夹层分隔作用

厚油层中往往分布着若干个不连续的非渗透性的薄夹层，这些薄夹层会对注入水推进过程中的垂向上窜起到抑制或隔离作用，使厚油层的某些部位水洗较弱，形成剩余油富集区。

6.1.3 水驱油田注水开发后产层物理性质的变化

按驱动水本身的性质，可将水淹层分为淡水水淹型、污水水淹型和地层水（边水、底水）水淹型三种类型。在注水开发的油田中，注入水进入产层后，会使产层的物理性质发生一系列变化。

1. 含油性和油气分布

油田注水开发的过程，就是产层含水饱和度不断上升、含油饱和度不断下降的过程。同时，在水洗作用下，油层的黏土含量和泥质含量下降，粒度中值相对变大，束缚水饱和度相应降低。

对于非均质性地层，注入水在产层中并不是均匀推进，而是首先将大孔隙中的油以较快的速度沿着渗透性高的地带推进，而小孔隙、低渗透性地层中仍保留有相当多的油，形成局部舌进现象。物性好的高孔、高渗部位早水淹，水洗强度大；低孔、低渗部位晚水淹，水洗强度小，甚至未被水淹。

对于不同沉积韵律的地层，其含油性和油气分布也不相同。正韵律沉积地层，一般情况下，注入水先沿底部岩性粗、高渗透部位突进，形成大孔道水窜，造成地层底部先水淹，有可能出现强水淹情况，含油饱和度较低，而其上部晚水淹，出现弱水淹，甚至未被水淹情况，含油饱和度一般较高。反韵律沉积地层则相反。复合韵律沉积地层，属多次旋回叠加而成的互层，沉积厚度较大，层内具有多个岩性夹层。注入水沿沉积单元推进，垂向水窜受到抑制，形成水淹极不均匀的情况。岩性颗粒粗、岩性均匀、物性好的层段，水淹程度高；而岩石颗粒细、物性差的层段，注入水波及影响小，水淹程度低。

根据对 L 油田 2、3 井区的测井解释成果和密闭取心资料（1997 年）的综合分析可以看出：油层强水淹时，其含油饱和度不足40%，比其原始含油饱和度下降了40%~50%；油层中水淹和弱水淹以后，其含油饱和度分别降低了约 25%和 14%；而且物性较好的TI 油组中下部和 TIII 油组已分别受到注入水的驱替和底水抬升的影响，显示出多段水洗特征。

2. 地层水矿化度

对于注淡水油田，其混合水矿化度 p_{wz} 变化较大。注水初期，注入的淡水主要沿产层大孔隙驱油，溶解储层盐类，并同高矿化度地层水发生离子交换，注入水被盐化，在驱替前缘和附近地带内，混合地层水矿化度 p_{wz} 接近于原地层水矿化度 p_w。随着注入水量增大、水淹程度增加，由于淡水的矿化度远远小于地层水的矿化度，地层水不断淡化，混合水矿化度 p_{wz} 将不断降低，直到与注入淡水的矿化度接近为止。

由于大多数油田都采用先注淡水，后改注污水的开发方式，这就使地层水矿化度复杂化了，加上注水地层吸水能力的差别、注入水的不均匀推进等诸多因素影响，人们很难掌握地层混合水矿化度 p_{wz} 的变化情况。污水型水淹层混合水矿化度 p_{wz} 与注入污水的矿化度和注入量有关。从注入污水的矿化度情况来看，会出现三种可能：注入水的矿化度小于地层水的矿化度，会使混合水矿化度 p_{wz} 降低，相当于淡水水淹情况；注入水矿化度近似等于地层水矿化度，混合水矿化度 p_{wz} 不会发生太大的变化，相当于地层水水淹情况；注入水的矿化度大于地层水矿化度，会使混合水矿化度 p_{wz} 不断升高。根据 L 油田水分析资料，在 L 油田开发早期，TI、TII 和 TIII 油组的地层水总矿化度分别为 18.2×10^4 mg/L、19.2×10^4 mg/L、18.69×10^4 mg/L。到 2000 年为止，TI、TII 和 TIII 油组的地层水总矿化度分别为 19.4×10^4 mg/L、19.3×10^4 mg/L、19.6×10^4 mg/L。这说明注入水的矿化度与地层水矿化度十分接近。

3. 孔隙度和渗透率

在砂泥岩剖面中，水淹层岩石孔隙度、渗透率的变化与水洗程度有关。弱水洗区，黏土因受到注入水的浸泡而发生膨胀，孔喉变窄，使孔隙度、渗透率都会有一定的降低。随着水洗程度不断加强，由于注入水的冲刷，黏土被冲洗，孔喉变大，孔径增大，孔、渗好的岩石孔隙度、渗透率都会升高，且渗透性增强表现得更明显一些；而粒度较小、渗透率较低的细砂岩和粉砂岩，水洗前后的孔隙度和渗透率一般无明显变化。

4. 岩石润湿性

水淹层的岩心测试资料反映出，油层水淹后，由于岩石与水长期接触，岩石一般向着强亲水的方向改变。

5. 阳离子交换能力

实验结果表明：在水淹早期，阳离子交换能力 CEC 相对较高。随着水淹程度的加大，泥质含量不断降低，阳离子交换能力也相应减弱。

此外，在油田注水开发过程中，产层的泥质含量、地层温度和压力及驱油效率等也将发生一定的变化。

6.1.4 水淹层测井解释的研究内容

（1）“三饱和度”的确定。

剩余油饱和度、残余油饱和度、原始含油饱和度是水淹层测井评价所研究的主要内容，也是水淹层测井评价的难点，其中剩余油饱和度的确定是其中的重点。

目前，国内外确定产层剩余油饱和度的方法，大体有以下三类。

第一类是预先取心法，它包括：常规取心、压力取心和海绵取心等方法。

第二类是各种地球物理测井法，其中包括油田开发过程不同时期中子寿命测井方法及碳氧比能谱测井法。

第三类是油藏工程方法，包括：单井示踪剂法、物质平衡法、试井方法、井间放射性同位素和化学示踪剂法等。

在三类确定剩余油饱和度的方法中，地球物理测井法是一种廉价、最常用的方法。

（2）裸眼井测井与套管井中子寿命测井、碳氧比能谱测井结合，有利于水淹层“三饱和度”的评价。

（3）识别水淹层（段）并判别其水淹级别。

（4）在油层注水开发过程中，油-水接触界面的变化情况。

（5）不同注水开发阶段，产层的各项地质参数的求取方法及其变化状况的分析。

6.2 L油田水淹油层测井响应规律及水淹层测井识别

目前，常规测井仍是我国实际生产中广泛采用的测井方法，只有在个别重点井才加测核磁共振等特殊测井方法。因此，研究如何利用常规测井曲线识别水淹层具有十分重要的意义。另外，在套管井中利用中子寿命和碳氧比等测井资料识别水淹层也是不可缺少的方法。

定性识别水淹层就是根据测井曲线判别油层是否水淹，并指出水淹部位。经过分析对比，认为L油田对水淹情况反映敏感的测井方法有：电阻率测井、自然电位测井、中子寿命测井，利用这些测井方法能对水淹层位进行有效识别。

6.2.1 自然电位与电阻率曲线结合识别水淹层

水驱油后，产层水淹部位的导电性能得到增强，电阻率降低。经过对L油田实际测井资料的分析处理，发现油层水淹以后，其深电阻率下降4～8 Ω · m。

油层水淹以后，其自然电位测井响应也发生较明显的变化。若水淹部位的地层水矿化度或地层电阻率发生变化，就会引起自然电位幅度变化和基线偏移。L油田采用污水回注方式开发，由于回注污水的矿化度与地层水的矿化度十分接近，因此，自然电位基线一般不发生偏移，但水驱油以后，地层电阻率降低，导致自然电位负异常幅度增大。实践证明，当油层被水淹以后，自然电位负异常幅度（相对于泥岩基线）增大约10 mV。

电阻率的降低量和自然电位的幅度增大量与水淹程度有关。对于中、高矿化度的底水水淹层或污水水淹层，电阻率曲线和自然电位曲线在形态上一般均具有对称的特征。图 6-1 是 x 井一井段用自然电位与电阻率曲线结合识别水淹层示意图，由图可见，在水淹部位（4 803～4 807 m），自然电位测井值较未水淹部位低约 10 mV，电阻率较未水淹部位低约 4 Ω·m。

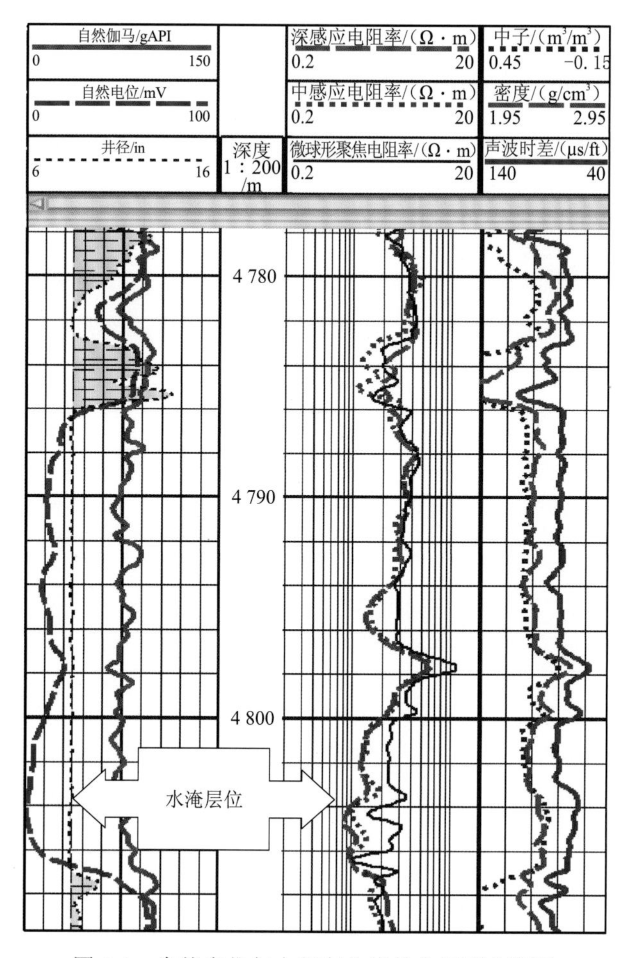

图 6-1　自然电位与电阻率曲线结合识别水淹层

6.2.2　自然伽马对比法识别水淹层

L 油田地层水矿化度极高（19×10^4～23×10^4 mg/L），给中子寿命测井的应用提供了良好的地质条件。利用中子寿命测井提供的自然伽马值能较好地指示水淹层位。

套管井中子寿命测井所测自然伽马值随着产层水淹程度的增加，可能会急剧增大。形成原因可能有两个方面：①可溶解于水的六价铀在套管周围被还原成不溶于水的四价铀而沉淀，形成放射性积垢，使该处中子寿命测井所测自然伽马测井响应值增大很多。②所测伽马射线强度既有地层自然伽马值的贡献，又有热中子俘获伽马射线的贡献（若测量自然伽马值时等待时间不够长），即增大部分由俘获伽马射线引起。以上两个原因都是因油层被水淹而引起，因而中子寿命测井自然伽马值增大这一现象可用来指示水淹层位。图 6-2 为 y 井一井段油层水淹后中子寿命测井所测自然伽马值变化示意图。由图可见，4 795～4 806 m 中子寿命测井测得的自然伽马值远高于同一储层上部井段（4 780.5～4 795 m），也比完井时测得的自然伽马值高得多，这是该层段已被水淹的指示。从该层自然电位幅度的增大和电阻率的降低也能看出该层已被水淹。

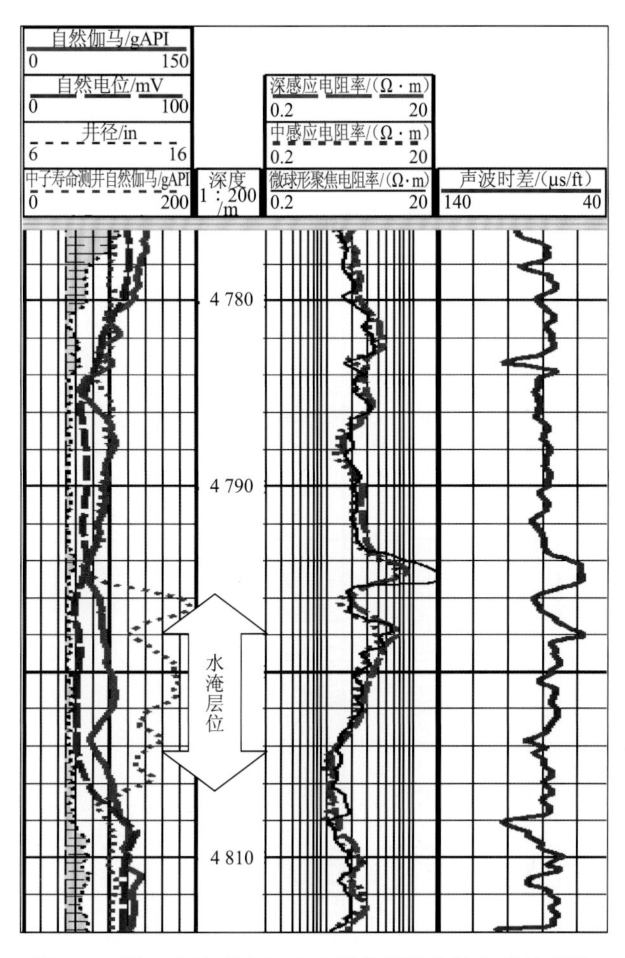

图 6-2　油层水淹后中子寿命测井所测自然伽马的变化

6.2.3　由中子寿命测井识别水淹层

中子寿命测井通过测量热中子的衰减速率来记录地层中的热中子俘获截面。热中子俘获截面的大小主要取决于地层中水的矿化度及化学成分，特别是氯的含量。因此，在产层注水开发过程中，热中子俘获截面的变化主要取决于注入水及地层水的类型和产层的水淹程度。注入水及地层水的氯含量越高、油层水淹程度越强，水淹油层的宏观俘获截面 Σ 就越大，热中子寿命 τ 就越短。

由水分析资料可知，L 油田地层水为 $CaCl_2$ 型地层水，矿化度高。L 油田利用污水回注驱油，由于回注污水的矿化度与地层水矿化度十分接近，水淹程度较高的层位，水淹后产层的含氯量比其饱含油时的含氯量增大，中子寿命测井所记录的宏观俘获截面 Σ 比未水淹时明显增大。

图 6-3 是 y 井一井段油层水淹后热中子俘获截面变化示意图，由图可看出，该曲线变大的层位，正是物性好的层位，说明物性好的地层已水淹，而物性相对较差的层位，还没水淹，或水淹程度相对较低。

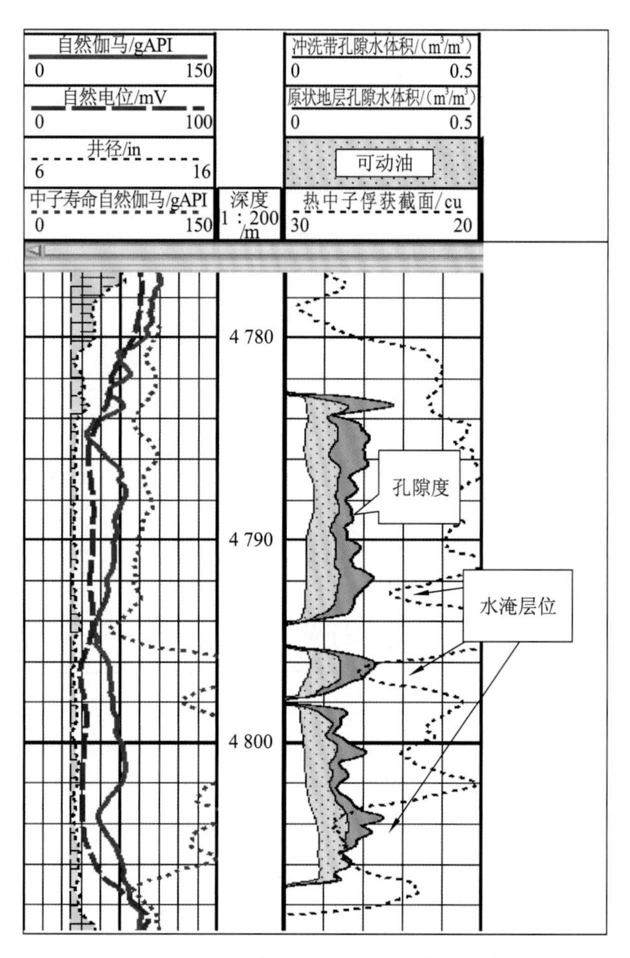

图 6-3　油层水淹后热中子俘获截面的变化

6.3　L 油田裸眼井剩余油饱和度的确定

精准确定剩余油饱和度是水淹层测井评价的主要内容。油田水淹后，储层的润湿性、孔隙结构、地层水电阻率都将发生一定程度的变化，因此，油层水淹后剩余油饱和度的解释模型和解释参数与水淹前相比都有所不同。本节针对 L 油田讨论裸眼井剩余油饱和度的确定方法。

6.3.1 油层水淹前后岩电参数实验

实验证明，用不同的驱替过程进行岩电实验，得到的饱和度指数 n 是有一定差别的，因此水驱油层（相当于水驱油驱替过程）与原始状态油层（相当于油驱水驱替过程）相比，其电性变化规律是不一样的。另外，油藏条件下岩石的电性与常温常压下岩石的电性是不同的，为得到油藏条件下不同驱替过程的岩石电性参数，本小节完成高温高压条件下油驱水和水驱油岩电实验，并得到相应的岩电参数。

1. 主要实验过程

（1）清洗岩样，并测量 50 MPa 围压条件下的孔隙度和渗透率。

（2）将岩样放在模拟地层水中抽真空饱和，测量 50 MPa 围压、90 ℃温度条件下各岩样的电阻率。

（3）用油逐步驱替岩心中的水，开始第一轮油驱水的实验过程，测量不同含水饱和度时岩石的电阻率，直至岩心只出油不出水为止，第一轮驱替完成。该实验在 50 MPa 围压、90 ℃温度条件下进行。

（4）驱替以上岩石样品中的油，进行第二轮水驱油的过程，测量不同含水饱和度时岩石的电阻率，直至岩心只出水不出油为止，第二轮驱替完成。该实验在 50 MPa 围压、90 ℃温度条件下进行。

2. 实验结果

（1）图 6-4 是 50 MPa 围压、90 ℃温度条件下地层因素与孔隙度关系图。由图可知，a=0.805 1，m=1.902 9。由于 a、m 是只与岩石自身孔隙结构有关的量，与孔隙流体性质及驱替过程无关，对水驱油、油驱水过程，a、m 值不变。

（2）图 6-5 是 50 MPa 围压、90 ℃温度条件下，油驱水实验得到的电阻率增大指数

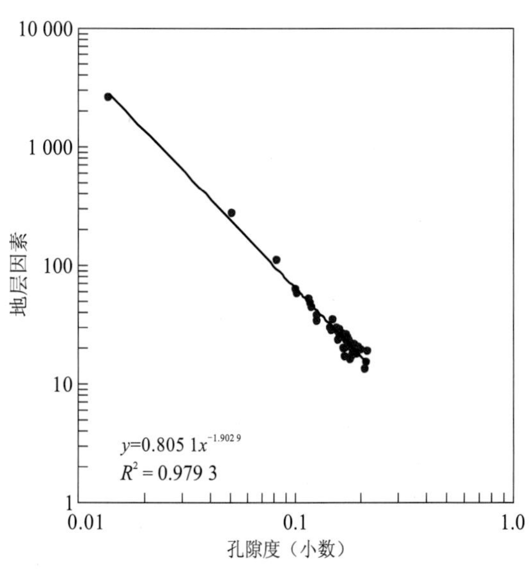

图 6-4 50 MPa 围压、90 ℃温度条件下地层因素与孔隙度关系

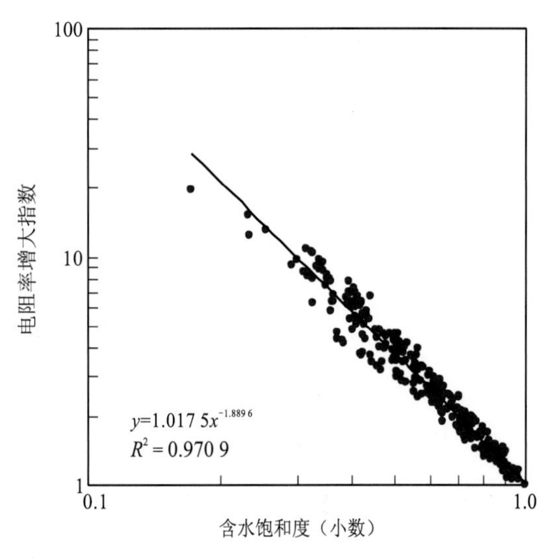

图 6-5 50 MPa 围压、90 ℃温度条件下油驱水实验电阻率增大指数与含水饱和度关系

与含水饱和度关系图，由图可知，b=1.017 5，n=1.889 6。

（3）图 6-6 是 50 MPa 围压、90 ℃温度条件下，水驱油实验得到的电阻率增大指数与含水饱和度关系图，由图可知，b=1.024 3，n=1.925 6。

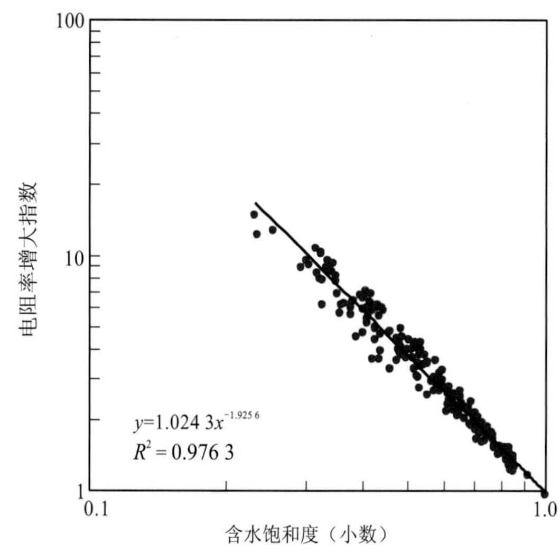

图 6-6 50 MPa 围压、90 ℃温度条件下水驱油实验电阻率增大指数与含水饱和度关系

3. 实验结果分析

一般认为，在油藏形成之前，地层岩石孔隙中是饱和水，生油岩生成的原油经过运移进入岩石，将孔隙空间的水驱替而形成油藏。因此，第一轮油驱水过程模拟的是油藏的形成过程，第二轮水驱油过程模拟的是注水开发或二次开采过程。

在实验中，设定 90 ℃温度和 50 MPa 围压，目的在于尽可能真实地模拟油藏条件，以便实验结果接近地下油藏真实情况。

比较油驱水和水驱油的两个实验过程，发现水驱油得到的饱和度指数 n 值略高于油驱水得到的 n 值。经分析认为：造成上述差异的原因是在不同驱替过程中，油水在岩石孔隙和喉道中的分布不同。在油水相互驱替过程中，驱替相总是先克服小毛细管力而进入大孔隙，然后再进入微孔隙和喉道。

根据导电效率理论，电流密度在岩石的孔隙系统中的分布是不均匀的。孔喉内电流密度高，孔隙内电流密度低。

在首轮油驱水时，最初岩样100%饱含水，孔隙、喉道和微孔隙中都充满水，当注入油时，油先将大孔隙中的水驱替出来，而油是不导电的，剩余的水分布在局部导电效率高的小孔隙和喉道中，对岩石整体导电能力贡献大，因此饱和度指数 n 值低。

第二轮水驱油的过程，水先进入大孔隙，而不导电的油位于局部导电效率较高的小孔隙，因此，岩石的全局导电效率低，从而饱和度指数 n 值高。

显然，在油田开发的中后期，正是油层水淹、水驱替油的过程，饱和度指数 n 的值应采用第二轮水驱油过程中所得的 n 值，即 n=1.925 6。

用不同驱替过程得到的岩电参数计算出的含水饱和度有一定的差别。图 6-7 比较了 L 油田某井用三套岩电实验参数计算的含油饱和度。由图 6-7 看出：水驱油岩电结果得

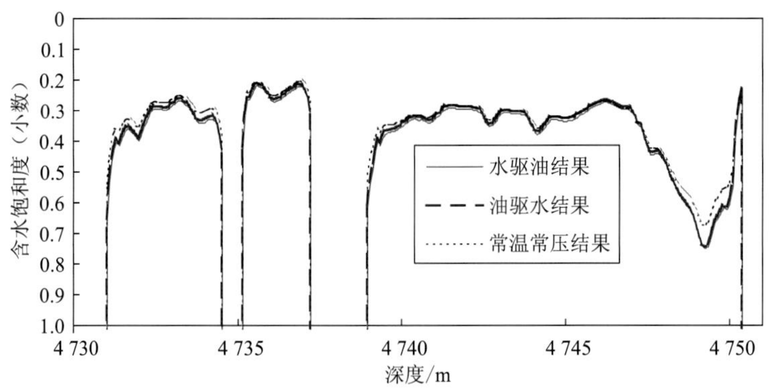

图 6-7　某井用不同岩电实验结果计算的含水饱和度

到的含油饱和度比油驱水岩电结果得到的含油饱和度低 1%左右，常温常压下岩电结果得到的含水饱和度在未水淹处与高温高压结果相接近，在水淹层处，有一定差别。

6.3.2　地层水电阻率的确定

1. 地层水电阻率的确定方法

确定地层水电阻率，常用的方法一般有两种：一种是利用纯水层的电阻率和孔隙度反求；另一种是利用试水资料得到的矿化度求得地层条件下的地层水电阻率。由于油层水淹后，其地层水矿化度可能与纯水层矿化度不一样，因而用纯水层电阻率和孔隙度反求的地层水电阻率不代表水淹油层的地层水电阻率。L 油田为污水回注型水淹，并且获得了较多的地层水分析资料，这给地层水电阻率的确定提供了最直接的资料。

地层条件下的地层水电阻率可用式（5-6）与式（5-7）计算。式（5-7）中的 T_f 为地层温度，在 L 油田可通过地层深度 H 用下式估算。

$$T_f = 0.0214H + 14 \tag{6-1}$$

式中：T_f 的单位为℃；H 的单位为 m。

2. L 油田水淹前后的地层水矿化度

L 油田开发初期就开始采用注水开发的形式，进入开发的中后期，油田水淹现象严重，油田开发初期原始地层水矿化度与现在地层水矿化度如果存在较大差异，不仅地层水电阻率 R_w 发生变化，同时含水饱和度 S_w 与地层水电阻率 R_w 也会存在更复杂的关系。因此，应该对原始状态地层水矿化度和现在的地层水矿化度进行统计，比较地层水矿化度在不同时期是否发生较大的变化。对 L 油田开发前的（1988～1991 年）11 口井的 27 个水样和 2000 年所取的 30 口井 45 个水样分析结果进行统计，结果见图 6-8、图 6-9、表 6-1。

图 6-8、图 6-9 分别为 L 油田三叠系开发前及 2000 年的地层水矿化度直方图。对比图 6-8 与图 6-9 可以看出，三叠系在 2000 年地层水矿化度与油藏未开发时的地层水矿化度相比，变化不大。由表 6-1 还可以看出，三叠系在未开发前，各油组的矿化度有一定的差别，但多年污水回注后，各油组的地层水矿化度差别不大。因此，目前处理三叠系测井资料时地层水的矿化度可取 19.4×10^4 mg/L。

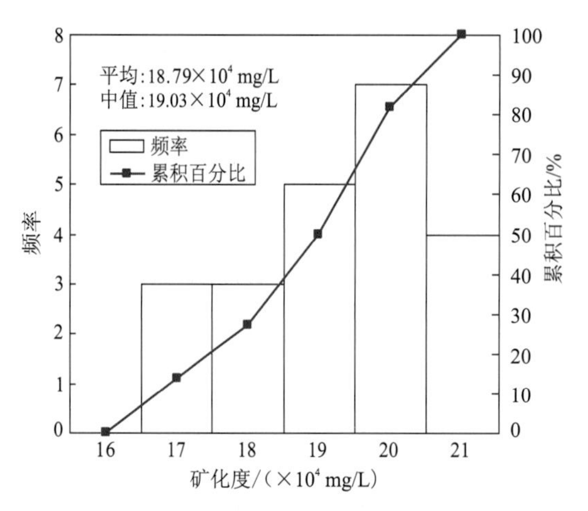

图 6-8 L 油田三叠系开发前的地层水矿化度分布直方图

1987～1991 年，11 口井，22 个水样

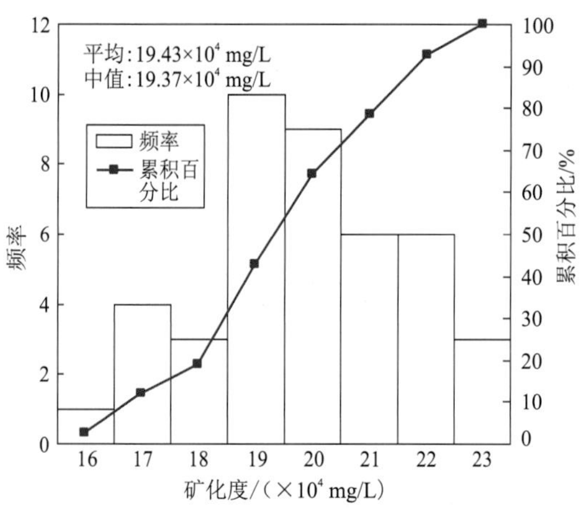

图 6-9 L 油田三叠系 2000 年的地层水矿化度分布直方图

2000 年，30 口井，42 个水样

表 6-1 L 油田地层水总矿化度

层系	1988～1991 年分析结果		2000 年分析结果	
	水样数	平均值/（$\times10^4$ mg/L）	水样数	平均值/（$\times10^4$ mg/L）
TI	5	18.20	19	19.40
TII	9	19.20	7	19.30
TIII	8	18.69	16	19.60
J	5	19.97	3	22.61

6.4 基于中子寿命测井的套管井剩余油饱和度的确定

6.4.1 套管井剩余油饱和度的确定

中子寿命测井又称热中子衰减时间（thermal neutron decay time，TDT）测井，是脉冲中子测井方法中最常用的一种方法，也是高矿化度地区套管井测井的一种重要方法。

中子寿命测井记录热中子在地层中存在的时间，即中子在地层中从变成热中子的瞬间起，到被地层吸收时刻止，所经过的平均时间，又称热中子的寿命，以符号 τ 表示。τ 与地层的热中子宏观俘获截面 Σ 的关系由下式表示。

$$\tau=\frac{1}{v\Sigma} \tag{6-2}$$

式中：v 为热中子的速度，当温度为 25 ℃时，$v=2.2\times10^5$ cm/s。

若 τ 以 μs 为单位，并将 25 ℃时的 v 值代入，则

$$\tau=\frac{4.55}{\Sigma} \tag{6-3}$$

式中：Σ 为地层热中子宏观俘获截面。

地层热中子宏观俘获截面是 1 cm^3 体积中物质所有原子核的微观俘获截面的总和。测井常用 $10^{-3}cm^{-1}$ 作为宏观俘获截面的单位，称为俘获单位，记作 cu。这样式（6-3）又可写成

$$\tau = \frac{4\,550}{\Sigma} \tag{6-4}$$

目前，常用的热中子衰减时间测井井下仪器是一种双探测器或双源距探测器的中子寿命测井仪，可在套管井中测量。

宏观俘获截面反映了物质对热中子的俘获能力（吸收能力），实际地层中常见的强中子吸收物质有 Cl、B、Li，它们对热中子的俘获能力远强于地层中的其他元素。地层水中含有较多的 Cl^-，尤其是在高矿化度地层水中。因此，地层的宏观俘获截面可以较好地反映地层中水的含量，中子寿命测井就是通过测量地层的宏观俘获截面来确定地层含水饱和度的。

中子寿命测井仪一般记录了宏观俘获截面、近计数率、远计数率、自然伽马值、计数率比值，它们的主要作用是计算剩余油饱和度，确定油水界面的变化、天然气层、套管或油管的高放射性积垢，另外，中子寿命测井也可以确定孔隙度，但其精度不如常用的孔隙度测井系列。

L 油田极高的地层水矿化度及良好的物性（孔隙度为 16%～23%），给中子寿命测井的应用提供了良好的条件，使中子寿命测井在该油田有较好的应用效果。

由岩石体积模型，有

$$\Sigma = \Sigma_{ma}V_{ma} + \Sigma_w S_w \phi + \Sigma_h (1 - S_w)\phi + \Sigma_{cl}V_{cl} \tag{6-5}$$

式中：Σ 为俘获截面测井值，cu；Σ_{ma} 为矿物骨架的俘获截面，cu；V_{ma} 为矿物骨架的相对体积含量，小数；Σ_w 为地层水的俘获截面，cu；Σ_h 为油气的俘获截面，cu；S_w 为含水饱和度，小数；ϕ 为孔隙度，小数；Σ_{cl} 为纯泥岩的俘获截面，cu；V_{cl} 为泥质含量，小数。

由式（6-5）可得到用中子寿命测井确定目前含水饱和度的计算公式。

$$S_w = \frac{\Sigma - \Sigma_{ma}V_{ma} - \Sigma_{cl}V_{cl} - \Sigma_h \phi}{(\Sigma_w - \Sigma_h)\phi} \tag{6-6}$$

用式（6-6）计算含水饱和度时，V_{ma}、ϕ、V_{cl} 使用已计算出的结果，Σ_{ma}、Σ_w、Σ_h、Σ_{cl} 作为解释参数。

地层剩余油饱和度为

$$S_o = 1 - S_w \tag{6-7}$$

下面介绍式（6-5）中各地层物质宏观俘获截面的确定方法。

6.4.2 常见地层物质的宏观俘获截面

1. 矿物骨架

表 6-2 是地层中常见矿物的热中子宏观俘获截面。

表 6-2 常见矿物的热中子宏观俘获截面

矿物	τ/μs	Σ /cu
石英（SiO_2）	1 070	4.25
方解石（$CaCO_3$）	623	7.30
白云石（$CaCO_3 \cdot MgCO_3$）	948	4.80
硬石膏（$CaSO_4$）	367	12.40
石膏（$CaSO_4 \cdot 2H_2O$）	350	13.00
菱镁矿（$MgCO_3$）	3 250	1.40
盐岩（NaCl）	6	770.00
铁（Fe）	21	220.00

2. 地层水

纯水在 20 ℃时的宏观俘获截面为 22.1 cu，但是，地层水中含有溶解的盐，这些盐中常有 Cl^-、B^{3+}、Li^+等强中子吸收剂离子，其热中子俘获截面与纯水相差很大，因而地层水的俘获截面主要是其矿化度的函数。温度和压力只影响地层水的密度，它们对地层水俘获截面的影响很小。

图 6-10（a）、（b）是不同温度和压力条件下地层水俘获截面 Σ_w 与等效 NaCl 浓度的关系。若地层水中除 NaCl 之外，还有较多的 B^{3+}、Li^+等其他离子，要将这些离子的浓度换算为热中子俘获截面等效 NaCl 浓度，等效系数见表 6-3。为计算方便，图 6-10 可拟合为公式。

表 6-3 热中子俘获截面 NaCl 等效系数

物质	NaCl 等效系数	物 质	NaCl 等效系数
NaCl	1.000	Li^+	17.300
B^{3+}	119.000	Gd^{3+}	495.000
Mg^{2+}	0.004	I^-	23.700
Cl^-	1.650	Br^-	0.140
K^+	0.050	CO_3^{2-}	可忽略不计
Ca^{2+}	0.020	HCO_3^-	0.010
S^{4+}	0.028	SO_4^{2-}	0.010

3. 油和气

在烃类物质中，氢是主要的中子俘获元素，因而油和天然气的俘获截面与它们的氢原子含量有关。油气的含氢量取决于油和溶解气的化学成分和体积系数。当油的 API 比重和油气混合液的油气比已知时，可通过图版查出俘获截面。一般情况下，油的俘获截面可取 21 cu。

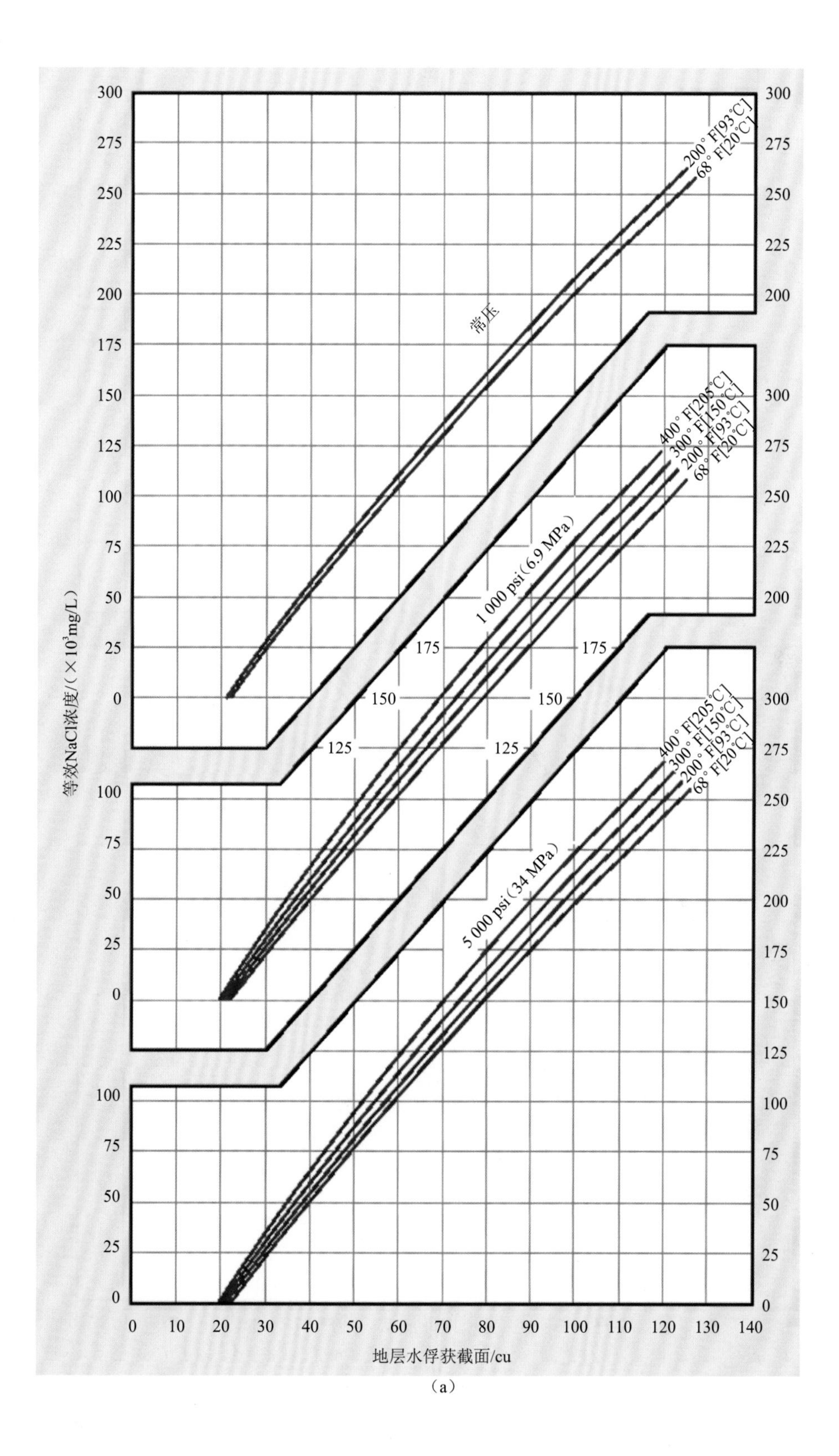

等效NaCl浓度/(×10³mg/L)
地层水俘获截面/cu
常压
200° F[93℃]
68° F[20℃]
1 000 psi（6.9 MPa）
400° F[205℃]
300° F[150℃]
200° F[93℃]
68° F[20℃]
5 000 psi（34 MPa）
400° F[205℃]
300° F[150℃]
200° F[93℃]
68° F[20℃]

（a）

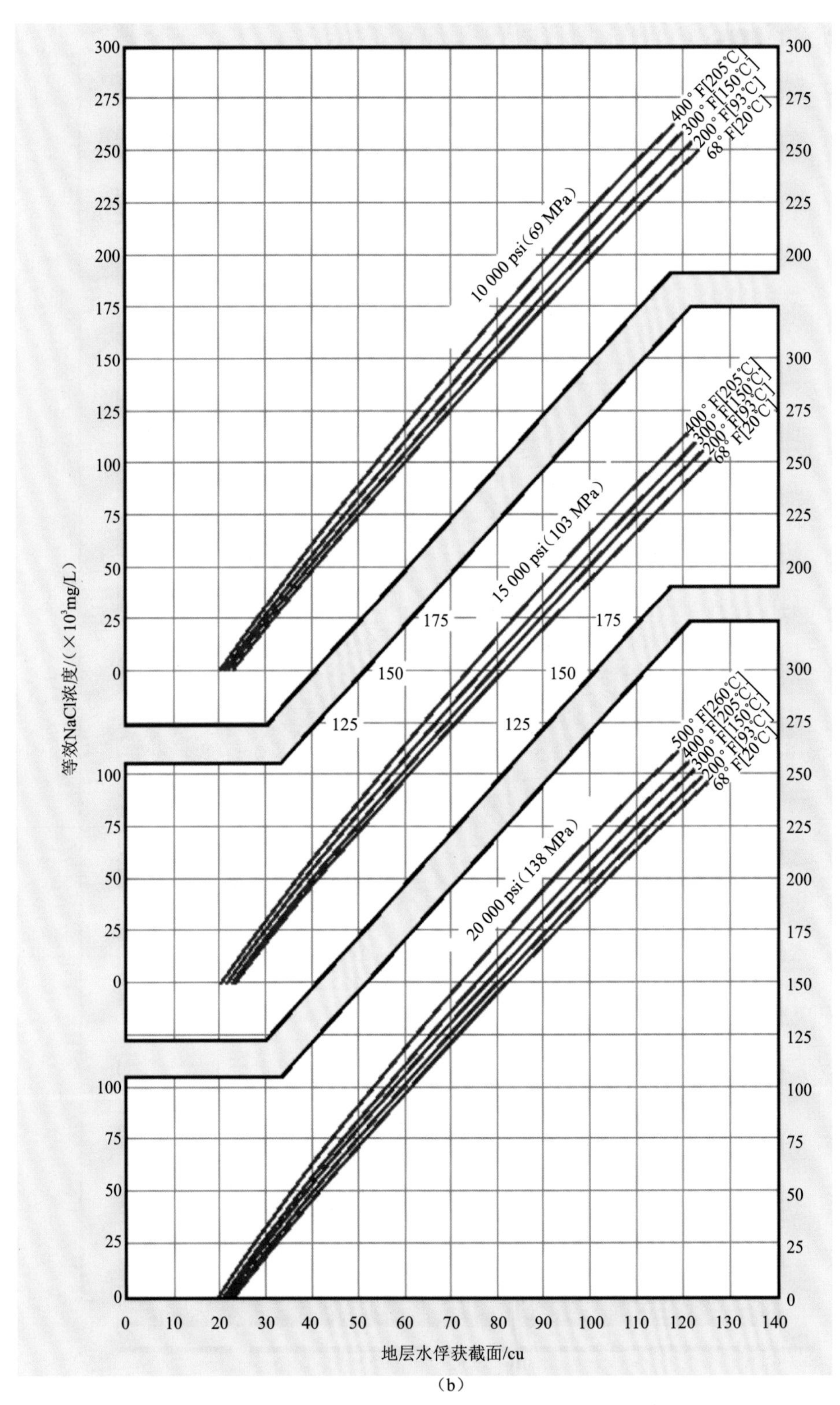

（b）

图 6-10　地层水热中子俘获截面（斯伦贝谢测井公司）

天然气的俘获截面变化很大，其大小取决于天然气的成分、温度和压力，可用下式估算。

$$\Sigma_g = \Sigma_{甲烷}(0.23 + 1.4\gamma_g) \tag{6-8}$$

式中：γ_g 为天然气相对于空气的比重；$\Sigma_{甲烷}$ 为甲烷的俘获截面。

甲烷与油的 Σ 可由图 6-11 确定。

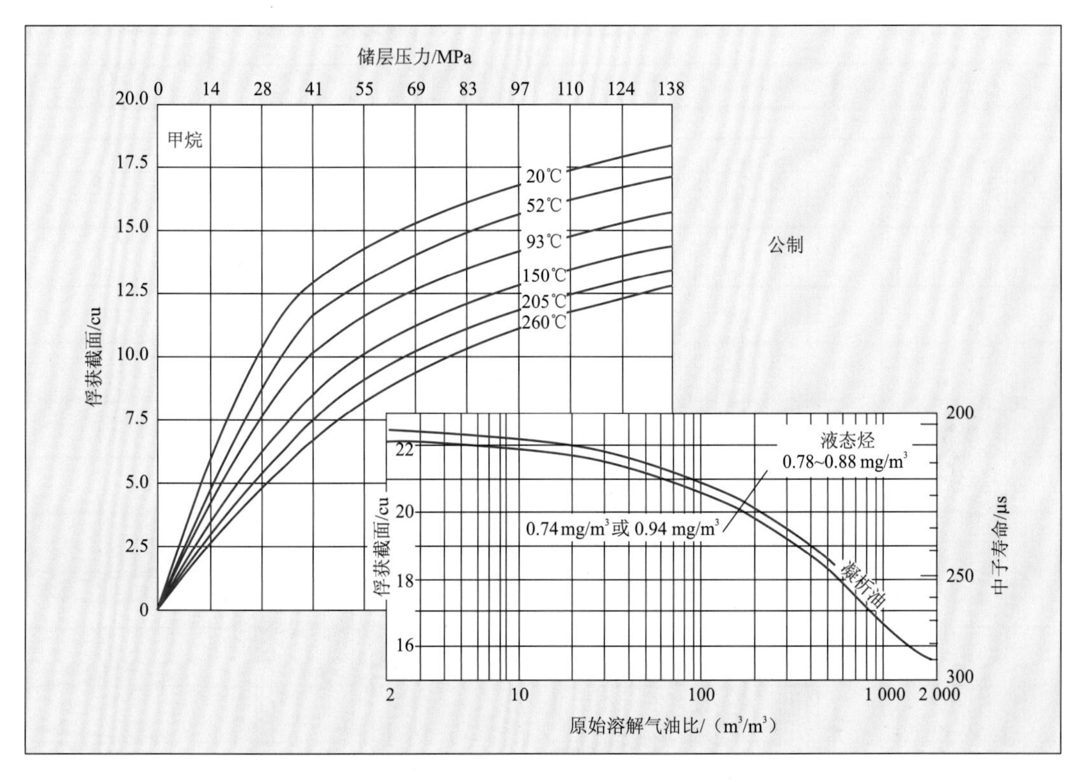

图 6-11 油气热中子俘获截面（斯伦贝谢测井公司）

4. 泥岩

泥岩的成分很复杂，俘获截面的变化范围也很大，通常在 35～55 cu 变化。实际应用中，应根据井的实际情况取值。

6.4.3 基于中子寿命测井的油水界面的变化确定

中子寿命测井除用来确定剩余油饱和度外，还可用来确定油水界面的变化。比较不同时间得到的俘获截面测井值或计算出的含水饱和度，可看出油水界面的变化情况。图 6-12 是 L2-23-4 井测井处理成果图，对比完井含水饱和度 S_w 与中子寿命含水饱和度 S_w（1999 年 11 月）可看出，油水界面到 1999 年 11 月已从完井时的 4 803 m 上升到 4 793.5 m。

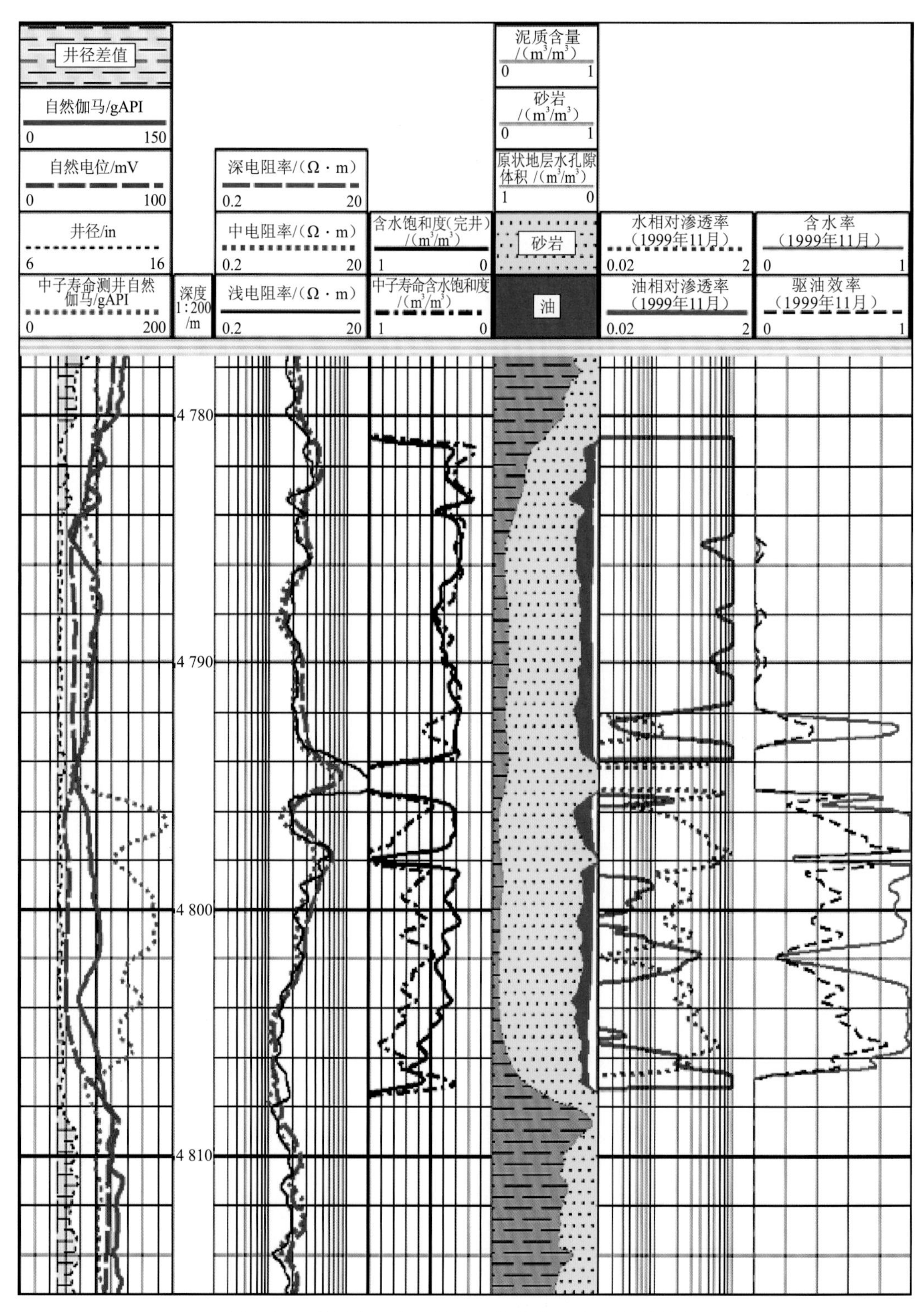

图 6-12　利用中子寿命测井反映确定油水界面的变化

6.5 基于测井资料的含水率计算

油田开发过程中，为了对油层进行选择性的射孔和采油，除需要将油层和水淹层区别开以外，还要求分层（段）、分级别地评价水淹层的水淹状况，即要求测井解释工作不仅要识别油层和水淹层，还要对水淹层的水淹级别做出判断，以确定其水淹程度。目前我国一般把水淹层的水淹级别分为三个级别，即弱水淹层、中水淹层和强水淹层。划分油层水淹级别的依据是地层的剩余油饱和度、含水率及驱油效率。本节主要讨论含水率的计算方法。

6.5.1 产层的油、水相对渗透率和含水率

在油层内部，水以束缚水形式分布于流体不易在其中流动的微小毛细孔隙内或被亲水岩石吸附在颗粒表面。油主要占据在较大的孔喉内或孔喉内流动阻力较小的部位，形成只有油流动而水不流动的状态。这种分布特点在很大程度上决定着地下流体的流动特性和储层的产液性质。

当油水两相流体并存时，储层的产液性质可用多相共渗的分流量方程描述。若储层呈水平状，油、水各相的分流量可表示为

$$Q_o = -\frac{K_o A}{\mu_o}\frac{\partial p}{\partial L} \tag{6-9}$$

$$Q_w = -\frac{K_w A}{\mu_w}\frac{\partial p}{\partial L} \tag{6-10}$$

式中：Q_o、Q_w 分别为油、水的分流量，t/d；K_o、K_w 分别为油、水的有效渗透率，μm^2；μ_o、μ_w 分别为表示油、水的黏度，mPa · s；$\partial p/\partial L$ 为压力梯度，MPa/cm；A 为渗流截面积，cm^2。

由此可见，在一定压差条件下，储层的产液性质及各相流体的产量主要取决于各自的相渗透率、渗流截面积和流体性质。在使用上，为了解各相流体的流动能力，以便更好地描述多相流动的过程，往往又采用相对渗透率表示相渗透率的大小，它等于有效渗透率与绝对渗透率的比值。

$$K_{rw} = \frac{K_w}{K} \tag{6-11}$$

$$K_{ro} = \frac{K_o}{K} \tag{6-12}$$

式中：K_{rw}，K_{ro} 分别为水、油的相对渗透率，其数值范围是 0～1。

根据分流量方程，可进一步求出多相共渗体系各相流体的相对流量，它们相当于分流量与总流量之比。对于油水共渗体系，储层的含水率为

$$F_w = \frac{Q_w}{Q_o + Q_w} \tag{6-13}$$

将式（6-9）、式（6-10）代入得

$$F_{\mathrm{w}}=\frac{Q_{\mathrm{w}}}{Q_{\mathrm{o}}+Q_{\mathrm{w}}}=\frac{\dfrac{K_{\mathrm{w}}A}{\mu_{\mathrm{w}}}\dfrac{\partial p}{\partial L}}{\dfrac{K_{\mathrm{o}}A}{\mu_{\mathrm{o}}}\dfrac{\partial p}{\partial L}+\dfrac{K_{\mathrm{w}}A}{\mu_{\mathrm{w}}}\dfrac{\partial p}{\partial L}}=\frac{1}{1+\dfrac{K_{\mathrm{ro}}\mu_{\mathrm{w}}}{K_{\mathrm{rw}}\mu_{\mathrm{o}}}} \tag{6-14}$$

分析式（6-14）可看出，储层的产液性质取决于各相流体的相对渗透率和黏度。

6.5.2 渗透率模型

经验表明，孔隙度大的地层渗透率也相应比较高，渗透率常常随着孔隙度的增大而明显升高。如果单纯按照这一观点来分析问题，难免会出现不少的矛盾。例如，粉砂岩地层往往具有比较大的连通孔隙，然而渗透率普遍不高，有时甚至很低。反之，粗砂岩组成的孔隙空间，虽然孔隙度较小，却具有较好的渗流能力，表现出高渗透率特点。渗透率和孔隙度之间的变化存在着一个总的趋势，即渗透率随着地层孔隙度的增大而升高。

孔隙度和渗透率是从两个不同方面反映储集层特性的地层参数。渗透率除与孔隙度大小有关外，还与孔隙的连通情况有关，即与毛细管孔隙与孔隙度的比值有关。一般认为，岩石颗粒越细，孔隙半径就越小，毛细管孔隙就越多，导致岩石渗透率低。因此，渗透率除与孔隙度有相关性外，还与粒度中值有相关性，经对比分析，用下式能较好地表示它们之间的关系。

$$\lg K=D_1+D_2M_{\mathrm{d}}+D_3\phi \tag{6-15}$$

式中：K 为空气渗透率，$\times10^{-3}\,\mu\mathrm{m}^2$；$M_{\mathrm{d}}$ 为粒度中值，mm；ϕ 为孔隙度，%；D_1、D_2、D_3 为经验系数。

根据 L2-2-J1 和 L2-4-J2 两井的岩样分析资料，经多元非线性回归可得出渗透率与孔隙度、粒度中值间的关系（R^2=0.79）为

$$K=10^{-1.743+0.1429\phi+4.62M_{\mathrm{d}}} \tag{6-16}$$

图 6-13 是使用式（6-16）计算的渗透率与实测渗透率的对比图。由图可见，式（6-16）具有较高的模型精度，可用于实际计算。式（6-16）中，孔隙度能准确地被计算，而 M_{d} 的计算要借助于“岩心刻度测井法”。粒度中值的大小决定着渗透率的高低，而储层渗透率的变化可反映在 SP 幅度差 ΔSP 上，即 M_{d} 与 ΔSP 有相关关系，可用下式表示。

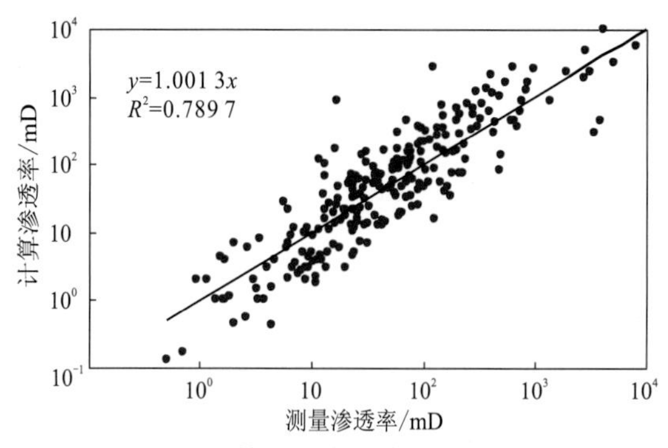

图 6-13 计算渗透率与实测渗透率对比

$$\lg M_{\mathrm{d}} = C_0 + C_1 \Delta \mathrm{SP} \tag{6-17}$$

式中：C_0、C_1为经验系数；ΔSP 为自然电位相对值，其表达式为

$$\Delta \mathrm{SP} = \frac{\mathrm{SP} - \mathrm{SP}_{\mathrm{cn}}}{\mathrm{SP}_{\mathrm{sh}} - \mathrm{SP}_{\mathrm{cn}}} \tag{6-18}$$

式中：$\mathrm{SP}_{\mathrm{cn}}$、$\mathrm{SP}_{\mathrm{sh}}$分别为纯砂岩与纯泥岩的自然电位值。

图 6-14 是由两口检查井得到的 M_{d} 与 ΔSP 的关系图，由该图得到 M_{d} 与 ΔSP 的关系为

$$M_{\mathrm{d}} = \frac{0.052}{\Delta \mathrm{SP}^{0.8224}} \tag{6-19}$$

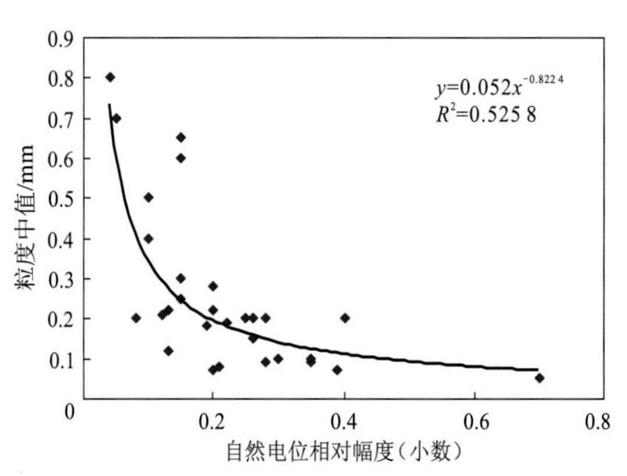

图 6-14　粒度中值与自然电位相对幅度的关系

由式（6-16）和式（6-19）可得

$$K = 10^{-1.743 + 0.1429\phi + \frac{0.24024}{\Delta \mathrm{SP}^{0.8224}}} \tag{6-20}$$

若在渗透率的计算过程中引入粒度中值，而粒度中值由自然电位计算，则渗透率的计算将受到自然电位的影响。自然电位幅度的变化一方面是因渗透率的变化引起的，另一方面，它也受到地层电阻率的影响，地层电阻率变高会使其幅度变低。因此在没有水淹的油层中，用式（6-20）计算的渗透率偏低，在这种情况下，对于 L 油田可采用如下渗透率-孔隙度单相关模型。

侏罗系：$K=0.0176\mathrm{e}^{0.3754\phi}$

TI 油组：$K=0.0067\mathrm{e}^{0.5336\phi}$

TII 油组：$K=0.0273\mathrm{e}^{0.3771\phi}$

TIII 油组：$K=0.0015\mathrm{e}^{0.6611\phi}$

6.5.3　油水相对渗透率模型

油水相对渗透率是确定油藏产液性质最直接的参数，也是计算水淹层含水率的关键参数。

图 6-15 是 L2-2-J1 和 L2-4-J2 井 20 块样品油水相渗实验结果，由实验结果进行多元非线性回归可得油水相对渗透率的计算公式。

$$\eta = \frac{S_w - S_{wi}}{1 - S_{wi}} \tag{6-21}$$

$$K_{rw} = \left(\frac{S_w - S_{wi}}{1 - S_{wi}}\right)^{2.1744} \tag{6-22}$$

$$K_{ro} = \left(1 - \frac{S_w - S_{wi}}{1 - S_{wi} - S_{or}}\right)^{8.941 - 10.033 S_w} \tag{6-23}$$

式中：S_w、S_{wi}、S_{or} 分别为由测井计算的含水饱和度、束缚水饱和度与残余油饱和度，小数；K_{rw} 和 K_{ro} 分别为水相对渗透率和油相对渗透率，小数。

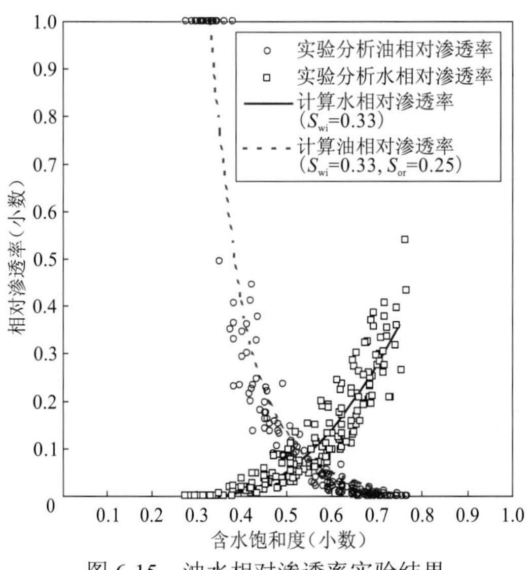

图 6-15　油水相对渗透率实验结果

含水饱和度的计算已作了讨论，下面研究束缚水饱和度与残余油饱和度的确定方法。

1. 束缚水饱和度的确定

储集层的束缚水是流体-岩石之间综合特性的反映，主要取决于岩石孔隙毛细管力的大小与岩石对流体的润湿性。影响束缚水饱和度的因素有：泥质含量、粉砂含量、孔喉半径、岩石比表面积、分选系数、孔隙度和粒度中值等。在以上诸多因素中有许多因素是相互联系、互为因果的，并存在明显的交互影响。因此，对束缚水饱和度来说，它们并不是独立的影响因素，这些影响因素表现在孔隙度与渗透率中。

通过研究发现，束缚水饱和度与渗透率 K 及孔隙度 ϕ 的比值有较好的相关性。核磁共振实验是确定束缚水饱和度的有效方法。图 6-16 是核磁共振测得的束缚水饱和度与 K/ϕ 关系图。由图可见，S_{wi} 与 K/ϕ 有较好的相关性，其关系为

$$S_{wi} = -12.65\lg\left(\frac{K}{\phi}\right) + 38.417 \tag{6-24}$$

式中：ϕ 为孔隙度，%；K 为渗透率，$\times 10^{-3}\ \mu m^2$。

图 6-17 是油驱水实验得到的束缚水饱和度与相同条件下（50 MPa 围压，90 ℃）获得的 K/ϕ 关系图，该图表明，S_{wi} 与 K/ϕ 有较好的相关性，其关系为

$$S_{wi} = -10.752\lg\left(\frac{K}{\phi}\right) + 43.7 \tag{6-25}$$

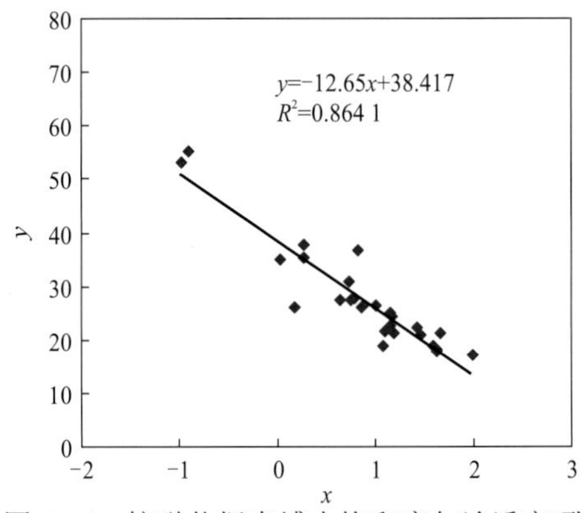

图 6-16 核磁共振束缚水饱和度与渗透率/孔隙度关系

x=lg(K/ϕ)，K 单位为$\times 10^{-3}$ μm²，ϕ 单位为%；
y=S_{wi}，单位为%；R 为相关系数；后同

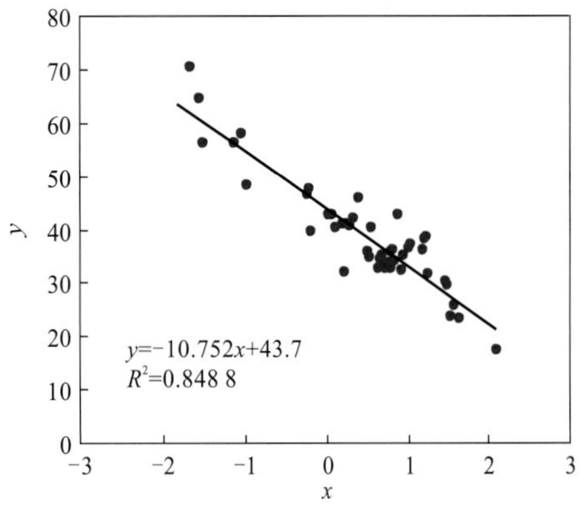

图 6-17 油驱水岩电实验束缚水饱和度与渗透率/孔隙度关系

2. 残余油饱和度的确定

残余油饱和度的大小除与岩石孔隙结构有关外，还与岩石的润湿性有关。

残余油饱和度可由冲洗带地层电阻率 R_{xo} 求得

$$S_{or} = 1 - \sqrt[n]{\frac{abR_{mfz}}{\phi^m R_{xo}}} \tag{6-26}$$

式中：R_{mfz} 为冲洗带孔隙水电阻率，其值可用下式估算。

$$R_{mfz} = S_{wi}R_w + (1 - S_{wi})R_{mf} \tag{6-27}$$

6.5.4 水油黏度比的确定

从计算含水率的式（6-14）中可以看出，水、油黏度比 μ_w/μ_o 也是影响含水率的另一个重要因素。在实际生产过程中得到的油、水黏度与实际油藏中的油、水黏度存在一定的差异，必须把在地面上常温常压测得的油、水黏度还原为实际油藏情况下的值。

水的黏度，可由图 6-18 查得。对于 L 油田储层，地层水矿化度为 19.4×10^4 mg/L，油层温度约为 120 ℃，由图 6-18 可查得地层水的黏度为 0.37 cP（1 cP=10^{-3} Pa·s）。

由高压物性统计资料可得水、油黏度比，见表 6-4。

表 6-4 L 油田油藏条件水油黏度比

层位	地层原油黏度/cP	地层温度/℃	水、油黏度比 μ_w/μ_o（小数）
J	1.750	107	0.190
TI	2.385	120	0.154
TII	0.950	120	0.389
TIII	0.577	120	0.638

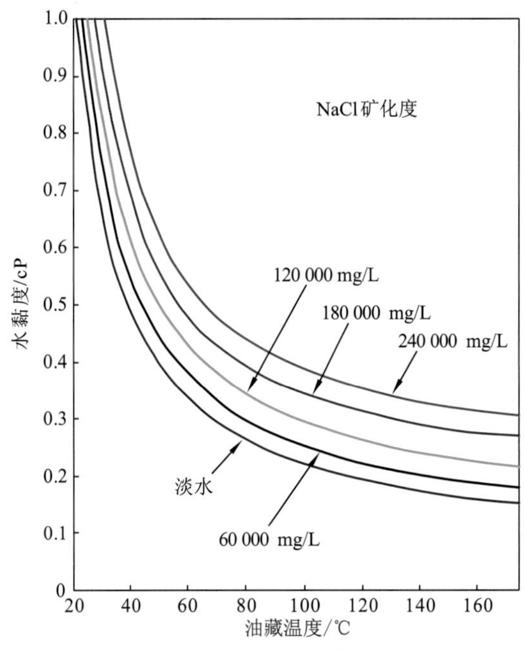

图 6-18　地层水黏度与矿化度、温度的关系

6.6　水淹等级的划分

用测井信息对水淹程度进行判断是水淹层测井解释的另一重要内容。通常将水淹程度分为三个等级，即弱水淹、中水淹和强水淹。

6.6.1　划分水淹等级的定量参数

1. 含水饱和度

含水饱和度是水淹层测井评价的一个非常重要的参数。目前，确定含水饱和度的方法有许多种，岩心直接测定、利用测井资料计算和毛细管压力资料推算是评价油藏饱和度的三种基本方法，其中，利用测井资料计算饱和度的方法应用得最为广泛。

测井信息的来源主要有两种：裸眼井和套管井，其中在套管井中获得的含水饱和度对水淹层的评价尤为重要，它可以用来研究含水饱和度的动态变化情况。

当产层的含水饱和度被确定以后，产层的含油饱和度也就被确定了，进而也就反映出产层的含油性。通过对含油性的分析，可以研究产层的水淹情况。但含油性是判断储层是否含油气的基本特征与重要前提，是产层产油的必要条件，而不是充分条件。含油饱和度的大小，并不是产层在生产测试过程中能否出油的唯一和必然标准，对于高束缚水产层，即使含油饱和度小于 50%，仍然可能产无水油气。因此，含水饱和度通常与其他方法相结合研究判断产层的水淹情况。

2. 驱油效率

通过计算驱油效率 η 来进行水淹层等级划分，即

$$\eta = \frac{S_w - S_{wi}}{1 - S_{wi}} \times 100\% \tag{6-28}$$

式中：S_w为产层的目前含水饱和度；S_{wi}为产层（油层）原始束缚水饱和度。

按η值划分水淹级别的标准与地区有关。

由于S_w和S_{wi}一般是通过电阻率、自然电位、岩性孔隙度测井信息计算的，η综合了这些测井信息对水淹层的反映，是定量评价水淹层较可靠的参数之一。

3. 含水率

含水率是反映水淹程度的最直接参数，其确定方法在6.5节已论述过。

按F_w值划分水淹级别的一般标准如下。

$F_w < 10\%$　　未水淹油层；

$10\% \leqslant F_w \leqslant 40\%$　　弱水淹层；

$40\% < F_w \leqslant 80\%$　　中水淹层；

$F_w > 80\%$　　强水淹层。

6.6.2 水淹等级的综合评定

测井评价水淹层是通过测井信息计算含水饱和度S_w、束缚水饱和度S_{wi}及冲洗带含水饱和度S_{xo}来确定原始含油饱和度S_{oi}、可动油饱和度S_{om}、水淹油层剩余油饱和度S_o及残余油饱和度S_{or}。S_w、S_{wi}、S_{or}、S_{xo}、S_o、S_{om}之间的关系为

$$S_{oi} = 1 - S_{wi} \tag{6-29}$$

$$S_{or} = 1 - S_{xo} \tag{6-30}$$

$$S_{om} = S_o - S_{or} \tag{6-31}$$

$$S_o = 1 - S_w \tag{6-32}$$

在油田注水开发过程中，产层的岩石粒度、孔隙结构、流体性质等将发生一系列变化。在水淹层评价过程中，最主要的就是准确地计算S_w、S_{wi}和S_{xo}等参数，进而实现对水淹层的综合评价。由于各个地区储层的地质条件、开发方式不同，各个地区水淹层的评价方法也不相同。

对大量实际测井资料解释分析发现，在L油田，深、中、浅电阻率，自然电位，自然伽马等测井曲线对水淹层反映较敏感，因此利用自然电位、电阻率、声波时差、自然伽马等测井曲线对水淹层进行综合评价与解释。

由于产层水淹情况比较复杂，仅靠单一判定标准很难实现对水淹层的正确划分，结合L地区实际情况，采用自然电位和电阻率曲线综合分析法定性判断水淹层位，采用剩余油饱和度与F_w、η相结合定量判别水淹层等级。

含水率可作为划分水淹程度最直接的参数，利用生产结果得到的含水率可将产层划分为不同水淹等级，利用这一结果作出计算含水率与计算含油饱和度、计算驱油效率交会图，可得到利用剩余油饱和度、含水率、驱油效率定量判别水淹层的标准。图6-19是含水率与驱油效率交会图，图6-20是剩余油饱和度与驱油效率交会图，由这些交会图可

得到 L 油田三叠系划分水淹级别的标准，见表 6-5。

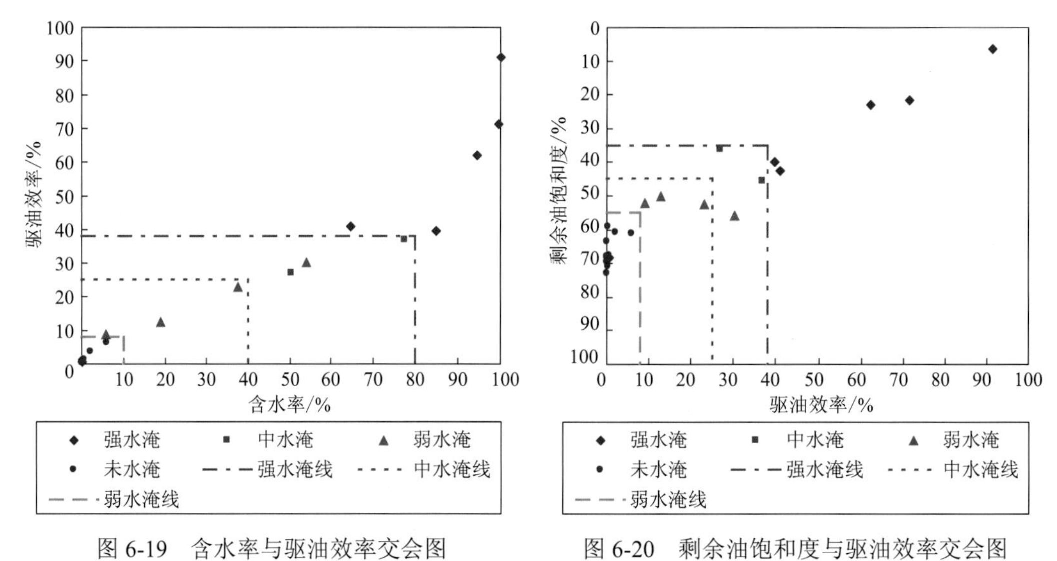

图 6-19　含水率与驱油效率交会图　　　图 6-20　剩余油饱和度与驱油效率交会图

表 6-5　L 油田水淹级别划分标准

水淹等级	F_w	S_o	η
强水淹	>80%	<35%	>38%
中水淹	40%～80%	35%～45%	25%～38%
弱水淹	10%～40%	45%～55%	8%～25%

6.7　L 油田水淹层测井处理与分析

本节利用开发的水淹层测井解释系统处理了 L 油田 1996 年来新钻井测井资料和部分井中子寿命测井资料，并对处理结果进行分析和检验。

6.7.1　部分井处理结果分析

以下根据测井处理结果分析几口井获得测井资料时的水淹状况。

图 6-21、图 6-22 分别为 L2-2-J1 和 L2-4-J2 井水淹层测井解释成果图。这两口井均为检查井，测井资料分别于 1996 年底和 1997 年中取得。从解释成果图可看出，测井计算孔隙度与岩心分析结果十分接近，计算的渗透率与岩心分析渗透率的变化趋势一致，大部分资料点数值相近。计算的剩余油饱和度与密闭取心分析饱和度比较接近。从含水率、驱油效率、含水饱和度可看出，两井段所在油组底部已强水淹，从这些曲线也能看出不均匀水淹的特点。

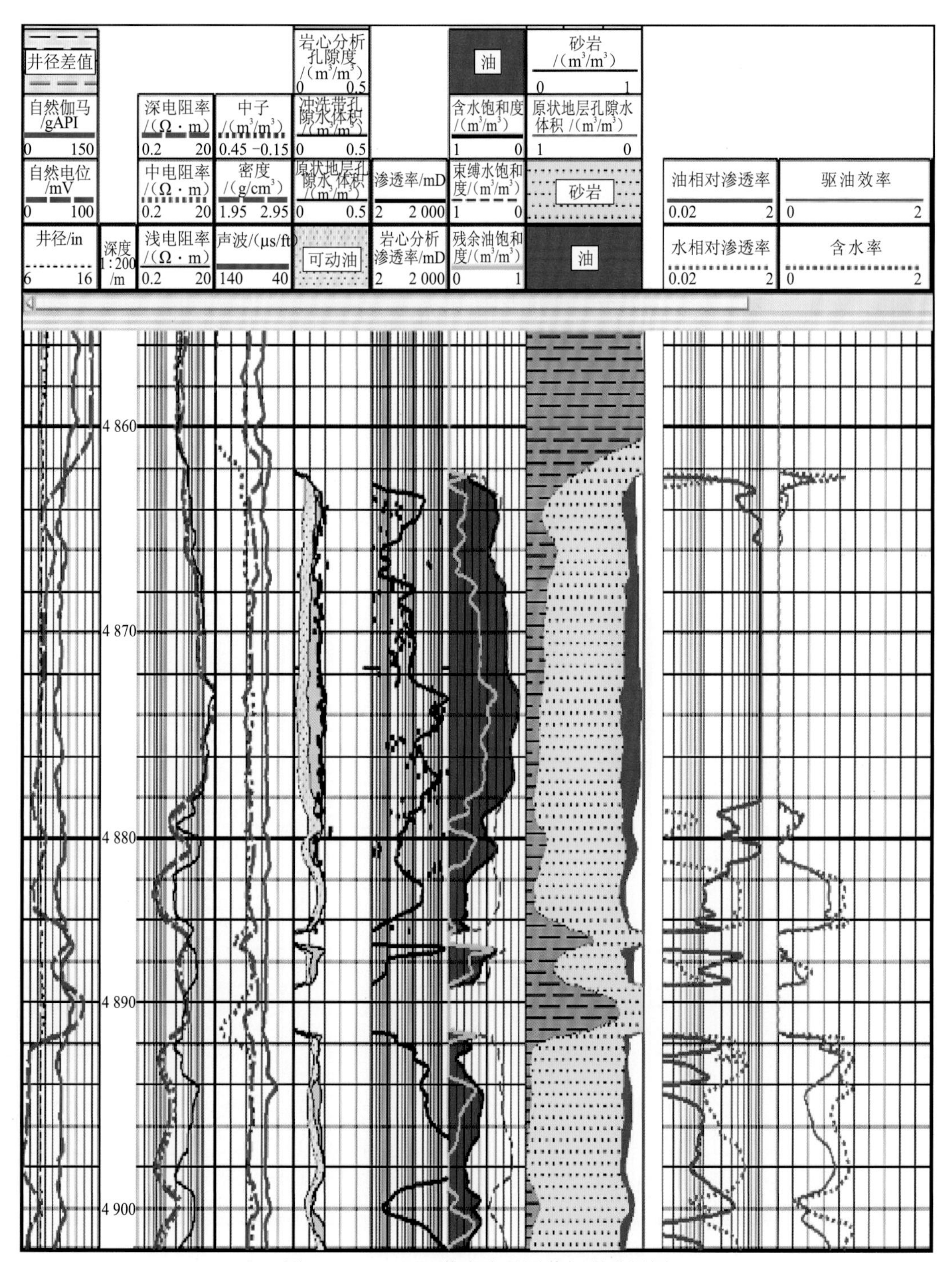

图 6-21　L2-2-J1 井水淹层测井解释成果图

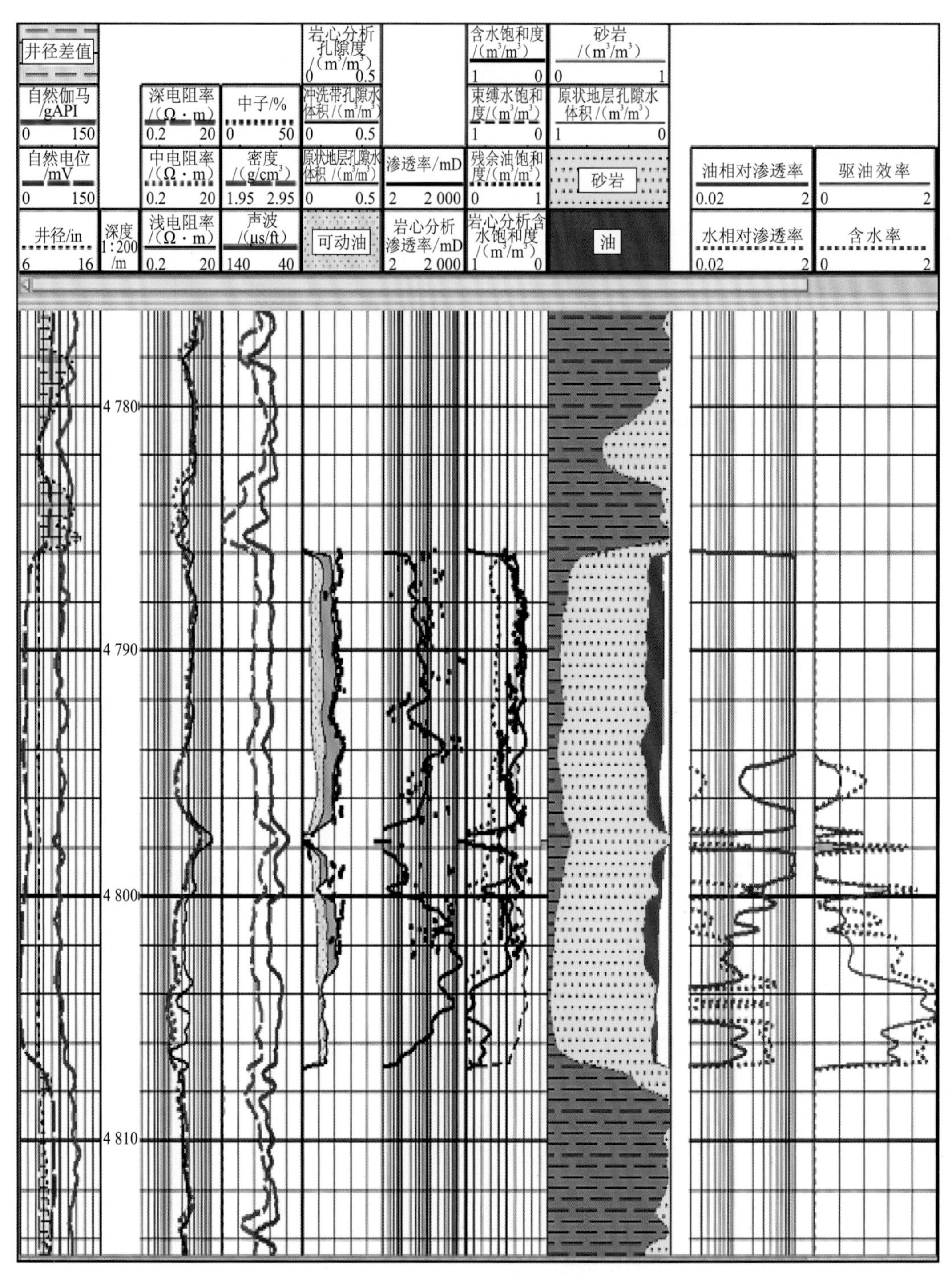

图 6-22　L2-4-J2 井水淹层测井解释成果图

1. L2-2-J1 井

JIII6+7 小层（4 510～4 532.5 m）：该井 JIII6+7 小层的下部油气层不发育，由水淹层测井解释结果可知，上部为气层，含油饱和度约为 60%，下部 4 525.9～4 532.2 m 层段为气水同层。整个油气层未发现水淹现象。

JIV1+2 小层（4 555.5～4 569.6 m）：该井 JIV1+2 小层中上部为油层，未水淹，其含油饱和度为 58%，含水率为 6.4%。4 570 m 以下为油水同层或水层。

TI 油组（4 727～4 754 m）：结合宏观油藏特征，从测井资料解释成果可知该油组底部已经强水淹，TI 油组原始油水界面在该井应位于井深 4 767 m，1996 年该井完井测井时油水界面已经抬升至 4 751.2 m，底部砂体 4 751.2～4 754 m 处测井解释为强水淹，含水率高达 90%以上，含油饱和度仅为 30%；中上部 4 727.6～4 751.2 m 层段未水淹，含油饱和度达 70%以上。

TII 油组（4 785～4 808 m）：该井 TII 油组底部解释为中水淹层（4 805.3～4 807.5 m），含油饱和度约为 41%，含水率为 60%，驱油效率为 31%，中上部未水淹，含油饱和度为 60%～83%。

TIII 油组（4 861～4 939 m）：该井的 TIII 油组的底部已受到底水驱替，测井时底水已抬升至 4 878.8 m，比原始油水界面 4 887 m 抬高了 8 m 多。测井解释 4 862.4～4 878.8 m 层段为原始油层，未水淹，含油饱和度为 60%～80%，4 878.8～4 881.2 m 层段为弱水淹，含水率为 16.2%，含油饱和度为 52%，驱油效率为 14.9%。

2. L2-4-J2 井

JIII6+7 小层（4 506.5～4 524.5 m）：本井 JIII6+7 小层的 4 508.1～4 514.5 m 段为气层，其含油饱和度为 62%，其下为气水同层及水层。

JIV1+2 小层（4 552～4 573 m）：该小层 4 551.8～4 560.5 m 段为油层，含油饱和度为 62%，4 560.5～4 562.5 m 段中水淹，含水率为 71%，含油饱和度为 38%，驱油效率为 21%，其下为水层。

TI 油组（4 732～4 750 m）：该油组 4 732～4 747.8 m 层段为油层，含油饱和度约为 72%，4 747.8～4 750 m 层段为弱水淹，含油饱和度为 46%，含水率为 39%，驱油效率为 19.9%。

TII 油组（4 782.5～4 808.5 m）：呈多段水淹，且水淹不均匀，这主要是地层的非均质性造成的。

TIII 油组（4 860～4 939 m）：该油组的底部已受底水驱替。底水已抬升至 4 871.8 m，4 871.8～4 888.5 m 层段为强水淹，含水率为 90%以上，其下部为水层。

3. L2-23-4 井

图 6-23 为 L2-23-4 井水淹层测井解释成果图。该井 1991 年 9 月完井，图中中子寿命测井资料于 1999 年 11 月获得。对比两次时间获得的 S_w、F_w、η 可看出，到 1999 年 11 月，地层多处水淹，并且水淹极不均匀，上部与下部已强水淹，中部有 2 m 中水淹，还有一些层段没有水淹，这种现象应与纵向上渗透率的非均匀分布有关。

4. L3-H1 井

图 6-24 为 L3-H1 井水淹层测井解释成果图。该井 1999 年 2 月完井。由处理结果可看出，该油组下部含水率高达 90%以上，说明已强水淹，油组中部渗透率好的层段，含

水率为 40%～80%，为中等水淹，在渗透率差的层位，为弱水淹或未水淹。

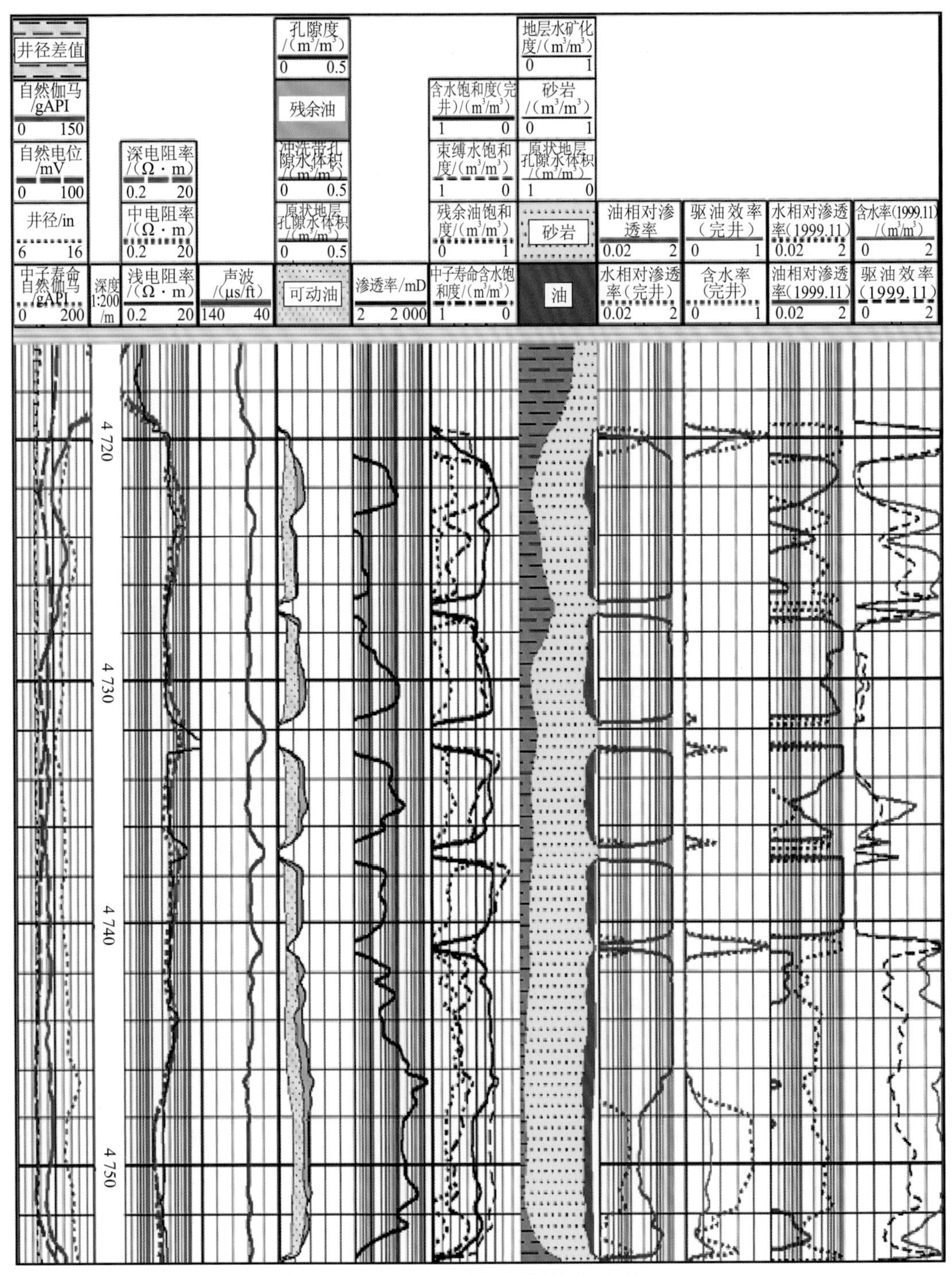

图 6-23　L2-23-4 井水淹层测井解释成果图

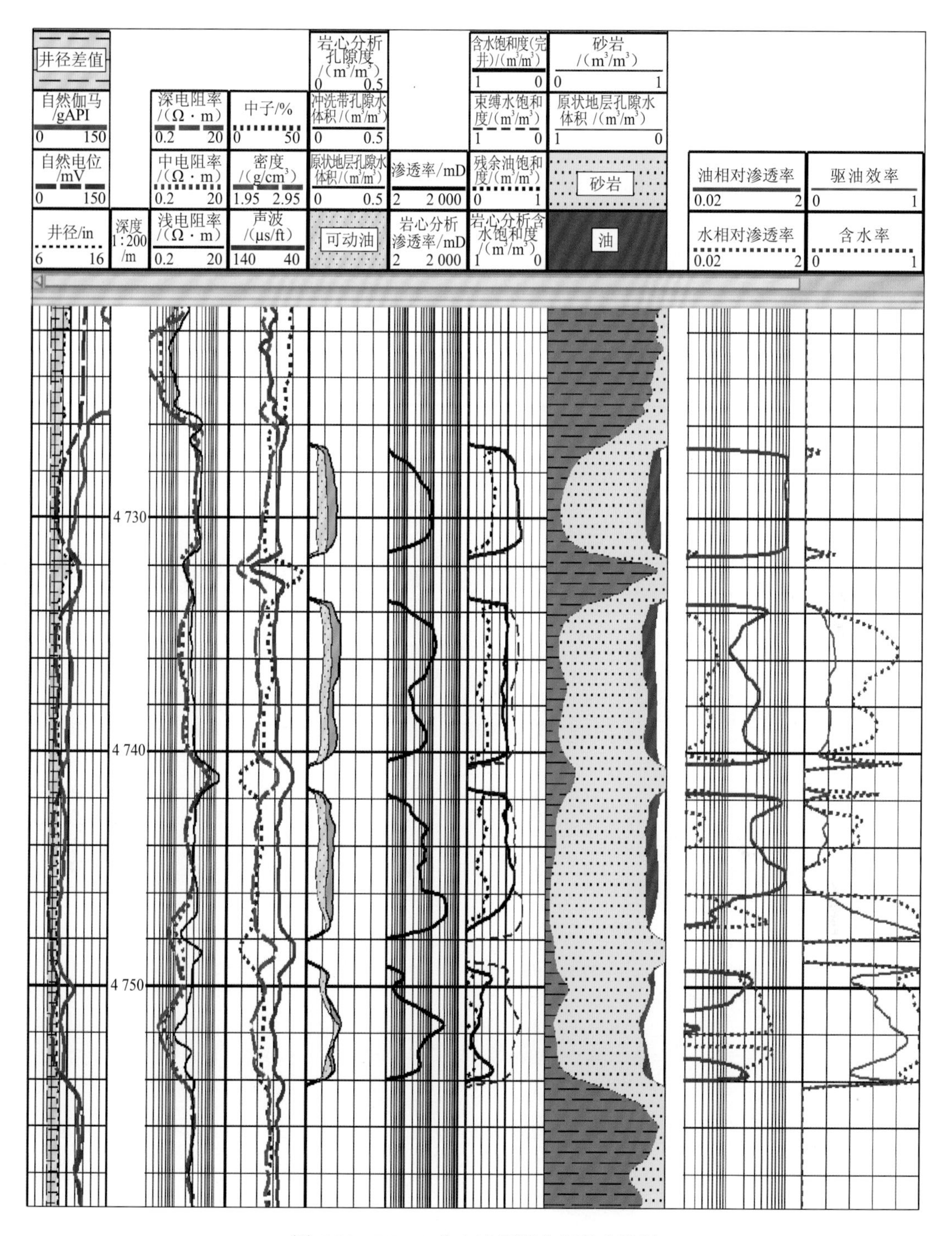

图 6-24　L3-H1 井水淹层测井解释成果图

6.7.2　水淹层解释结论检验

对水淹程度进行判定是水淹层测井解释的主要目的之一。含水率是指示油层水淹程度最直接的参数，它是由剩余油饱和度、束缚水饱和度、残余油饱和度计算得到的，因此含水率的正确与否也在一定程度上反映了“三饱和度”是否计算正确。表 6-6 是水淹层测井解释结果与实际生产所得结果的对比，表中水淹程度均由含水率的大小确定，由该表可看出，水淹级别解释符合率为 81.8%。图 6-25 是测井计算含水率与实际生产含水率对比图，由该图可知，大部分井计算含水率与实际生产含水率在数值上是很接近的，说明含水率计算结果是可信的。在图中用椭圆圈定有三口井，它们是 L2-24-2 井、L2-22-5 井和 L2-22-3 井，这三口井均在 1992 年投入开发，开采时间长，地层在纵向上表现出较严重的非均匀水淹（图 6-26～图 6-28），致使射孔层位强水淹，而非射孔层位或低渗透层位水淹强度不高，这就使得测井计算的含水率低于实际生产的含水率，对这种井应采取堵水补孔措施。

表 6-6　水淹层测井解释结果与实际生产结果对比表

井号	开采油组	开采层位/m	开采			测井解释				结论是否相符
			含水率/%	（取值）时间	水淹程度	含水率/%	剩余油饱和度/%	驱油效率/%	结论	
L2-1-3	TI	4 745～4 750.6，4 752.5～4 773.5	100.0（注水）	2001 年 1 月	强	100.0	6.3	91.2	强水淹	符合
L5	TII	4 796.5～4 801.5，4 805～4 815	38.6	2000 年 12 月	弱	37.5	52.5	23.0	弱水淹	符合
L2-3-6	TI	4 749～4 754，4 757～4 768	71.3	2001 年 3 月	中	77.3	45.7	36.8	中水淹	符合
L2-3-1	TI	4 719～4 738	91.4	2001 年 4 月	强	99.6	2 1.5	71.4	强水淹	符合
L2-24-2	TII+III	4 781～4 784，4 786～4 788，4 790～4 797.5	100.0	2001 年 2 月	强	68.4	42.7	41.0	中水淹	不符合
L2-23-4	TII+III	4 780.5～ 4792，4 862～4 865，4 867～4 876	77.8	1999 年 11 月	中	50.5	36.1	26.9	中水淹	符合
L2-22-5	TII	4 789～4 796，4 800～4 806	86.7	2001 年 3 月	强	28.8	65.0	19.2	弱水淹	不符合
L2-22-3	TII	4 797～4 802，4 853～4 870	90.7	2000 年 1 月	强	54.0	55.9	30.3	中水淹	不符合
L2-2-6	TI	4 735～4 742，4 745～4 762	80.8	2001 年 2 月	强	84.9	40.0	39.7	强水淹	符合
L2-2-J1	TII	4 785～4 797	0.1	1998 年 6 月	未	0.2	71.1	0.8	未水淹	符合
L2-2-J1	TII	4 861～4 869	0.1	1997 年 4 月	未	0.1	73.0	0.4	未水淹	符合
L2-4-J2	TI	4 731.85～4 736.85，4 739.85～4 744.85	4.8	1997 年 8 月	未	0.3	70.0	0.4	未水淹	符合

续表

井号	开采油组	开采层位/m	开采			测井解释				结论是否相符
			含水率/%	（取值）时间	水淹程度	含水率/%	剩余油饱和度/%	驱油效率/%	结论	
L2-3-17	TI	4 739～4 745，4 749～4 755	4.8	2000 年 3 月	未	0.1	68.0	0.5	未水淹	符合
L2-34-4	TIII	4 883～4 887	4.0	2001 年 1 月	未	0.2	59.0	1.1	未水淹	符合
L2-33-h3z	JIII	4 763.36～5 116.4（水平井）	1.0	1999 年 7 月	未	0.5	67.4	1.4	未水淹	符合
L2-33-h4z	JIII	4 707.27～5 047.15（水平井）	1.7	1999 年 7 月	未	0.0	69.5	0.5	未水淹	符合
L3-h1z	TI	4 869～4 959，4 999～5 313（水平井）	0.5	1999 年 3 月	未	0.0	63.4	0.2	未水淹	符合
L3-h2z	TII	5112～5275（水平井）	0.1	1999 年 3 月	未	6.0	61.1	6.3	未水淹	符合
L26-2	TIII	4 957～4 962	11.5	2000 年 6 月	弱	5.7	52.0	9.0	未水淹	不符合
L10-h1z	TI	4 724.1～4 728.4	3.3	1998 年 6 月	未	2.0	60.8	3.6	未水淹	符合
L10-h3z	TI	5 333～5 340，5 342～5 350（水平井）	100.0	1999 年 2 月	强	94.3	23.1	62.6	强水淹	符合
L10-h2z	TI	4 902～5 183（水平井）	23.3	1999 年 4 月	弱	18.7	50.0	12.7	弱水淹	符合

注：①若开发井为水平井，计算结果采用对应直井相应层位的结果；②开采数据取值时间与测井时间尽量相近；③水淹层水淹级别判别符合率为 81.8%。

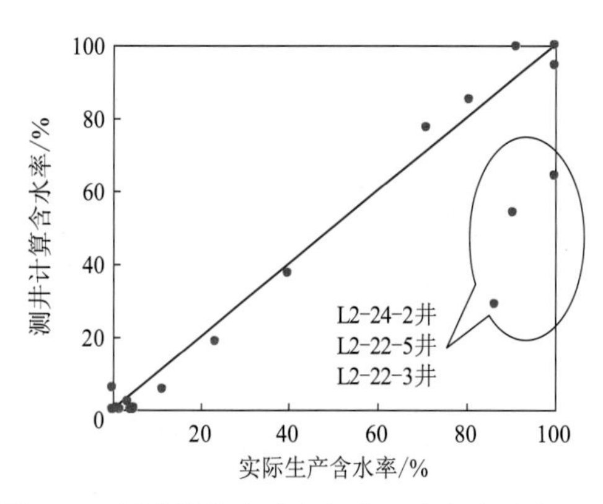

图 6-25　测井计算含水率与实际生产含水率对比

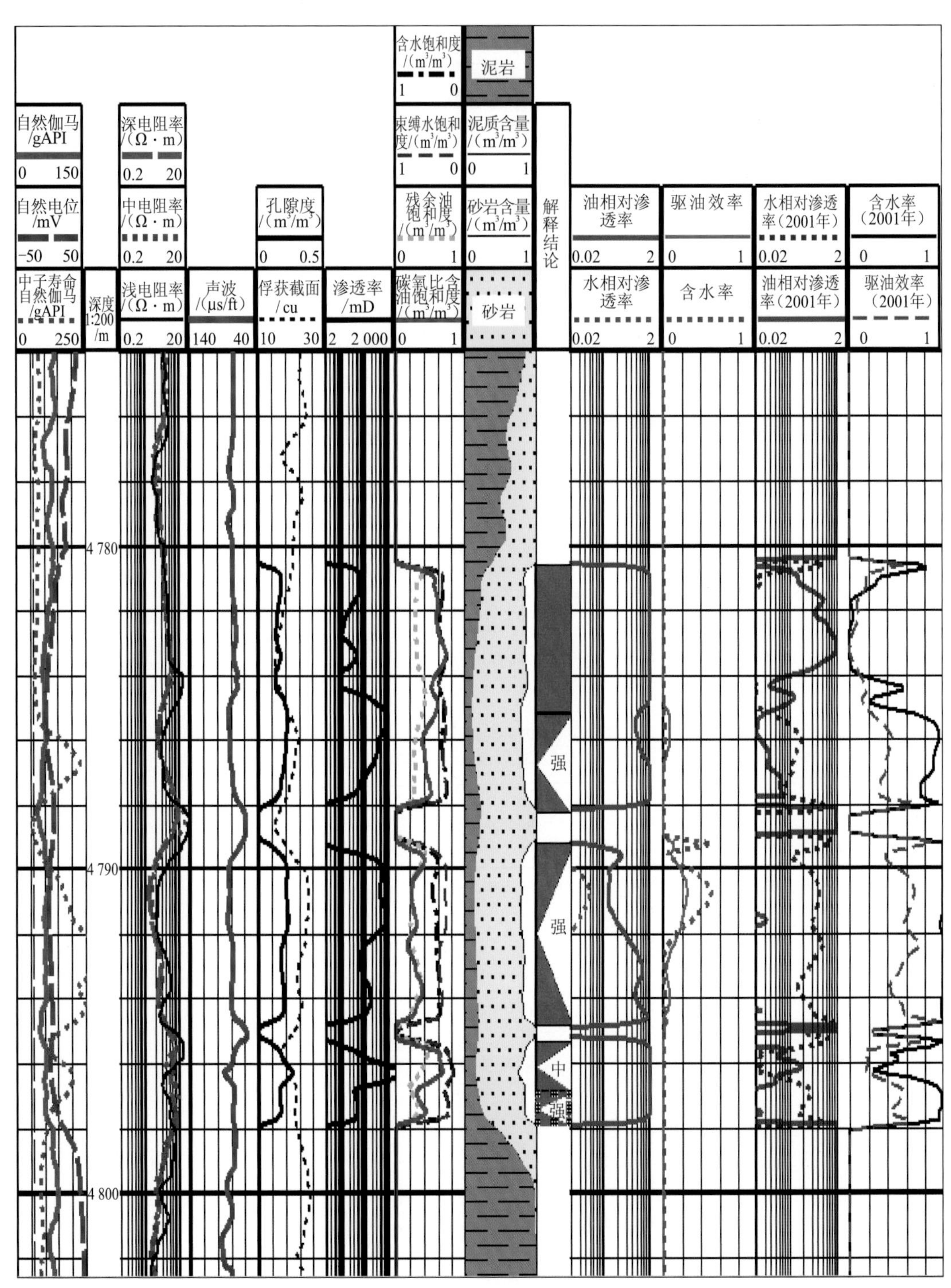

图 6-26　L2-24-2 井中子寿命测井解释成果图

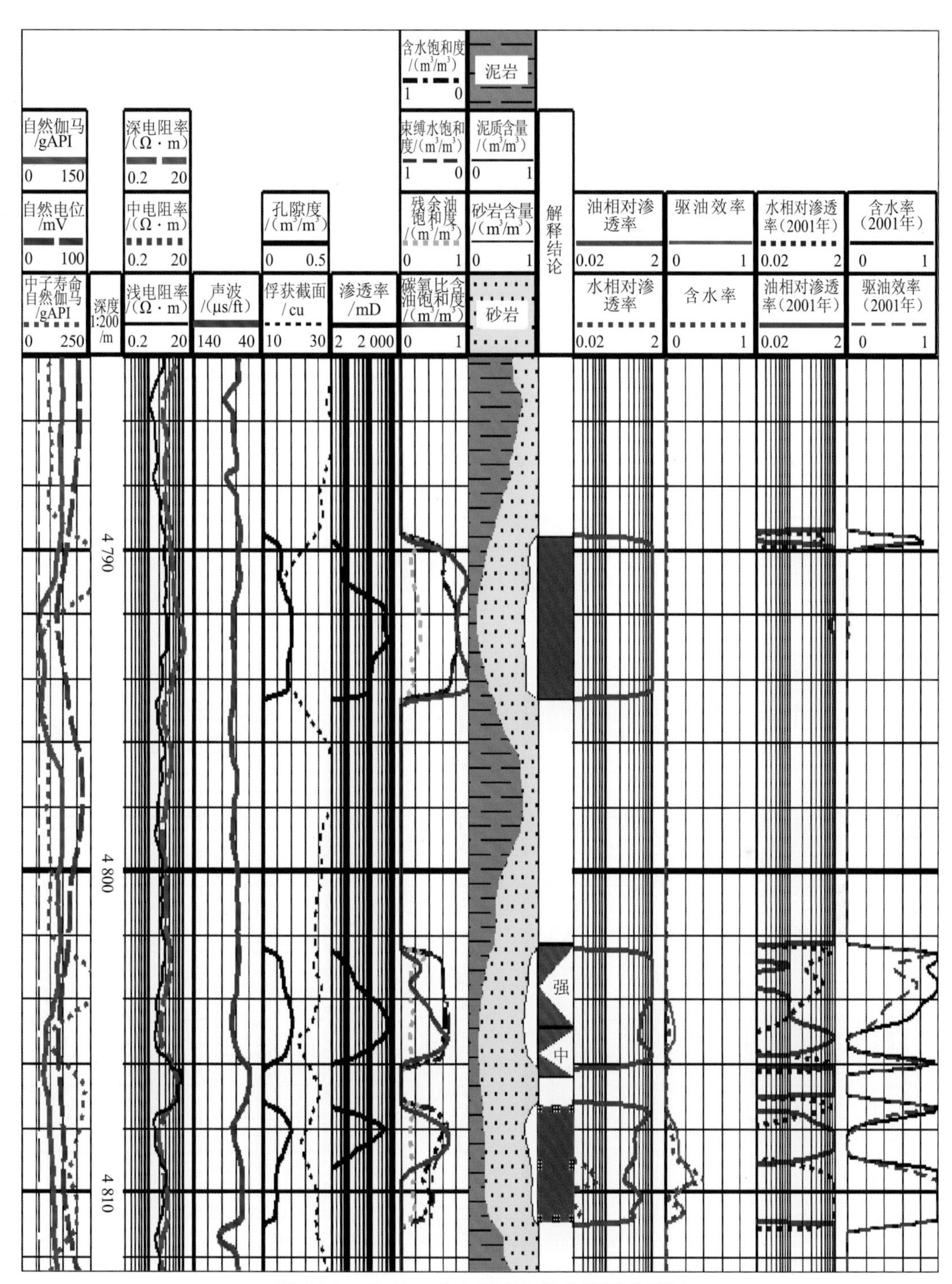

图 6-27 L2-22-5 井中子寿命测井解释成果图

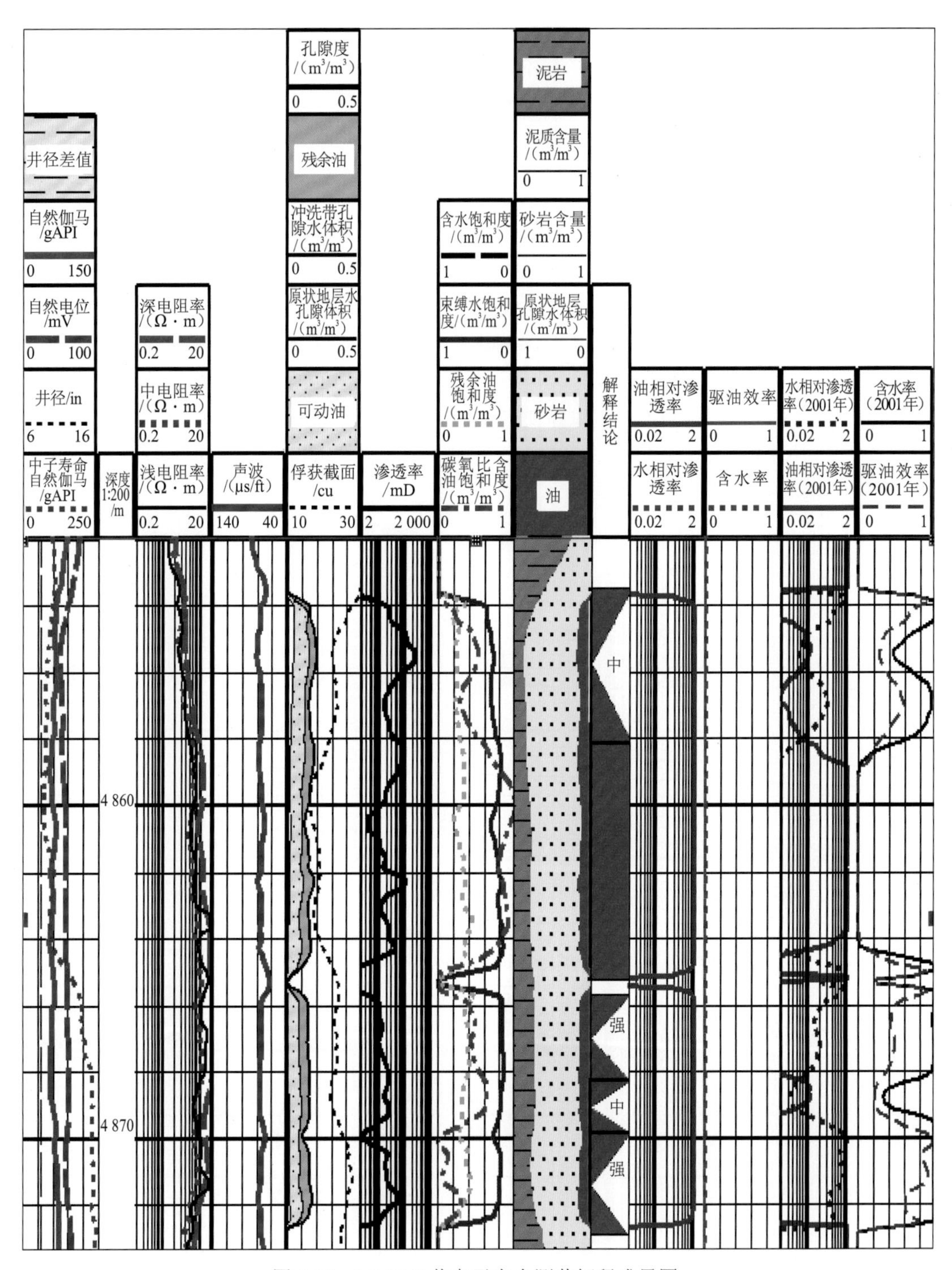

图 6-28 L2-22-3 井中子寿命测井解释成果图

第 7 章　复杂流体性质测录井评价

天然气储层中除以甲烷为主的烃类气外，还存在大量的二氧化碳气层、凝析气层和油层，因此如何区分烃类气层和二氧化碳气层，区分气层、凝析气层和油层，并对它们的含量作出评估成为流体性质测井评价的难题。本章以海上某地区为例，研究烃类气层和二氧化碳气层的区分方法，以及气层、凝析气层和油层的区分方法，并利用地层组分分析模型和最优化理论计算烃类气体和二氧化碳气体的含量，结合录井资料定量计算气油比，达到定量识别气层类型的目的。

7.1　流体性质定性识别方法

本节在定性层面对不同流体性质的测录井响应特征进行了分析，研究制作烃类气层与 CO_2 气层、油层与 CO_2 气层、烃类气层与油层、气层与凝析气层以及油层的测录井识别图版。

7.1.1　不同流体性质测录井响应特征

1. 烃类气层测录井响应特征

图 7-1 为 P1 井 3 680～3 710 m 层段测井成果图，MDT 资料显示图中 1 号层位为烃类气层，其测录井响应特征为：中子-密度交会特征明显，声波时差值增大，中子值较 CO_2 层偏大，较油水层偏小，密度值较油水层偏小，气测资料显示轻烃含量高但烃类组分不全，C1 含量一般大于 95%、全烃含量较高、气测曲线呈箱状。

测录井资料中，甲烷为 C1，乙烷为 C2，丙烷为 C3，异丁烷为 IC4，正丁烷为 NC4，异戊烷为 IC5，正戊烷为 NC5，全烃为 TG（TGAS），其中 C1、C2、C3、IC4、NC4、IC5、NC5 分别是相应成分在天然气中的体积分数，C4、C5 分别为 IC4，NC4，IC5，NC5 对应的和，TG 是烃类气体在天然气中的体积分数，用于探测和显示油气异常。

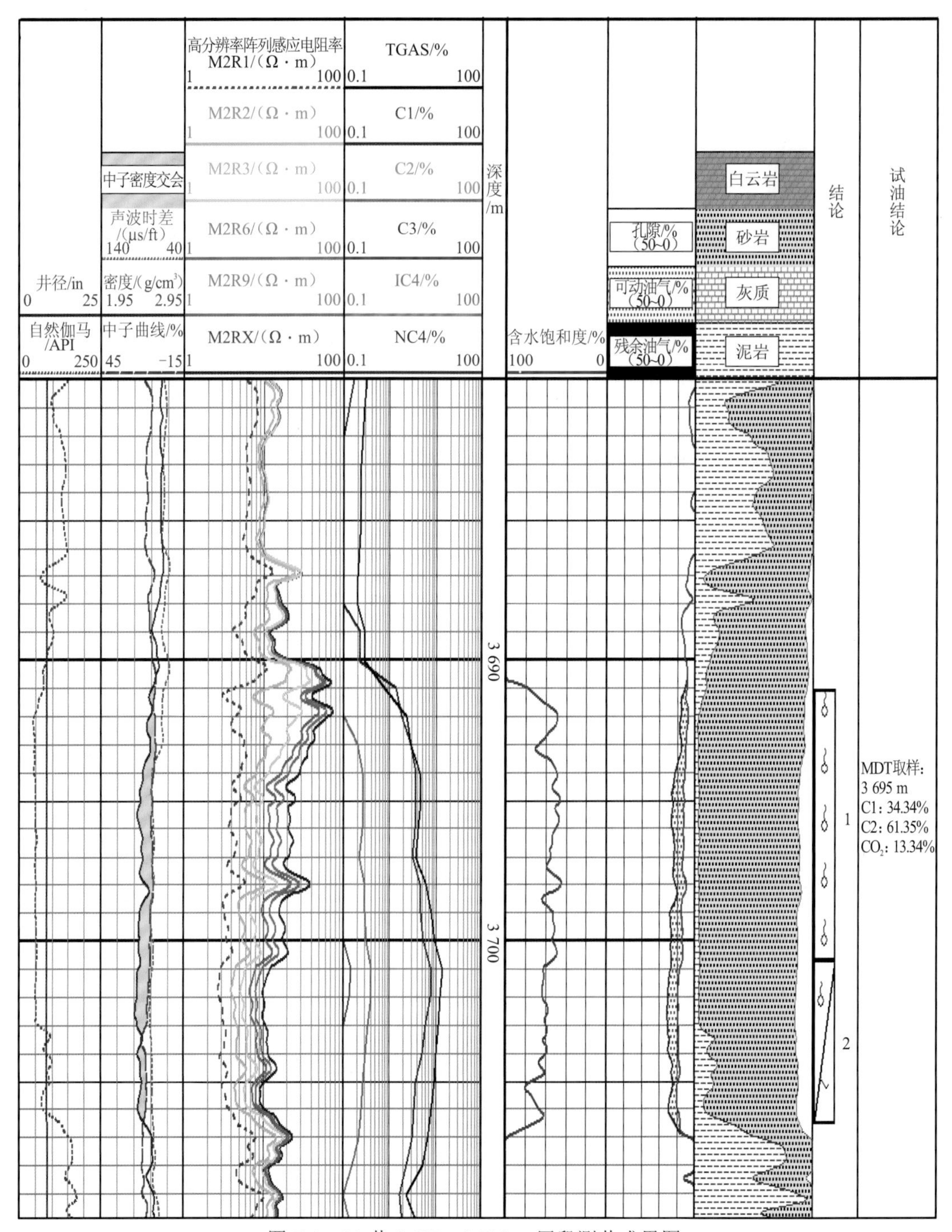

图 7-1　P1 井 3 680～3 710 m 层段测井成果图

2. CO_2 气层测井响应特征

图 7-2 为 L1 井 3 320～3 347 m 层段测井成果图，MDT 资料显示图中 9 号层位为 CO_2 气层，其测井响应特征为：声波时差变大，中子值较烃类气层和油层明显偏小，密度降低，但高于烃类气层，中子-密度交会特征非常明显；录井显示相对较弱。

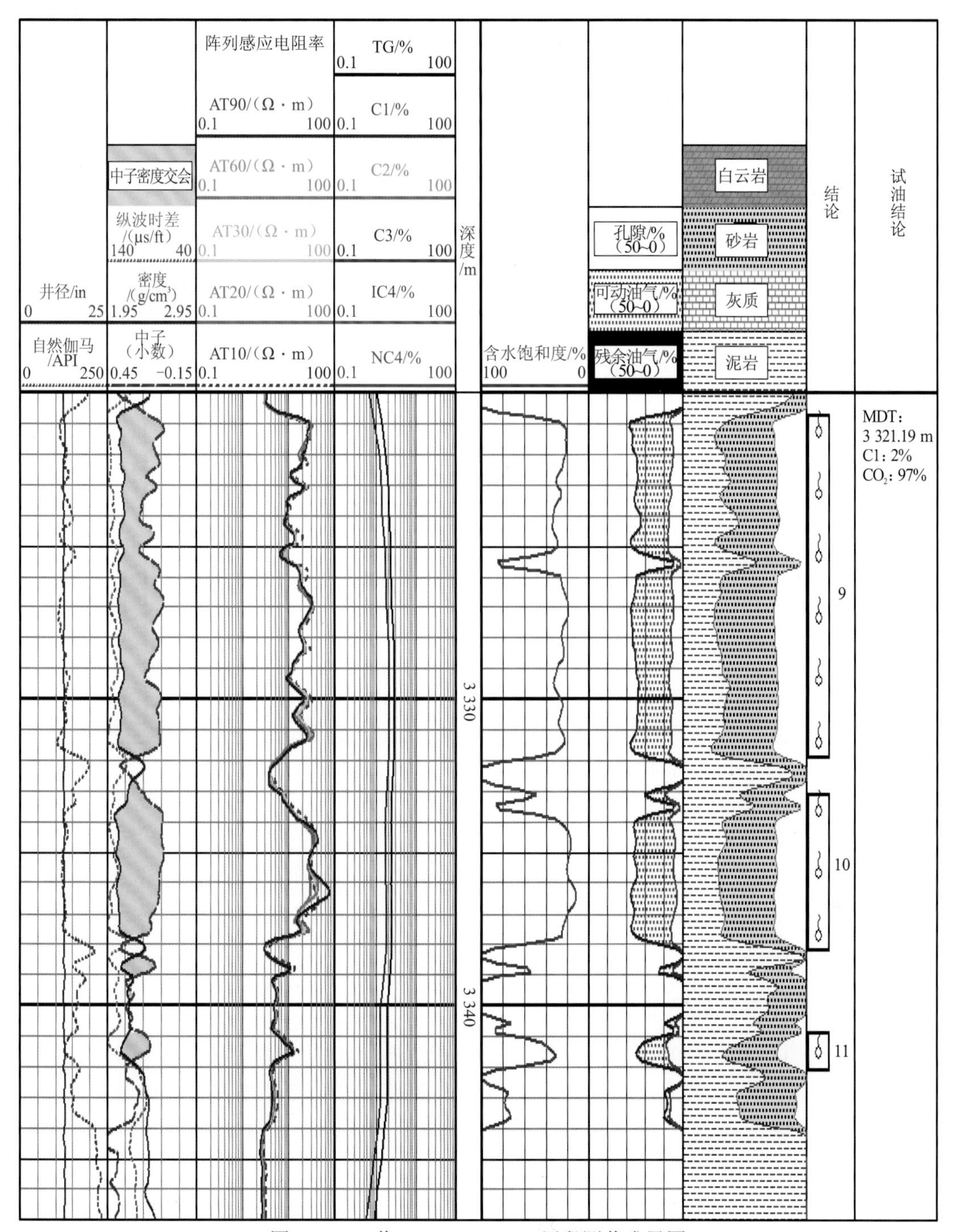

图 7-2　L1 井 3 320～3 347 m 层段测井成果图

图 7-3 为 E1 井 1 618～1 639 m 层段测井成果图，MDT 资料显示图中 21 号层位为 CO_2 气层，其测井响应特征为：声波时差变大，中子值较下方 22 号油层（DST 证实为油层）明显变小，密度较油层略低；录井无明显显示。

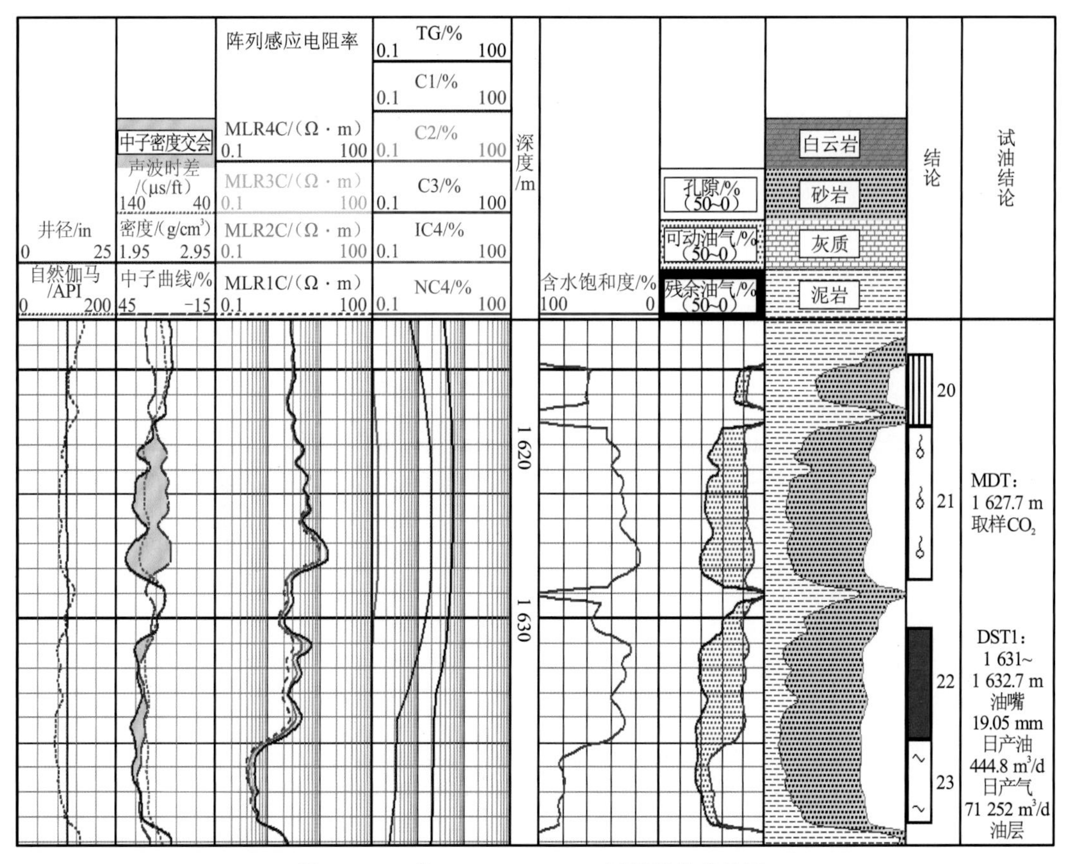

图 7-3　E1 井 1 618～1 639 m 层段测井成果图

3. 凝析气层测录井响应特征

图 7-4 为 L2 井 2 866～2 935 m 层段测井成果图，测试资料显示图中 3～6 号层为凝析气层，其测录井响应特征为：声波时差变大，中子值变小，密度降低，较油层偏小，中子-密度交会特征明显；气测曲线特征介于油层和气层之间。

4. 油层测录井响应特征

图 7-5 为 H1 井 2 550～2 590 m 层段测井成果图，MDT 资料显示图中 4 号层位为油层，3 号层为气层，其测录井响应特征为：中子-密度交会特征不明显，声波时差较气层偏小，中子值较气层偏大，密度较气层偏高；气测资料显示全烃含量高、烃类组分齐全、重烃含量高、气测曲线幅度较大。

7.1.2　流体性质定性识别图版研制

1. 特征参数选取

以上不同流体性质测录井响应特征研究结果可以看出，烃类气层、二氧化碳气层、凝析气层与油层在测井曲线上的响应特征存在差别，这是利用测录井资料定性、定量区分流体性质的基础。由于 I 区多个区块间物性差别大，为突出流体性质的影响，消除物性和岩

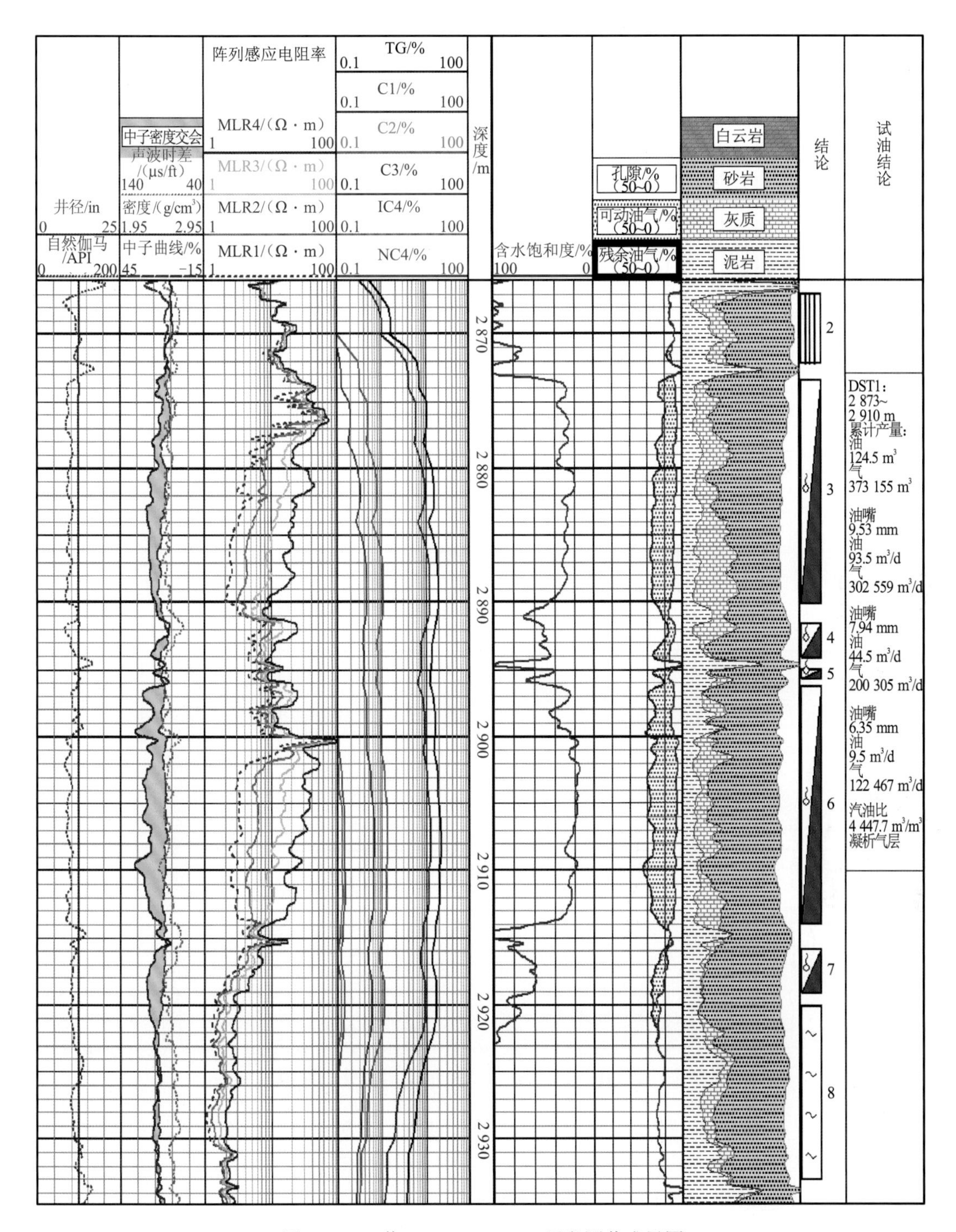

图 7-4　L2 井 2 866～2 935 m 层段测井成果图

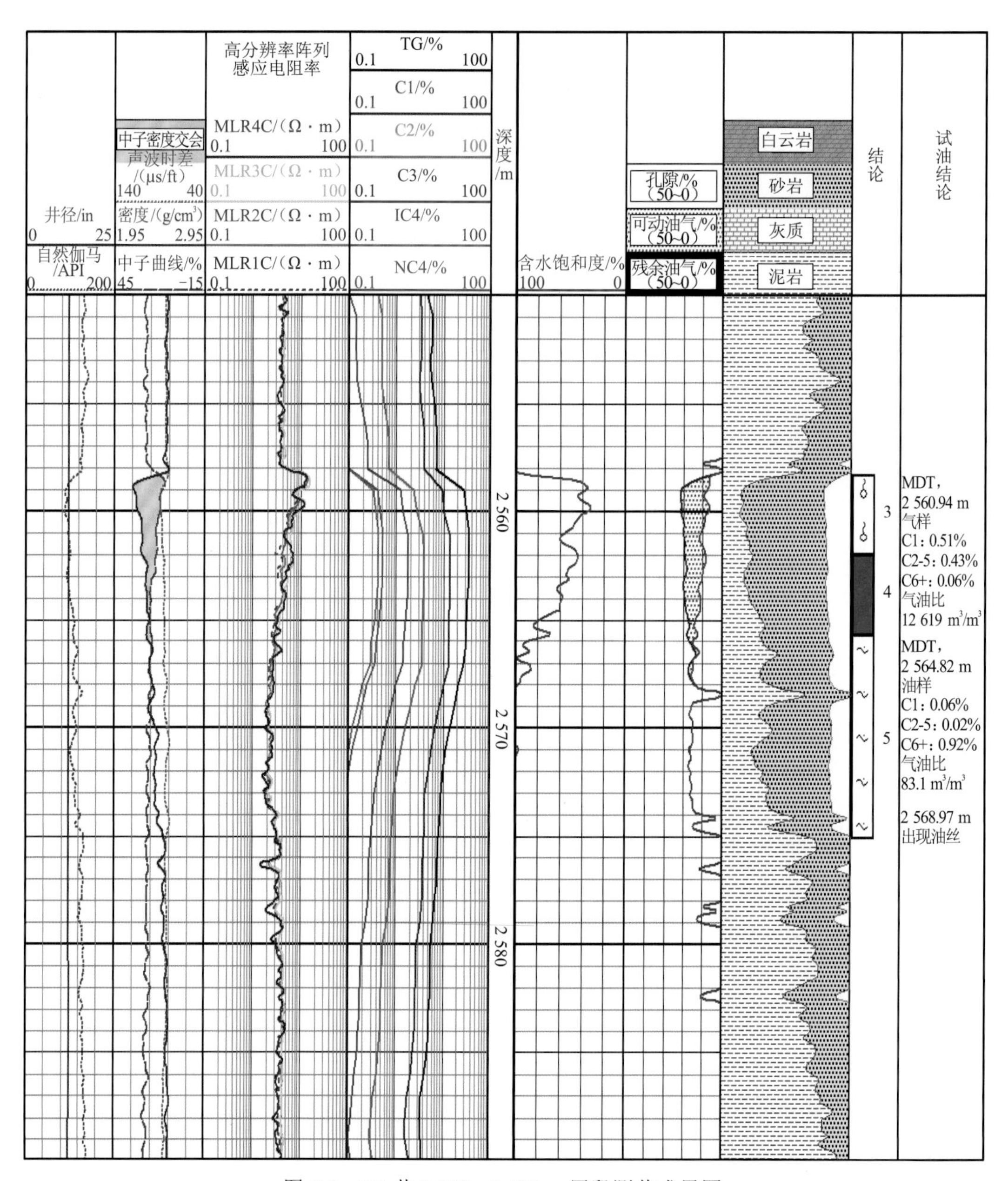

图 7-5　H1 井 2 550～2 590 m 层段测井成果图

性的影响，采用视密度孔隙度、视中子孔隙度、视时差孔隙度（孔隙全含水时用密度、中子、声波时差计算的孔隙度）为不同流体性质特征参数，它们的计算公式如下。

$$\phi_{\mathrm{Da}}=\frac{\rho_{\mathrm{b}}-\rho_{\mathrm{ma}}}{1-\rho_{\mathrm{ma}}}-V_{\mathrm{sh}}\frac{\rho_{\mathrm{sh}}-\rho_{\mathrm{ma}}}{1-\rho_{\mathrm{ma}}}\tag{7-1}$$

$$\phi_{\mathrm{na}}=\frac{H-H_{\mathrm{ma}}}{1-H_{\mathrm{ma}}}-V_{\mathrm{sh}}\frac{H_{\mathrm{sh}}-H_{\mathrm{ma}}}{1-H_{\mathrm{ma}}}\tag{7-2}$$

$$\phi_{\mathrm{sa}}=\frac{1}{cp}\frac{\Delta t-\Delta t_{\mathrm{ma}}}{189-\Delta t_{\mathrm{ma}}}-V_{\mathrm{sh}}\frac{\Delta t_{\mathrm{sh}}-\Delta t_{\mathrm{ma}}}{189-\Delta t_{\mathrm{ma}}}\tag{7-3}$$

读取测试井段的测录井参数，如表 7-1 所示。

表 7-1　不同流体性质测录井特征参数表

井号	取值范围/m	流体类型	视密度孔隙度/%	视中子孔隙度/%	视时差孔隙度/%	气测			
						TGAS/C1	TGAS/ΣC	C1/C2+	（C1+C2）/（C3+C4+C5）
L1	3 185～3 195	CO_2气层	30.73	13.45	55.41	1.20	1.20	220.45	912.50
L1	3 321～3 331	CO_2气层	25.08	3.06	50.26	1.47	1.45	133.85	291.17
L1	3 367～3 377	CO_2气层	22.05	5.31	36.83	1.51	1.50	184.29	258.40
E1	1 623～1 628	CO_2气层	28.63	9.08	38.92	2.95	1.49	1.03	1.18
H2	2 436～2 438	CO_2气层	24.59	7.76	28.91	0.68	0.68	116.43	—
H2	2 444～2 448	CO_2气层	22.61	5.36	25.97	5.42	5.07	14.62	—
L3	3 151～3 172	气层	—	10.77	—	1.39	1.37	84.95	825.76
L4	3 320～3 330	气层	21.74	12.54	—	1.64	1.56	20.38	67.60
L5	3 080～3 082	气层	—	9.56	—	1.16	1.14	54.50	410.56
L5	3 123～3 165	气层	27.97	8.17	—	1.22	1.21	63.35	456.33
L5	3 172～3 201	气层	26.25	11.83	—	1.22	1.19	44.99	297.77
L6	3 149～3 154	气层	23.53	11.66	28.48	1.78	1.70	20.15	130.20
L7	2 552～2 567.5	气层	—	9.64	30.00	1.34	1.31	57.33	242.53
L6	3 157～3 188	气层	25.56	8.58	23.73	1.39	1.36	43.65	243.52
L8	3 497～3 508	凝析气层	21.12	14.66	21.59	1.67	1.67	—	—
B1	3 605～3 619	凝析气层	19.05	8.66	14.26	3.42	3.35	49.07	50.67
H1	2 558.5～2 562	凝析气层	24.51	13.79	21.36	3.26	2.17	1.99	5.26
L2	2 874～2 878	凝析气层	16.29	10.72	12.04	1.76	1.56	7.88	24.92
L2	2 878～2 890	凝析气层	23.93	14.26	18.57	1.52	1.36	8.37	23.94
L2	2 901～2 913	凝析气层	24.34	10.56	20.66	1.73	1.46	5.34	14.67
L9	3 515～3 525	凝析气层	16.78	10.72	16.75	1.37	1.29	15.91	64.21
L10	2 720～2 736	凝析气层	26.77	14.09	30.78	1.13	1.04	12.12	42.62
L10	2 948～2 963	凝析气层	21.03	16.33	21.52	1.26	1.19	18.32	74.70
L11	2 665～2 669	凝析气层	22.11	17.25	22.13	1.88	1.72	10.84	33.48
L11	2 827～2 850	凝析气层	21.23	13.41	16.67	2.26	2.08	11.16	34.52
L12	2 218～2 221	凝析气层	—	19.42	32.48	2.77	2.52	10.06	40.00
L12	2 235～2 243	凝析气层	—	14.60	34.12	1.80	1.64	10.06	36.52
B1	3 620～3 625	凝析气层	18.12	7.88	13.99	2.15	2.09	33.20	41.75
B1	3 626～3 628	凝析气层	23.60	13.01	15.40	2.88	2.74	20.73	25.56
B1	3 600～3 605	凝析气层	19.79	15.90	15.03	3.80	3.49	11.20	14.25
P2	3 190～3 196	凝析气层	7.45	7.86	7.01	1.63	1.54	16.94	55.22

续表

井号	取值范围/m	流体类型	视密度孔隙度/%	视中子孔隙度/%	视时差孔隙度/%	气测			
						TGAS/C1	TGAS/ΣC	C1/C2+	（C1+C2）/（C3+C4+C5）
L13	2 646～2 658	油层	18.97	16.72	17.51	6.97	2.47	0.55	0.83
L13	2 673～2 681	油层	19.82	16.69	18.27	8.26	2.60	0.46	0.70
L14	2 628～2 635	油层	16.98	15.86	15.30	8.94	2.96	0.50	0.83
L15	2 647.5～2 650.5	油层	20.70	17.10	17.50	7.34	3.17	0.76	0.96
L16	2 571～2 576	油层	21.18	14.70	13.54	5.27	2.29	0.77	1.30
L16	2 585～2 591	油层	16.30	15.55	24.58	5.24	2.55	0.95	1.28
L16	2 598.5～2 600	油层	25.03	17.34	17.09	6.04	2.85	0.89	1.21
L16	2 610～2 615	油层	21.03	20.30	17.89	7.04	2.98	0.74	0.98
L17	2 501.6～2 507.6	油层	25.25	24.48	23.54	—	—	—	—
L17	2 509～2 531.5	油层	22.23	19.20	20.62	—	—	—	—

根据表 7-1 中不同流体性质的特征参数，建立流体性质识别图版。

2. 烃类气层与 CO_2 气层定性识别图版

图 7-6 和图 7-7 分别是烃类气层与 CO_2 气层视密度孔隙度与视中子孔隙度、视时差孔隙度与视中子孔隙度交会图版。从图 7-6 可以看出：对于烃类气层，视中子孔隙度小于视密度孔隙度；对于 CO_2 气层，视中子孔隙度远低于视密度孔隙度。通过该图版能够实现对烃类气层与 CO_2 气层的定性识别。从图 7-7 可以看出，烃类气层视中子孔隙度明显大于 CO_2 气层，而视时差孔隙度明显小于 CO_2 气层，该图版对烃类气层与 CO_2 气层的识别效果较好。

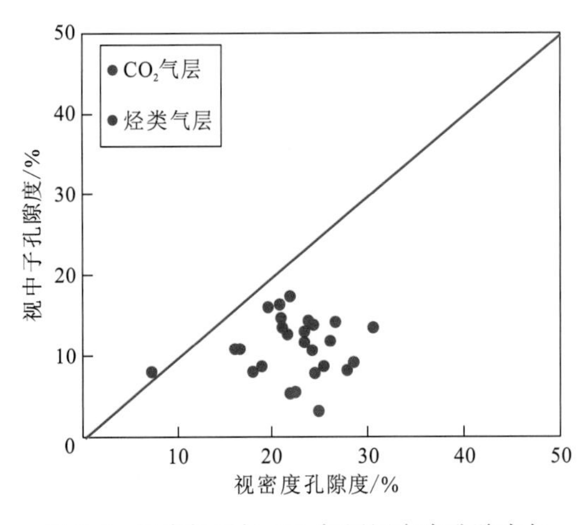

图 7-6 烃类气层与 CO_2 气层视密度孔隙度与视中子孔隙度交会图

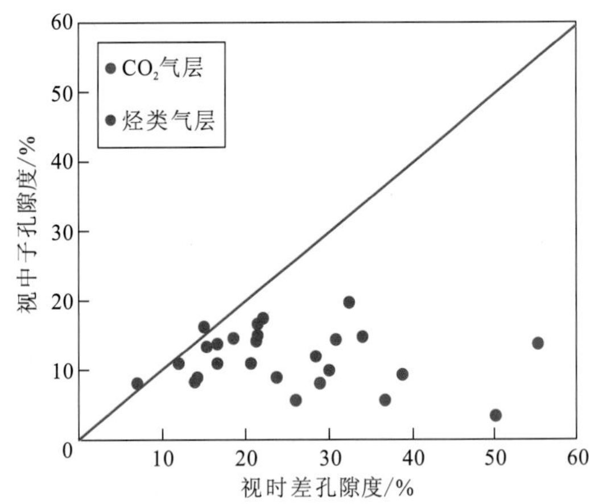

图 7-7 烃类气层与 CO_2 气层视时差孔隙度与视中子孔隙度交会图

3. 油层与 CO_2 气层定性识别图版

图 7-8 和图 7-9 分别是油层与 CO_2 气层视密度孔隙度与视中子孔隙度、视时差孔隙度与视中子孔隙度交会图版。从图 7-8 可以看出，油层与烃类气层类似，视中子孔隙度明显大于 CO_2 气层，油层视中子孔隙度与视密度孔隙度相差不大，通过该图版能够实现对油层与 CO_2 气层的定性识别。从图 7-9 可以看出，油层视中子孔隙度与视时差孔隙度接近，而 CO_2 气层视中子孔隙度远小于视时差孔隙度。该图版对油层与 CO_2 气层的识别效果较好。

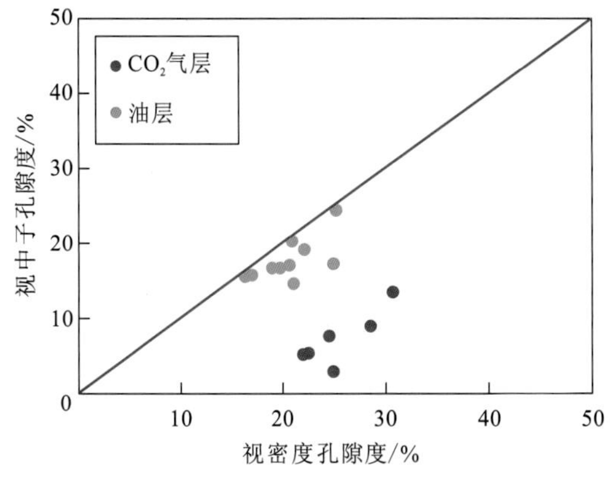

图 7-8　油层与 CO_2 气层视密度孔隙度与视中子孔隙度交会图

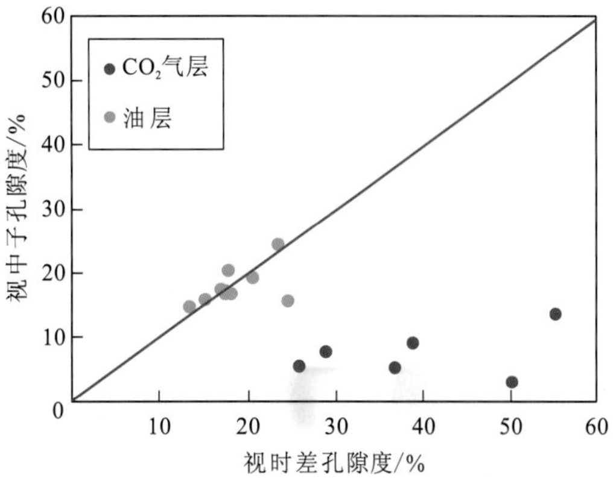

图 7-9　油层与 CO_2 气层视时差孔隙度与视中子孔隙度交会图

4. 油层与烃类气层定性识别图版

图 7-10 和图 7-11 分别是油层与烃类气层视密度孔隙度与视中子孔隙度、视时差孔隙度与视中子孔隙度交会图版。从图 7-10 和图 7-11 可以看出，油层样本点基本位于烃类气层样本点上方，说明这两个图版对油层和烃类气层具有较好的识别效果。图 7-12 和图 7-13 是油层与烃类气层测录井综合图版。从图 7-12 可以看出，油层样本点基本位于烃类气层样本点右上方。从图 7-13 可以看出，油层样本点基本位于烃类气层样本点左上方。说明这两个图版对油层和烃类气层具有较好的识别效果。

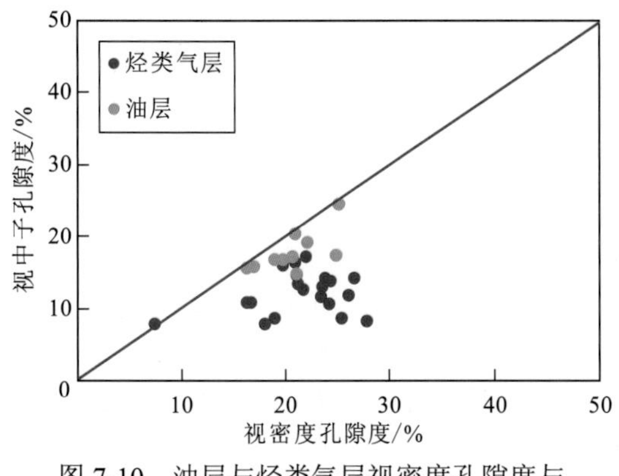

图 7-10　油层与烃类气层视密度孔隙度与视中子孔隙度交会图

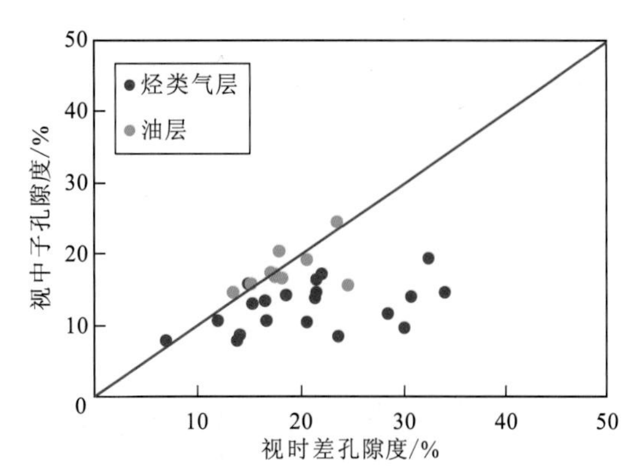

图 7-11　油层与烃类气层视时差孔隙度与视中子孔隙度交会图

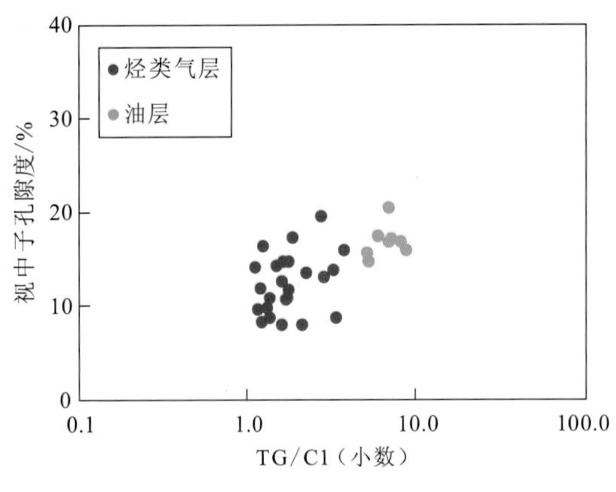

图 7-12　油层与烃类气层测录井综合图版一

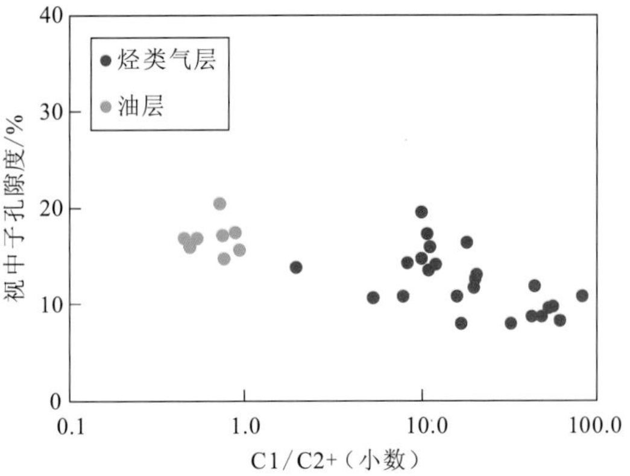

图 7-13　油层与烃类气层测录井综合图版二

5. 气层与凝析气层、油层定性识别图版

图 7-14 是录井气测数据识别气层、油层与凝析气层的图版。从图中可以看出，气层→凝析气层→油层的(C1+C2)/(C3+C4+C5)值逐渐变小，TG/C1 值逐渐变大，图版中三类不同流体类型样本点区分明显，说明该图版对气层、油层与凝析气层的识别效果较好。图 7-15 是综合利用测录井数据识别油气层类型的图版，图版中三类不同流体类型样本点区分明显。说明这两种图版对气层、油层与凝析气层的识别效果较好。

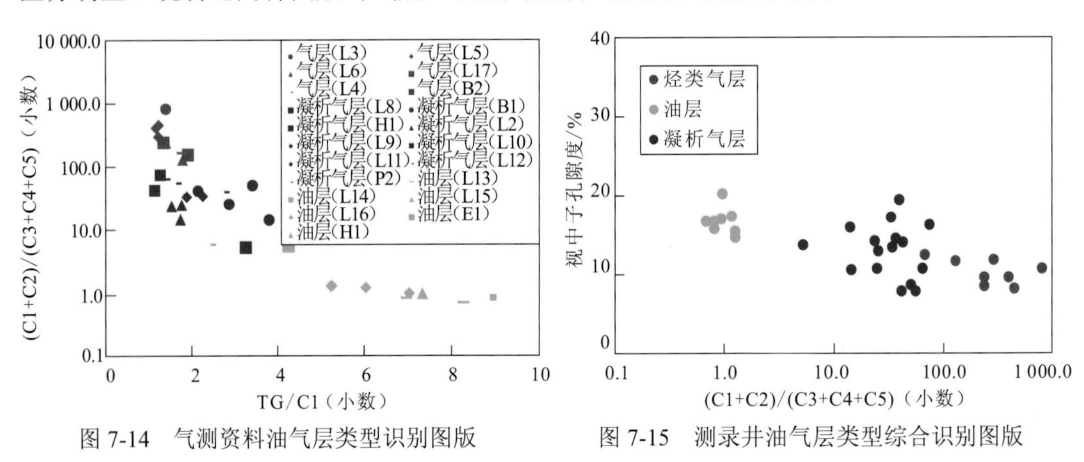

图 7-14　气测资料油气层类型识别图版

图 7-15　测录井油气层类型综合识别图版

7.2　CO_2 与烃类气相对含量计算方法

甲烷与二氧化碳在不同温度压力条件下测井响应值有很大差别，只有正确计算它们的测井响应值，才能较为准确地求出孔隙度及它们在地层中的含量。

7.2.1　地层温压条件下甲烷的测井响应值

甲烷在自然界中呈气态存在，其临界温度为−62.48 ℃，临界压力为 4.640 8 MPa，常温常压下，甲烷是一种无色无味的可燃性气体，相对密度为 0.54，比空气轻。当温度高于临界温度时，甲烷为气相；当温度与压力低于临界温度与临界压力时，甲烷为液相；因此在地层的条件下，甲烷呈气态形式存在。

1. 压缩因子

不同气体，虽然在不同温度、压力下的性质（包括压缩因子）不同，临界参数也不同，但在各自临界点却有共同的特性。如果以临界状态作为描述气体状态的基准点，则在相同的对比压力、对比温度下，所有纯烃气体具有相同的压缩因子，即符合对比状态原理。

只要知道地层的温度 T（K）和压力 P（MPa），根据甲烷的拟临界温度 T_{pc}（K）、拟临界压力 P_{pc}（MPa），可得到拟对比温度 T_{pr}、拟对比压力 P_{pr}。

$$T_{pr}=\frac{T}{T_{pc}} \tag{7-4}$$

$$P_{pr}=\frac{P}{P_{pc}} \tag{7-5}$$

可以查图版或者计算得到甲烷的压缩因子，气体压缩因子与压力及温度有如下关系。

$$\begin{aligned}Z_f=&\left[0.03+0.005\,27\left(3.5-T_{pr}\right)^3\right]P_{pr}+0.642T_{pr}-0.007T_{pr}^4-0.52\\&+0.109\left(3.85-T_{pr}\right)^2\left\{\left[-0.45+8\left(0.56-\frac{1}{T_{pr}}\right)^2\right]\frac{P_{pr}^{1.2}}{T_{pr}}\right\}\end{aligned} \tag{7-6}$$

式中：Z_f表示地层条件甲烷气体的压缩因子。

2. 密度测井响应值

密度测井测量的是地层的电子密度 ρ_e，某地层组分的密度响应值获取方法可参考式（1-34）～式（1-39）。

对于甲烷，其井下的密度计算式可以用文献的数据来拟合，图 7-16 为甲烷密度随温度压力变化关系图。由图 7-16 可得到如下关系式。

$$\rho_{CH_4}=\left(0.128\,964\ln(P)-0.222\,253\right)e^{(0.000\,025P-0.003\,742)T} \tag{7-7}$$

式中：ρ_{CH_4} 为甲烷密度，g/cm^3；P 为地层压力，MPa；T 为地层温度，℃。

式（7-7）的使用范围：15 MPa≤P<70 MPa，27 ℃<T<327 ℃。

当压力小于 15 MPa 时，使用文献中的数据可以得到图 7-17。使用图 7-17，可得 P<15 MPa 时甲烷密度与温度压力的关系。

$$\rho_{CH_4}=\left(0.081\,487\ln(P)-0.102\,241\right)e^{[-0.001\,366\ln(P)-0.001\,565]T} \tag{7-8}$$

式（7-8）的使用范围：7 MPa≤P<15 MPa，27 ℃<T<107 ℃。

为了验证模型式（7-7）和式（7-8）的精度，作出模型值与文献值的对比图，如图 7-18、图 7-19 所示；由图可见，模型值与文献值基本一致。图 7-20 为 P>15 MPa 时模型值与文献值的误差统计结果，图 7-21 为 P<15 MPa 时模型值与文献值误差统计结果，由图 7-20 和图 7-21 可见，模型误差在 5%以下，由此可见由式（7-7）和式（7-8）可以计算地层温压条件下甲烷的密度测井值。

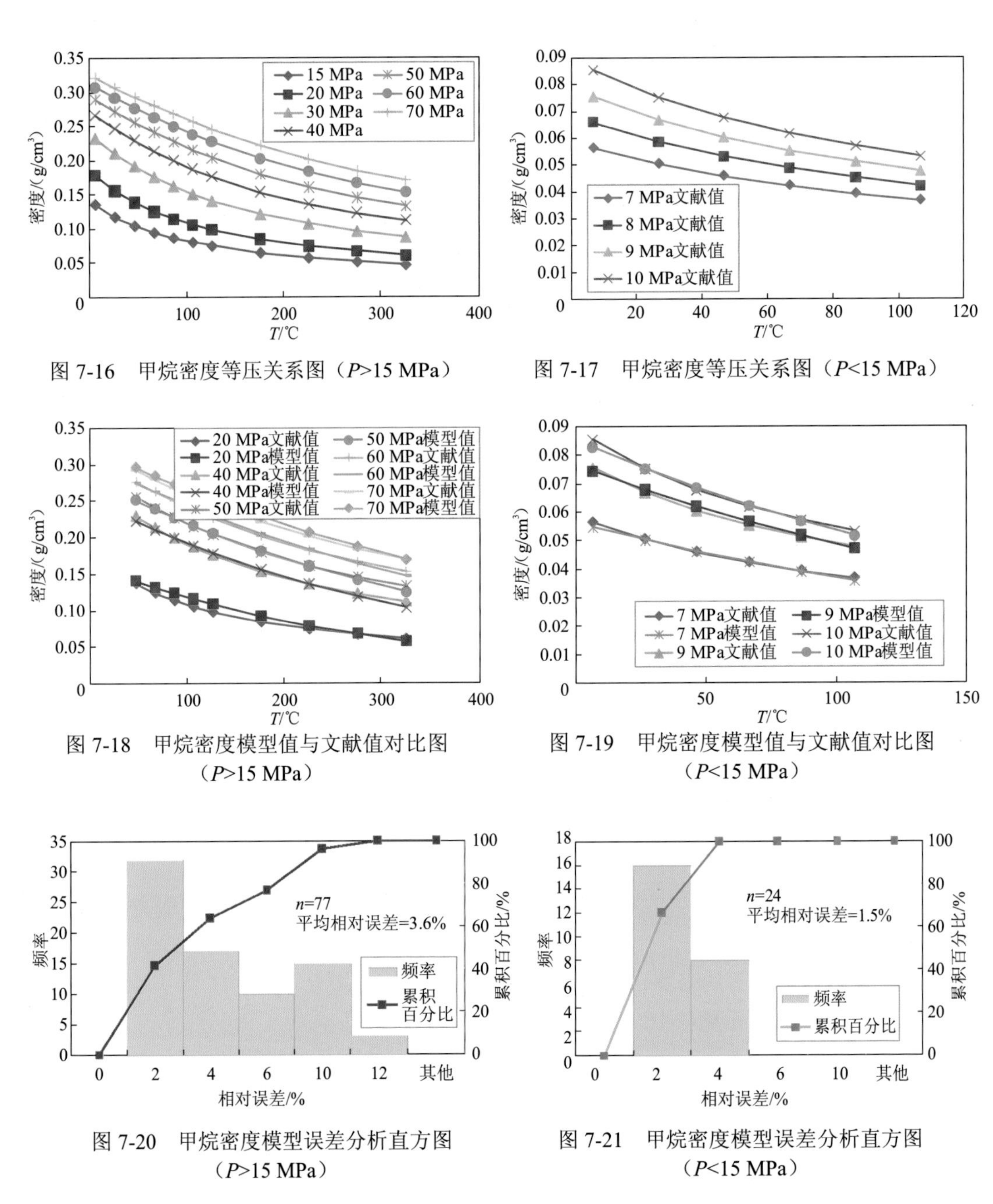

图 7-16　甲烷密度等压关系图（$P>15$ MPa）

图 7-17　甲烷密度等压关系图（$P<15$ MPa）

图 7-18　甲烷密度模型值与文献值对比图（$P>15$ MPa）

图 7-19　甲烷密度模型值与文献值对比图（$P<15$ MPa）

图 7-20　甲烷密度模型误差分析直方图（$P>15$ MPa）

图 7-21　甲烷密度模型误差分析直方图（$P<15$ MPa）

甲烷的分子式为 CH_4，将 C、H 的原子序数及相对原子质量代入式（1-39），可计算出地层条件下甲烷气体的视体积密度。

$$\rho_{a(CH_4)} = 1.3366\rho_{CH_4} - 0.1883 \tag{7-9}$$

式中：$\rho_{a(CH_4)}$ 为地层条件下甲烷的视体积密度，即密度测井响应值，ρ_{CH_4} 为上述模型得到的甲烷在地层温压条件下的体积密度。

3. 中子测井响应值

中子测井曲线记录的是含氢指数，含氢指数定义为每立方厘米该物质氢原子浓度与在 75 ℉时相同体积纯水的氢原子浓度之比。定义纯水的含氢指数为 1。

对于已知分子式的物质，其含氢指数的推导过程可参考式（1-59）～式（1-63）。

甲烷的分子式为 CH_4，将 C、H 的原子序数及相对原子质量代入式（1-63），可计算出地层条件下甲烷气体的含氢指数。

$$H_{gas}=\frac{9\times 4}{16}\times \rho_{CH_4}=2.25\rho_{CH_4} \tag{7-10}$$

式中：ρ_{CH_4} 为甲烷的密度，g/cm^3，可以用式（7-7）、式（7-8）求取。

4. 声波测井响应值

声波测井记录的主要是纵波时差，流体无剪切模量，因此无横波传播。本小节讨论地层条件下甲烷的纵波时差的计算方法。

图 7-22 是天然气（主要成分为甲烷）的纵波速度在不同温度下随压力的变化情况，实验中采用了特制的密封部件和温度自动控制系统，实验中的最高压力为 30 MPa，最高温度为 120 ℃，天然气的相对密度为 0.64 g/cm^3。从图中可以看出，天然气的纵波速度随压力的增大而增大，低温时的增速大于高温时的增速，超过一定压力后（约 25 MPa）低温下的纵波速度大于高温下的纵波速度。

图 7-23 是在不同压力条件下天然气纵波速度随温度的变化情况(实验条件同图 7-22)。从图中可看出，不同压力条件下天然气的纵波速度随温度的变化趋势不同，低压条件下随温度的升高而增大，高压条件下随温度的升高而减小。

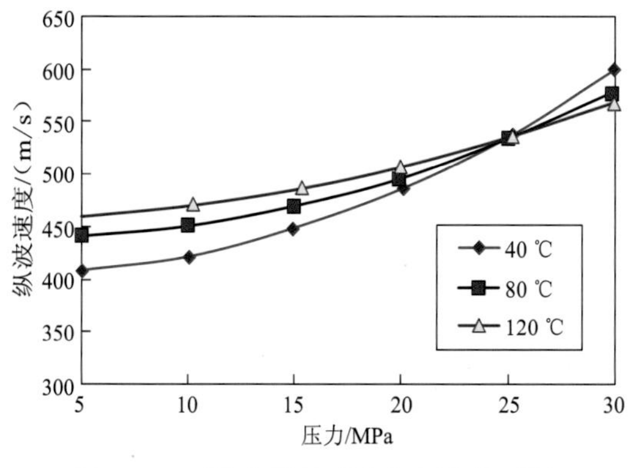

图 7-22　天然气纵波速度与压力关系图

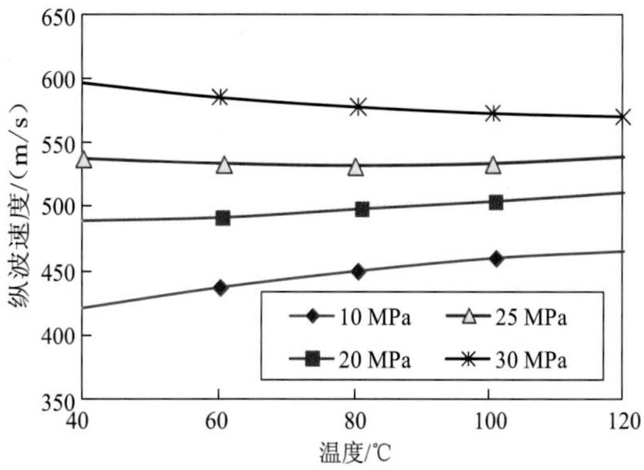

图 7-23　天然气纵波速度与温度关系图

Batzle 等（2012）根据观测数据和前人总结的经验关系式，提出了油、气、水的密度、纵波速度计算关系式。并根据理想气体定律推导出天然气绝热体积模量和密度与温度、压力及气体相对比重的关系，通过对该关系简单整理可得到天然气纵波速度与温度、压力及气体相对比重关系。

$$v_g=\left(\frac{Z_f RT\gamma}{\left(1-\dfrac{P_{pr}}{Z_f}\dfrac{\partial Z_f}{\partial P_{pr}}\right)28.8G}\right)^{\frac{1}{2}} \tag{7-11}$$

式中：v_g 为天然气纵波速度，m/s；G 为天然气相对比重（温度 15.6 ℃、1 atm 时，天然气密度与空气密度之比）；P_{pr}为拟对比压力；R为通用气体常数，$J \cdot mol^{-1} \cdot K^{-1}$；$T$为温度，K；$Z_f$为气体压缩因子［可由式（7-6）求取］；$\gamma$为体积系数。

体积系数的计算公式为

$$\gamma = 0.85 + \frac{5.6}{P_{pr} + 2} + \frac{27.1}{\left(P_{pr} + 3.5\right)^2} - 8.7\exp\left[-0.65\left(P_{pr} + 1\right)\right] \tag{7-12}$$

式中：P_{pr}为拟对比压力。

把甲烷的比重G=0.56，以及根据临界温度和临界压力所算出的拟对比温度和拟对比压力代入式（7-11）～式（7-12），即可得到甲烷在地层温度和压力条件下的纵波速度。

甲烷纵波时差为

$$\Delta t_{CH_4} = \frac{1\,000\,000}{v_g} \tag{7-13}$$

式中：Δt_{CH_4}为甲烷纵波时差，μs/m，v_g由式（7-11）计算。

7.2.2 地层温压条件下二氧化碳测井响应值

二氧化碳作为非烃类气，在自然界中呈气态存在，其临界温度为 31.06 ℃，临界压力为 7.38 MPa，常温常压下 CO_2是一种无色无味气体，比重为 0.001 98 g/cm^3，比空气略重。当温度高于临界温度时，纯CO_2为气相；当温度与压力低于临界温度与临界压力时，CO_2为液相；当温度低于−56.6 ℃、压力低于 0.518 MPa 时，CO_2呈现固态（干冰），其密度可达 1.512 4 g/cm^3。

由于一般油气勘探的地层深度超过 800 m，地层温度和压力均高于CO_2的临界温度和临界压力，因此，在地下岩层孔隙中CO_2以气液两相形成的高密度流体相储存，其密度可达 0.50～0.85 g/cm^3。超临界CO_2流体溶于地层水中，具有与液体相近的密度，但其扩散能力是其他液体的 100 倍。

二氧化碳气体无色微具臭味，在水中有较高的溶解度，可形成CO_2水合物，二氧化碳不导电且具有高电阻率。水合物在电场作用下被离解为离子使其导电性增强，电阻率下降。烃及非烃气体与油水相比较，具有传播速度低、密度低、含氢低、释压后降温等共同特点。

1. CO_2的相态特征

CO_2的三相点压力和温度分别为 0.518 MPa 和−56.6 ℃；当压力和温度超过临界点时，CO_2呈超临界状态，图 7-24 是CO_2不同温度、压力下的相态图。

流体的超临界状态是指常温下呈气态或液态的物质在温度和压力高于其临界温度和压力时的一种似气非气、似液非液的状态。这种状态在相态图上为气体-液体共存曲线的终点，在该点气相与液相之间的差别消失，物质呈一种均匀的流体相存在。

超临界流体由于液体与气体分界消失，是即使提高压力也不液化的非凝聚性气体，超临界流体的物性兼具液体性质与气体性质。它基本上仍是一种气态，但又不同于一般气体，是一种稠密的气态，其密度比一般气体要大两个数量级，与液体相近。它的黏度比液体小，但扩散速度比液体快（约两个数量级），所以有较好的流动性和传递性能。它的介电常数随压力变化而急剧变化（如介电常数增大有利于溶解一些极性大的物质）。另外，根据压力和温度的不同，这种物性会发生变化。

超临界 CO_2 流体是一种高密度气体，从物理性质上，它兼有气体和液体的双重特性，即密度高于气体，接近液体；黏度与气体相似，相比液体大为减小；扩散系数接近于气体，大约为液体的 100 倍，因而具有较好的流动性和传输特性。

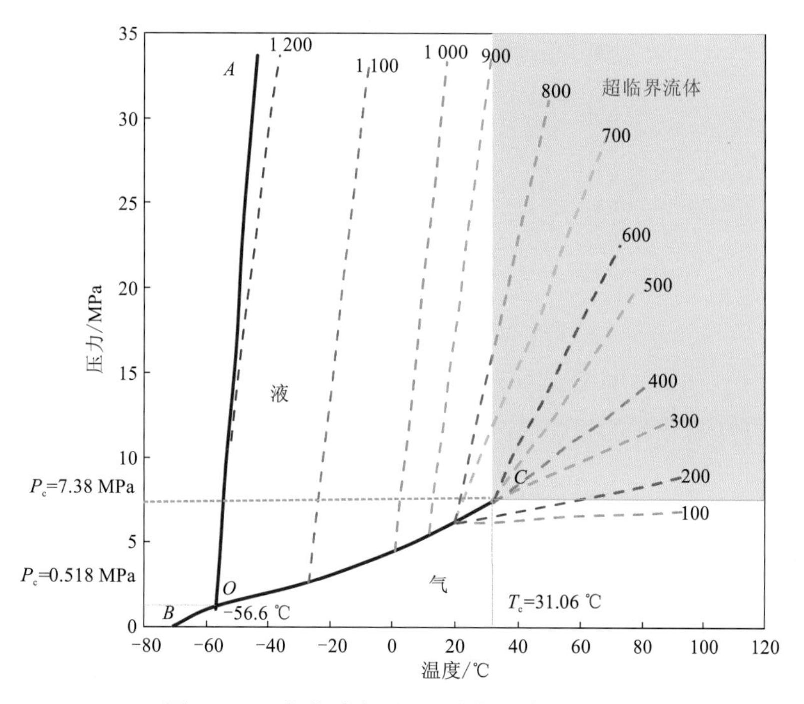

图 7-24　二氧化碳在不同温度与压力的相态图

2. CO_2 的密度

图 7-25 为周伦先等（2006）通过实际气样实验得到的 CO_2 密度与温度、压力关系。由图 7-25 可知，实验温度高于临界温度时，CO_2 的密度随温度降低、压力升高而逐渐增大，是温度、压力的连续曲线，密度最高可达到 0.910 9 g/cm^3（实验温度 40 ℃，压力 24.61 MPa），接近液体的密度，反映了 CO_2 是一种高压浓密的气体。当实验温度 28 ℃、低压时，密度随压力增大缓慢增大；当实验压力由 6.96 MPa 增大到 7.45 MPa 时，密度突变，由 0.324 6 g/cm^3 增大到 0.721 5 g/cm^3，说明 CO_2 已由气相变为液相，最大密度为

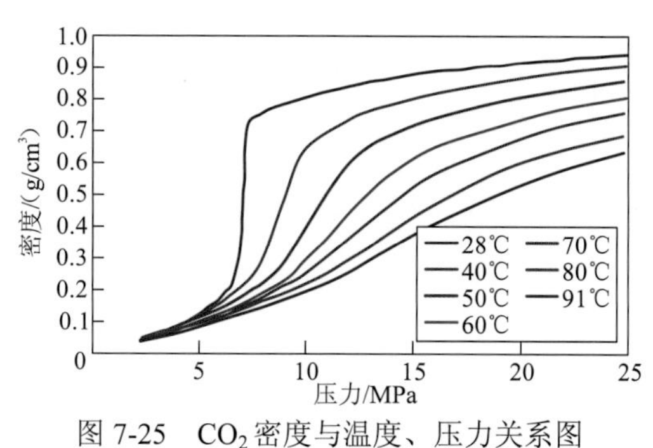

图 7-25　CO_2 密度与温度、压力关系图

0.954 9 g/cm^3（实验压力 24.61 MPa）。

由于储层温度一般不低于 50 ℃，地层压力一般大于 15 MPa，CO_2 在此温度压力条件以上为超临界流体，可以利用图 7-25 在温度为 50 ℃、60 ℃、70 ℃、80 ℃、91 ℃，压力大于 15 MPa 时进行数字化，得到对应于实验关系图的数值。利用图 7-25 的实验数据可得到 CO_2 密度与 P/T 的关系图，如图 7-26 所示。

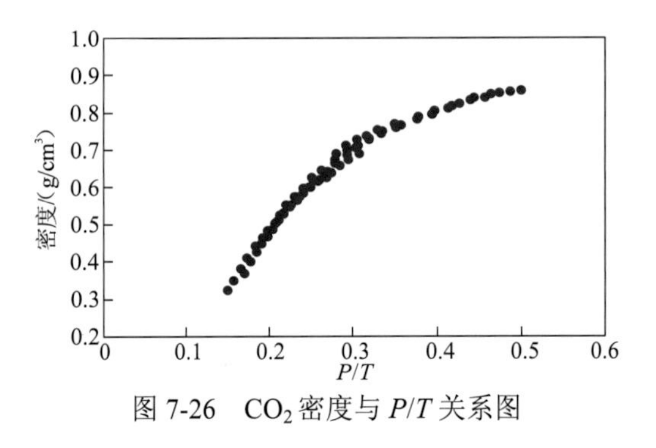

图 7-26　CO_2 密度与 P/T 关系图

图 7-26 中 P 的单位为 MPa，T 的单位为℃，由图可以看出在一定的温压条件下，CO_2 的密度与 P/T 有很好的相关性，它们的关系可由下式表述。

$$\rho_{CO_2} = 0.464\,9\ln\left(P/T\right)+1.241\,7 \tag{7-14}$$

式(7-14)的使用范围：14 MPa≤P<60 MPa，50 ℃<T<210 ℃。并且满足 0.15<P/T<0.4。

为了验证上述模型，利用式（7-14）进行数据外推预测，并将计算得到的模型值与文献值进行对比，对比结果见图 7-27、图 7-28。

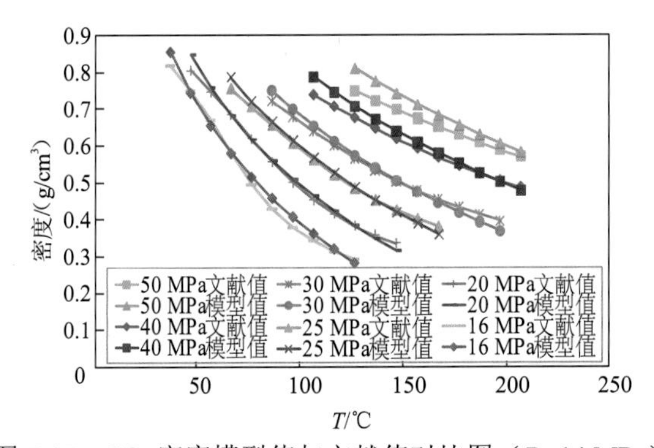

图 7-27　CO_2 密度模型值与文献值对比图（P>14 MPa）

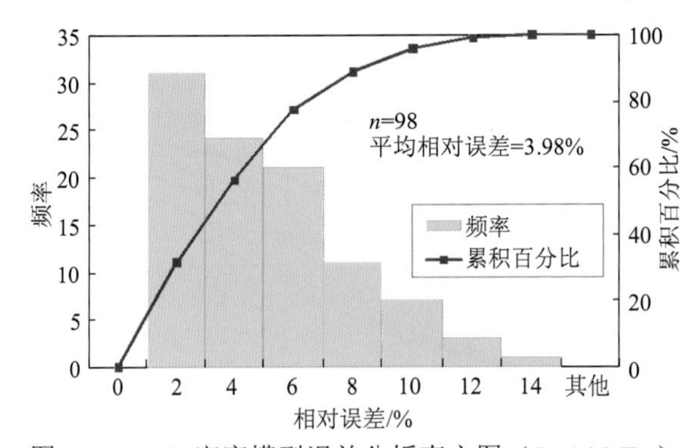

图 7-28　CO_2 密度模型误差分析直方图（P>14 MPa）

对于压力小于 14 MPa 时，同理可以由图 7-25 的实验数据得到 CO_2 与温度压力的关系式。

$$\rho_{CO_2} = a \times \ln(P) - b \tag{7-15}$$

式中：a=3.242 086$e^{-0.024\,464t}$；b=6.918 509$e^{-0.026\,647t}$。

温压范围：8 MPa<P<14 MPa，40 ℃<T<91 ℃。

利用文献值来对式（7-15）进行验证，对比图见图 7-29。

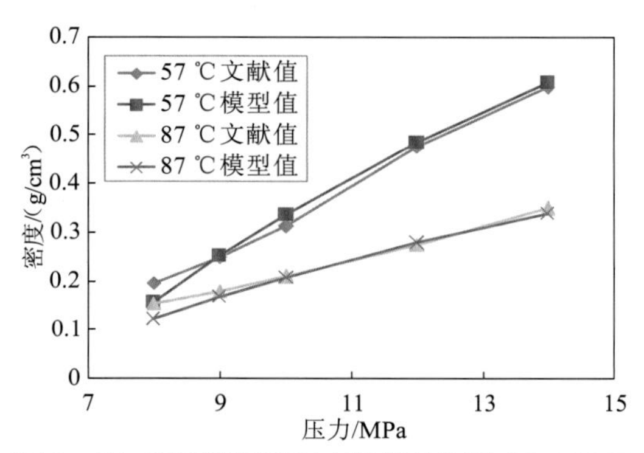

图 7-29　CO_2 密度模型值与文献值对比图（P<14 MPa）

由图 7-29 可见，通过使用得到的 CO_2 密度与使用温度压力的关系得到的模型值与文献值非常相近，变化趋势一致。从误差分析直方图中可以看出，使用本小节数学模型计算结果的误差在可以接受的范围内。

当地层温压条件没有达到 CO_2 的超临界条件时，CO_2 在地层中属于气态，这种条件下可以利用气体的状态方程来计算 CO_2 的体积密度，即可以利用范德瓦耳斯方程计算 CO_2 在气体状态下的体积密度。

$$\left(P + a\rho_{CO_2}^2\right)\left(1 - b\rho_{CO_2}\right) = \rho_{CO_2} R\left(T + 273\right) \tag{7-16}$$

式中：a=185.43 Pa(m³/kg)²；b=0.97×10⁻³ m³/kg；R=0.008 26 MPa · m³/kg · K。

二氧化碳的分子式为 CO_2，将 C、O 的原子序数及相对原子质量代入式（1-39），可得到地层条件下 CO_2 的视体积密度数学表达式。

$$\rho_{a(CO_2)} = 1.069\,7\rho_{CO_2} - 0.188\,3 \tag{7-17}$$

式（7-17）中 ρ_{CO_2} 由前述的方法根据地层的实际温压条件计算。

3. CO_2 的中子测井响应值

中子测井曲线记录的是视含氢指数，含氢指数定义为每立方厘米该物质氢原子浓度与在 75℉时相同体积纯水的氢原子浓度之比。根据定义，纯水的含氢指数 H_{H_2O}=1，CO_2 中不含氢原子，因而其含氢指数为 0。

4. CO_2 的声波时差

图 7-30 是利用文献值作出的 CO_2 声速与温度、压力关系图，由图可以看出，当压力 P>20 MPa 时，CO_2 声速与温度有比较好的相关性，并且它们的变化趋势基本是一致的，对压力 P>20 MPa 的文献数据进行拟合，其拟合结果如下。

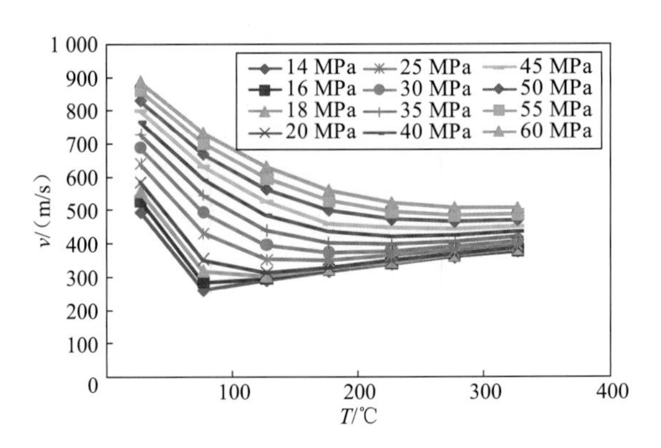

图 7-30　CO_2 声速与温度、压力关系图

$$v_{CO_2}=-a\left(\frac{T}{100}\right)^3+b\left(\frac{T}{100}\right)^2-c\left(\frac{T}{100}\right)+d \tag{7-18}$$

式中：a=122.550 705$e^{-0.420\,74(P/10)}$；b=950.283 649$(P/10)^{-1.170\,218}$；c=1 161.527 512$(P/10)^{-0.573\,368}$；d=634.820 764$(P/10)^{0.247\,228}$；P 单位是 MPa，T 单位为℃。

温压范围：20 MPa≤P<60 MPa，27 ℃<T<277 ℃。

利用文献值对以上计算 CO_2 声速的数学模型进行验证，验证结果见图 7-31 和图 7-32。由图可知，模型结果很好地接近实际值。

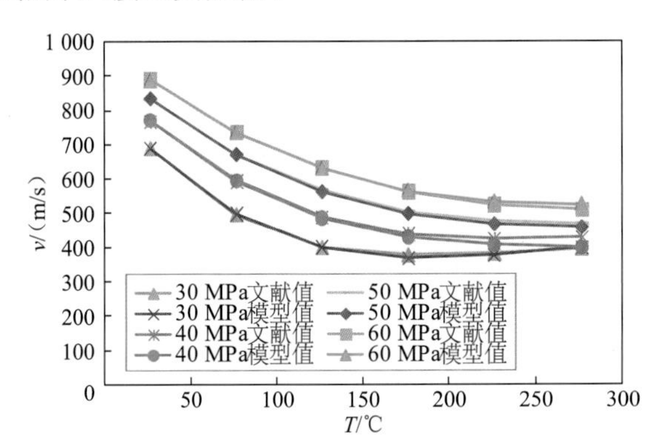

图 7-31　CO_2 声速模型值与文献值对比图（P>20 MPa）

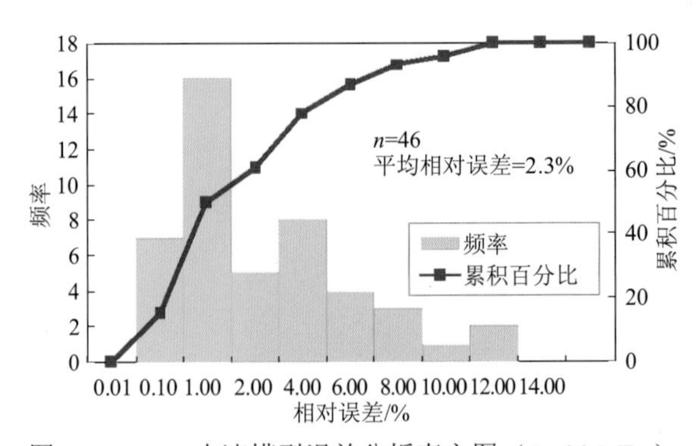

图 7-32　CO_2 声速模型误差分析直方图（P>20 MPa）

图 7-33 是杨日福等（2006）通过实验得出的 CO_2 声速与温度压力的关系图。由本实

验结果可得到当压力小于 20 MPa 时，CO_2 声速的计算公式。

$$v_{CO_2} = (-3.053\,74P + 849.232\,1)e^{(0.001\,046P - 0.031\,619)T} \tag{7-19}$$

温压范围：10 MPa<P<20 MPa，35 ℃<T<55 ℃。

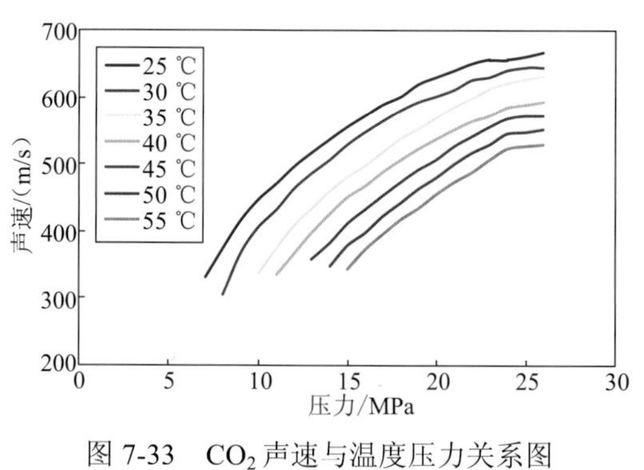

图 7-33　CO_2 声速与温度压力关系图

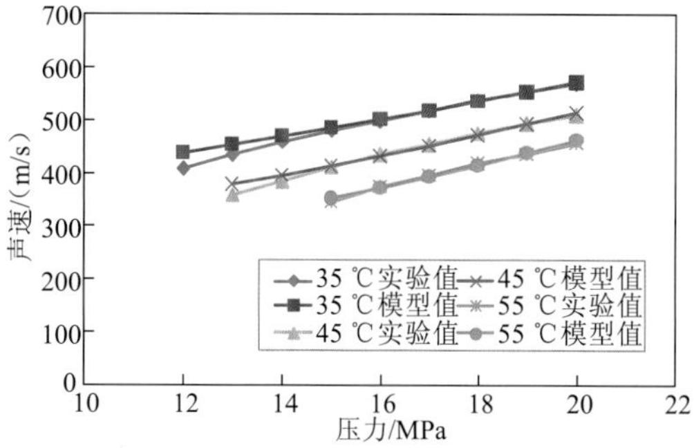

图 7-34　CO_2 声速模型值与实验值对比图（P<20 MPa）

为验证该模型的精度，利用实验值与模型计算值进行对比，结果如图 7-34 所示。

从以上各模型结果与实验结果的对比情况可见，计算模型得到的 CO_2 声速与压力和温度关系模型值与实验值非常相近，变化趋势一致。从误差分析直方图中可以看出，使用拟合得到的数学模型计算结果的误差在可以接受的范围内。

当地层压力 P<10 MPa 时，利用与计算甲烷声速相同的方法计算地层温压条件的 CO_2 纵波速度。

地层温压条件下 CO_2 的纵波时差为

$$\Delta t_{CO_2} = \frac{10^6}{v_{CO_2}} \tag{7-20}$$

式中：Δt_{CO_2} 为 CO_2 纵波时差，μs/m。

7.2.3　烃类气与非烃类气定量区分方法

本小节区分烃类气与非烃类气的基本思路是通过地层组分分析模型定量计算地层条件下甲烷和二氧化碳的含量，由此计算地面条件各自的含量，达到识别气层类型的目的。以下对方法原理作简要论述，为方便起见，由于除二氧化碳外的非烃类气含量一般较少，且测井响应值与二氧化碳接近，因而将其归到二氧化碳中，作为同一组分看待。计算参数的物理模型和数学模型在第 1 章已经详细说明，本章不再赘述。

由气体状态方程可得到井底条件下体积为 V_{gf} 的天然气（烃类气）在地面条件下的体积。

$$V_{gs} = \frac{T_s P_{gf} V_{gf}}{Z_f T_f P_{gs}} \tag{7-21}$$

式中：T_s 为地面温度，K；P_{gf} 为地层压力，MPa；Z_f 为烃类气在井底条件下的压缩因子，无因次；T_f 为井底温度，K；P_{gs} 为地面压力，MPa。

若地层条件和地面条件下非烃类气的体积分别为V_{CO_2f}、V_{CO_2s}，密度分别为ρ_{CO_2f}、ρ_{CO_2s}，则有

$$V_{CO_2s}=\frac{\rho_{CO_2f}V_{CO_2f}}{\rho_{CO_2s}} \tag{7-22}$$

定义地面条件下烃类气相对含量为

$$R_{ch}=\frac{V_{gs}}{V_{CO_2s}+V_{gs}} \tag{7-23}$$

若岩石体积为 V_T，则$V_{gf}=x_{gas}V_T$，$V_{CO_2f}=x_{CO_2}V_T$，即$\frac{V_{gf}}{V_{CO_2f}}=\frac{x_{gas}}{x_{CO_2}}$。将式（7-22）代入式（7-23）并整理得

$$R_{ch}=\frac{x_{gas}}{x_{CO_2}\frac{Z_fT_fP_{gs}\rho_{CO_2f}}{T_sP_{gf}\rho_{CO_2s}}+x_{gas}} \tag{7-24}$$

式中：x_{gas}为烃类气在地层中的相对含量，小数；x_{CO_2}为非烃类气在地层中的相对含量，小数；ρ_{CO_2f}由式（7-14）～式（7-16）计算得到，g/cm^3；ρ_{CO_2s}为常温常压下CO_2密度，g/cm^3。

地层流体密度为

$$\rho_f=\frac{x_{gas}\rho_{gas}+x_{CO_2}\rho_{CO_2f}+x_{fw}\rho_w}{x_{gas}+x_{CO_2}+x_{fw}} \tag{7-25}$$

式中：ρ_{gas}、ρ_{CO_2f}、ρ_w分别为地层条件下烃类气、非烃类气和地层水的密度。

7.3 基于测录井资料计算气油比的流体性质定量识别

利用测井资料通过地层组分分析模型和最优化理论计算气油比的方法参见 1.6 节，本节充分利用气测录井对油气性质敏感的特性，联合气测录井资料和测井资料计算气油比。

7.3.1 录井参数与气油比相关性分析

为了更准确地判别油气层，引入以下判别流体性质的派生参数 Xh、Yh，定义式如下：

$$\text{Xh}=\frac{\text{C2}+\text{C3}+\text{C4}}{\text{C1}+\text{C2}+\text{C3}+\text{C4}} \tag{7-26}$$

$$\text{Yh}=\frac{\text{C1}}{\text{C2}+\text{C3}+\text{C4}} \tag{7-27}$$

根据油气层在气测录井上的不同响应特征：气层轻烃含量较高，气油比较高；油层重烃含量较高，气油比较低；凝析气层介于油层和气层之间。气油比与烃类组分含量存在一定的关系。表 7-2 为某地区测试资料气油比与派生参数。图 7-35 为测试资料气油比

与派生参数 Xh 的关系图，可以看到随着 Xh 的增大，气油比出现递减的规律。图 7-36 为测试资料气油比与派生参数 Yh 的关系图，可以看到随着 Yh 的增大，气油比出现递增的规律。

表 7-2　某地区测试资料气油比与派生参数

井号	取值范围/m	流体类型	气油比/(m^3/m^3)	Xh（小数）	Yh（小数）
L2	2 874～2 878	凝析气层	4 447.70	0.11	0.89
L10	2 720～2 736	凝析气层	26 669.00	0.08	0.92
L11	2 665～2 669	凝析气层	7 965.50	0.08	0.92
L12	2 218～2 221	凝析气层	23 835.00	0.09	0.91
L13	2 646～2 658	油层	64.17	0.61	0.39
L14	2 628～2 635	油层	78.00	0.61	0.39
L15	2 647.5～2 650.5	油层	250.00	0.51	0.49
L16	2 571～2 576	油层	175.00	0.53	0.47
L3	3 151～3 172	凝析气层	12 117.00	0.01	0.99
L6	3 162～3 189	凝析气层	4 633.00	0.01	0.99
L5	3 080～3 082	凝析气层	12 106.00	0.02	0.98

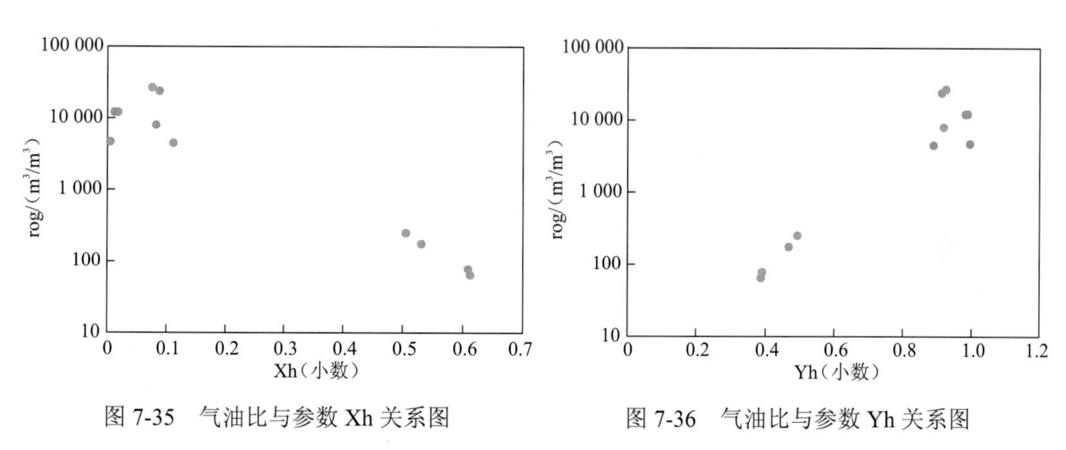

图 7-35　气油比与参数 Xh 关系图　　图 7-36　气油比与参数 Yh 关系图

7.3.2　结合测录井数据的气油比参数定量计算

根据前面的分析，气油比与烃类组分含量存在一定的关系，因此可以利用判别流体性质的派生参数与测试资料气油比建立定量关系。

利用统计软件 SPSS 拟合出气油比与气测资料派生参数之间的关系，通过拟合，研究区气油比与气测资料派生参数的定量关系为

$$\lg rog=-3.758Xh+0.007Yh+4.082, \quad R^2=0.778 \tag{7-28}$$

式中：rog 为气油比，m^3/m^3。

将式（1-80）、式（7-26）、式（7-27）代入式（7-28）中可得到参数 Xh 和 Yh 与 x_{gas} 及 x_{om} 相关关系的方程，把该方程作为最优化的响应方程之一，即可达到定量结合测井和录井资料、采用最优化理论计算气油比的目的。

7.4 实例与效果

I 区储层流体性质极其复杂，既有气层、凝析气层、油层，又有高含量 CO_2 气层，井下复杂地质环境的影响、不同测井方法的多种探测特性等因素造成测井信息在认识上的模糊性和多解性，CO_2 气层和烃类气层，气层和凝析气层在测井响应特征上区分不明显导致区域流体性质识别较为困难。利用研究的模型和方法对 I 区进行了试处理，较为有效地解决了目前存在的问题，应用效果明显。

7.4.1 流体性质识别效果分析

1. CO_2 与烃类气识别

表 7-3 为某地区 16 口井 19 个层位测井计算烃类气含量与测试分析结果对比，由对比情况可看出，在统计的 19 层中，测井识别流体类型有 18 层与测试流体类型结果相符，说明计算烃类气含量能较好地区分烃类气层与 CO_2 气层。

表 7-3 研究区烃类气含量计算效果

井号	深度/m	计算烃类气含量/%	测井识别流体类型	测试分析结果	流体区分符合情况
L1	3 189～3 191	21.55	CO_2 气层	MDT 取样 IFA 组分，3 189.4 m，C1：20%，C6+：6%；CO_2：74%	符合
L1	3 321～3 325	1.97	CO_2 气层	MDT 取样 IFA 组分，3 321.19 m，C1：2%，C6+：0%；CO_2：97%	符合
L1	3 370～3 375	2.15	CO_2 气层	MDT 取样 IFA 组分，3 370.09 m，C1：2%，C6+：0%；CO_2：98%	符合
E1	1 631～1 632	2.51	CO_2 气层	DST1，1 631～1 632.7 m，CO_2：97.85%	符合
L18	2 111～2 115	2.25	CO_2 气层	气体样品分析，2 111 m，C1：24 327 mg/L，CO_2：94.87%	符合
P3	3 561～3 575	83.23	烃类气层	PVT 取样，3 564 m，C1：92.263%；C2：2.386%；C3：0.458%；CO_2：3.092%	符合
P4	3 246～3 249	51.10	烃类气层	FMT 气样分析，3 249 m，C1：511 066 mg/L，CO_2：10.2%	符合
P5	3 273～3 277	61.85	烃类气层	MDT，3 247 m，C1：829 064 mg/L；C2：31 736 mg/L；C3：11 736 mg/L；CO_2：12%	符合

续表

井号	深度/m	计算烃类气含量/%	测井识别流体类型	测试分析结果	流体区分符合情况
P2	3 231～3 239	68.34	烃类气层	MDT，3 232.5 m，C1：422 732 mg/L；C2：84 721 mg/L；C3：28 526 mg/L；CO_2：3.7%	符合
B2	4 157～4 159	78.91	烃类气层	MDT 取样，4 157.4 m，C1：17%；C2：1%；C3～C5：19%；*C6+*：66%；CO_2：28%，气样	符合
B2	4 414～4 417.5	73.20	烃类气层	MDT 取样，4 416 m，C1：55%；C2：11%；C3～C5：9%；C6+：16%；CO_2：8%，气样	符合
L4	3 320～3 330	79.78	烃类气层	气样组分分析：3 323.7 m，C1：80.36%；CO_2：2.99%；RCI 地层测试，3 323.71 m，气样	符合
P6	4 028～4 058.5	68.84	烃类气层	MDT，4 058 m，C1：195 284 mg/L；CO_2：14.67%	符合
P7	3 070～3 075	52.53	烃类气层	MDT，C1：57%；C2：11%；C2～C5：19%；C6+：4%；CO_2：1%	符合
L19	3 501～3 504.5	36.34	CO_2 气层	MDT：3 504.5 m，C1：62%；C2：12%；C3～C5：11%；C6+：9%；CO_2：6%	不符合
P1	3 692～3 670	78.04	烃类气层	MDT：3 695 m，C1：343 497 mg/L；C2：61 358 mg/L；C3：19 461 mg/L；CO_2：13.69%	符合
H2	2 445～2 450	34.01	CO_2 气层	JF 天然气分析报告：2 446 m；CO_2：99.53%；C1：0.2%	符合
L20	3 230～3 235	63.95	烃类气层	MDT：3 233 m，C1：326 181 mg/L；C2：19 930 mg/L；C3：6 732 mg/L；CO_2：3.4%	符合
L21	3 665～3 669	75.36	烃类气层	MDT，3 665.3 m，C1：86.86%；C2：4.069 9%；C3：1.342 6%；CO_2：6.5%	符合

2. 流体性质判别

根据 I 区实际情况，将油气层类型分为气层、凝析气层、油层，参考杨宝善（1995）给出的油气藏类型划分标准，可用表 7-4 的标准对油气层类型进行区分。

表 7-4　用气油比区分油气层类型

油气层类型	测录井计算气油比/（m^3/m^3）
气层	>26 715
凝析气层	534.3～26 715
油层	<534.3

表 7-5 为综合利用测录井资料计算气油比判断流体性质与测试资料对比，由对比情况可看出，在统计的 20 层中，测录井资料计算气油比判断流体性质结果与测试资料结果相符的有 16 层，占 80%，判断效果较好。

表 7-5 计算气油比判断流体性质结果表

井号	深度/m	气油比计算结果/（m^3/m^3）	气油比流体性质识别结果	测试分析结果	测试分析结论	符合情况
L6	3 149～3 154	10 902.24	凝析气层	DST，3 149～3 154 m，产油 80.6 m^3/d；产气 69.9 m^3/d；产水 0 m^3/d；气油比 9 345.79 m^3/m^3	凝析气层	符合
L6	3 157～3 188	29 558.13	气层	DST，3 157～3 188 m，产油 45.8 m^3/d；产气 44.2×10^3 m^3/d；产水 0 m^3/d；气油比 9 345.79 m^3/m^3	凝析气层	不符合
L6	3 298～3 300	338.30	油层	MDT，3 198.9 m，C1：9.3%；C2～C5：18.0%；C6：72.7%；气油比 252 m^3/m^3	油层	符合
L22	3 393～3 405	4 614.02	凝析气层	MDT，3 396.88 m，C1：2%；C2：4%；C3～C5：16%；C6+：59%；CO_2：1%；气油比 579.3 m^3/m^3	凝析气层	符合
L2	2 873～2 910	10 500.83	凝析气层	DST1：2 873～2 910 m：累计产量：油 124.5 m^3，气 373 155 m^3；油嘴 9.53 mm，油 93.5 m^3/d，气 302 559 m^3；油嘴 7.94 mm，油 44.5 m^3，气 200 305 m^3/d；油嘴 6.35 mm，油 9.5 m^3/d，气 122 467 m^3/d；气油比 12 612 m^3/m^3	凝析气层	符合
B1	3 600～3 605	2 036.15	凝析气层	PVT，3 603.6 m，气油比 23 164.65 m^3/m^3，凝析气层	凝析气层	符合
B1	3 623～3 628	2 520.85	凝析气层	PVT，3 628 m，气油比 20 777.85 m^3/m^3，凝析气层	凝析气层	符合
H1	2 562～2 565	259.68	油层	MDT，2 564.82 m，气油比 83.1 m^3/m^3	油层	符合
H1	2 558.5～2 562	30 562.00	气层	MDT，2 560.94 m，气油比 12 619.8 m^3/m^3	气层	符合
L13	2 636～2 658	244.90	油层	PVT，2 636.2 m，气油比 66.33 m^3/m^3；2 646 m，气油比 64.17 m^3/m^3	油层	符合
L13	2 673～2 681	72.17	油层	PVT，2 678 m，气油比 49.20 m^3/m^3	油层	符合
L14	2 628～2 635	72.66	油层	MDT，2 631 m，气油比 78 m^3/m^3	油层	符合
L10	2 720～2 736	3 397.75	凝析气层	PVT，2 726 m，气油比 27 959.34 m^3/m^3	气层	不符合
L10	2 853～2 858	385.17	油层	PVT，2 854.2 m，气油比 533.76 m^3/m^3	油层	符合
L10	2 948～2 963	1 392.92	凝析气层	PVT，2 955 m，气油比 53 110.07 m^3/m^3	气层	不符合
L11	2 665～2 669	3 931.99	凝析气层	PVT，2 666 m，气油比 94 482.7 m^3/m^3	气层	不符合
L11	2 827～2 850	6 778.01	凝析气层	PVT，2 830 m，气油比 7 813.7 m^3/m^3	凝析气层	符合
L23	2 470～2 490.5	7 072.40	凝析气层	DST，2 470～2 490.5 m，气油比 7 142.85 m^3/m^3	凝析气层	符合
L12	2 218～2 221	8 017.62	凝析气层	PVT，2 218.2 m，气油比 23 835.9 m^3/m^3	凝析气层	符合
L24	2 392～2 397	73.03	油层	PVT，2 396.42，气油比 134 m^3/m^3	油层	符合

7.4.2 部分层段结果分析

1. CO_2气层和烃类气层识别

图 7-37 为 H2 井 2 425～2 485 m 层段测井解释成果图，其中 10 号层测井计算烃类气含量为 10%左右，由此判断该层为 CO_2气层。该层段 2 446 m RFT 取样天然气分析 CO_2含量为 99.53%，两者一致性很好。

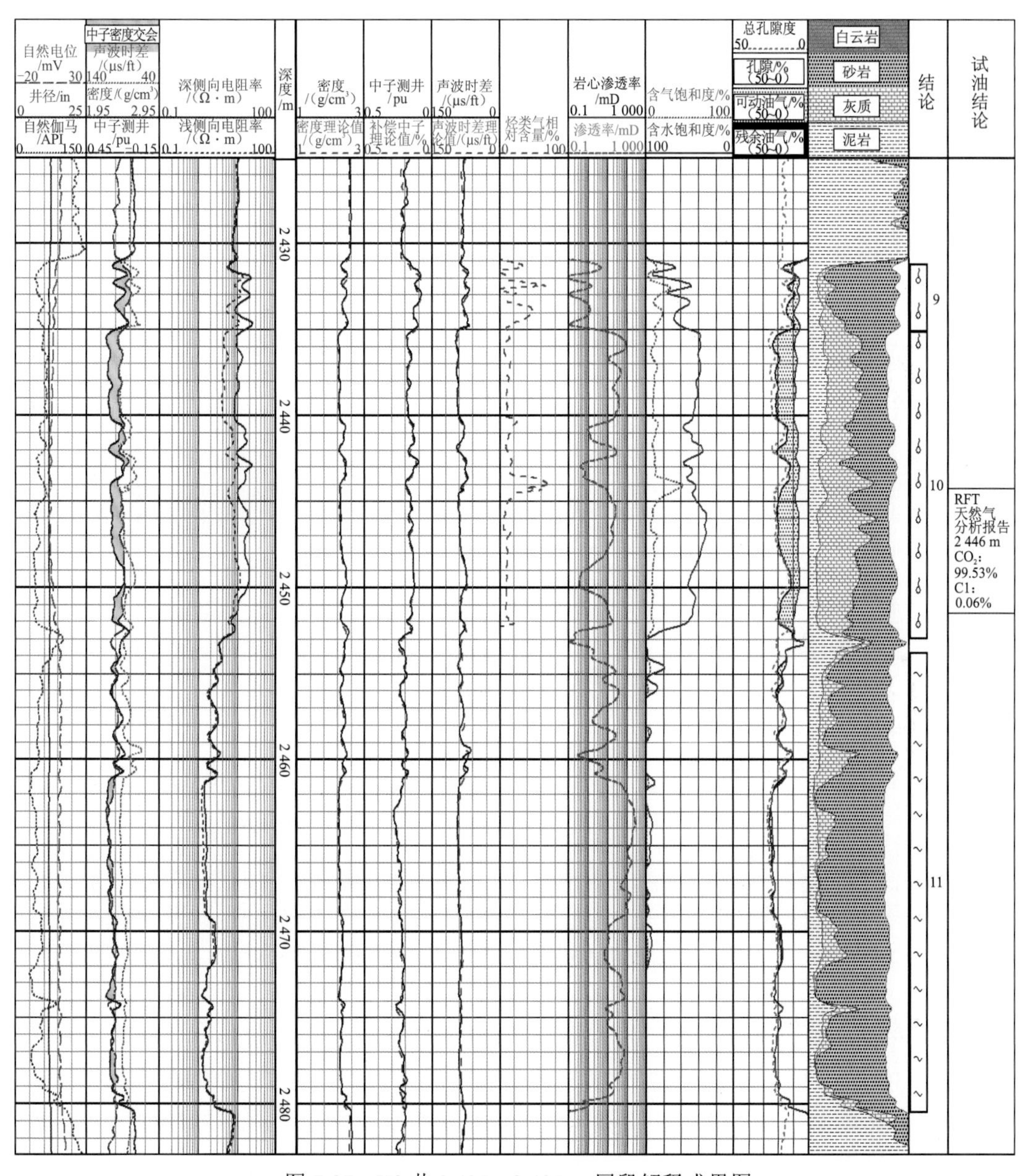

图 7-37 H2 井 2 425～2 485 m 层段解释成果图

图 7-38 为 P3 井 3 550～3 590 m 层段解释成果图，其中 3 564 m 取得气样，C1 含量为 92.73%，CO_2 含量为 3.11%。从测井曲线响应特征来看，孔隙度曲线没有明显响应特征，从测井曲线上较难区分 CO_2 气层和烃类气层。测井资料定量计算得到的烃类气含量为 81.63%，判断该层为烃类气层，与取样结果一致。

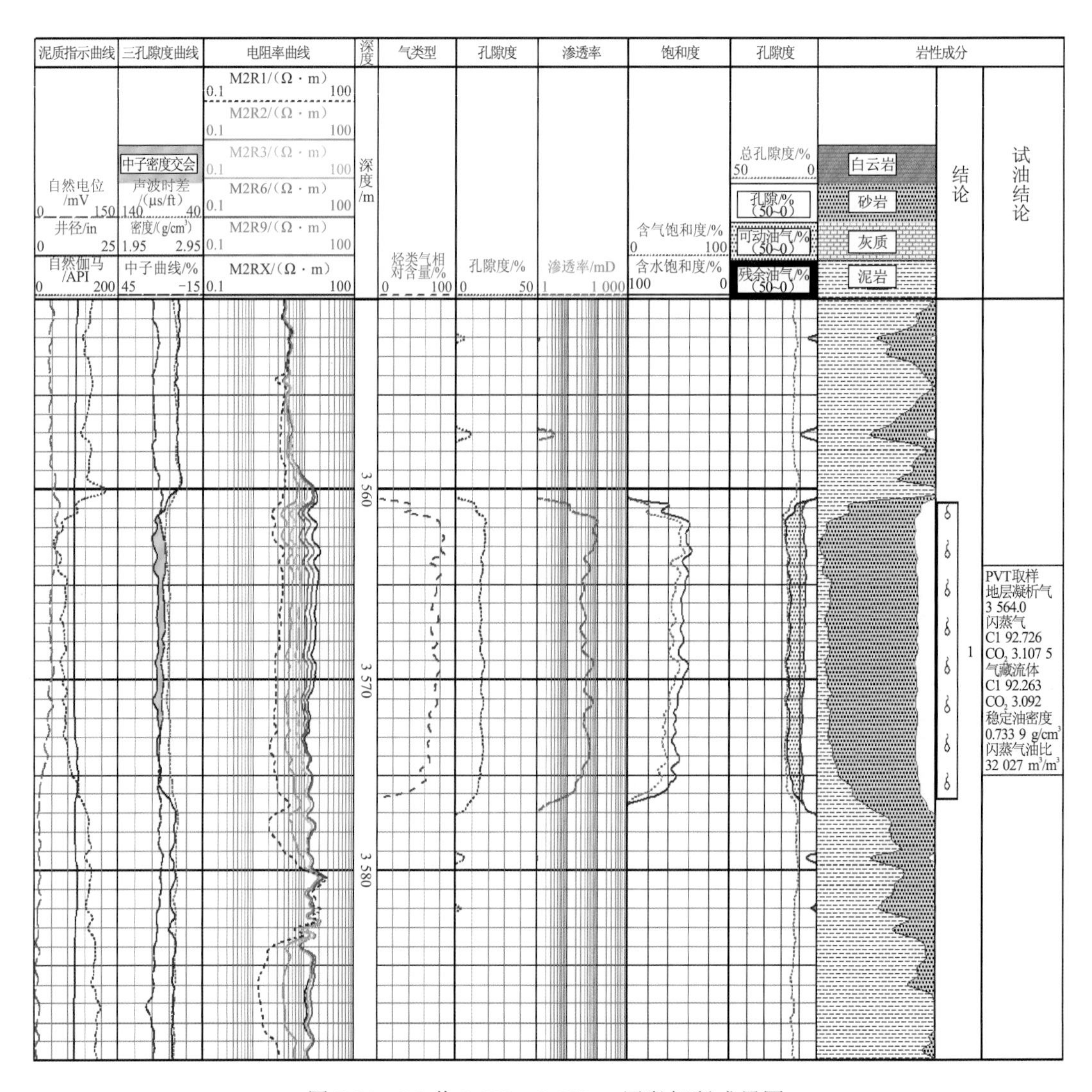

图 7-38　P3 井 3 550～3 590 m 层段解释成果图

2. 气层、凝析气层、油层识别

图 7-39 为 H1 井 2 550～2 590 m 层段解释成果图，其中 2 560.94 m 取得气样，2 564.82 m 取得油样，2 569 m 出现油丝。从测井曲线响应特征来看，中子和密度曲线在气层和油层都有一定的交会特征，气测曲线无明显差异，从测录井曲线上较难区分油层和气层。综合利用测录井资料定量计算得到的气油比结果：3 号层为 30 562 m^3/m^3，4 号层为 190 m^3/m^3，判断 3 号层为气层，4 号层为油层，与取样结果一致。

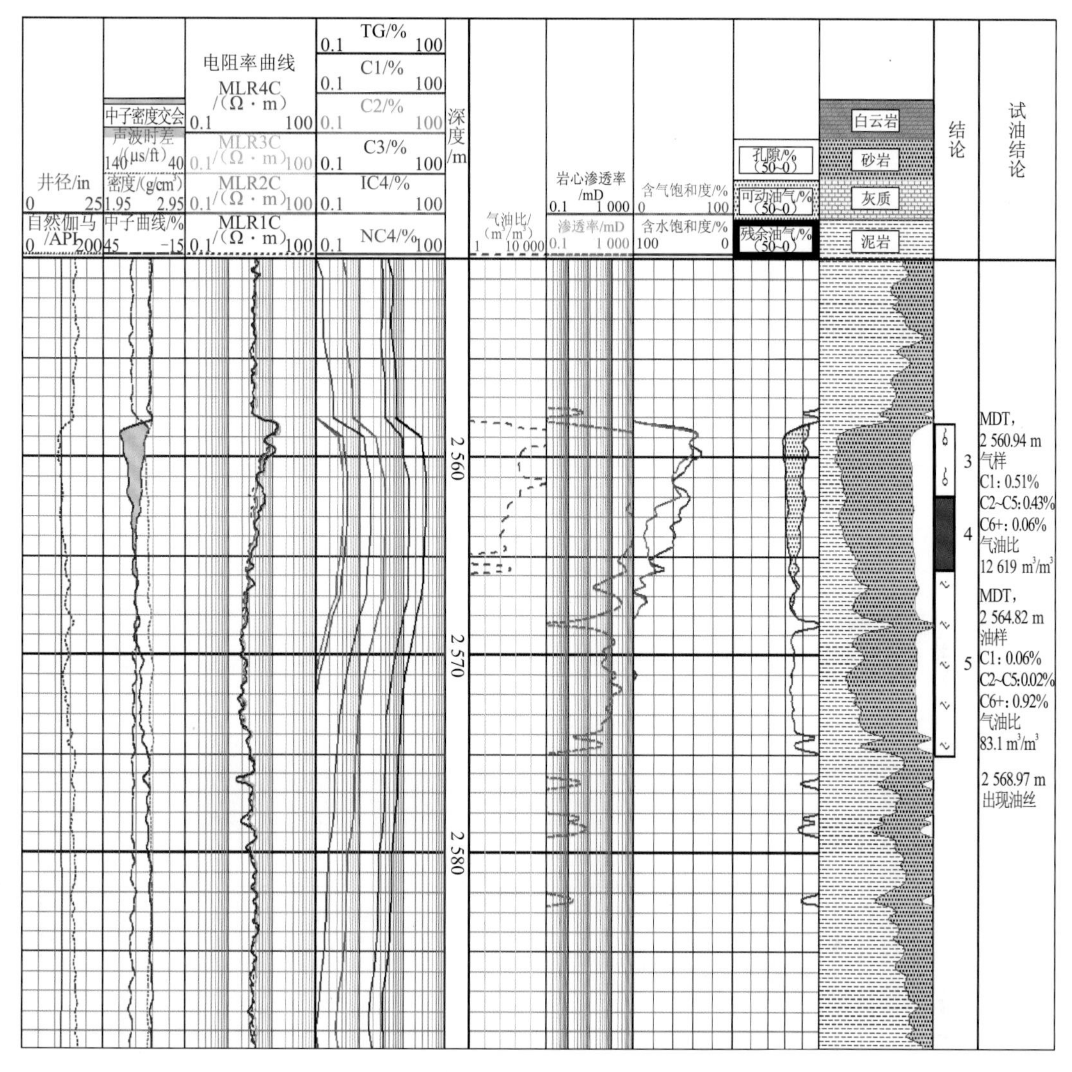

图 7-39　H1 井 2 550～2 590 m 层段解释成果图

图 7-40 为 L11 井 2 655～2 680 m 层段解释成果图，其中 2 666 m 气样 PVT 分析气油比为 7 965.5 m^3/m^3，为凝析气层。从测井曲线响应特征来看，中子和密度曲线有交会特征，气测曲线有明显指示，从测录井曲线上较难判定是凝析气层还是气层。利用测录井资料定量计算得到气油比结果为：2 号层约为 10 000 m^3/m^3，判断 2 号层为凝析气层，与测试结果一致。

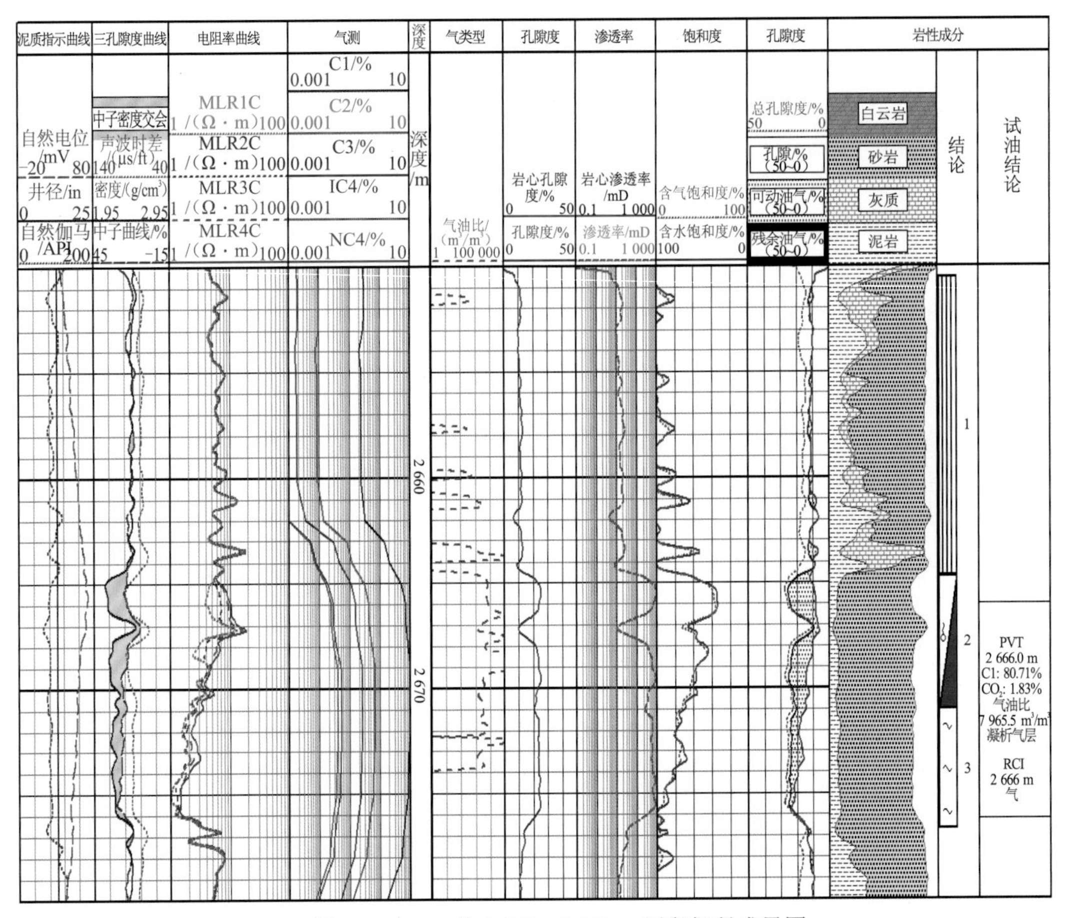

图 7-40 L11 井 2 650～2 680 m 层段解释成果图

参 考 文 献

曹毅民, 章成广, 杨维英, 等, 2006. 裂缝性储层电成像测井孔隙度定量评价方法研究. 测井技术, 30(3): 237-239.

《测井学》编写组, 1998. 测井学. 北京: 石油工业出版社.

陈嵘, 李奎, 何胜林, 等, 2017. 涠洲W油田复杂流体性质测井定量识别技术. 复杂油气藏, 10(3): 24-28.

陈现, 高楚桥, 2011. 双饱和度法在三湖地区低饱和度气层识别中的应用. 石油物探, 50(1): 93-98.

楚泽涵, 1987. 声波测井原理. 北京: 石油工业出版社.

邓少贵, 仝兆岐, 范宜仁, 等, 2006. 各向异性倾斜地层双侧向测井响应数值模拟. 石油学报, 27(3): 61-64.

杜旭东, 顾伟康, 周开凤, 等, 2004. 低阻油气层成因分类和评价及识别. 世界地质, 23(3): 255-260.

段勇, 1993. 特殊岩心分析技术. 北京: 石油工业出版社.

傅宁, 丁放, 何仕斌, 等, 2007. 珠江口盆地恩平凹陷烃源岩评价及油气成藏特征分析. 中国海上油气, 19(5): 296-299.

高楚桥, 1999. 利用地球化学测井信息反演岩石矿物含量的一种优化算法. 江汉石油学院学报, 21(4): 4, 26-28.

高楚桥, 何宗斌, 吴洪深, 等, 2004. 核磁共振 T_2 截止值与毛细管压力的关系. 石油地球物理勘探, 39(1): 117-120, 126-132.

高楚桥, 李先鹏, 吴洪深, 等, 2003. 温度与压力对岩石物性和电性影响实验研究. 测井技术, 27(2): 110-112.

高楚桥, 毛志强, 李进福, 1998. 岩石导电效率及其与含水饱和度之间的关系. 石油物探, 37(3): 130-136.

高楚桥, 谭廷栋, 1997. 常见测井响应参数的理论计算. 石油地球物理勘探, 32(6): 818-825, 890.

高楚桥, 谭廷栋, 2000. 用岩石导电效率识别碳酸盐岩储层类型. 石油学报, 21(5): 5, 32-35.

高楚桥, 张超谟, 钟兴水, 1995. ELAN 解释(程序)方法简析. 测井技术, 19(2): 135-139.

高楚桥, 章成广, 肖承文, 等, 2003. 利用测井信息得到的气油比识别凝析气藏.石油地球物理勘探, 38(3): 6, 78-81, 128.

高楚桥, 章成广, 朱登朝, 1998. 油气进入不同大小的孔隙时岩石电阻率与含水饱和度的关系. 江汉石油学院学报，59(3): 46-52.

高楚桥, 钟兴水, 1992. 计算岩石矿物成分初始值的极值函数法. 江汉石油学院学报, 14(4): 25-30.

高楚桥, 钟兴水, 袁晓东, 等, 1999. 测井信息识别低电阻率气层. 江汉石油学院学报, 21(4): 15-17.

高坤, 陶果, 王兵, 2005. 利用斯通利波计算地层渗透率的方法及应用. 测井技术, 29(6): 507-510, 571.

管耀, 冯进, 刘君毅, 等, 2020. 低对比度砂岩油层岩石组分核磁与常规测井联合反演方法. 中国海上油气, 32(4): 71-77.

郭栋, 2008. CO_2 气综合识别技术及应用. 物探与化探, 32(3): 283-287.

郭书生, 高永德, 陈鸣, 等, 2017. 测录井结合快速识别低孔渗储层流体技术. 江汉石油学院学报, 39(4): 161-167.

何胜林, 陈嵘, 高楚桥, 等, 2013. 乐东气田非烃类气层的测井识别. 天然气工业, 33(11): 22-27.

何涛, 史謌, 2002. 斯通利波在测井应用中的研究进展和现状. 北京大学学报(自然科学版), 38(4): 510-516.
侯平, 史卜庆, 郑俊章, 等, 2009. 利用气测录井简易参数法判别油、气、水层. 录井工程, 20(1): 21-24.
胡向阳, 吴洪深, 高华, 等, 2010. 珠江口盆地油气田测井区域储层参数研究. 石油天然气学报, 32(5): 16-20.
黄隆基, 1985. 放射性测井原理. 北京: 石油工业出版社.
纪伟, 宋义民, 2002. 四种类型储气层的气测井解释. 录井技术, 13(4): 23-30.
姜丽, 张冬梅, 2006. 利用特种录井技术识别与评价特殊油气层的方法. 大庆石油地质与开发, 25(3): 22-25, 107.
姜涛, 解习农, 2005. 莺歌海盆地高温超压环境下储层物性影响因素. 地球科学, 30(2): 215-220.
金燕, 张旭, 2002. 测井裂缝参数估算与储层裂缝评价方法研究. 天然气工业, 22(S1): 6, 64-67.
景建恩, 梅忠武, 李舟波, 2003. 塔河油田碳酸盐岩缝洞型储层的测井识别与评价方法研究. 地球物理学进展, 18(2): 336-341.
居字龙, 唐辉, 刘伟新, 等, 2016. 珠江口盆地高束缚水饱和度成因低阻油层地质控制因素及分布规律差异. 中国海上油气, 28(1): 60-68.
柯式镇, 冯启宁, 袁秀荷, 等, 2003. 裂缝地层双侧向测井响应物理模拟研究. 测井技术, 27(5): 353-355.
柯式镇, 孙贵霞, 2002. 井壁电成像测井资料定量评价裂缝的研究. 测井技术, 16(2): 101-103, 112-176.
李海鹏, 寇龙江, 秦树洪, 2006. 斯通利波和渗透率的关系分析. 吉林大学学报(地球科学版), 36(S2): 136-138.
李辉, 李伟忠, 张建林, 等, 2006. 正理庄油田低电阻率油层机理及识别方法研究. 测井技术, 30(1): 76-79.
李军, 张超谟, 唐小梅, 等, 2004. 核磁共振资料在碳酸盐岩储层评价中的应用. 江汉石油学院学报, 26(1): 48-50.
李翎, 魏斌, 贺铎华, 2002. 塔河油田奥陶系碳酸盐岩储层的测井解释. 石油与天然气地质, 23(1): 49-54.
李瑞, 向运川, 杨光惠, 等, 2004. 孔隙结构指数在鄂尔多斯中部气田气水识别中的应用. 成都理工大学学报(自然科学版), 31(6): 689-692.
李善军, 汪涵明, 肖承文, 等, 1997. 碳酸盐岩地层中裂缝孔隙度的定量解释. 测井技术, 21(3): 205-214, 220.
李善军, 肖承文, 汪涵明, 等, 1996. 裂缝的双侧向测井响应的数学模型及裂缝孔隙度的定量解释. 地球物理学报, 39(6): 845-852.
李学国, 曹凤江, 2002. 气测资料在确定地层含气量中的应用. 大庆石油地质开发, 21(4): 14-15.
刘建新, 胡文亮, 高楚桥, 等, 2019. 东海地区低渗-致密储层含水饱和度定量评价方法. 中国海上油气, 31(3): 108-116.
刘瑞文, 李春山, 管加强, 2007. 孔隙流体类型对地层声波速度的影响. 石油钻探技术, 35(4): 32-34.
刘延梅, 2007. 中深层天然气储层“四性”关系研究及解释标准建立. 东营: 中国石油大学(华东).
刘岩松, 2009. 气测录井参数物理意义及差异分析解释方法. 录井工程, 20(1): 15-17.
刘应忠, 吕文起, 张宏艳, 等, 2003. 气测录井在辽河油区特种油气藏中的应用. 特种油气藏, 10(4): 14-16, 104-105.
罗利, 2001. 用测井资料计算碳酸盐岩渗透率. 测井技术, 25(2): 139-141, 161.
罗利, 任兴国, 1999. 测井识别碳酸盐岩储集类型. 测井技术, 23(5): 355-360.

罗蛰潭, 1985. 油层物理. 北京: 地质出版社.
罗智, 祁兴中, 张贵斌, 等, 2010. 碳酸盐岩洞穴储层有效性评价方法研究. 石油天然气学报, 32(4): 92-96.
吕明, 1999. 莺-琼盆地含气区储层特征. 天然气工业, 19(1): 15, 44-48.
孟凡顺, 冯庆付, 杨祥瑞, 2006. 利用电成像测井资料分析次生孔隙率. 石油地球物理勘探, 41(2): 19, 221-225, 248.
孟祥水, 张晋言, 孙波, 2003. 利用测井视孔隙度差异识别二氧化碳和烃类气. 测井技术, 27(2): 46-49, 91.
欧阳健, 1994. 石油测井解释与储层描述. 北京: 石油工业出版社.
祁兴中, 刘兴礼, 傅海成, 等, 2005. 电成像测井资料定量处理方法研究及应用. 天然气工业, 25(6): 4-5, 32-34.
钱根宝, 马修刚, 汪忠浩, 等, 2009. 滴西12呼图壁河组低阻油层评价方法研究. 石油天然气学报, 31(5): 240-242.
秦瑞宝, 魏丹, 2010. 利用成像测井技术评价砂泥岩薄互层有效厚度. 中国海上油气, 22(5): 25-28.
任光军, 2003. 关于气测录井数据的应用探讨. 录井技术, 14(3): 5-11.
塞拉, 1992a. 测井解释基础与数据采集. 谭廷栋, 等译. 北京: 石油工业出版社.
塞拉, 1992b. 测井资料地质解释. 肖义越, 译. 北京: 石油工业出版社.
沈爱新, 陈守军, 王黎, 等, 2005. 低电阻率油层中孔砂岩岩电及核磁实验研究. 测井技术, 29(3): 191-194.
沈联蒂, 史謌, 1994. 岩性、含油气性、有效覆盖压力对纵、横波速度的影响. 地球物理学报, 37(3): 391-399.
沈平平, 1995 . 油层物理实验技术. 北京: 石油工业出版社.
史謌, 何涛, 仵岳奇, 等, 2004. 用正演数值计算方法开展双侧向测井对裂缝的响应研究. 地球物理学报, 47(2): 359-363.
司马立强, 疏壮志, 2009. 碳酸盐岩储层测井评价方法及应用. 北京: 石油工业出版社.
司马立强, 吴丰, 马建海, 等, 2014. 利用测录井资料定量计算复杂油气水系统的气油比-以柴达木盆地英东油气田为例. 天然气工业, 34(7): 34-40.
斯图尔特, 1986. 矩阵计算引论. 上海: 上海科学技术出版社.
宋延杰, 王雪萍, 何英伟, 等, 2008. XMAC 斯通利波波场分离方法. 大庆石油学院学报, 32(5): 9-12, 121-122.
孙建孟, 陈钢花, 杨玉征, 等, 1998. 低阻油气层评价方法. 石油学报, 19(3): 83-88.
谭廷栋, 1987a. 裂缝性油藏测井资料定量解释. 石油与天然气地质, 8(2): 171-176.
谭廷栋, 1987b. 裂缝性油气藏测井解释模型与评价方法. 北京: 石油工业出版社.
谭廷栋, 1994. 天然气勘探中的测井技术. 北京: 石油工业出版社.
谭廷栋, 1997. 现代石油测井论文集. 北京: 石油工业出版社.
汪涵明, 张庚骥, 1994. 倾斜地层的双侧向测井响应. 测井技术, 18(6): 408-412.
王鹏, 金卫东, 高会军, 等, 2000. 声、电成像测井资料裂缝识别技术及其应用. 测井技术, 24(S1): 487-490, 555.
王为民, 孙佃庆, 苗盛, 1997. 核磁共振基础实验研究. 测井技术, 21(6): 385-392.
王忠东, 汪浩, 李能根, 等, 2001. 核磁共振岩心基础实验分析. 测井技术, 25(3): 170-174.

魏阳庆, 魏飞龙, 何昊阳, 等, 2013. 基于录井资料的储层流体性质识别新方法: 以川西地区须家河组储层为例. 天然气工业, 33(7): 43-46.
吴洪深, 高华, 林德明, 等, 2012. 南海西部海域非烃类气层测井识别及解释评价方法. 中国海上油气, 24(1): 21-24.
肖立志, 1998. 核磁共振成像测井与岩石核磁共振及其应用. 北京: 科学出版社.
严伟丽, 高楚桥, 赵彬, 等, 2020. 基于气测录井资料的气油比定量计算方法. 科学技术与工程, 20(23): 9287-9292.
杨宝善, 1995. 凝析气藏开发工程. 北京: 石油工业出版社.
杨俊兰, 马一太, 曾宪阳, 等, 2008. 超临界压力下 CO_2 流体的性质研究. 流体机械, 36(1): 13, 53-57.
杨日福, 丘泰球, 2006. 超临界 CO_2 流体中超声速的特性. 声学技术, 25(5): 431-435.
雍世和, 张超谟, 1996. 测井数据处理与综合解释. 东营: 石油大学出版社.
袁祖贵, 楚泽涵, 方小东, 2003. 低电阻率油气层评价技术研究. 特种油气藏, 10(6): 12-15.
曾文冲, 1991. 油气藏储集层测井评价技术. 北京: 石油工业出版社.
扎基·巴索尼, 等, 1992. 裂缝性碳酸盐岩测井评价译文集. 吕学谦, 朱桂清, 等译. 北京: 石油工业出版社.
张春晖, 高永德, 2008. 孔洞型碳酸盐岩储层有效性的判断. 油气井测试, 17(5): 20-21.
张国喜, 徐茂林, 卫扬安, 等, 1996. 气测解释方法在准噶尔盆地的应用. 新疆石油地质, 17(2): 145-149.
张明禄, 石玉江, 2005. 复杂孔隙结构砂岩储层岩电参数研究. 石油物探, 44(1): 11-12, 35-37, 42.
张诗青, 樊政军, 柳建华, 等, 2003. 碳酸盐岩储集层定量评价: 以塔河油田为例. 新疆石油地质, 24(2): 146-148.
张友生, 魏斌, 杨慧珠, 2002. 双侧向测井仪器响应的数值分析. 地球物理学进展, 17(4): 671-676.
赵军, 刘兴礼, 李进福, 等, 2004. 岩电参数在不同温度、压力及矿化度时的实验关系研究. 测井技术, 28(4): 269-272, 366.
赵良孝, 补勇, 1994. 碳酸盐岩储层测井评价技术. 北京: 石油工业出版社.
赵佐安, 何绪金, 唐雪萍, 2002. 低电阻率油气层测井识别技术. 天然气工业, 22(4): 33-37.
中国石油勘探与生产分公司, 2009. 低阻油气藏测井评价技术及应用. 北京: 石油工业出版社.
中国石油天然气集团公司油气勘探部, 2000. 渤海湾地区低电阻油气层测井技术与解释方法. 北京: 石油工业出版社.
钟太贤, 袁士义, 胡永乐, 等, 2004. 凝析气流体的复杂相态. 石油勘探与开发, 31(2): 125-127.
周伦先, 褚小兵, 2006. CO_2 气井相态特征. 油气井测试, 31(5): 35-37, 76-77.
朱留方, 2003. 交叉偶极子阵列声波测井资料在裂缝性储层评价中的应用. 测井技术, 27(3): 225-226.
AGUILERA M S, AGUILERA R, 2003. Improved models for petrophysical analysis of dual parosity reservoirs. Petrophysics, 44(1): 21-35.
AGUILERA R, 1976. Analysis of naturally fractured reservoirs from conventional well logs (includes associated papers 6420 and 6421). Journal of Petroleum Technology, 28(7): 764-772.
AGUILERA R, VANPOOLLEN H K, 1979. Naturally fractured reservoirs-porosity and water saturation can be estimated from well logs. Oil and Gas Journal, 77(2): 101-108.
ANDERSON W G, 1986. Wettability literature survey-Part 3: The effects of wettability on the electrical properties of porous media. Journal of Petroleum Technology, 38(12): 1371-1378.
ARCHI G E, 1942. The electrical resistivity log as an aid in determining some reservoir characteristics.

Transactions of the AIME, 146(1): 54-62.

BATZLE M, WANG Z J, 2012. Seismic properties of pore fluids. Geophysics. 57(11): 1396-1408.

BONYADI M, RAHIMPOUR M R, ESMAEILZADEH F, 2012. A new fast technique for calculation of gas condensate well productivity by using pseudopressure method. Journal of Natural Gas Science and Engineering, 4(2): 35-43.

BOYELDIEU C, WINCHESTER A, 1982. Use of the Dual Laterolog for the evaluation of the fracture porosity in hard carbonate formations//SPE Offshore South East Asia Show. SPE: SPE-10464-MS.

CARCIONE J M, PICOTTI S, GEI D, et al., 2006. Physics and seismic modeling for monitoring CO_2 storage. Pure and Applied Geophysics, 163: 175-207.

DE KUIJPER A, SANDOR R K J, HOFMAN J P, 1996. Conductivity of two-component systems. Geophysics, 61(1): 162-168.

DELHOMME J P, 1992. A quantitative characterization of formation heterogeneities based on borehole image analysis//SPWLA 33th Annual Logging Symposium Transactions. Society of Professional Well Log Analysts. Oklahoma.

DIEDERIX K M, 1982. Anomalous relationships between resistivity index and water saturation in the rotligend sandstone//SPWLA 23th Annual Logging Symposium Transactions. Society of Professional Well Log Analysts. Corpus Christi, TX.

FANG J H, KARR C L, STANLSY D A, 1996. Transformation of geochemical log data to mineralogy using genetic algorithms. The Log Analyst, 37(2): 26-31.

FENG J, ZHAO B, GAO C Q, et al., 2020. Comprehensive identification of CO_2 nonhydrocarbon gas layers by relative CO_2 content and apparent porosity calculated from well logs: A case study in the Baiyun deep-water area in the eastern South China Sea. Interpretation, 8(4): T715-T725.

GAUTHIER B D M, Garcia M, DANIEL J M, 2002. Integrated fractured reservoir characterization: A case study in a north africa field. SPE Reservoir Evaluation and Engineering, 5(4): 284-294.

GIVENS W W, 1987. A conductive rock matrix model (CRMM) for the analysis of low-contrast resistivity formations. The Log Analyst, 28(2): 138-164.

GUERREIRO L, SILVA A C, ALCOBIA V, et al, 2000. Integrated reservoir characterisation of a fractured carbonate reservoir//SPE International Petroleum Conference and Exhibition in Mexico. SPE: SPE-58995-MS.

HARVEYP K, LOFTS J C, LOVELL M A, 1992. Mineralogy logs: Element to mineral transforms and compositional collinearity in sediments//33th Annual Logging Symposium Transactions. Society of Professional Well Log Analysts.

HERRICK D C, KENNEDY W D, 1994. Electrical efficiency;a pore geometric theory for interpreting the electrical properties of reservoir rock. Geophysics, 59(6): 918-927.

HORNBY B E, JOHNSON D L, WINKLER K W, et al., 1989. Fracture evaluation using reflected Stoneley wave arrivals. Geophysics, 54(10): 1274-1288.

KENYON W E, DAY P I, STRALEY C, et al., 1986. Compact and constant representation of rock NMR data for permeability estimation//SPE Annual Technical Conference and Exhibition. SPE: SPE-15643-MS.

LI Z P, GAO C Q, ZHAO B, et al., 2020. Application of nuclear magnetic resonance logging in the low-resistivity reservoir-Taking the XP area as an example. Interpretation, 8(4): T885-T893.

LOFTS J C, HARVEY P K, LOVELL M A, 1995. The characterization of reservoir rocks using nuclear loggings tools: Evaluation of mineral transform techniques in the laboratory and log environments. The Log Analyst, 36(2): 16-28.

NEALE G H. NADER W K, 1973. The permeability of a uniformly vuggy porous medium. Society of Petroleum Engineers Journal, 13(2): 69-74.

PEZARD P A, ANDERSON R N A, 1990. In situ measurements of electrical resistivity, formation anisotropy, and tctonic context//SPWLA 31th Annual Logging Symposium. Society of Professional Well Log Analysts.

PRAMMER M G, 1994. NMR pore size distributions and permeability at the well site//SPE Annual Technical Conference and Exhibition. SPE:SPE-28368-MS.

PRISON S J,1957. Log interpretation in rocks with multiple porosity types-water or oil wet. World Oil, 6: 196-198.

REISS L H, 1980. The reservoir engineering aspect of fractured formation. Houston: Gulf Publishing Company.

SANDOR R K J, HOFMAN J P, KOEMAN J, et al., 1996. Electrical conductivifies in oil-bearing shaly sand accurately described with the SATORI saturation model. The Log Analyst, 37(5): 22-31.

SERRA O, 1989. Formation microscanner image interpretation. Houston: Schlumberger Educational Service, SMP-7028: 117.

SIBBIT M, FAIVRE O, 1985. The dual laterolog response in fracture rocks//SPWLA 26th Annual Logging Symposium. Society of Professional Well Log Analysts.

SOVICH J P, NEWBERRY B, 1993. Quantitative applications of borehole imaging//SPWLA 34th Annual Logging Symposium. Society of Professional Well Log Analysts.

STANDEN E, NURMI R, EL-WAZEER F, et al., 1993. Quantitative applications of wellbore images to reservoir analysis//SPWLA 34th Annual Logging Symposium. Society of Professional Well Log Analysts.

TANG X M, CHENG C H, 1991. Dynamic permeability and borehole Stoneley waves: A simplified Biot-Rosenbaum model. The Journal of the Acoustical Society of America, 90(3): 1632-1646.

TANG X M, CHENG C H, 1996. Fast inversion of formation permeability from Stoneley wave logs using a simplified biot-rosenbaum model. Geophysics, 61(3): 639-645.

TIAN Z, WANG J, PENG Y, et al., 2010. Phase state changes and logging response analysis for condensate oil-gas well. Well Logging Technology, 34(2): 183-187.

VARGAFTIK N B, 1975. Tables on the thermophysical propertiesof liquids and gases. Washington D. C.: Hemisphere Publishing.

WAFTA M, NURMI R, 1987. Calculation of saturation, secondary porosity, and producibility in complex Middle East carbonate reservoirs//SPWLA 28th Annual Logging Symposium Transactions. Society of Professional Well Log Analysts.

WAXMAN M H, THOMAS E C, 1974. Electrical conductivities in shaly sands: I. The relation between hydrocarbon saturation and resistivity index; II. The temperature coefficient of electrical conductivity. Journal of Petroleum Technology, 26(3): 213-225.

ZHAO B, LI Z P, GAO C Q, et al., 2021. Method of calculating secondary porosity of reef limestone reservoir by casting thin section calibrating nuclear magnetic T_2 spectrum. Geofluids, 2021: 1-16.